不妊虫放飼法

侵入害虫根絶の技術

伊藤嘉昭 編

海游舎

まえがき

　今年 (2008年) は侵入害虫ウリミバエの沖縄県久米島からの根絶の成功以来32年目，琉球列島全域の根絶から16年目にあたる．20年前には沖縄・鹿児島の人々以外はほとんど知らなかったニガウリ (沖縄方言ゴーヤ) が，いまでは日本のいたるところで売られるようになったのはこの根絶の結果なのである (なお私は害虫といえども古くから定着している種は滅ぼすべきでないと考えているが，他国から新たに侵入した害虫は農業や人間に被害を与えるだけでなく生態系破壊の原因ともなりうるゆえ，出来れば根絶すべきだと考えている)．

　根絶したい害虫を工場内で大量増殖し，放射線によって「不妊化」したオスを野外に放し，それと交尾した野生メスの産む卵が孵化しないようにし，これを続けることによって根絶を達成しようというのが「不妊虫放飼法」である．この方法は，アメリカ農務省昆虫研究機構のKniplingが1937年に思いつき，1954年のベネズエラ沖キュラソー島のラセンウジバエ根絶実験を経て，1959年にフロリダ半島全域からこの害虫の根絶を達成したことにより，世界の昆虫学者，農学者の注目を浴びた．さらにマリアナ諸島ロタ島のウリミバエ根絶 (1963年)，グアム島のミカンコミバエ根絶 (不妊虫放飼法による；1964年) が続き，この方法は国連食糧農業機関 (FAO) と国際原子力機関 (IAEA) の重要課題のひとつとなり，多くの国でここからの補助金による事業も始まった (第1章)．

　しかし1964年から1977年の久米島成功まで13年間，世界に成功例はなく，琉球列島根絶の前年リビアに侵入したアメリカラセンウジバエの根絶成功 (1992) まで約30年間，日本以外の大きな地域での根絶成功はなかった (第1章)．それゆえ日本での成功は世界の注目を浴びた．1992年にウィーンの

IAEA本部で開かれた不妊化法と遺伝的防除法の国際シンポジウムでは沖縄県ミバエ対策事業所（当時の名称，現在は沖縄県病害虫防除技術センター）に特別報告が依頼されたし (Yamagishi et al., 1993)，2005年IAEA編集で出版されたこの分野の大きな本にもItô & Yamamuraが1章を執筆している（本書第2章）．

　不妊虫放飼法の成功のためには，人工餌による害虫の大量増殖法の確立（通常週数千万あるいは数億匹の生産が必要である．第3章）と，不妊化のための放射線照射量・照射時期の決定のほか，照射した不妊オスの野外での交尾能力の測定法と交尾能力維持法の確立（第3, 4章），放飼中の野生個体数の変動を予測する数理モデルの開発（第2章），非対象地域からの対象害虫の侵入率の予測（第6章）など，たくさんの基礎的研究が不可欠である．日本での成功はこうした研究の世界に先駆けた発展によるものである．不妊虫放飼法は性行動を基礎としているから，野外における動物の性行動と大量増殖・放飼下におけるその変化の測定が重要な課題であり，これはダーウィンが提唱した性淘汰にかかわっている（第5章，第4章）．琉球列島にいたもう1種の侵入害虫ミカンコミバエはオス誘引剤によって野外のオスを激減させて根絶を導く「雄除去法」で根絶されたが（小笠原にも本種がいて，ここでは誘引剤抵抗性の発達が予想されたためオス誘引剤と不妊虫放飼の組み合わせで根絶した—1979年—が，これは本書では省略した），この方法も性行動を基礎としている点で，不妊虫放飼法と共通の基礎的問題にかかわっている．

　ウリミバエの完全根絶成功ののち，農林水産省は琉球列島への侵入害虫であるサツマイモの害虫アリモドキゾウムシとイモゾウムシの根絶実験事業に補助金を出すこととなり，沖縄・鹿児島両県の農林部門を中心とした仕事が始まった．鹿児島県奄美大島と喜界島におけるアリモドキゾウムシの仕事については第7章に，沖縄県久米島における仕事については第8章に紹介した．第8章には性フェロモンと殺虫剤を含む誘引剤の大量散布でオス個体数を減らしたのち不妊虫放飼をすることによって久米島のアリモドキゾウムシが根絶寸前にいたっていることが書かれてあるが，これは性フェロモンと不妊虫放飼法の共用による害虫根絶の世界最初の実例となる可能性が大きい（甲虫の根絶例としても最初）．

まえがき

　沖縄・鹿児島におけるこれらの仕事は，工場で増殖した天敵の放飼や交雑不妊を起こす害虫の系統の増殖・放飼など非農薬的害虫防除技術にも大きな可能性があることを示した点でも重要である．しかしそれらの紹介は今日まで一般向けの本でしかなされてなく，重要な文献すべてを引用し，使用した数理モデルもすべて記した，研究者と国・自治体の関係職員を対象とした「専門書」はこれまでなかった．それを作ってみたのが本書である．データも重要なものはすべて入っていると思う．たとえば成功のもととなった週数億匹ものミバエ大量増殖の成功への道すじを記した第3章は100ページを超え，引用文献数が100以上だし，鹿児島のアリモドキゾウムシ事業に関する第7章はこのゾウムシの分布，生活史，生態などの詳しい記載を含め30ページ以上，引用文献数約100に及ぶ．さらに将来の不妊虫放飼法，遺伝的防除法の展開にかかわるであろう重要な基礎研究分野である精子競争など性行動の進化にかかわる行動生態学（第4章）と大量増殖虫の交尾時刻の変化やその修正にかかわる体内時計の遺伝学（第5章）も取り上げた．

　これから昆虫学を学ぼうとする大学生や，害虫以外の生物を扱っている研究者の方々ばかりでなく，とくに性特性・性行動とその進化に興味をもっておられる昆虫以外の生物の研究者にも参考になると思う．もちろん落とした重要問題や見解の違いもあろう．読まれて御指摘くだされば幸いである．

　あまり売れそうもないこういう本を作って下さった海游舎に感謝する．

　　　2008年1月

　　　　　　　　　　　　　　　　　　　　　　　　　　　　伊藤嘉昭

目　次

第1章　不妊虫放飼法の歴史と世界における成功例　　　（伊藤嘉昭）
- 1-1　ことの始まりから1963年まで　　3
  - 1-1-1　前史　　3
  - 1-1-2　フロリダ半島からのラセンウジバエの根絶　　4
  - 1-1-3　マリアナ諸島のミバエ類　　6
- 1-2　1964年以降―IAEAの事業補助開始と連続した失敗―　　7
- 1-3　琉球列島のウリミバエ根絶とリビアのラセンウジバエ根絶
  ―1970, 1980年代に生じた変化―　　9
- 1-4　成功の時代へ―1994年以降―　　11
  - （付1）雄除去法について　　12
  - （付2）IAEAの月刊誌　　12
- 謝　辞　　14
- 引用文献　　14

第2章　不妊虫放飼法における野生虫数推定および放飼虫数決定モデル
　　　―沖縄のウリミバエ根絶事業で発展させた方法とその後の進歩いくつか―
　　　　　　　　　　　　　　　　　　　　　　（伊藤嘉昭・山村光司）
- 2-1　個体群動態のモデル　　20
- 2-2　不妊虫放飼下での個体数の変動―必要放飼虫数―　　22
- 2-3　不完全不妊虫放飼のモデル　　26
- 2-4　雄除去法のモデル　　27
- 2-5　マーキング法による野生個体数の推定　　30
  - 2-5-1　Petersen法（Lincoln法とも呼ばれる）　　30
  - 2-5-2　Jolly-Seber法　　32
  - 2-5-3　Hamada法（修正Jackson正法）　　33
  - 2-5-4　Jackson負法　　35
  - 2-5-5　Yamamura法　　36

2-5-6　Petersen法への消失と加入の影響 …………………………… 37
　引用文献 ……………………………………………………………………… 37

第3章　ウリミバエの大量増殖法―歴史と問題点― （垣花廣幸）
　3-1　ウリミバエ人工飼育への道程 ………………………………………… 41
　3-2　石垣島におけるウリミバエの大量増殖 ……………………………… 48
　　3-2-1　大量増殖施設の概要 ……………………………………………… 48
　　3-2-2　成虫飼育 …………………………………………………………… 50
　　　3-2-2-1　飼育虫の育成 ………………………………………………… 50
　　　3-2-2-2　成虫飼育密度 ………………………………………………… 50
　　　3-2-2-3　大量採卵法 …………………………………………………… 52
　　　3-2-2-4　成虫飼料 ……………………………………………………… 55
　　3-2-3　幼虫飼育法 ………………………………………………………… 56
　　　3-2-3-1　幼虫培地用フスマの品質 …………………………………… 56
　　　3-2-3-2　幼虫飼育密度 ………………………………………………… 57
　　　3-2-3-3　幼虫飼育温度の操作法および幼虫の追い出し操作法 …… 60
　　　　　（1）幼虫培地内の発熱と飼育温度の操作 ……………………… 60
　　　　　（2）幼虫の追い出し操作 ………………………………………… 62
　　　3-2-3-4　幼虫飼育室の改良 …………………………………………… 63
　　3-2-4　蛹飼育法 …………………………………………………………… 64
　　　3-2-4-1　動力篩による篩分け ………………………………………… 64
　　　3-2-4-2　ウリミバエ蛹の発育日数と羽化日の調整法 ……………… 65
　　3-2-5　飼育工程の組み立て ……………………………………………… 70
　　　3-2-5-1　成虫飼育・採卵 ……………………………………………… 70
　　　3-2-5-2　卵接種・幼虫飼育 …………………………………………… 71
　　　3-2-5-3　蛹飼育 ………………………………………………………… 72
　　3-2-6　石垣島のウリミバエ大量増殖施設における生産経過 ………… 72
　3-3　新大規模大量増殖施設での大量飼育 ………………………………… 74
　　3-3-1　新大量増殖施設建設に関する基本的な考え方 ………………… 74
　　3-3-2　新ウリミバエ大量増殖施設の建設 ……………………………… 77
　　　3-3-2-1　概　要 ………………………………………………………… 77
　　　3-3-2-2　飼育虫の逃亡防止対策 ……………………………………… 78
　　　3-3-2-3　成虫飼育 ……………………………………………………… 78

目 次　　　　　　　　　　　　　　　　　　　　　　　　　　　　　　　　ix

　　　　3-3-2-4　幼虫飼育 ································· 80
　　　　3-3-2-5　蛹飼育 ··································· 82
　　　　3-3-2-6　品質管理および野外系統導入 ············· 84
　　　　3-3-2-7　公害防止対策，その他 ····················· 85
　3-4　新大量増殖施設におけるウリミバエの大量増殖 ·············· 85
　　3-4-1　飼育系統の育成 ·································· 86
　　3-4-2　成虫飼育法 ······································ 87
　　　　3-4-2-1　成虫飼料 ································· 87
　　　　3-4-2-2　採卵法 ··································· 88
　　　　3-4-2-3　卵の水中保存法 ··························· 89
　　　　3-4-2-4　計量容器による卵密度の違いおよび卵数調査 ······ 91
　　3-4-3　幼虫飼育 ·· 92
　　　　3-4-3-1　卵貯留漕内での撹拌操作が孵化率に及ぼす影響 ······· 92
　　　　3-4-3-2　卵接種法 ································· 93
　　　　3-4-3-3　種類の異なるビール酵母を用いた飼育試験 ······ 94
　　　　3-4-3-4　卵接種密度 ······························· 95
　　　　3-4-3-5　幼虫室温度調節による培地温上昇の制御 ········· 95
　　　　3-4-3-6　幼虫飼育の最適湿度 ······················· 98
　　　　3-4-3-7　幼虫跳び出し時の水面への落下が羽化率に及ぼす影響 · 99
　　　　3-4-3-8　幼虫回収操作が羽化率に及ぼす影響 ·········· 101
　　3-4-4　蛹飼育 ·· 102
　　　　3-4-4-1　蛹化容器と蛹化密度 ······················· 102
　　　　3-4-4-2　新型動力篩機による蛹篩別 ················· 104
　　3-4-5　超大量飼育工程の組み立て ······················· 104
　　　　3-4-5-1　成虫飼育 ································· 106
　　　　　　（1）採卵用成虫の飼育管理・更新 ·············· 106
　　　　　　（2）採卵 ···································· 106
　　　　3-4-5-2　幼虫飼育 ································· 107
　　　　　　（1）幼虫培地の混合 ·························· 107
　　　　　　（2）卵の調整 ································ 107
　　　　　　（3）卵接種 ·································· 107
　　　　　　（4）幼虫飼育 ································ 107
　　　　　　（5）幼虫回収 ································ 107
　　　　　　（6）幼虫培地のサンプリング ·················· 112

　　　　　　(7) 幼虫培地処分 ·· 112
　　　3-4-5-3　蛹飼育 ·· 112
　　　　　　(1) 蛹化バットへの幼虫セット ································· 112
　　　　　　(2) 蛹の篩別 ·· 113
　　　　　　(3) 蛹計数 ·· 113
　　　　　　(4) 蛹の発育調整 ·· 113
　　　　　　(5) 照射ラインへの蛹の積み込み ································· 113
　　3-4-6　新大量増殖施設における品質管理と飼育経過 ······················· 113
　　　3-4-6-1　累代飼育虫の系統保存 ·· 114
　　　　　　(1) 1989年5月8日以前の蛹サンプリング方法 ········· 115
　　　　　　(2) 蛹サンプリング方法の変更 ···································· 115
　　　3-4-6-2　品質管理のための調査項目 ······································· 117
　　　3-4-6-3　新大量増殖施設における生産経過 ····················· 123
　　　　　　(1) 第Ⅰ期 ·· 129
　　　　　　(2) 第Ⅱ期 ·· 137
　　　　　　(3) 第Ⅲ期 ·· 138
3-5　ウリミバエ根絶後の大量飼育における問題点 ······················· 139
引用文献 ··· 141

第4章　精子競争と雌による隠れた選択
　　　―ウリミバエ根絶の背後で進んだ性行動研究と今後の課題―

（伊藤嘉昭）

4-1　雌による隠れた選択 ·· 149
4-2　オスの美しさの説明仮説と精子競争 ······························· 152
4-3　精子競争・配偶者選択にかかわる技術―不妊虫放飼法― ········· 153
　　4-3-1　不妊虫放飼法とは？ ··· 153
　　4-3-2　不妊虫放飼法成功の条件 ······································· 154
　　4-3-3　大量増殖虫の交尾競争力 (1) ·································· 155
　　4-3-4　大量増殖虫の交尾競争力 (2) ·································· 157
4-4　配偶者選択とその進化 ··· 159
4-5　ウリミバエの精子競争 ··· 163
4-6　同一オスの精子間の競争―赤目遺伝子を使って― ················· 168
4-7　再交尾の抑制―ウリミバエの長時間交尾の理由― ················· 169

4-8 オスの美しさに関する諸説の関係―ハンディキャップ説の再評価？― 171
 4-9 おわりに 172
 引用文献 173

第5章　ウリミバエの体内時計を管理せよ！―大量増殖昆虫の遺伝的虫質管理―
（宮竹貴久）

 5-1 はじめに 177
 5-2 虫質管理の概念と量的遺伝学 178
 5-3 ウリミバエ大量増殖虫の遺伝的変化 181
 5-4 発育期間に対する人為選択実験 185
 5-5 測時機構の変化，そして体内時計遺伝子へ 190
 5-6 繁殖と寿命のトレードオフ 196
 5-7 生産効率と防除効率のトレードオフ 200
 5-8 超高密度飼育がハエの行動に及ぼす影響 204
 5-9 遺伝的虫質管理における今後の課題 206
 5-10 おわりに 208
 引用文献 209

第6章　拡散距離の推定法―不妊虫放飼による根絶の必要条件―
（山村光司）

 6-1 はじめに 215
 6-2 経験モデル 216
 6-3 経験モデルの適用例 218
 6-4 トラップ誘引域の問題 220
 6-5 ブラウン運動モデル 222
 6-6 拡散係数の簡易推定法 224
 6-7 累積個体数の分布 225
 6-8 トラップによる除去の影響―拡散距離の過小推定とその対策― 226
 6-9 1次元の拡散 228
 6-10 拡散係数の意味 229
 6-11 離散型モデル 230
 6-12 変動を考慮した拡散モデル 233

6-13 おわりに ………………………………………………… 236
引用文献 ……………………………………………………… 238

第7章 奄美大島におけるアリモドキゾウムシ根絶実証事業と残された課題
（杉本 毅・瀬戸口 脩）

7-1 なぜ根絶が必要か ………………………………………… 241
7-2 解明された生物学的諸特性など ………………………… 244
   7-2-1 世界的拡散とわが国への侵入 ……………………… 244
   7-2-2 越冬，耐寒性，分布拡大の可能性 ………………… 247
   7-2-3 野外個体群の時間的動態，密度推定 ……………… 248
   7-2-4 繁殖特性 ………………………………………………… 250
      7-2-4-1 繁殖可能期間 …………………………………… 250
      7-2-4-2 多回交尾かどうか ……………………………… 251
   7-2-5 移動能力 ………………………………………………… 253
   7-2-6 増殖に対する密度効果 ……………………………… 254
   7-2-7 不妊化 …………………………………………………… 255
   7-2-8 大量増殖のための工夫 ……………………………… 257
7-3 不妊虫放飼による根絶の実証 ………………………… 258
     （1）フェロモントラップ調査 ……………………… 262
     （2）イモトラップ調査 ……………………………… 262
     （3）野生寄主植物調査 ……………………………… 262
7-4 根絶実証事業から出てきた問題点 …………………… 264
   7-4-1 不完全不妊虫の有効性 ……………………………… 265
   7-4-2 放飼不妊虫の虫質見直し …………………………… 266
   7-4-3 誘殺板散布による抑圧防除の見直し ……………… 268
7-5 おわりに ………………………………………………… 269
引用文献 ……………………………………………………… 270

第8章 性フェロモンと不妊虫放飼の組み合わせによるアリモドキゾウムシの根絶
―沖縄県久米島における防除の現状と課題― （小濱継雄・久場洋之）

8-1 なぜアリモドキゾウムシが対象か ……………………… 277
8-2 アリモドキゾウムシとは ………………………………… 280

- 8-3 アリモドキゾウムシの根絶の可能性 ･････････････････････････ 282
  - 8-3-1 世界でも例のないゾウムシ類の根絶 ･････････････････ 282
  - 8-3-2 アリモドキゾウムシの根絶の可能性 ･････････････････ 283
- 8-4 不妊虫放飼法に必要な技術の開発 ･････････････････････････ 284
  - 8-4-1 生イモを使った大量増殖 ･････････････････････････････ 284
  - 8-4-2 不妊化 ･･ 286
  - 8-4-3 不妊虫の放飼試験 ･･･････････････････････････････････ 288
  - 8-4-4 野生虫の密度抑圧法 ･････････････････････････････････ 288
  - 8-4-5 防除効果の判定法 ･･･････････････････････････････････ 289
  - 8-4-6 野生虫の生息場所の検出 ････････････････････････････ 291
- 8-5 久米島のアリモドキゾウムシ根絶防除 ････････････････････ 292
  - 8-5-1 アリモドキゾウムシの分布は限られていた ･･････････ 292
  - 8-5-2 個体数推定と密度抑圧 ･･･････････････････････････････ 293
  - 8-5-3 不妊虫放飼 ･･･ 294
  - 8-5-4 放飼経過 ･･･ 296
  - 8-5-5 駆除確認調査 ･･･････････････････････････････････････ 297
  - 8-5-6 ハブも林も踏み越えて ･･･････････････････････････････ 299
  - 8-5-7 残された生息場所の検出 ････････････････････････････ 300
  - 8-5-8 根絶事業で浮かび上がった問題 ･･･････････････････ 302
- 8-6 今後に向けての課題 ･････････････････････････････････････ 303
  - 8-6-1 人工飼料による大量増殖 ････････････････････････････ 303
  - 8-6-2 大量マーキング法 ･･･････････････････････････････････ 305
- 8-7 おわりに ･･ 306
- 引用文献 ･･･ 308

人名索引 ･･ 317

事項索引 ･･ 322

第1章
不妊虫放飼法の歴史と世界における成功例

(伊藤嘉昭)

　不妊虫放飼法（sterile insect release methodまたはsterile insect technique; SIT）とは，対象害虫を大量増殖し，それらを「不妊化」して対象地域に放飼し，野生メスの産む卵を孵化できなくして，次世代個体数を減らす技術である．不妊化にはほぼすべての場合放射線照射が用いられる．対象虫の生育中の適当な時期に適当な量の放射線を照射すると，オスの体内の精子には優性致死突然変異が生ずる．時期と照射量が適切であれば，このオスは飛び回り，メスに求愛して交尾できる．そして注入された突然変異精子は生きていて卵子に入り込んで受精できるが，この精子を受けとった卵は卵割中に死に，孵化できない（ウリミバエの場合は羽化2～3日前の蛹に70Gyのガンマ線を照射してきた）．このため，野生のオスよりずっと多くの「不妊オス」を放飼すると，野生メスの多くが不妊オスとだけ交尾して孵化しない卵を産むため，次世代個体数は減少する．それでも同様の大量放飼を続けると，野外における不妊オス率［不妊オス数/（不妊オス数＋野生オス数）］は上昇し，前世代より高率の野生メスが不妊オスと交尾して，孵化卵を産めるメスの率は低下する．この放飼を続けることによって野生虫密度の減少速度は加速的に増加し，野生虫の根絶に至る（伊藤・山村執筆の本書第2章の表2-1を参照）．薬剤抵抗性の発現を促す殺虫剤の長期使用や，害虫の減少が餌不足による天敵の減少をもたらさざるをえない天敵連続放飼と違って，害虫減少が抑圧速度を加速する唯一の技術として，（大量増殖施設の建設費などの大きなコストを別にすれば）侵入害虫などの根絶に最も適した技術である［この方法の日本語

の本としては伊藤著『虫を放して虫を滅ぼす―沖縄・ウリミバエ根絶作戦私記』(中公新書, 1980) が最初のものだが絶版である．石井・桐谷・古茶編『ミバエの根絶―理論と実際―』(農林水産航空協会, 1985) も入手困難だろう．伊藤・垣花著『農薬なしで害虫とたたかう』(岩波ジュニア新書, 1998) は少年向けのシリーズの1冊だが，不妊虫放飼法を詳しく解説してある].

　放射線照射によってメスは産卵しなくなるか，死卵しか産めなくなる種が多い．ウリミバエは産卵しなくなるので照射したメス (不妊メス) も同時に放飼してきた．ウリミバエのメスはウリ類を食うわけでなく，果実に産卵痕はつくがウリ品質への影響はわずかで，不妊メスが野外にたくさんいてもそう問題はない．しかしマラリアカ (メスは不妊となっても血を吸い，マラリア病原体を媒介する) などでは不妊メスの放飼はできないので，オスの性染色体に薬剤抵抗性遺伝子を組み込むことにより，飼育中にメスだけを殺し，羽化したオスだけを放飼することも行われている．チチュウカイミバエの不妊メスは死卵しか産まないが，メスが産卵管を果実に差し込み，これが果実を品質評価上不利にするという．本種ではRössler (1979) によりオスの蛹は褐色，メスの蛹は白色の系統が作られ，イスラエルなどではこの系統を増殖し，蛹でオス・メスを分け，オスだけを照射・放飼している (Franz, 2005)．またごく最近は薬剤感受性遺伝子によるメスの除去も行われている．

　不妊虫放飼法の出発は，のちにアメリカ農務省研究局昆虫部長となったKniplingが指導した南米ベネズエラ沖のキュラソー島での家畜害虫ラセンウジバエの放飼実験で，1954年のことだった．拙著『楽しき挑戦―型破り生態学50年』(海游舎, 2003) に書いたように，これが1955年に論文として発表されてすぐ，当時，農業技術研究所昆虫科の室長だった石井象二郎さんから「日本語で紹介しろよ」といわれ，1956年始めに「不妊雄を放飼して害虫防除」(『植物防疫』10巻1号) と題して書いたのが，私とこの方法とのかかわりの始まりだった．

　この少しあとに，奄美群島で誘引剤による雄除去法 (male annihilation technique; MAT) によるミカンコミバエ根絶事業が始まった．強力なオス誘引剤メチルオイゲノールと殺虫剤を混ぜた液をしみ込ませた繊維板 (テックス板) をたくさん投下して誘引されたオスを殺して，個体群中のオス率を低

下させ，メスが交尾相手を見つけられなくするのである．この事業の会議のためにこの方法に関する論文を広く読んで紹介するようにと当時の昆虫科長河野達郎氏にいわれ，「それならついでに」と不妊虫放飼法の論文も，たぶん世界のほぼすべての文献を読んで総説を書いた（「配偶行動を利用した害虫根絶の技術 (1), (2), (3)」『農業技術』28巻7, 8, 9号，1968). しかし，このあと，その後の世界の情勢についてはずっとふれずにきた．ここでは本書の導入部として，実施例は多すぎるので，世界における成功例を中心に紹介し，日本のウリミバエ根絶の世界的な役割も見ることにしたい．なおごく最近の世界の状況については沖縄県の外郭団体である亜熱帯総合研究所が出した "Recent Trends in Sterile Insect Technique and Area-Wide Integrated Pest Management" (Research Institute of Subtropics, Naha) の中に Enkerlin (2003) および Enkerlin et al. (2003) の総説があったが，昨秋国際原子力機関 (IAEA) から787ページの大きな本 "Sterile Insect Technique: Principles and Practice in Area-Wide Integrated Pest Management" (Dyck, V. A., Hendrichs, J. & Robinson, A. A. eds., Springer) が刊行され，その中の Klassen & Curtis の総説などが世界の状況を詳しく紹介している．これらの論文も参照しつつ現在までの状況を書いてみたい．

1-1 ことの始まりから1963年まで

1-1-1 前 史

前述の総説（伊藤, 1968）で私は大戦直後の1946年という早い時期にイギリスの Vanderplank がアフリカで疫病を媒介するツェツェバエの防除のために，このハエの2種 *Glossina morsitans* と *G. swynnertoni* を交配すると雑種不妊となることに着目して，*swynnertoni* だけがすむ乾燥地帯に大量の *morsitans* 成虫を放飼し続ければ前者は絶滅するだろう，そして乾燥地帯に適応していない *morsitans* も放飼をやめれば間もなく滅び，地域がツェツェバエフリーになるだろうと考えたことを記した．この論文は出た時期が早すぎて，欧米でもほとんど注目されず，私の総説ののちにも引用を見かけることがなかったが，前記 Klassen & Curtis の論文には紹介された．Vanderplank は $26\,\text{km}^2$ の乾燥地に *morsitans* の成虫を放飼し，*swynnertoni* の根絶に成功したという (Vanderplank, 1947). 私は「この結果の詳細はどういうわけか発表されなかった」と書いたのだが, Klassen & Curtis は Vanderplank の息子に彼が残した結果のメモの発表の許可をもらい, 紹介している. それによると, この地域では5時間のランダム採集で平均54匹 (6月) ないし69匹 (7月) の *swynnertoni* が捕獲されていたが, ここに1944年8月から1945年2月までの間, 合計101,000匹の *morsitans* の蛹を放飼したところ, *swynnertoni* の5時間平均捕獲数が放飼終了月には5匹 (*morsitans* は68匹) となり, 1945年8月にはゼロ (*morsitans* は15匹), 9月0.2匹 (*morsitans* は11匹), 10月0.1匹 (*morsitans* は7匹), 1946年4月0.4匹 (*morsitans* は0.6匹) となった. 不妊虫放飼ではないが, 種間交雑で不妊化を起こす近縁種の放飼というすごいアイデアは成功に近かったのである.

これと似た遺伝形質を使う試みは, 不妊虫放飼開始後に Laven (1967) によってビルマのアカイエカに対しても行われている. 彼は1村落に細胞質不和合をもつオス (これと交尾したメスは子を作れない) を放し, 小さな村一つにすぎないがアカイエカは12週間で根絶されたという (伊藤, 1968 に図を引用した). 同様な試みは Curtis et al. (1982) によっても報告されている.

1-1-2 フロリダ半島からのラセンウジバエの根絶

これらの仕事とは独立に, Kniplingは道を探索していた. フロリダやテキサスにいて, ヒツジやウシのからだに卵を産み付け, ウジは体内に入って組織を食い, 家畜に害 (牛乳が出なくなったり, 発育が遅れ, 時には死ぬ) を与える害虫ラセンウジバエ (screwworm fly; *Cochliomyia hominivorax*) を, 不妊化したオスを放飼する方法で減らせないかと考えたのである (家畜に寄生する近縁の害虫 *Chrysomya bezziana* が南アジア, 北部オーストラリア, 中・南アフリカにいて, これを Old World screwworm fly と呼び, 新大陸の種を New World screwworm fly と呼ぶこともあるが, ここでは新大陸種をただラセンウジバエと呼ぶことにする. 旧世界種についても不妊虫放飼の試みは行われている. 2種についての詳しい解説である Spradbery, 1993 と, オーストラリア, マレーシアでの試みを書いた Spradbery, 2001 を参照).

Kniplingらの研究は1934年から始まった. 1940年にはひき肉, 牛の血液,

1-1 ことの始まりから1963年まで

防腐剤などを含む人工飼料による増殖法が確立し，1950年代初期にはガンマ線照射によりハエの寿命にほとんど影響なしに不妊化する方法も完成した．フロリダ州の小島サナイベル島での実験ののち，根絶の試みはベネズエラ沿岸のキュラソー島で1954年3月から行われた．面積約450 km^2（種子島くらい）のこの島には約3万頭のヤギとヒツジがいた．放飼数は最初はオス39匹/km^2/週（全島に18,000匹/週）だったが，野生メスの羽化数が最大週85,000

表1-1 不妊虫放飼法による害虫根絶の成功例（主にKlassen et al., 1994; Klassen & Curtis, 2005を参考にした）．

年	種	場所	面積	放飼虫数
1954	ラセンウジバエ	キュラソー島	450 km^2	
1961	ラセンウジバエ	フロリダ半島	130,000 km^2	最大週5,000万
1963	ウリミバエ	ロタ島	85 km^2	総数257億
1964	ミカンコミバエ	グアム島	583 km^2	
(1976	チチュウカイミバエ	カリフォルニア	侵入直後	総数5億）*1
1977	ウリミバエ	久米島	63 km^2	3億5千万
(1982	チチュウカイミバエ	メキシコ南部	15,000 km^2	侵入直後）*1
1982	ラセンウジバエ	メキシコ，アメリカ南部	約250万 km^2	
1983	ミカンコミバエ	小笠原	104 km^2	雄除去後*2
[1983	ツェツェバエ3種	ナイジェリア	3,000 km^2] *3	
[1985	ツェツェバエ G. palpalis	ナイジェリア	1,500 km^2] *4	
1987	ウリミバエ	宮古諸島	267 km^2	63億
1989	ウリミバエ	奄美群島	1,112 km^2	
1990	ウリミバエ	沖縄諸島*5	1,379 km^2	309億
(1990	クインスランドミバエ	西オーストラリア	800 km^2	侵入直後）*1
1991	ラセンウジバエ	リビア	>28,000 km^2	総数13兆
[1992	チチュウカイミバエ	西オーストラリア	侵入直後] *6	
1993	ウリミバエ	八重山諸島	586 km^2	154億
1995	チチュウカイミバエ	北部チリ		
1996	ツェツェバエ G. austeni	ウングァ島	1,650 km^2	
2000	ラセンウジバエ	中米（除メキシコ）	約56万 km^2	
2004	アリモドキゾウムシ	久米島	63 km^2	週120万*7

*1 （ ）内は成功例にしてある論文も多いが，疑問のあるものである．ここにあげた三つは侵入直後のケースで，対象種は事業開始時ごくわずかしかいなかったと思われる．
*2 琉球列島では雄除去法で根絶したが小笠原ではME弱反応系統がありうるとして不妊虫放飼に切り替えた（本文参照）．
*3 サバンナ中の川辺林のみを対象とした．種はG. palpalisの2亜種およびG. morisitansとG. tachinoides.
*4 砂漠・草原地帯中の川辺林いくつかの合計．
*5 久米島を除き，大東諸島を含む．
*6 1980年侵入，1984年に一度根絶したがその後も何回か侵入しそのたびにSITを行い，1992年の侵入直後の根絶がこれである．
*7 2002年最初から野生寄主植物への寄生率ゼロが続いているが，年に数匹とれるので政府の根絶発表はされていない．しかしほぼ根絶である（本文参照）．

匹であることがわかり，オス150匹/km^2/週（全島に68,000匹）に増加させた．その結果この島のラセンウジバエは1954年10月に絶滅した（Baumhover et al., 1955）．

この成功で，アメリカ政府は巨大な増殖施設の建設予算を出すことを決め，面積13万km^2（北海道と九州を合わせたくらい）のフロリダ半島からの根絶事業が始まった．寒波により野生ラセンウジバエが激減した1958年春から放飼が始められ，最高週5,000万匹の放飼によって，1960年に根絶が成功したのである（LaChance et al., 1967; Baumhover, 2002; 表1-1参照）．

1-1-3 マリアナ諸島のミバエ類

ハワイには4種の果実を害する重要な「ミバエ」が侵入・定着している．ウリミバエ，ミカンコミバエ，チチュウカイミバエ，ナスミバエ（旧名マレーシアミバエ）である．このためハワイは日本などに熱帯果実を輸出することも，観光客に持ち出させることもできない．そこでアメリカ政府はホノルルにミバエ研究所を作り，対策を研究させていた．ミカンコミバエについてはメチルオイゲノールによる雄除去法の適用も試みられた．ここでは不妊虫放飼について述べよう．

表1-2 不妊虫放飼による根絶の失敗例（ごく一部を示した．公式には根絶を目指してなくとも面積当たり放飼数が極めて多い例は入れた．本文参照）．

年	種	場所	注
1961	ミカンコミバエ	ロタ島	雄除去に切り替え1963年根絶
1962	クインスランドミバエ	オーストラリア	
1964〜1965	ミカンコミバエ	サイパン島など	雄除去に切り替え1965年根絶
1968〜1969	チチュウカイミバエ	アルゼンチン	270 km^2, "excellent control"
1967	チチュウカイミバエ	イタリア・カプリ島	
1968	チチュウカイミバエ	スペイン・テネリフ島	
1969	チチュウカイミバエ	ニカラグア	最大のS：W比＝112：1
1972〜1973	チチュウカイミバエ	イタリア・プロチダ島	最大のS：W比＝311：1
1972	ラセンウジバエ	南部アメリカ	1974年メキシコと合同で再開．表1-1の1982を見よ
1977〜1975	チチュウカイミバエ	スペイン・テネリフ島	
1980	チチュウカイミバエ	カリフォルニア	不妊虫放飼失敗後殺虫剤・誘引剤使用で根絶
1991	チチュウカイミバエ	ハワイ・カウアイ島	

最初の試みは1960〜1962年マリアナ諸島ロタ島（85km^2）のミカンコミバエに対して行われた（最初から不妊虫放飼法だったのである）．放飼数は3万匹/km^2/週で，総放飼数は4億匹にのぼったが，この試みは失敗した．自然個体数が最低の時期でさえ，トラップで捕らえたオス数は放飼オス10：野生オス1であり，著者らは原因は放飼数不足だとした．ただしこの島のミカンコミバエは雄除去法に切り替えて根絶している（表1-2; Steiner et al., 1962）．

　1962〜1963年にはロタ島のウリミバエへの不妊虫放飼が行われた．放飼数は最大220万匹/km^2/週であり，総放飼数は約2億6,000万匹にのぼり，1963年12月には野生虫捕獲ゼロとなり，根絶は達成された（表1-1; Steiner et al., 1965）．

　1963年秋には強い台風でグアム島の果実の大部分が落果し，ミバエ類が激減した．このときをねらってグアム島のミカンコミバエへの不妊虫放飼が行われ，これも成功した（表1-1; Steiner, 1966）．しかしその後に行われたサイパン島，テニアン島のミカンコミバエへの放飼事業は失敗し，雄除去法への切り替えで根絶している（表1-2）．

1-2　1964年以降 ── IAEAの事業補助開始と連続した失敗 ──

　広島・長崎への原爆投下の人間への深刻な害が明らかとなって以来原子力利用への批判に悩まされていたアメリカ政府の強い意向もあって，不妊虫放飼法はウィーンにある国際原子力機関（IAEA）の事業の一つとなり（国連食糧農業機関FAOも共同となっていてFAO/IAEA事業と書かれているが，事実上はIAEAの仕事である），途上国には多額の補助金が出て，とても多くの仕事が行われた．しかし，1978年の沖縄久米島のウリミバエ根絶まで，根絶の成功例はほとんどなく，しかもその原因もわかっていない．

　例えば，1960年代後半にニカラグアで行われたチチュウカイミバエへの放飼では，乾燥地帯の中にある生息域でトラップにより捕らえた不妊オス：野生オスの比は放飼開始1ヵ月後に112：1に達したのに，根絶には至らなかった（Rhode et al., 1971; 論文の表題から見ると根絶目的の放飼実験ではなかったようでもあるが，上の比率は膨大な数の不妊オスの放飼を示しており，

「根絶失敗例」としてよいだろう．表1-2参照）．またイタリアのプロチダ島で1970年代初期に行われたチチュウカイミバエへの放飼実験事業でも，1ヵ月後の採取個体の比率が不妊オス311：野生オス1という高い値に達しながら，根絶は失敗している（Cirio & Murtas, 1974）．二つの例で根絶に至らなかった原因として，著者らなどにより放飼数の不足と累代増殖・照射オスの性的競争力の低下が有力だと考えられたが，野生個体数の調査も性的競争力の野外での測定もないので，実際にどちらだったかは見当もつかない（本書の第2章を参照）．

チチュウカイミバエは中東，アフリカ，南ヨーロッパにおける果実の大害虫であり，IAEAの援助で1960～1970年代に数十の試みが行われた（今は南米の重要侵入害虫でもある）．しかし1967年にイタリアのカプリ島で，1968年にスペインのテネリフ島で，また1969年ニカラグアで行われた事業も失敗である．1968～1969年アルゼンチンで行われた事業では27 km^{2}の土地に放飼がなされたが失敗し，1992～1994年の新しい事業（週1億2,000万匹生産できる工場を建設して実施された）も成功していない（17ページの追記参照）．

Klassen et al. (1994) は "Overview of the Joint FAO/IAEA Division's involvement in fruit fly sterile insect technique programs" と題する総説で，この時期までの世界のミバエ類への不妊虫放飼事業のレビューをしているが，これに出てくる事業は24カ国57にのぼる（IAEAから金をもらわなかった日本も小笠原のミカンコミバエ，久米島のウリミバエおよび琉球列島のウリミバエの3事業が上げられているが，日本とアメリカを除く大部分はIAEAから金が出ているはず）．しかしその2/3くらいは "eradicated" でなく "excellent control" などと書かれており，根絶にいたっていない．

表1-1を見ると，根絶成功例は1964年のミカンコミバエ根絶以来，1977年の沖縄でのウリミバエ根絶までなかったといってよい（1976年のチチュウカイミバエ根絶はメキシコからカリフォルニアへの侵入直後の，狭い地区にごくわずかしかいない時期のことである．これを加えても12年成功はなかったことになる）．失敗だけでなく，その原因がわかっていないことも，これらの大事業の共通の特徴といわざるをえない．

私たちは次に書く日本最初の久米島ウリミバエ根絶事業開始の際，農林省

(当時の呼び名)が大蔵省に「確立した技術であり,研究は必要ない」といって予算をとってきたこと,それにより研究費などに大変苦しんだことを書いている(伊藤,1980, 2003;伊藤・垣花,1998).国外でも状況は同じだった.フロリダのラセンウジバエ,マリアナのウリミバエとミカンコミバエの成功が昆虫関係者にこの方法の効果を強く認識させ,アメリカ農務省,FAO,IAEAの人たちはずっと「方法は確立している.金をやるからやってくれ」というやり方で事業を拡大し,対象国の関係者に基礎研究の実施を条件付けなかったのである.

1-3 琉球列島のウリミバエ根絶とリビアのラセンウジバエ根絶
—1970, 1980年代に生じた変化—

　表1-1のように,沖縄の昆虫研究グループは1977年久米島からのウリミバエ根絶に成功した(Iwahashi, 1978;伊藤,1980; Itô & Koyama, 1982).そして1987には宮古諸島の根絶,1990年に沖縄諸島,1993年に八重山諸島の根絶が達成された(伊藤・垣花,2000).鹿児島県農業試験場のグループも1989年奄美諸島の根絶に成功し(福島・田中,1985),こうして1993年には(久米島開始以来20年)全琉球列島からこの侵入害虫が根絶された.1964年以後になされた世界の不妊虫放飼による害虫根絶事業中の一番大きな成果だといってよいだろう.成功の理由は他国の事業でほとんど行われてこなかった基礎研究と,それに基づく他国と違う技術によると私は考えている.その技術とは,(1)新しいマーキング法のモデルの考案による野生虫個体数の推定,(2)ロジスチックモデルと交尾のポアソン・二項分布近似を組み合わせた新モデルによる必要放飼数の決定,(3)放飼不妊オスの性的競争力の野外での推定と累代飼育によるこの低下への対策立案,(4)野生個体群の遺伝形質をなるべく保とうとした累代飼育法などである.(1)と(2)は本書の第2章(伊藤・山村),(3)は第2, 3, 4章(伊藤・山村,垣花および伊藤),(4)は第3章(垣花)に出ている.

　なお1983年にはかつてアメリカが雄除去法による根絶に失敗した小笠原のミカンコミバエも根絶されたが,これは最初メチルオイゲノールによる雄除去を行ったがこれにあまり誘引されない系統が発現したことがわかり,不

妊虫放飼に切り替えた結果だった（大川, 1985; Itô & Iwahashi, 1974 も参照）．

　アメリカはフロリダ半島の根絶後，メキシコに接するテキサス，ニューメキシコ，アリゾナのラセンウジバエを根絶しようとテキサス州ミッションに大きな増殖・不妊化施設を作り，1960年代から放飼を試みたが失敗した．Knipling (1979) は主な原因をメキシコからの飛来とし，Klassen & Curtis (2005) もこれに従っているが，Bush et al. (1976) は欠点を含む方法での継代大量増殖による放飼不妊オスの性的競争力の低下を示唆していて，私はこれもかかわっていたと思う．ともかく，アメリカはメキシコと協定を結んで同国ツストラグチエレスに週5億匹生産の大工場を建設し，1982年にアメリカ合衆国西南部とメキシコの根絶に成功した（ミッションとツストラグチエレスの施設については伊藤・垣花, 1998が書いている）．

　しかし，1990年代のウリミバエ以外の特筆すべき成功は，リビアに侵入した新大陸産ラセンウジバエの根絶だと思う．本種はおそらく人により中米ないしアメリカ合衆国から持ち込まれたもので，1988年3月に発見された．この虫は間もなく28,000 km^{2}を超える地域に広がり，ウシ，ヒツジなど家畜だけでなく現地の子供たちの傷にも産卵して大きな被害をもたらした．このためFAOとIAEAはツストラグチエレスにあるラセンウジバエ増殖・不妊化施設から冷却した蛹を空輸して，リビアに放飼したのである（1回の飛行で4,000万匹の蛹を空輸したという．当時アメリカとリビアの関係は戦争寸前といえるほど悪かったのにFAO/IAEAがこれを実施したことは評価されてよい）．1991年2月からリビア国内の発生地6,400 km^{2}に週2回，1回1,000万〜1,300万匹が放飼されたが，間もなく隣国チュニジアの国境地帯2,500 km^{2}を含む4,000 km^{2}に1回4,000万匹が放飼された．この結果1991年5月には本種が媒介する病気の発生がなくなり，1992年6月に根絶が宣言された．1990年には12,000例のハエウジ病感染が報じられていたのに，1991年には6例だったという．総放飼数は13億匹であった（FAO, 1992）．1992年秋にIAEAで開かれた不妊化法と遺伝的防除法の国際シンポジウムでは，琉球列島のウリミバエ根絶の山岸らの報告（Yamagishi et al., 1993）とこのラセンウジバエの報告（Lindquist et al., 1993）とが特別報告に依頼された．

　1992年以前の成功とされている事業には表1-1のようにカリフォルニアと

メキシコ南部のチチュウカイミバエ (1976, 1982) とナイジェリアでのツェツェバエの事業 (1983) があるが，前二者は侵入直後の，転々とした小生息地にごく低い密度でいた時期で，しかも高頻度の薬剤散布なども伴ったものである（メキシコ南部には私も訪れたが数千個のトラップでの採集は99％くらいがゼロであった）．ナイジェリアでのツェツェバエの事業も広大なサバンナ地帯の中の川のそばにあるいくつかの森で行われたもので根絶とされてはいるが，将来のための実験事業の性格が強い．成功例としては，東オーストラリアから西オーストラリアに侵入した直後のクインスランドミバエの根絶が詳しいデータ入りで報告されているが，これも侵入直後である (Fisher, 1994)．

1-4　成功の時代へ ― 1994年以降 ―

　私の考えでは，情勢が変わったのは1990年代で，ほぼ日本でのウリミバエ根絶の時期と対応している．世界で次々と成功例が出，害虫防除の中でのSITの地位は確立した．これは9ページに書いた基礎研究の軽視から重視への転換，特に放飼虫の質の評価が重要視されてきたことによるものであり，沖縄の経験が大きく影響したと思う．IAEAがウイーンの近くのザイベルスドルフに研究所を作って多くの国から研究者を集め，ここで行われた基礎研究の結果と，研究の進め方に関する経験とが対象国に持ち込まれたことも効果があったろう．

　1995年には北部チリのチチュウカイミバエが根絶された（何回もの失敗の後だという．Enkerlin et al., 2003）．Enkerlin et al.(2003) によると，アルゼンチンでも1990年代のなかばにパタゴニアの一部で根絶され，すでに根絶しているチリへの果実輸出が認められたというし，北メキシコのメキシコミバエ (*Anastrepha ludens*) とニシインドミバエ (*A. obliqua*) も根絶地が広がりつつあるというが，特定の広い地域の根絶確認ではないので表1-1に入れなかった．

　それよりも1996年に実施されたタンザニアのウングァ島（ザンジバルの東海岸にある沖縄本島よりやや大きい島）のツェツェバエ *Glossina austeni* の根絶事業の成功は，人間へ病気を媒介するアフリカの大害虫に関することゆえ特筆されてよいだろう．ツェツェバエはザイベルスドルフの研究所の主要な

テーマで，ここで行われた多くの研究をもとにたくさんの事業が行われた．表1-1では（ ）に入れてあるが，ナイジェリアの乾燥地域内の川辺林を対象に行われた試験放飼もうまくいっており，近く広い地域での根絶も報告されるだろう．ラセンウジバエもグアテマラからパナマまでの56万km^2に及ぶ中米大陸地域で根絶が成功したという．

ウリミバエとミカンコミバエの根絶後，日本政府は琉球列島だけにいるサツマイモの害虫アリモドキゾウムシとイモゾウムシの不妊虫放飼による根絶に金を出し始めた．奄美群島の仕事については本書の杉本・瀬戸口執筆の第7章，沖縄の仕事については小濱・久場執筆の第8章に詳しく解説されているが，久米島のアリモドキゾウムシはほぼ根絶されている（表1-1）．

以上のように根絶例は増えつつあるが，依然として失敗も多いし，マラリアカのように多くの国で研究が行われながら，まだ研究段階にとどまっているグループ，ワタの害虫のゾウムシ *Anthonomus grandis*（Klassen & Curtis, 2005）やガの仲間のコドリンガ *Carpocapsa pomonella*（アメリカとカナダで古くから試験放飼が行われてきた．Bloem et al., 2005）のように根絶でなく防除を目的としたグループも多いことを記しておこう．

最後にEnkerlin et al.（2003）が作成した世界の不妊虫放飼事業用の大量増殖施設の一覧表を付けておこう．週1億匹以上生産できる施設が11箇所もある（表1-3；名瀬の施設が入ってないなど不完全なものだが）．

(付1) 雄除去法について この章の中にマリアナ，カリフォルニアにおけるミカンコミバエとチチュウカイミバエの根絶を記した．日本に侵入したミカンコミバエも，小笠原ではオス誘引剤メチルオイゲノールへの弱反応系統が出現したらしく不妊虫放飼に切り替えて根絶したが，琉球列島ではこうした系統の出現は確認されず，雄除去法のみで根絶した（鹿児島県下1979年，沖縄県下1983年）．その他の成功例としてはオーストラリアのケアンズ周辺に侵入・定着したパパイアミバエ（*Bactrocera papayae*）の根絶がある（1995年）．オス誘引剤キュールアの使用による（Hancock et al., 2000）．

(付2) IAEAの月刊誌 IAEAでは毎月40ページくらいの "*Insect Pest Control Newsletter*" を出していて私の所にも送られてくるが，それを見ても

1-4 成功の時代へ— 1994年以降 —

表1-3 世界の不妊虫放飼プロジェクト用の大量増殖施設 (Enkerlin et al., 2003による).

国	場所	種 (注も参照)	週生産個体数 ×100万[*1]
ミバエ類			
アルゼンチン	サン・ジュアン	チチュウカイミバエ	5～15
	メンドーサ	〃	100～250[*2]
オーストラリア	パース	〃	5～15[*2]
オーストリア	ザイベルスドルフ	〃	3～20[*2]
チリ	アリカ	〃	50～75[*2]
コスタリカ	サンホセ	〃	4～8
ギリシャ	ヘラクリオン	〃	1～2
グアテマラ	エル ピニョ	〃	1,500～2,000[*2]
メキシコ	メタパ チアパス	〃	500～600
ペルー	リマ	〃	25～120
ポルトガル	マデイラ	〃	35～60[*2]
南アフリカ	ステーレンボッシュ	〃	5～10[*2]
アメリカ	ハワイ (USDA)	〃	150～300
アメリカ	ハワイ (CDFA)	〃	100～150
オーストラリア	キャムデン NSW	クインスランドミバエ	15～25
日本	那覇	ウリミバエ	70～200
メキシコ	メタパ，チアパス	メキシコミバエ	150～250
メキシコ	メタパ，チアパス	ニシインドミバエ	25～50
メキシコ	メタパ，チアパス	ウスグロミバエ	5～10
フィリピン	クエソン市	フィリピンミバエ	10～20
タイ	パスマタンス	ミカンコミバエ種群	15～40
アメリカ	ゲインズビル FL	カリブミバエ	10～50
アメリカ	ミッション TX	メキシコミバエ	50～150
ラセンウジバエ			
マレーシア	ジョホール	アジアラセンウジバエ	5～8
メキシコ	ツストラ，チアパス	ラセンウジバエ	120～500
ガ類			
カナダ	オキアナガン	コドリンガ	12～15
アメリカ	フェニックス AR	ワタアカミムシ	70～90
ツェツェバエ			
オーストリア	ザイベルスドルフ	*Glossina* 属各種	25～35[*2]
ブルキナファソ	ボボ-ヂオラソ	*G. palparis gambiensis*	40～50[*2]
エチオピア	アジスアベバ	*G. pallidipes*	10～50[*2]
ケニア	ナイロビ	*G. fuscipes fuscipes*	2～15[*2]
タンザニア	タンガ	*G. austeni*	60～100[*2]
ウガンダ	トロロ	*G. morsitans centralis*	2～15[*2]

[*1] ツェツェバエのみは×1,000.
[*2] 不妊オスのみを生産.
 クインスランドミバエ*Bactrocera tryoni*, メキシコミバエ*Anastrepha ludens*, ニシインドミバエ *A. oblique*, ウスグロミバエ*A. serpentina*, フィリピンミバエ*B. phillippinensis*, カリブミバエ *A. suspense*, アジアラセンウジバエ*Chrysomya bezziana*, タイのミカンコミバエ種群Enkerlin et al. (2003) は日本のミカンコミバエと同じ学名*B. dorsalis*を使用しているが，この仲間は種名が まだ確定してなく，*B. papayae*または*B. carambolae*としたほうがよいかもしれない(久場洋之 氏の教示による).

Klassen & Curtis (2005) 以後のSITによる大地域の根絶成功例はないようだ (第68号, 2007年1月にはボツワナの四国ぐらいの面積からツェツェバエが根絶されたとあるが, 方法は 'sequential aerosol technique' である. また同号には中央アメリカからアメリカ合衆国へトマトなどの輸出が認められたとあるが, これはミバエの根絶によってでなく低密度化によるとある).

謝　辞

多くの資料をコピーして送られ, 原稿も見てくださった沖縄県農業試験場の久場洋之氏にお礼申し上げる.

引用文献

Baumhover, A. H. (2002) A personal account of developing the sterile insect technique to eradicate the screwworm from Curacao, Florida and the southeastern United States. *Florida Entomologist* **85**: 666-673.

Baumhover, A. H., A. G. Graham, B. A. Bitter, D. E. Hopkins, W. D. New, F. H. Dudley & R. C. Bushland (1955) Screwworm control through release of sterilized flies. *Journal of Economic Entomology* **48**: 462-466.

Bloem, K. A., S. Bloem & J. E. Carpenter (2005) Impact of moth suppression/eradication programmes using the sterile insect technique or inherited sterility. *In*: Dyck, V. A., J. Hendrichs & A. S. Robinson (eds.) *Sterile Insect Technique. Principles and Progress in Area-Wide Integrated Pest Control*. Springer, Netherland, pp. 677-700.

Bush, G. L., R. Neck & G. B. Kitto (1976) Screwworm eradication: inadvertent selection for non-competitive ecotypes during mass rearing. *Science* **193**: 491-493.

Cirio, U. & I. de Murtas (1974) Status of Mediterranean fruit fly control by the sterile male technique on the island of Procida. *In: The Sterile-Insect Technique and Its Field Application*. IAEA, Vienna, pp. 5-16.

Curtis, C. F., G. D. Brooken, K. K. Grover, B. S. Krishnamurphy, H. Laven, P. K. Rajagopalan, L. S. Sharma, V. P. Sharma, D. Singh, K. R. P. Singh, M. Yasuno, M. A. Ansari, T. Adak, H. V. Agarwal, C. P. Batra, R. K. Chandrahas, P. TR. Malhorta, P. K. B. Menon, S. Das, R. K. Razdan & V. Vaidanyanathan (1982) A field trial on genetic control of *Culex p. fatiganus* by release of the intergrated strain IS-31b. *Entomologia Experimentalis et Applicata* **31**: 181-190.

Dyck, V. A., J. Hendrichs & A. S. Robinson (eds. 2005) *Sterile Insect Technique. Principles and Progress in Area-Wide Integrated Pest Control*. Springer, Netherland.

Enkerlin, W. (2003) Economics of area-wide SIT control programs. *In: Recent Trends on Sterile Insect Technique and Area-Wide Integrated Pest Management*. Research

引用文献

Institute for Subtropics, Naha, pp. 1-10.
Enkerlin, W., A. Bakri, C. Caceres, Jean-Pierre Cayol, A. Dyck, U. Feldmann, G. Franz, A. Parker, A. Robinson, M. Vreysen & J. Hendrichs (2003) Insect pest intervention using the sterile insect technique: Current status on research and on operational programs in the world. *In: Recent Trends on Sterile Insect Technique and Area-Wide Integrated Pest Management.* Research Institute for Subtropics, Naha, pp. 11-24.
FAO (1992) *The New World Screwworm Eradication Programme. North Africa 1988-1992.* FAO, Rome, Italy.
Fisher, K. (1994) The eradication of the Queensland fruit fly, *Bactrocera tryoni*, from Western Australia. *In*: Calkins, C. O., W. Klassen & P. Liedo (eds.) *Fruit Flies and the Sterile Insect Technique.* CRC Press, London, pp. 237-246.
Franz, G. (2005) Genetic sexing strains in Mediterranean fruit fly, an example for other species amenable to large-scale rearing for the sterile insect technique. *In*: Dyck, V. A., J. Hendrichs & A. S. Robinson (eds.) *Sterile Insect Technique. Principles and Progress in Area-Wide Integrated Pest Control.* Springer, Netherland, pp. 427-451.
福島満・田中明 (1985) 奄美におけるウリミバエの発生とその根絶. 石井象二郎・桐谷圭治・古茶武男編『ミバエの根絶―理論と実際―』農林水産航空協会, pp. 317-342.
Hancock, D. L., R. Osborne, S. Broughton & P. Glesson (2000) Eradication of *Bactrocera papayae* (Diptera: Tephritidae) by male annihilation and protein baiting in Queensland, Australia. *In*: Tan, K. H. (ed.) *Proceedings: Area-Wide Control of Fruit Flies and Other Insect Pests. International Conference on Area-Wide Control of Insect Pests and the 5th International Symposium on Fruit Flies of Economic Importance, 28 May-5 June, 1998, Penang, Malaysia.* Penerbit Universiti Sains Malaysia, Penang, Malaysia.
石井象二郎・桐谷圭治・古茶武男編 (1985)『ミバエの根絶―理論と実際―』農林水産航空協会.
伊藤嘉昭 (1968) 配偶行動を利用した害虫根絶の技術 (1), (2), (3). 農業技術 **28**: 311-315, 351-358, 401-406.
伊藤嘉昭 (1980)『虫を放して虫を滅ぼす―沖縄・ウリミバエ根絶作戦私記』中公新書.
伊藤嘉昭 (2003)『楽しき挑戦―型破り生態学50年』海游舎.
伊藤嘉昭・垣花廣之 (1998)『農薬なしで害虫とたたかう』岩波ジュニア新書.
Itô, Y. & O. Iwahashi (1974) Ecological problems associated with an attempt to eradicate *Dacus dorsalis* (Tephritidae: Diptera) from the southern islands of Japan with a recommendation on the use of the sterile-male technique. *In: The Sterile-Insect Technique and its Field Applications.* IAEA, Vienna, pp. 45-53.
Itô, Y. & J. Koyama (1982) Eradication of the melon fly: Role of population ecology in the successful implementation of the sterile insect release method. *Protection Ecology* **4**: 1-28.
Iwahashi, O. (1977) Eradication of the melon fly, *Dacus cucurbitae*, from Kume Is.,

Okinawa with the sterile insect release method. *Researches on Population Ecology* **19**: 87-98.
Klassen, W. & C. F. Curtis (2005) History of the sterile insect technique. *In*: Dyck, V. A., J. Hendrichs & A. S. Robinson (eds.) *Sterile Insect Technique. Principles and Progress in Area-Wide Integrated Pest Control*. Springer, Netherland, pp. 3-36.
Klassen, W., D. A. Lindquist & E. J. Buyckx (1994) Overview of the joint FAO/IAEA Division's involvement in the fruit fly sterile insect technique programs. *In*: Calkins, C. O., W. Klassen & P. Liedo (eds.) *Fruit Flies and the Sterile Insect Technique*. CRC Press, London, pp. 3-26.
Knipling, E. F. (1979) The basic principles of insect population suppression and management. *Agriculture Handbook Number 512*. SEA, USDA, Washington, DC.
LaChance, L. E., C. H. Schmidt & B. C. Bushland (1967) Radiation-induced sterilization. *In*: Kilgore, W. K. & R. L. Doutt (eds.) *Pest Control: Biological, Physical, and Selected Chemical Methods*. Academic Press, NY, pp. 147-196.
Laven, H. (1967) Eradication of *Culex pipiens fatiganjus* through cytoplasmic incompatibility. *Nature* **216**: 383-384.
Lindquist, D. A., M. Abusowa & W. Klassen (1993) Eradication of the New World screwworm from the Libyan Arab Jamahiriya. *In*: *Management of Insect Pests*: *Nuclear and Related Molecular and Genetic Techniques*. IAEA, Vienna, pp. 319-330.
大川篤 (1985) 小笠原におけるミカンコミバエの発生とその根絶. 石井象二郎・桐谷圭治・古茶武男編『ミバエの根絶—理論と実際—』農林水産航空協会, pp. 291-316.
Rhode, R. H., J. Dimon, A. Perdomo, J. Gutierrez, C. F. Dowling Jr. & D. A. Lindquist (1971) Application of the sterile-insect-release technique in Mediterranean fruit fly suppression. *Journal of Economic Entomology* **64**: 708-713.
Rössler, Y. (1979) Automated sexing of *Ceratitis capitata* (Diptera: Tephritidae): the development of strains with inherited sex-limited pupal color dimorphism. *Entomophaga* **24**: 411-416.
Spradbery, J. P. (1993) Screw-worm fly: a tale of two species. *Agricultural Zoology Reviews* **6**: 1-62.
Spradbery, J. P. (2001) The screwworm fly problem: A background briefing. *In*: *Screwworm Fly Emergency Preparedness Conference 2001*: *Preparing for the Attack of the Killer Maggot*. Department of Agriculture, Fisheries and Forestry, Canberra, pp. 1-12.
Steiner, L. F. (1966) *Hawaii Fruit Fly Investigations*. USDA, ARS, Honolulu and Hiro, 4pp. (謄写)
Steiner, L. F., W. C. Mitchell & A. H. Baumhover (1962) Progress of fruit-fly control by irradiation sterilization in Hawaii and the Marianas Islands. *International Journjal of Applied Radiation and Isotopes* **13**: 429-434.
Steiner, L. F., E. J. Harris, W. C. Mitchell, M. S. Fujimoto & L. D. Christensen (1965) Melon fly eradication by overflooding with sterile flies. *Journal of Economic Entomology* **58**: 519-522.

Vanderplank, F. L. (1947) Experiments in hybridization of tsetse flies ("*Glossina* Diptera") and the possibility of a new method of control. *Transactions of the Royal Entomological Society* (*London*) **98**: 1-18.

Whitten, M. & R. Mahon (2005) Misconception and constraints. *In*: Dyck, V. A., J. Hendrichs & A. S. Robinson (eds.) *Sterile Insect Technique. Principles and Progress in Area-Wide Integrated Pest Control*. Springer, Netherland, pp. 601-626.

Yamagishi, M., H. Kakinohana, H. Kuba, T. Kohama, Y. Nakamoto, Y. Sokei, & K. Kinjo (1993) Eradication of the melon fly from Okinawa, Japan, by means of the sterile insect technique. *In*: *Management of Insect Pests: Nuclear and Related Molecular and Genetic Techniques*. IAEA, Vienna, pp. 49-60.

（追記）

昨秋到着したIAEAの雑誌*Insect Pest Control News Letter*（付2参照）によると，アルゼンチンのパタゴニア地域全体のチチュウカイミバエは根絶され，アメリカ合衆国はここからの果実輸入を許可したとのことである．また，カリブ海の諸島（キューバなど）を含む中米のラセンウジバエ根絶のために，メキシコのツストラグチエレスのラセンウジバエ工場（週12～50億匹生産．表1-3参照）より大きい新工場がパナマ市近郊のフェリピロ（Felipillo）に完成したという．

第2章
不妊虫放飼法における野生虫数推定および放飼虫数決定モデル
―沖縄のウリミバエ根絶事業で発展させた方法とその後の進歩いくつか―

(伊藤嘉昭・山村光司)

　Kniplingらによるフロリダ半島のラセンウジバエ根絶成功 (1959) は，不妊虫放飼法という新技術に世界の昆虫学者の目を向けさせ，この方法による世界各地での害虫根絶事業の実施に道を開いたが，1963年のマリアナにおけるウリミバエ，ミカンコミバエ根絶以後，沖縄ウリミバエの根絶成功までまったく世界に成功例がないといってよい状況だった (本書第1章)．しかもそれらの失敗した根絶事業においては，対象個体群の個体数推定も行われず，根絶に必要な放飼虫数決定のモデルも使われなかった (放飼不妊オスの性的競争力の野外での推定も行われなかったがこれは別に記す)．

　沖縄におけるウリミバエ根絶事業における最も重要な問題は野生虫数の推定と，それに見合う必要放飼虫数決定の方法であった．後者のためには不妊虫放飼下における個体群動態のモデルの作成が不可欠だ．この章ではまず伊藤が考案した不妊虫放飼条件下での個体群動態のモデルとそれを用いた放飼虫数決定法について書き，次いでマーキング法による野生虫数推定のモデルを紹介する．なお沖縄事業以外でなされた考案，不完全不妊虫放飼のモデル (Barclay, 1982, 2002, 2005) や雄除去法のモデル (Itô et al., 1989)，新しいマーキングデータ解析法 (Yamamura et al., 1992) も付け加えた．なおこの章は"IAEA/FAO食料・農業問題への核技術適用部門"が編集した本 *The Sterile Insect Technique, Principles and Practice in Area-wide Integrated Pest Management* に我々が書いた総説 (Itô & Yamamura, 2005) をもととしている．この本に載っているBarclayのモデルに関する章 (Barclay, 2005) も参考になるの

で記しておきたい．

2-1 個体群動態のモデル

南米ベネズエラ沖のキュラソー島における不妊虫放飼法（sterile insect technique，以下SITと記す）による害虫根絶の最初の試みに関連して出された三つの論文（Knipling, 1955; Baumhover et al. 1955; Lindquist 1955）の一つで，Kniplingはこの方法の効果を説明するモデルと計算例をかかげた．モデルは

$$N_{g+1} = N_g R Q \qquad (2\text{-}1)$$

ここでN_g，N_{g+1}はg世代目と次の世代の野生メスの個体数，Rは世代当たりの個体数の変化率で表2-1の例ではRは一定（$R=1$，個体数安定），Qは孵化する卵を産めるメスの率でメスがランダムに交尾する場合，正常オス（野生オス）数と不妊オス数の比から導かれる（$Q = N_f / (N_f + N_s)$；N_fは正常オスの数，N_sは不妊オスの数）．表2-1は$N_1 = 1,000,000$匹（オスも同じ数）とし，各世代に2,000,000匹の不妊オスを放飼，メスはランダムに交尾すると仮定したときのメス個体数の変化を示す（$Q_1 \fallingdotseq 0.333333$）．1世代目に孵化卵を産めるメスの数は333,333匹であり，Rは1なので次世代のメス成虫数は333,333匹，オスも同数である．ここに2,000,000匹の放飼を続けると，$Q_2 \fallingdotseq 0.14286$となり，$N_3 = (333,333 \times 0.14286) \times 1 = 47,619$となる．同数の放飼を続ければ$Q$は加速度的に減少し，野生個体数は4世代目に絶滅する．

このモデルには密度効果が入っていないし，メスの交尾回数は1回，不妊オスは野生オスとまったく同じ交尾能力をもつとされている．もちろんこう

表2-1 不妊オス放飼の効果．安定した個体群に対して最初は野生オス数の2倍の不妊オスを放飼し，その後同じ数の放飼を続けたときの経過（Knipling, 1955が最初に説明用に出した表．正常オスと交尾した1メスは子孫1メス＋1オスを残すと仮定，交尾はランダム）．

世代数	自然個体群中の メスの数 （オスも同数）	各世代に放した 不妊の数	不妊オスと野生 オスの比	繁殖可能な メスの数
1	1,000,000	2,000,000	2 : 1	333,333
2	333,333	2,000,000	6 : 1	47,619
3	47,619	2,000,000	42 : 1	1,107
4	1,107	2,000,000	1,807 : 1	<1

2-1 個体群動態のモデル

表2-2 Itô (1977) までの不妊虫放飼数決定モデルの例 (Itô et al., 1989より).

個体群増殖の密度依存性	孵化卵を産めるメス率にかかわる要因	
	不妊オス率のみ	不妊オス率 不妊オスの交尾競争力 メスの交尾回数など
密度非依存	Knipling (1955)	Berryman (1967)
密度依存	Geier (1969) Miller & Weidhaas (1974)	Berryman et al. (1973) Itô (1977)

したことを組み込んだモデルも間もなく提案された(表2-2)が,なぜか密度効果を含む個体数変動のモデルとして最も一般的なロジスチックモデルの利用はItô (1977) までなかった(Itô et al., 1989を参照).

個体群増加の最も基本的なモデルであるヘール・マルサスモデルは

$$dN/dt = rN_t \tag{2-2}$$

積分型では

$$N_t = N_0 e^{rt} \tag{2-3}$$

N_t, N_0, r, eはt時間における個体数,増加開始時の個体数,内的自然増加率,および自然対数の底 (2.71828…) である.

昆虫のように個体群が世代ごとに増加するなら式(2-2)は次のように書ける.

$$N_{g+1} = N_g R \quad \text{または} \quad N_g = N_0 R^g \tag{2-4}$$

これはKniplingの用いた式で,$\ln R = r$である.

式(2-2),(2-4)では個体群は無限に増加するが,一般に増加には上限があり,密度が上昇すると密度効果によって増加率がr以下になる.上限のある増加の最も一般的なモデルはロジスチックモデルである.

ロジスチックモデルでは

$$dN_t/dt = N_t(r - hN_t) \tag{2-5}$$

ここでhは内的自然増加率rに対する個体1匹分の増殖抑制効果で,r/hは個体数増加の上限(環境容量K)である.Kを用いると

$$\frac{dN_t}{dt} = rN_t \frac{K - N_t}{K} \tag{2-6}$$

積分型では

$$N_t = \frac{K}{1+e^{a-rt}} \tag{2-7}$$

(aは定数) である.

Itô (1977) はFujita & Utida (1953) によるロジスチックモデルの世代間増加率を計算する式を用いた [ItôはMorisita (1965) を引用しているが，基本式はFujita & Utidaのものである].

式 (2-7) から $e^{a-rg} = (K/N_g) - 1$ (gは世代数). この関係から次の式が導かれる.

$$R_g = \frac{N_{g+1}}{N_g} = \frac{K/(1+e^{a-rg}e^{-r})}{N_g} = \frac{e^r}{1+N_g B} \tag{2-8}$$

ただし $B = (e^r - 1)/K$

この方法のかわりにHassell (1975) が提唱した次のロジスチック差分式を使うこともできる.

$$N_{g+1} = \frac{N_g R}{(1+cN_g)^b} \tag{2-9}$$

bとcは定数である.

2-2　不妊虫放飼下での個体数の変動 — 必要放飼虫数 —

Itô (1977) は不妊虫放飼前と放飼開始後の世代ごとの個体数変動を，それぞれ次式 (2-10)，(2-11) で表した.

$$N_{g+1} = N_g R_g \tag{2-10}$$

$$N_{g+1} = N_g R_g H_g \tag{2-11}$$

ここでH_gは孵化可能な卵の率であり，個体数変動に対する不妊オスの抑圧効果を示す. R_gは式 (2-8) のものである.

H_gはg世代目の不妊オス数$N_{s(g)}$と野生オス数$N_{f(g)}$の比の関数と考えられ，次式で求められる.

$$H_g = f(N_{s(g)}/N_{f(g)}) \tag{2-12}$$

fはメスの交尾回数が1なら不妊オス率，>2なら交尾回数および1メスが野生オスないし不妊オスと交尾する回数と関係する. ウリミバエのメスは複数回交尾するので，沖縄県久米島における最初のウリミバエ根絶実験の際，Itô

(1977) は交尾回数として平均値1.61のポアソン分布（交尾0回のメスの率は0.2）を用いた．そしてあるメスが2回以上交尾する場合に野生オスと交尾するか不妊オスと交尾するか両方とするかは二項分布に従うとした．表2-3はこうしたポアソン・二項分布モデルにおける交尾の率，図2-1はN_s/N_fと孵化する卵の割合を示す［(正常交尾の孵化率を1，不妊オスと交尾の孵化率を0，重複交尾のそれを0.5とした（不妊精子も正常精子と同じ受精能力をもつと仮定)］．

久米島実験においてItôはそれまでに得られていた野外データから$N_0 =$

表2-3 ポアソン・二項分布における交尾頻度 (Itô, 1977より)．

交尾回数 i	ポアソン頻度	M_i	不妊オスとの交尾	両方と交尾	正常オスとの交尾
0	0.200	—	—	—	—
1	0.322	0.402	P_s	—	$P_f(=1-P_s)$
2	0.259	0.324	P_s^2	$2P_sP_f$	P_f^2
3	0.139	0.174	P_s^3	$3P_s^2P_f + 3P_sP_f^2$	P_f^3
4	0.056	0.070	P_s^4	$4P_s^3P_f + 6P_s^2P_f^2 + 4P_sP_f^3$	P_f^4
5	0.018	0.023	P_s^5	$5P_s^4P_f + 10P_s^3P_f^2 + 10P_s^2P_f^3 + 5P_sP_f^4$	P_f^5
6	0.006	0.007	P_s^6	—	P_f^6
計	1.000	1.000			

M_iはi回交尾したメスの率．

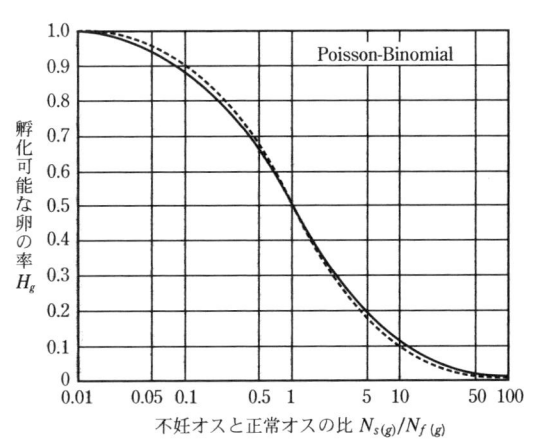

図2-1 ポアソン・二項分布における不妊オス数の正常オス数に対する比と孵化しうる卵の率の関係．破線は1回交尾の場合 (Itô, 1977)．

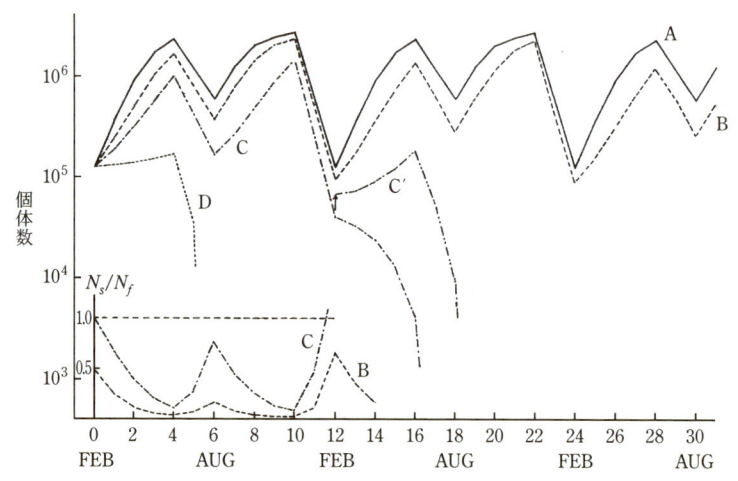

図 2-2 久米島の不妊オス放飼前 (A) および放飼後のウリミバエの個体数変動. 式 (2-10), (2-11), (2-12) によるシミュレーション結果. 最初の不妊オス対正常オスの比は B で 0.5:1 ($N_s = 62,500$), C で 1:1 ($N_s = 125,000$), D で 2:1 ($N_s = 250,000$). C′は C で冬季死亡率を半分とした場合. 左下に N_s/N_f の年内変化を示す. 横軸の数字は開始からの月数 (Itô, 1977).

125,000, $K = 2,700,000$, $r = 1.2$ (N_0 が 0 に近いとき 1 世代に 3.3 倍の増加) とした. また R_g は N_g (g 世代目の野生オス数) に依存して式 (2-8) で変化する (1 月 1 世代) とした. しかし沖縄ではウリミバエは毎年夏と冬に密度と無関係に減少することがわかっていたので, 次の 4 世代は毎年一定の率, すなわち $R_4 = R_5 = 0.5$, $R_{10} = 0.2$, $R_{11} = 0.238$ で減少が起こり, 次年度の N_0 が 125,000 匹に戻るとした. これらの値を用いてシミュレーションされた野生個体数の変化が図 2-2 の曲線 A である (最高密度 2,621,568).

図 2-2 の曲線 B は各月放飼数が 62,500 匹の場合で, 根絶はできない. しかし放飼数が最低密度 125,000 と等しいとき (C) は, 翌年に根絶され, 2 倍放飼なら 1 年以内に根絶すると期待できた. 野生オス数と不妊オス数の比が, 野生オスの減少が始まったときにも 1 以下であること (図 2-2 の左下) に注意されたい.

年間の最少野生虫数と同数の不妊オスの放飼の継続でも根絶が可能だというこの結果は, とても意外なものだった. ニカラグアのチチュウカイミバエ根絶事業ではトラップで捕らえられた不妊オスと野生オスの比は 112:1 に達

2-2 不妊虫放飼下での個体数の変動―必要放飼虫数―

したのに根絶はできず (Rhode et al., 1971), イタリアのプロチダ島で行われた同種の根絶実験でも311：1で根絶しなかった (Cirio & Murtas, 1974) のである. Knipling (1955) も根絶成功のためには最低不妊オス9：野生オス1の比が必要だと書いていた. しかしItôの結果が正しいのである. この発表と同年にアメリカのHaile & Weidhaas (1977) は野外でのカの生存率変化を導入したモデルでシミュレーションを行って, 2倍放飼で根絶は可能だという結果を得たのである (Weidhaasは数学の専門家).

図2-1の曲線が描かれると, この図は放飼不妊虫の野外での性的競争力の推定にも使える. 野外でとったメスの産んだ卵の孵化率の多くが図2-1の曲線の下にきたなら, 性的競争力の低下が示唆される.

久米島でのウリミバエ根絶実験事業では, 最初農林省 (当時の名称) が専門家と相談せずに大蔵省からとってきた予算によって, 週100万匹の蛹を生産する施設しかできなかった (野外での成虫死亡率, 羽化率から見て野生個体数の安定のためには1ヵ月に個体数の4倍くらいの羽化が必要と考えられたので, N_s と同数を毎週放飼することとした). しかし放飼開始半年後くらいまでは野生虫の顕著な減少は示されなかった. 放飼数が100万匹であっても, これは蛹数だし, メスも含まれる. またウリミバエのオスは羽化後7日くらいたたないと求愛・交尾ができない. すると100万蛹放飼における有効不妊オス数は

　　1,000,000 × 0.5 (性比) × 0.6 (羽化率) × 0.87 (1日当たり生存率の7乗)
　　　= 62,910

となり, 最低オス数125,000匹の半分にしかならない. これでは根絶は不可能だ. これを考慮して放飼蛹数を2倍以上にすることにより, 久米島のウリミバエは根絶された (伊藤, 1980; 伊藤・垣花, 1998; Itô, 2003; 本書第3章の3-2節を参照).

もちろん必要放飼数は野生個体群の内的自然増加率によって変化する. Itô & Kawamoto (1979) はItôモデルへ異なる r 値を入れて個体群変動をシミュレートした. 彼らは r 値, 放飼比率, 野生虫個体数ないし根絶までの世代数の関係を示すグラフを掲げているが, そこでは, R が20 ($r=3$) という高い増加率においてさえ不妊オス10対野生オス1の比で放飼すればわずか12世代で根絶

が可能なことが示されている．

放飼数決定モデルについてはBarclay & Mackauer (1980)，Barclay (1982)，Itô et al. (1989)，Barclay (2005)，Itô & Yamamura (2005) を参照されたい．

2-3 不完全不妊虫放飼のモデル

式 (2-11) の不妊虫放飼下の個体群動態モデルは，放飼不妊オスが完全に不妊化しており，これの精子を受け入れた卵はすべて孵化せずに死ぬことが仮定されている．しかし完全不妊化できる線量では放飼虫の寿命や行動能力が低下し，これを防ぐには不完全不妊虫を放飼せざるをえない場合がある．Barclay (2001) は不完全不妊虫放飼のモデルを提案した．これはBarclay (2005) の総説にも採録されている．以下にそれを紹介する．なおここでは不完全不妊とは弱不妊でなく，完全不妊虫と完全繁殖可能虫の共存を仮定している（鈴木・宮井, 2000 も参照）．

Kniplingが最初の論文 (1955) で提案したSITのモデルは次の式である．

$$N_{g+1} = RN_g \frac{N_g}{N_g + S} \tag{2-13}$$

Sは各世代での不妊虫放飼数で，性比は1対1と仮定する．この式から安定な不変性は$N=0$で，不安定な不変性は$S=S^*$のとき$N>0$で達せられる．S^*は個体群を不変に保つ臨界放飼率で

$$S^* = (R-1)N \tag{2-14}$$

である．$S>S^*$のとき個体群は根絶できる．

ここで見るようにモデルはヘール・マルサス型である．

もしオスのうち割合qが不妊でないとしたら

$$F_{g+1} = RF_g \frac{M_g + qS}{M_g + S} \tag{2-15}$$

F_gとM_gはg世代における野生メス数，オス数である．ただしここではオスだけを放飼するか，放飼メスは完全不妊（産卵しない）であることを条件としている．安定不変性は$S>0$のとき$F=0$で，FとMについての不安定不変性は$S=S^*$で達成される．ただしここでS^*は

$$S^* = \frac{(R-1)M}{1-Rq} \tag{2-16}$$

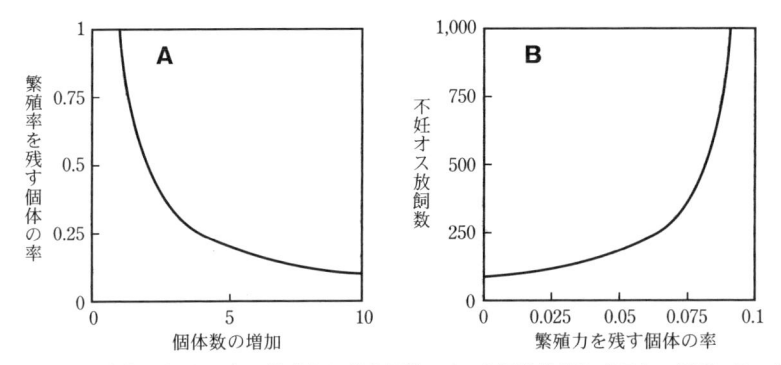

図2-3 A：放飼不妊オス中の繁殖力を残す個体の率 q と個体数増加率 R との関係．B：繁殖力を残す個体の率 q とその条件下で個体数を減らしうる放飼虫数 S^* との関係．野生メス数10，$R=10$ の場合（Barclay, 2001による）．

S^* は $q<1/R$ のときのみ有限で，$q>1/R$ なら個体群はSITで防除できない．例えば $R=10$ だと q は0.1以下でなければならない（図2-3A右端）．S^* は R, M, q に依存し，q が $1/R$ に近づくほど増加する（図2-3B）．

これは不妊オスのみ放飼またはメスが完全不妊の場合だが，完全不妊でないメスもいっしょに放飼したモデルも考えられ，その結果は不妊虫放飼のみでは根絶は不可能であった．根絶は $qM>F/[R(F+q_f S_f)]$ でないと達成できない．

以上は密度依存性がないモデルだったが，Hassell型ロジスチックモデルをもとにこれを展開すると，密度依存性が強いほど，たとえ q が大きくても防除できることがわかった．

この論文でBarclayは不妊オスの性的競争力の低下や野生虫の侵入を含むモデルも提案しているが，ここでは省略する．

2-4　雄除去法のモデル

琉球列島にはウリミバエとともにミカンコミバエも侵入・定着していた．本種にはメチルオイゲノールというオスだけを極めて高い効率で誘引する薬剤があり，これと殺虫剤を含むテックス板を空中から大量に散布してオスを誘殺し除去する方法で根絶が達成された（潮，1985；小山ら，1985）［ミカンコ

ミバエは小笠原諸島にも定着していたが，ここではメチルオイゲノール弱反応の系統が存在する可能性があり，雄除去法とSITの併用で根絶した（大川，1985）］．

宮井俊一はItô et al. (1989) のミバエ防除モデルの総説の中でSITモデルとともに雄除去法のモデルも提案している．

オス数，処女メス数，交尾メス数（繁殖可能メス数）をM, V, Fとすると次の式が導かれる．

$$dM/dt = (a - bF)F - cM - kM$$
$$dV/dt = (a - bF)F - cV - \lambda(M, V) \qquad (2\text{-}17)$$
$$dF/dt = \lambda(M, V) - cF$$

aは交尾メス当たりのオスと処女メスの加入率，bは加入への密度の影響，cは成虫の自然死亡率（オスも処女メス，繁殖メスも同じと仮定），kはオスの除去率で，$\lambda(M, V)$はMとVに依存した交尾率の係数である．

オスは複数回，メスは1回交尾とすると，$\lambda(M, V)$に関して次の2条件が適用できる．

(1) オスなし，あるいは処女メスなしのときは0
(2) オスと処女メスの数が等しければ（$M/V=1/1$），交尾率は最大となる．

これを満たす諸条件の中で次の条件を仮定しよう．

$$\lambda(M, V) = \alpha \min(M, V) \qquad (2\text{-}18)$$

αは定数である．

$k=0$（雄除去前）のとき，式 (2-17) をすべて0とおくと，

$$(a - bF)F - cM = 0$$
$$(a - bF)F - cV - \alpha \min(M, V) = 0 \qquad (2\text{-}19)$$
$$\alpha \min(M, V) - cF = 0$$

この式を解くと，オス数，処女メス数，媚メス数の平衡値は次のようになる．

$$M^* = (c+\alpha)\{a\alpha - c(c+\alpha)\}/(b\alpha^2)$$
$$V^* = c\{a\alpha - c(c+\alpha)\}/(b\alpha^2) \qquad (2\text{-}20)$$
$$F^* = \{a\alpha + c(c+\alpha)\}/(b\alpha)$$

この三つの式を正に保つには$a\alpha > c(c+\alpha)$が条件となる．M^*, V^*, F^*は安定平衡である．

2-4 雄除去法のモデル

雄除去法適用 ($k>0$) のときの平衡密度を M_e^*, V_e^*, F_e^* とすると,

$k \geqq a\alpha/c - c$ のとき

$M_e^* \leqq 0$, $V_e^* \leqq 0$, $F_e^* \leqq 0$

となり,個体数は激減する.だから a と α が大きいほど, c が小さいほど,大きな k が必要である.図2-4に個体数変動を示した. $a = 0.2$, $b = 3.0 \times 10^{-8}$, $c = 0.1$, $\alpha = 0.5$ のとき核平衡値は $M^* = 3.2 \times 10^6$, $V^* = 5.33 \times 10^5$, $F^* = 2.667 \times 10^6$ となり,これを初期値とした.図のA, B, Cは $k = 0.4$, 0.6, 0.95 の場合で,Cのみ $k \geqq a\alpha/c - c = 0.9$ で絶滅を導く.

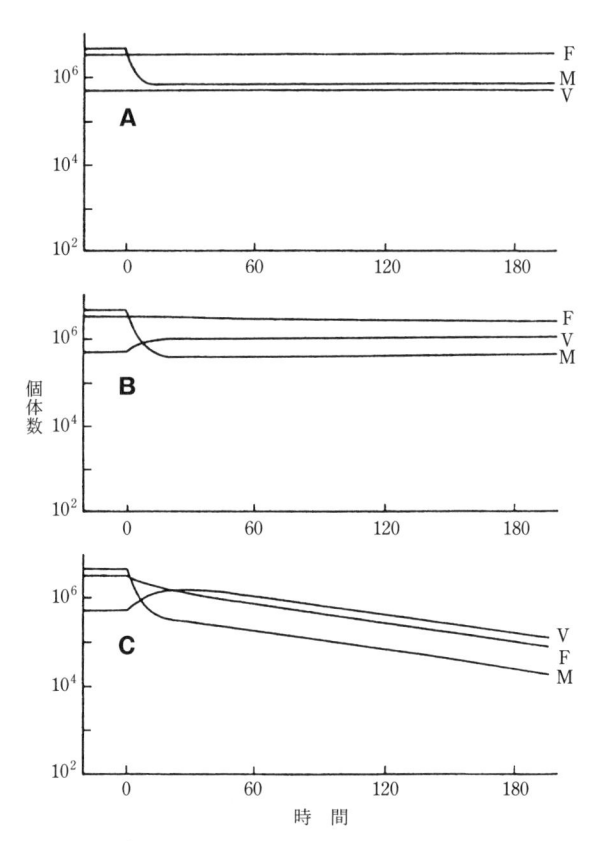

図2-4 雄除去法のモデル［式(2-17)］によるシミュレーションの結果. $a = 0.2$, $b = 3.0 \times 10^{-8}$, $c = 0.1$, $\alpha = 0.5$ を仮定.Aは $k = 0.4$, Bは $k = 0.6$, Cは $k = 0.95$ の場合で,Cのみが根絶可能 (Itô et al., 1989より).

2-5 マーキング法による野生個体数の推定

　前節の結論は，SITの成功のためには対象地域における野生虫の年間最低密度と同数かそれ以上の数の有効不妊オスを放飼することが必要だということだった．したがって生産数・放飼数を決めるためには対象個体群の密度を知らなければならない．ミバエ類のような小さな飛ぶ成虫の密度を推定するには野外で虫を直接数えることは困難で，使える方法はマーキング法（標識再捕獲法）しかないといってよい．外国のSIT事業ではこれが行われず，失敗の原因が不妊オス放飼数の不足のためか不妊オスの性質が悪いためかもわからない場合が，久米島ウリミバエ事業開始のころには大部分であった（前述のチチュウカイミバエの失敗例もそうである）．ここでマーキング法による個体数推定のモデルを示そう．

　以下に述べる方法のうち2-5-1～2-5-4については伊藤・村井 (1978) が計算例も入れて解説している．また嶋田ら (2005) にも2-5-1と2-5-2の詳しい解説がある．マークの脱落率の検出法は伊藤・村井を参照されたい．なおKrebs (1989) には2-5-5を除く方法とその他の新しい方法の詳しい解説があるほか，計算のためのコンピュータプログラムも多数掲載してあってとても便利である．

2-5-1　Petersen法（Lincoln法とも呼ばれる）

　魚の個体数推定のために1894年に提案されたこの方法は，1回放飼1回回収という簡単な手続きで個体数推定ができる最も単純な方法である．式は

$$N_P = M_1 n_2 / m_2 \tag{2-21}$$

ここでN_P, M_1, n_2, m_2は総個体数推定値，1日目にマークして放した個体数，2日目にとった個体数，そのうち再捕獲されたマーク個体数である．

　式 (2-21) のバリアンスは

$$V(N_P) = \frac{M_1(M_1 - m_2) n_2 (n_2 - m_2)}{m_2^3} \tag{2-22}$$

で求められる．

　もともとのPetersen法では対象地区で捕らえた野生個体にマークをして放飼することを前提としていたが，沖縄のウリミバエ事業では増殖施設で作っ

ている虫にマークをつけて放した．SITではこういうケースが多いだろう．特にSITの途中で野生個体数を推定しようとすると，野生虫が少なくて，それらのマーク，放飼は困難である．こういう場合の野生虫数はYamamura et al. (1992) が与えている．すなわち

$$U_P = M_1 u_2 / m_2 \tag{2-23}$$

ただし $u_2 = n_2 - m_2$ である．

バリアンスは

$$V(U_P) = \frac{U_P (U_p - u_2)(u_2 + m_2)}{u_2 m_2} \tag{2-24}$$

である．

N_P は野生虫数 N の最尤推定値で，大サンプルでないと誤差が生ずることがわかっている．$m_2 < 10$ ではこの誤差の影響が大きいが，こういう場合は次の補正式が使える．

$$\text{A}：\quad N_P' = \frac{(M_1 + 1)(n_2 + 1)}{m_2 + 1} - 1 \tag{2-25}$$

$$\text{B}：\quad N_P'' = \frac{M_1 (n_2 + 1)}{m_2 + 1} \tag{2-26}$$

推定個体数が n_2 に比べて非常に大きいときは（例えば $N_P > 10 n_2$）式 (2-26) が，N_P が割合小さく，かつミバエのトラップ調査のように捕らえた個体を殺すときは式 (2-25) がよい (Southwood, 1978; 伊藤・村井, 1978参照).

Petersen 法では対象個体群は「閉鎖的」であること，すなわち時間1と2の間に死亡と対象地域からの脱出（あわせて「消失」と呼ぶ）および羽化と地域外からの侵入（あわせて「加入」）がないことが条件だが，この条件はかなえられないことが多い［マーキング法のすべてに共通の他の必要条件，すなわち (1) 第一のサンプルで全個体が同じ確率で捕らえられること，(2) マークをつけることが捕獲に影響しないこと，(3) 再捕獲までの期間にマークが消失しないこと，(4) 再捕獲したマーク個体すべてが記録されること，はもちろん必要条件である］．

消失と加入があるときの推定式はいろいろあるが，この章では2回以上の放飼と捕獲が必要な方法のうち，今日でも最もよいとされるJolly-Seber法,

1回放飼多数回捕獲の場合の沖縄のウリミバエ事業で使われてきたHamada法（修正Jackson正法）および放飼は1回でよく，その後の捕獲は2回ですむYamamura法の3法を解説しよう（その他の方法については前記伊藤・村井，1978; Seber, 1982; Krebs, 1989を見られたい）．このうちYamamura法は教科書には出てこないが，放飼や回収の回数に制限がある辺地でのSIT事業において最も役に立つ方法だと考える．

2-5-2　Jolly-Seber法

消失・加入があり，以下に記す(3)と(4)で必要な調査中の個体数が安定という条件も要らない方法である．

$$M_i' = (R_i Z_i / r_i) + m_i \quad (i = 2, 3, \cdots, s-2)$$
$$U_{J(i)} = M_i' u_i / m_i$$
$$N_{J(i)} = M_i' n_i / m_i \qquad (2\text{-}27)$$
$$S_{J(i)} = M_{i+1}' / (M_i' - m_i + R_i)$$
$$B_{J(i)} = N_{J(i+1)} - S_{J(i)} (N_{J(i)} - n_i + R_i)$$

ただし

M_i' ＝時点 i でのサンプリング直前に対象地域に生存していたマーク個体数の推定値

$N_{J(i)}$ ＝時点 i でのサンプリング直前の総個体数の推定値

$U_{J(i)} = N_i - M_i'$

$S_{J(i)}$ ＝時点 i から $i+1$ までの生存率の推定値

$B_{J(i)}$ ＝同期間の加入数（加入率でないことに注意）の推定値

n_i ＝時点 i のサンプルの捕獲数

m_i ＝時点 i のサンプル中のマーク個体数

$u_i = n_i - m_i$

R_i ＝時点 i でのマーク個体の放飼数

r_i ＝時点 i でマーク・放飼され (R_i)，このあとで再捕獲された合計数

Z_i ＝時点 i 以前にマークされ，i では捕らえられず，それ以後に再捕獲された個体数．m_{hj} を時点 h で最後に捕獲され，時点 j で捕獲されたマーク個体数 ($1 < h < i - 1$) とすると

表2-4 Jolly-Seber法の計算例．ハスモンヨトウの例（Wakamura et al., 1992）．2回放飼，2回再捕獲の場合で，飼育個体をマーク・放飼し，捕獲個体は殺すことを前提とした．1日目に赤マーク個体を，2日目に黒マーク個体を放飼（Itô & Yamamura, 2005のために山村が作成した計算例）．

日	n_i	R_i	u_i	再捕獲個体数 赤マーク	黒マーク
1		1934			
2	409	1968	26	383	
3	633		24	181	429

$M_2' = R_2 Z_2 / r_2 + m_2 = (1968 \times 181/428) + 383 = 1215$
$\quad S_{J(1)} = M_2'/R_1 = 1215/1934 = 0.63$
$\quad U_{J(2)} = M_2' u_2 / m_2 = 1215 \times 26/383 = 83$
参考：Yamamura法では
$\quad S_Y = (u_2 m_3)/(m_2 m_3) + m_2/M_1 = (26 \times 181)/(383 \times 24) + 383/1934 = 0.71$
$\quad U_Y = S_Y M_1 u_2 / m_2 = 0.71 \times 1934 \times 26/383 = 93$
Petersen法では
$\quad U_P = M_1 u_2 / m_2 = 1934 \times 26/383 = 131$
Petersen法による推定値は他よりだいぶ大きい．Yamamura法はマーク個体が野生個体群中によく混じる条件下ならJolly-Seber法に近い値を与える．

$$Z_i = \sum_{j=i+1}^{s} c_{i-1,j}$$

$$c_{i-1,j} = \sum_{h=1}^{i-1} m_{hj}$$

Jolly-Seber法では個体数ばかりでなく消失率と加入率が求められる．計算の事例を表2-4に示した．大きなサンプルのときの計算に用いる特別な表がSeber (1982) にある．また$U_{J(i)}$のバリアンスを求める式はYamamura et al. (1992) に提出されている．

2-5-3 Hamada法（修正Jackson正法）

Jacksonはツェツェバエの個体数を推定するために1回放飼，多数回捕獲のデータを使う次の方法を提案した (Jackson, 1939; 以下Jacksonの正法と呼ぶ)．

まずy_iという指数を次の式で計算する．

$$y_i = 10^4 m_i / M_0 n_i \tag{2-28}$$

ここでM_0は最初の日（Hamada法の解説に限って最初の日を1日目でなく0日目としてある）のマーク・放飼数で，y_iはマーク個体を100匹放し，時点i

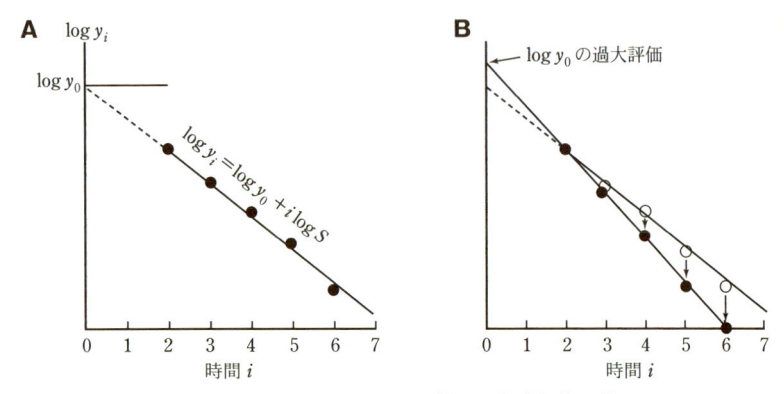

図2-5 仮定値を使ったJackson正法とItô法の比較．再捕獲個体を殺さないとき，y_iはマーク個体の生存率に従って減少するので，生存率が一定なら$\log y_i$はiに対する直線となる(A)．しかしトラップの利用などで再捕獲個体を殺すときはy_iは時間がたつにつれ期待値より小さくなり，直線回帰では$\log y_0$を過大評価してしまう(B)．これは式(2-30)によるN_{J+}の過小評価をもたらす(Itô et al., 1989を改変).

で100匹捕獲した場合に再捕獲されるであろうマーク個体数である．もし総個体数が調査期間中ほぼ一定で，マーク個体が再捕獲後も野外に戻されるなら，iとy_iとの関係は対象地域におけるマーク個体の生存率を示す(図2-5).

もし日当たり生存率が一定なら，y_iは直線回帰で予測できる．

$$\log y_i = \log y_0 - i \log S \tag{2-29}$$

ここでy_0は，0日目に100個体を放飼し，それが直ちに野外個体群中に散らばり，加入も消失もないうちに野外で100個体をランダムに捕獲したとしたら再捕獲されるべき，仮想的なマーク個体数である．式(2-29)が成り立つならば，得られたy_0から

$$N_{J+} = 10^4/y_0 \tag{2-30}$$

で個体数が求められる．生存率はSである．

Jackson正法では再捕獲したマーク個体を野外に戻す(再放飼)必要があるが，トラップによる捕獲では捕獲したマーク個体は死んでしまう．このため，自然死亡率のほかにトラップ死亡が加わって図2-5Bのようになり，y_0の過大評価が起きる(N_{J+}は過小評価となる).

Itô (1973) はトラップ死亡の効果を減らすために次の式を提案し，これを用

いて久米島での最初のウリミバエ総個体数の推定を行った．

$$y_i' = 10^4 m_i/M_{0(i)}' n_i \tag{2-31}$$

ただし $M_{0(i)}' = M_0 - \sum m_j \ (j=1\sim i-1)$

これから $\log y_i' = \log y_0' + i \log S$ で y_0' を求め，次の式で個体数を推定する．

$$N_I = 10^4/y_0' \tag{2-32}$$

ウリミバエ事業では野生虫でなく飼育虫にマークをして放飼していた．Hamada (1976) は放飼した飼育虫数が野生個体数より十分大きいとき，Itô法により求めた数からマーク放飼数を引いた値で総野生個体数を過大に評価することを知り，バイアスを減らす方法として次の式を提案した．

$$z_i = 10^4 m_i/M_{0(i)}' u_i, \quad U_H = 10^4/z_0 \tag{2-33}$$

もちろん $u_i = n_i - m_i$，$\log z_i = \log z_0 - i \log S$ である．

Hamadaによると，これによってバイアスはItô法よりだいぶ小さくすることができる (0にはならない)．その後沖縄プロジェクトではずっとこの方法を使ってきた．

2-5-4 Jackson負法

Jackson正法を提案した論文でJackson (1939) は多数回放飼，1回回収の場合の式も提案した．何回かの放飼を $(-i)$ 日，$(-i+1)$ 日，…，(-1) 日に異なるマークをつけて行い，そのあと0日目に1回だけの回収を行う (回収は1回なので回収虫を殺しても影響がない)．式は

$$y_{-i} = 10^4 m_{-i,0}/M_{-i} n_0 \tag{2-34}$$

M_{-i} は $-i$ 日目に放飼したマーク個体数，$m_{-i,0}$ は $-i$ 日目に放飼し，0日目に再捕獲されたマーク個体数で，死亡があるならば放飼から回収までの期間が短いほど値は大きくなり，マーク個体の生存率が一定なら直線回帰で y_0 が求められ，

$$N_{J-} = 10^4/y_0 \tag{2-35}$$

で個体数が求められる．飼育虫を放飼する場合は次の式がよい (Itô & Yamamura, 2005)．

$$y_{-i}' = 10^4 m_{-i,0}/M_{-i} u_0, \quad U_{J-} = 10^4/y_0' \tag{2-36}$$

山間地のウリミバエ個体数調査では放飼は何回もヘリコプターでできる

が，回収には山中のたくさんのトラップを見て回らなければならないので，捕獲は1回だけが望ましい．Koyama et al. (1982) は，この方法で沖縄本島北部山岳地帯のウリミバエ個体数を推定した．マラリアカについてのReisen et al. (1979) の推定もこの方法による．

2-5-5 Yamamura法

Yamamura et al. (1992) は野外で消失が存在しても，また飼育虫を放飼し，捕獲虫を殺すという条件下でも，少数回の調査で個体数を推定できる式を提案した．この方法では放飼は1回，捕獲は2回必要で，Petersen法より1回多く調査を行えばよい．必要な仮定は四つある．(1) 2回の捕獲の間，野生個体数が安定していること（捕獲で野生個体が失われても，同じくらいの数が加入して個体数がほぼ一定なら良い）．(2) 2回の調査の間に生存し対照地域内に残っている割合，すなわちマーク虫残存率が一定であること．(3) マークをつけたことが捕獲に影響しないこと．(4) マークが消失しないこと．

1日目にマーク個体を放飼し，2日目，3日目に再捕獲する場合，生存率の最尤推定値S_Yと野生個体数U_Yは次の式で求められる．

$$S_Y = (u_2 m_3)/(m_2 u_3) + m_2/M_1 \tag{2-37}$$

$$U_Y = S_Y M_1 u_2 / m_2 \tag{2-38}$$

Kishita et al. (2003) はこれを用いて沖縄県の伊計島のオキナワカンシャクシコメツキの個体数を推定している．158 haの島に1,000匹のマーク個体を放飼し，250のフェロモントラップで採集したデータから計算された値は，表

表2-5 伊計島におけるオキナワカンシャクシコメツキの個体数推定 (Kishita et al., 2003).

方法	個体数推定値 $\times 10^{-2}$	標準誤差 $\times 10^{-2}$	2日当たり生存率推定値	標準誤差
推定1（2000年3月30日〜4月3日）				
Jolly-Seber	120.5	33.3	0.499	0.125
Yamamura	139.2	42.2	0.577	0.134
Petersen[*1]	223.2	22.3		
推定2（2000年4月25日〜4月29日）				
Jolly-Seber	11.2	7.5	0.301	0.197
Yamamura	10.6	6.7	0.284	0.169
Petersen[*1]	38.7	8.4		

[*1] Petersen法の値はYamamura et al. (1992) の平均値計算式による．

表2-6 Peterson法による個体数推定への消失（死亡・脱出）ならびに加入（羽化・侵入）の影響 (Itô, 1976による).

	N_2	M_2	n_2	m_2	N_P
(1) 消失のみ	SN_1	SM_1	pSN_1	pSM_1	$(pSN_1M_1)/(pSM_1)$ $= N_1$
(2) 加入のみ	$N_1(1+B)$	M_1	$pN_1(1+B)$	pM_1	$[pN_1(1+B)M_1]/pM_1$ $= N_1(1+B)$
(3) 消失・加入の順であり	$N_1(S+B)$	SM_1	$pN_1(S+B)$	pSM_1	$[pN_1(S+B)M_1]/pSM_1$ $= N_1(1+B/S)$
(4) 消失・加入順が(3)と逆	$SN_1(1+B)$	SM_1	$pSN_1(1+B)$	pSM_1	$pSN_1(1+B)M_1]/pSM_1$ $= N_1(1+B)$

N_2, M_2, n_2, m_2：2日目に対象地域にいた個体数およびマーク・放飼数，2日目に捕獲した個体数およびそのうちの再捕獲マーク個体数．
N_P, S, B, p：Peterson法推定個体数（1日目の），1～2日目の間の生存率と加入率および捕獲率．

2-5に示したようにJolly-Seber法とよく一致していた．放飼個体の生残率が放飼日によって異なる場合には，Jolly-Seber法よりもYamamura法のほうが信頼できる．

2-5-6　Petersen法への消失と加入の影響

Itô（1976）は一番簡単なPetersen法への加入と消失の影響を調べ，表2-6の結果を得た．これを見るとPetersen法はもし消失しかない場合には1日目（消失前）の正しい個体数を与え，加入しかない場合には2日目（加入後）の個体数を与える．両方がある場合には，その起こり方によって1日目の個体数は$N_P(1+B)$か$N_P(1+B/S)$で与えられる（S, Bは生存率，加入率）．調査期間中に消失のみで加入がない場合は少なくないが，こういうときPetersen法は役に立つ値を与えるわけである．加入の有無の推定法はSeber（1982）を見られたい．

引用文献

Barclay, H. J. (1982) Pest population stability under sterile release. *Researches on Population Ecology* **24**: 405-416.
Barclay, H. J. (2001) Modeling incomplete sterility in a sterile release program: interactions with other factors. *Researches on Population Ecology* **43**: 197-206.
Barclay, H. J. (2005) Mathematical models for the use of sterile insects. *In*: Dyck, V. A. (ed.) *The Sterile Insect Technique, Principles and Practice in Area-wide Inte-*

grated Pest Management. Joint FAO/IAEA Division of Nuclear Techniques in Food and Agriculture, Vienna, pp. 147-174.

Barclay, H. J. & M. Mackauer (1980) The sterile insect release method for pest control: a density-dependent model. *Environmental Entomology* **9**: 810-817.

Baumhover, A. H., A. J. Graham, B. A. Bitter, D. A. Hopkins, W. D. New, F. H. Dudley & R. C. Bushland (1955) Screw-worm control through release of sterilized flies. *Journal of Economic Entomology* **48**: 462-466.

Berryman, A. A. (1967) Mathematical description of the sterile male principle. *Canadian Entomologist* **99**: 858-865.

Berryman, A. A., T. P. Bogyo & L. C. Dickman (1973) Computer simulation of population reduction by release of sterile insects. II. The effects of dynamic survival and multiple mating. *In*: IAEA (ed.) *Computer Models and Application of Sterile Male Technique.* IAEA, Vienna, pp. 31-43.

Cirio, U. & I. de Murtas (1974) Status of Mediterranean fruit fly control by the sterile male technique on the Island of Procida. *In*: IAEA (ed.) *The Sterile-Insect Technique and Its Field Applications.* IAEA, Vienna, pp. 5-16.

Fujita, H. & S. Utida (1953) The effect of population density on the growth of an animal population. *Ecology* **34**: 488-498.

Geier, P. W. (1969) Demographic models of population response to sterile-release procedures for pest control. *In*: IAEA (ed.) *Insect Ecology and the Sterile Insect Technique.* IAEA, Vienna, pp. 33-41.

Haile, D. G. & D. E. Weidhaas (1977) Computer simulation of mosquito populations (*Anopheles albimanus*) for comparing the effectiveness of control technologies. *Journal of Medical Entomology* **13**: 553-567.

Hamada, R. (1976) Density estimation by the modified Jackson method. *Applied Entomology and Zoology* **11**: 194-201.

Hassell, M. P. (1975) Density-dependence in single-species populations. *Journal of Animal Ecology* **44**: 283-295.

Itô, Y. (1973) A method to estimate a minimum population density with a single recapture census. *Researches on Population Ecology* **14**: 159-168.

Itô, Y. (1976) Estimation of the number of wild males with a mark-recapture method. *Applied Entomology and Zoology* **11**: 107-110.

Itô, Y. (1977) A model of sterile insect release for eradication of the melon fly, *Dacus cucurbitae* Coquillett. *Applied Entomology and Zoology* **12**: 303-313.

伊藤嘉昭 (1980)『虫を放して虫を滅ぼす—沖縄・ウリミバエ根絶作戦私記』中公新書.

伊藤嘉昭・垣花廣之 (1998)『農薬なしで害虫とたたかう』岩波ジュニア新書.

Itô, Y., H. Kakinohana, M. Yamagishi & T. Kohama (2003) Eradication of the melon fly, *Bactrocera cucurbitae*, from Okinawa, Japan, by means of the sterile insect technique, with special emphasis on the role of basic studies. *Journal of Asia-Pacific Entomology* **6**: 119-129.

Itô, Y. & H. Kawamoto (1979) Number of generations necessary to attain eradication of an insect pest with sterile insect release method: A model study. *Researches on*

Population Ecology **20**: 216-226.

Itô, Y., S. Miyai & R. Hamada (1989) Modelling systems in relation to control strategies. *In*: Robinson, A. S. & G. Hooper (eds.) *Fruit Flies. Their Biology, Natural Enemies and Control (World Crop Pests, Volume 3B)*. Elsevier Science, Amsterdam, pp. 267-279.

伊藤嘉昭・村井実 (1978) 『動物生態学研究法 (上), (下)』古今書院.

Itô, Y. & K. Yamamura (2005) Role of population and behavioural ecology in the sterile insect technique. *In*: Dyck, V. A. (ed.) *The Sterile Insect Technique, Principles and Practice in Areawide Integrated Pest Management*. Joint FAO/IAEA Division of Nuclear Techniques in Food and Agriculture, Vienna, pp. 177-208.

Kishita, M., N. Arakaki, F. Kawamura, Y. Sadoyama & K. Yamamura (2003) Estimation of population density and dispersal parameters of the adult sugarcane wireworm, *Melanotus okinawensis* Ohira (Coleoptera: Elateridae), on Ikei Island, Okinawa, by mark-recapture experiments. *Applied Entomology and Zoology* **38**: 233-240.

Jackson, C. H. N. (1939) The analysis of an animal population. *Journal of Animal Ecology* **8**: 234-246.

Knipling, E. F. (1955) Possibilities of insect control or eradication through the use of sexually sterile males. *Journal of Economic Entomology* **48**: 459-462

Koyama, J., Y. Chigira, O. Iwahashi, H. Kakinohana, H. Kuba & T. Teruya (1982) An estimation of the adult population of the melon fly, *Dacus cucurbitae* Coquillett (Diptera: Tephritidae) in Okinawa Island, Japan. *Applied Entomology and Zoology* **17**: 550-558.

小山重郎・与儀喜雄・田中健二 (1985) 沖縄におけるミカンコミバエの発生とその根絶. 石井象二郎・桐谷圭治・古茶武男編『ミバエの根絶―理論と実際―』農林水産航空協会, pp. 263-289.

Krebs, C. J. (1989) *Ecological Methodology*. Harper & Row, New York.

Lindquist, A. W. (1955) The use of gamma radiation for control or eradication of the screwworm. *Journal of Economic Entomology* **48**: 467-469.

Miller, D. R. & D. E. Weidhaas (1974) Equilibrium populations during a sterile-male release program. *Environmental Entomology* **3**: 211-216.

大川篤 (1985) 小笠原におけるミカンコミバエの発生とその根絶. 石井象二郎・桐谷圭治・古茶武男編『ミバエの根絶―理論と実際―』農林水産航空協会, pp. 291-316.

Reisen, W. K., F. Mahmoodand & T. Parven (1979) *Anopheles subpictus* Grassi: Observations on survivorship and population size using mark-release-recapture and dissection methods. *Researches on Population Ecology* **21**: 12-29.

Rhode, R. H., J. Simon, A. Perdomo, J. Gutierrez, C. F. Dowling jr. & D. A. Lindquist (1971) Application of the sterile-insect-release technique in Mediterranean fruit fly suppression. *Journal of Economic Entomology* **64**: 708-713.

Seber, G. A. F. (1982) *The Estimation of Animal Abundance and Related Parameters*. 2nd Edition, Charles Griffin, London.

嶋田正和・山村則男・粕谷英一・伊藤嘉昭 (2005) 『動物生態学 新版』海游舎.

Southwood, T. R. E. (1978) *Ecological Methods with Particular Reference to the Study of Insect Populations. 2nd Edition*, Chapman and Hall, London.

鈴木芳人・宮井俊一 (2000) 不妊虫放飼法によるゾウムシ類の根絶 (5). 不完全不妊虫の利用—理論的アプローチ. 植物防疫 **54**: 469-471.

潮新一郎 (1985) 奄美におけるミカンコミバエの発生とその根絶. 石井象二郎・桐谷圭治・古茶武男編『ミバエの根絶—理論と実際—』農林水産航空協会, pp. 223-262.

Wakamura S., S. Kozai, K. Kegasawa & H. Inoue (1992) Population dynamics of adult *Spodoptera litura* (Fabricius) (Lepidoptera: Noctuidae): Estimation of male density by using release-recapture data. *Applied Entomology and Zoology* **27**: 1-8.

Yamamura, K., S. Wakamura & S. Kozai (1992) A method for population estimation from a single release experiment. *Applied Entomology and Zoology* **27**: 9-17.

第3章
ウリミバエの大量増殖法 — 歴史と問題点 —

(垣花廣幸)

　本章では，久米島でのウリミバエ根絶防除のために石垣島の沖縄県農業試験場八重山支場（当時の名称）に建設された大量増殖施設で実施された週400万匹規模の大量飼育法，沖縄県全域からのウリミバエ根絶を目指して建設された新大量増殖施設，および新大量増殖施設における週2億匹以上の大量飼育法について述べる．

3-1　ウリミバエ人工飼育への道程

　昆虫の人工飼育は多くの種でなされており，湯嶋（1962），Singh（1977），Singh & Moore（1958a, b）によれば，世界で人工飼料を使って飼育されている昆虫は1,329種に達する．また，わが国の大学や試験研究機関で飼育されている昆虫・ダニ類は380種に達するといわれ，これらの飼育に使われる人工飼料も多様である（湯嶋ら，1991）．湯嶋ら（1991）によれば，昆虫の人工飼育に使われる飼料はDougherty（1959）による分類，(1) 小麦胚芽や豆の粉末などの天然物が飼料の主成分となっている「天然物混合飼料」(oligidic diet)，(2) 飼料の大部分は既知物質であるが，カゼインや酵母抽出物などが一部含まれている「半合成飼料」(meridic diet)，(3) 化学的に純粋な物質を用いて調整した「純合成飼料」(holidic diet) の3種類に分けるのが妥当といわれている．

　これらの人工飼料を使って飼育された昆虫は，昆虫の栄養生理やフェロモンなど生理活性物質の研究材料，殺虫剤などのスクリーニング，ウイルスな

ど病原微生物の生産，寄生バチ・寄生バエ・捕食虫などの天敵昆虫の増殖，不妊虫放飼法への利用など，その利用目的はさまざまである．飼育規模においても，研究材料や天敵増殖などの場合は数百から数万匹のレベルでの飼育が一般的であろうが，不妊虫放飼法へ利用する場合は少なくとも数百万匹，多いところでは週産10億匹に近い昆虫を飼育している．不妊虫放飼法が成立するためには，対象昆虫の大量増殖技術，不妊化技術，大量放飼技術の基本的な技術的三つの柱の中で，昆虫を数百万匹の規模で経済的に飼育できることが第一の条件であり(Knipling, 1955)，できる限り多くの虫を安価に作ることが問題である(Knipling, 1966)．このように，大量増殖技術は不妊虫放飼法が成功するために最初に確立されなければならない，基礎となる技術である．

　ミバエ類の人工飼育に関する研究は, Back & Pemberton (1917) によるウリミバエの成虫栄養に関する研究に始まった．彼らは，ハエに新鮮なキュウリのスライスを摂食させたとき，パパイアと水を摂食させたときより短期間で交尾・産卵し，成虫栄養が性的活動と卵成熟に影響することを見いだした．その後, Fluke & Allen (1931) は人工飼料によるリンゴミバエ (apple maggot, *Rhagoletis pomonella*) 成虫の飼育を最初に試み，蜂蜜と水の混合液に酵母を加えることによって，寿命が延長し交尾・産卵が起こることを発見した．

　Marlowe (1934) は，チチュウカイミバエの室内毒性試験を目的として，成虫飼料として使用でき，修正すれば幼虫飼育用培地としても使える人工培地の開発を行った．この培地は，蜂蜜エキストラクト2m*l*・粉砕パパイア4m*l*・水3m*l*・砂糖1g・寒天0.16gの非発酵混合物を15ポンドの圧力で20分間高圧滅菌したもので，摂食する成虫個体群の大きさに依存するが，6週間から4ヵ月間持続した．また，この培地の寒天量を0.1gに減らすと良好な状態で幼虫が飼育された．また, Marucci & Clancy (1950) は，チチュウカイミバエ・ミカンコミバエ・ウリミバエの3種の共通の天敵である *Opius longicaudatus*, *O. persulcatus* の増殖のため，ミカンコミバエの人工培地の開発研究を行った．この研究で，ミカンコミバエから採卵するため，寒天培地に直接産卵させる試みは大部分成功しなかったが，オレンジの皮の切片をガラス板にパラフィンで固定し産卵させることに成功した．幼虫飼育用の寒天培地は，標準テキサスショウジョウバエ組成 (Standard Texas Drosophila Formula) を基本とし

てつくられた．この組成は，水760ml・寒天20g・バナナパルプ220ml・乾燥酵母30g・ショ糖20g・プロピリン酸3ml・Moldexasカビ防止剤2.4ml (0.18％)・合計1lである．この研究で，バナナのかわりにリンゴソースやグワバジュースなども使用可能であること，幼虫発育のためには酵母が不可欠であること，3分間煮沸して死んだ酵母をタンパク質源として与えることで，幼虫の栄養として完全に十分であること，同じ組成の寒天培地でウリミバエとチチュウカイミバエの幼虫飼育が可能であることなどが示された．

　Marlowe (1934) とMarucci & Clancy (1950)による研究は，寄主植物であるパパイアやバナナに酵母と砂糖を混合し，寒天で固めたものであったが，Hagen & Finney (1950)は，果実成分を含まないタンパク加水分解物と砂糖のみによってミバエ類の成虫が飼育できることを発見した．効率的な給餌法としては，20〜50％のタンパク加水分解物溶液と蜂蜜あるいは80％ショ糖溶液を別々に油紙に塗布して与え，水は別に与えた．また，固体のタンパク加水分解物と固体のショ糖を与えても同様の効果であることを報告した．この発見は，世界中のミバエ類生物学と栄養に関する研究を可能にしたといわれ (Tsiropoulos, 1992)，Hagen (1953)の栄養に関する研究へと続き，Maeda et al. (1953)はショウジョウバエの人工培地を参考にして，ミバエ類の完全合成飼料を開発した．

　ミバエ大量増殖用人工培地の基礎は，Finney (1956)によってなされたニンジン培地の開発によって築かれた．この培地は，洗浄したニンジンを細かく砕き，混合を容易にするため十分な水を加えて高速混合機でソース状の濃度にする．このソース状ニンジン液800mlに対して，1.04gのブトベン (0.13％)・16gのビール酵母(粉末)(2％)・15mlの2規定塩酸を混合したものである．ブトベン (n-butyl parahydroxybenzoate)は望ましくないカビと外部からの酵母の成長を抑制し，ビール酵母はミカンコミバエ幼虫の飼料要求を満足させるためにニンジンに不足している栄養分を補給した．この培地は非常に安定しており，普通の冷蔵庫で数日間保存できた．また，ニンジン培地の最も重要な特性は独特の物理性にあった．培地表面には液状の皮膜があり，孵化幼虫が自由に移動できる硬さであった．この表面硬度はこれまでのバナナ培地や合成寒天培地では見られないものであった．しかし，この培地

でミカンコミバエの幼虫は良好に飼育できたにもかかわらず，チチュウカイミバエではそれほどでもなく，ウリミバエの幼虫飼育には成功しなかった (Finney, 1956).

　Finney (1956) によって開発されたニンジン培地は，ハワイのアメリカ農務省ミバエ研究所 (当時の名称) でさらに改良が加えられた．Christenson et al. (1956) は，生ニンジンを乾燥粉末ニンジンに置き換えるとともに，粒子の細かさや水分含量を検討し，ミカンコミバエの幼虫だけでなくチチュウカイミバエとウリミバエの幼虫も飼育することに成功した．また，乾燥ニンジンの使用は飼育コストを1/2以下に減少させた．これは，ミバエに対する不妊虫放飼法の適用を念頭において開発された最初の飼育法である．

　この間，人工採卵法についての研究も飛躍的に進歩した．Marucci & Clancy (1950) は，オレンジの皮の切片をガラス板にパラフィンで固定し，ミカンコミバエから採卵することに成功した．また，Finney (1956) は，果肉を取り除いたオレンジの外皮を使ってチチュウカイミバエから採卵した．これらはいずれも天然の寄主果実を使用したものであるが，Tanaka (1965) は，0.3 mmの産卵孔を開けたレモン型のプラスチックの採卵器，後には長さ9インチ・直径約3インチのプラスチック円筒を使って採卵することに成功した．産卵誘起物質として，ミカンコミバエでは水で薄めたグワバジュースで採卵器内部をコーティングし，チチュウカイミバエでは最初の2年間はレモンジュースを使用したが，その後は温水だけのコーティングで採卵可能となった．ウリミバエの人工採卵は最も困難であったらしく，3×6×1インチのスポンジに2倍に薄めたトマトジュースを浸み込ませたものを産卵誘起物として使用し，プラスチック容器に産卵させることに成功するまでは，直接キュウリに産卵させていた (Tanaka, 1965; Mitchell et al., 1965).

　Mitchell et al. (1965) は，ウリミバエを飼育するための幼虫培地にも改良を加え，乾燥粉末ニンジンの2/3を粉末カボチャに置き換えることで良好な飼育を達成した．乾燥粉末ニンジン培地を基礎にしたミバエ類の飼育は，Mitchell et al. (1965) によってルーティン化された大量増殖法として完成し，世界各国へ普及した．ハワイのミバエ研究所では，この飼育法によって1960～1964年までに3種のミバエ約14億匹を生産した．

Steiner & Mitchell (1966) は，人工飼料を用いたミバエ類の飼育をレビューしている．これによると，このころオーストラリア・コスタリカ・エジプト・フランス・ギリシャ・アメリカ (ハワイ)・インド・イスラエル・メキシコ・パキスタン・スペイン・チュニジアの12カ国で，少なくとも7種のミバエについて大量飼育の研究がなされていた．これらの国々では，安定供給ができ，しかも低価格の培地開発がなされていたものと思われる．

チュニジアのDelanoue & Soria (1958) は，ハワイの組成を改良し，全培地の1/3〜2/3をフスマに置き換えた飼料でチチュウカイミバエの飼育に成功し，これに引き続き，Nadel (1964) は小麦フスマ・ショ糖・ビール酵母・水を基材とする低価格のチチュウカイミバエ飼育培地組成を開発したといわれている (Steiner & Mitchell, 1966)．

Tanaka et al. (1969) は，乾燥ニンジンのかわりとして，オガクズ・サトウキビの搾りかすであるバガス・ヌカ・ティッシュペーパー・小麦フスマ・小麦全粒粉などをテストし，小麦の全粒粉とフスマを基材とした幼虫培地でミカンコミバエとチチュウカイミバエを飼育することに成功した．この培地100 l をコンクリートミキサーを使って5分で混合できた．乾燥ニンジンを使った場合のコストは100万蛹当たり45ドルであったが，この培地はミカンコミバエが40ドル，チチュウカイミバエでは20ドルまでコストダウンできた．また，ウリミバエの飼育のためにはさらに改良が必要であった．しかし，このフスマ培地の改良はミバエ類の飼育規模の拡大を可能にし，コスタリカにおける週産5,000万匹規模のチチュウカイミバエ大量増殖技術の確立へと導いた (Peleg et al., 1968; Nadel, 1970)．

これとは別に，Monro (1968) もオガクズ・トウモロコシの乾燥茎粉末・小麦・サトウキビのバガスなどの利用を検討し，バガスとトウモロコシを基材とした幼虫培地で卵から蛹まで50％以上の歩留まりを得た．

これらの培地はさらに改良され，メキシコではバガス培地とフスマ培地の両方を取り入れ，バガスとフスマの両成分を加えた幼虫培地で週産7〜8億匹のチチュウカイミバエを生産している (小山・諸見里, 1981; 玉城・垣花, 1983)．また，グアテマラでもバガス培地を導入して週産数億匹のチチュウカイミバエの大量増殖に成功している．

一方，日本におけるミバエ類に関する研究も，Back & Pemberton (1917) と同じころに開始されている．牧茂 (1921) の緒言に「偶々大正三年十月一日ヨリ内地ニ於テ植物検査ヲ施行スルニ及ビ蜜柑小実蠅ハ俄然重要問題トナリ之ニ対スル公私ノ照会漸ク多キヲ加フルニ至リタレバ，余ハ大正五年一月農事試験場出版八六号ニテ既知ノ事項ヲ公ケニセリ．」と記されており，日本におけるミバエ類の応用昆虫学的研究は大正初期の台湾において始まったものと考えられる．

　その後の台湾における集中的な研究は小泉 (1931 他)，小泉・柴田 (1935 他)，柴田 (1936 他) による 50 編以上の論文のほか，是石 (1937)，深井 (1938) などの論文となっている．しかし，これらの研究に使われたミバエは寄主果実を用いて飼育されたものであった．

　人工飼料によるミバエ飼育の研究は植物防疫上の問題として，横浜植物防疫所と琉球植物防疫所で着手されたものである．Taguchi (1963) は，ミカンコミバエのための Finney (1956) の幼虫飼育培地について，個々の成分の量的変化と幼虫生育との関係を検討した．また，ニンジン代用青果物としてリンゴとサツマイモが使用できることを明らかにした．さらに，タンパク質の摂取が成虫寿命の延長に重要な役割を果たしていることも確認され (田口, 1966)，成虫の産卵には 1,000 lux 以上の明るさがあればよいことも明らかになった (田口・川崎, 1966)．Watanabe & Kato (1971) は，培地基材をニンジンからトウモロコシ粉にかえてミカンコミバエを飼育し，良好な結果を得た．この培地は，水分保持材として粉末濾紙を加えたことにも特徴があり，これは後にチリ紙にかえられ (Watanabe et al., 1973)，杉本 (1978b) がウリミバエの幼虫飼育培地を検討する際にも採用されている．一方，琉球植物防疫所においても生ニンジン培地を使ってミカンコミバエの飼育が試みられているが (長嶺・与儀, 1970)，ウリミバエの人工飼育の試みは，東・多良間 (1965) によるニンジン培地と乾燥カボチャを含む培地によるもののみであった．このように日本におけるミバエの人工飼育の試みはミカンコミバエに関するものがほとんどであったことは，その当時，ミカンコミバエがすでに奄美大島以南の南西諸島全域に分布していたのに対して，ウリミバエの分布が宮古・八重山群島に限定されていたためでもあろう．

3-1 ウリミバエ人工飼育への道程

　これまでの実験室規模のミバエ飼育とは異なり，不妊虫放飼法を適応するためのウリミバエ大量増殖に関する研究は，1972年に石垣島に設置された農林省（現農林水産省）熱帯農業研究センター沖縄支所の杉本（杉本，1978a,b; 杉本ら，1978）によって開始された．杉本の言葉を借りると，「このときまで，わが国でのウリミバエの飼育は東・多良間（1965）以外には研究・経験がなかったため，主として海外で開発された方法を参考としなければならなかった．しかし，海外の方法は基礎資料がほとんど公表されていないため外見的な点しか参考とならず，また，飼育個体群を人工飼育条件に適応させる傾向が強い点に問題があると思われた．このため，改めて基礎実験を行い方法を開発するほかはなかった．さらに，まず実験室規模の飼育法を再検討し，その生産能率を確かめることによって大量飼育法設定への道を見いだそうとした」．このように，杉本は人工飼育条件に対する淘汰を避けることを基本としながら，ハワイを中心とした外国で開発されたミバエ類の飼育法を導入・再検討し，沖縄でのウリミバエ飼育に適応でき，またさらに効率的な飼育法へと改良を進めた．

　杉本（1978a,b），杉本ら（1978）による改良点は以下のように要約できる．
　(1) 成虫飼育箱を設計し，内部を2室に分けることで箱内のハエの静止面積を増やし，成虫の生存率を向上させた．
　(2) 成虫にタンパク加水分解物を多く摂食させれば産卵数が増加するが，別々に摂食させるとショ糖のほうを多く摂取する傾向がある．このため，これらを混合して与えれば，選好にかかわりなくタンパク分を多量摂取させて，産卵能力を増強することができた．
　(3) 人工採卵器に適した容器を探索し，直径6.5cm，長さ20cmの透明プラスチック円筒容器に，直径0.5mmの小孔を360個（6個1群，55箇所）開けて使用した．また，この容器の内側をカボチャ果汁で濡らしたチリ紙またはナイロンゴースで内張りして小孔を果汁で潤すことによって，無理なく採卵できた．野生虫は，キュウリ薄片と同様にこの人工採卵器に対しても産卵し，産卵器による淘汰はほとんどなかった．
　(4) 卵は水で2倍に薄めたトマトジュースに懸濁させて接種する．この方法では，トマトジュースのパルプで卵が沈降しにくくなり，しかもジュース

は培地に浸み込みにくく，培地表面に広がるため，卵をよく分散して接種することができた．大量に卵接種する場合は，自動分注機を使って効率化が図れることがわかった．

(5) 幼虫培地組成の基本はハワイのフスマ培地であるが，これに，水分保持材としてWatanabe et al. (1973)のチリ紙を，また，Schroeder et al. (1972)から大豆粕を導入して，生産力の高い幼虫飼育培地組成を組み立てた．

(6) Mitchell et al. (1965)を参考に，1箱50万匹の老熟幼虫を回収できる幼虫飼育箱を設計した．

(7) 低温刺激による老熟幼虫脱出促進効果を見いだした．

杉本によって開発された基礎技術は，沖縄県農業試験場八重山支場に建設されたウリミバエ大量増殖施設に導入され，1974年から実際に週100万匹規模の大量増殖技術を確立するための研究に着手した．

3-2　石垣島におけるウリミバエの大量増殖

不妊虫放飼法を用いて，沖縄県久米島におけるウリミバエ根絶実験事業が1972年から開始され，その一環として，ウリミバエの大量増殖に関する基礎研究が，1973年から農林省熱帯農業研究センター沖縄支所で始まった（杉本，1978a,b；杉本ら，1978）．この成果を導入して，1974年からは沖縄県農業試験場八重山支場に建設されたウリミバエ大量増殖施設で大量増殖が実施された．実際の大量増殖に当たっては，安定的に大量増殖を継続するための技術改善と飼育作業のルーチンを組み立てる必要があった．また，この大量増殖施設の生産規模は当初週100万匹であったが，事業を進めるなかで久米島に放飼する不妊虫数の不足が明らかとなり，週400万匹生産できるような飼育技術の改善が図られた．

3-2-1　大量増殖施設の概要

図3-1は，石垣島の沖縄県農業試験場八重山支場に建設されたウリミバエ大量増殖施設の平面図を示している．施設の総面積は約278 m^{2}である．

成虫飼育室の床面積は31.5 m^{2}で，室温は27℃，相対湿度は60〜70％，照明条件は8:30〜17:30の間は40W蛍光灯20本を点灯して約2,000 luxに保ち，

3-2 石垣島におけるウリミバエの大量増殖　　　　　　　　　　　　　　　　49

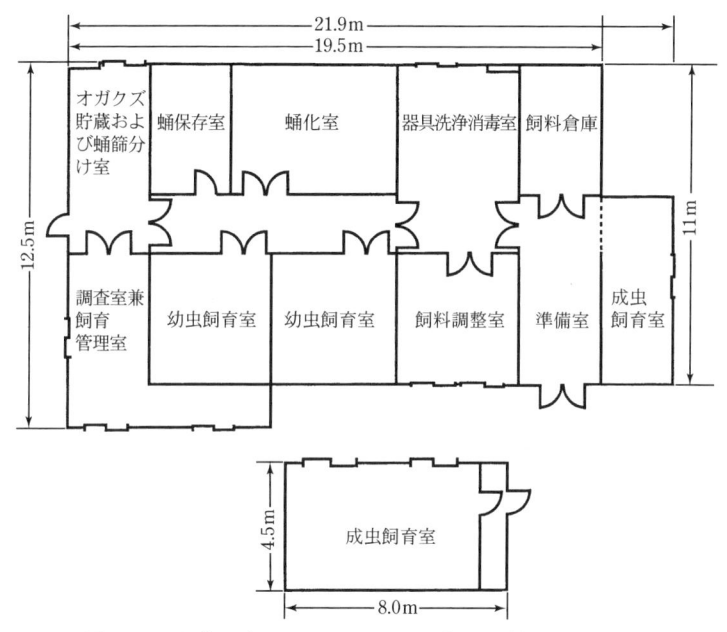

図3-1 石垣島に建設されたウリミバエ大量増殖施設平面図.

　その前後は北側の窓からの自然採光とした.
　成虫飼育箱 (90×60×120 cm) (杉本, 1978a) の内部は2室からなり, 背面の一部と上面が網張りである. 前面は取り外しができ, 1室につき10個の採卵器を挿入するための穴がある. 飼育箱の内部には底面が網の餌棚が設置されている (図3-17を参照). 毎週3台の成虫飼育箱で新たな飼育を開始し, 7週間飼育したのち更新する. 採卵は羽化後3～7週目の成虫について行う. すなわち, 成虫飼育室では, 全体で27台の成虫飼育箱で成虫を飼育し, このうち15台の成虫飼育箱から採卵する.
　幼虫飼育室の床面積は20.25 m^2 で, 20～27℃の範囲で室温を調節できる. 幼虫飼育は, 当初1台36枚の飼育バットを収容できる飼育箱 (80×100×170 cm) (杉本, 1978b) 6台を使って行っていたが, 後には幼虫飼育室全体を使って飼育した.
　蛹化室の床面積は27 m^2 で, 温度は27℃である. 蛹化室では, 回収した老

熟幼虫をプラスチック容器に入れたオガクズに潜らせて蛹化させた．蛹化後3日目にオガクズと篩い分けられた蛹は，Mitchell et al. (1965) と同様，代謝熱の上昇を防ぐため網底の柵に薄く広げて輸送時まで保管した．

3-2-2 成虫飼育
3-2-2-1 飼育虫の育成

ウリミバエの野生虫は，繁殖形質の変異が大きく，産卵前期間が長く，総産卵数も少ない．そのため，人工環境下の飼育施設で，多数の蛹を効率的にかつ安定的に生産し続けるためには，野生虫を選抜し，早熟で多産な大量増殖系統を育成する必要がある．

この施設で最初に大量増殖されたウリミバエは，農林省熱帯農業研究センター沖縄支所において，石垣島産と宮古島産の2集団を交配した後5世代の累代飼育（杉本，私信）を経て，1975年5月に沖縄県ウリミバエ大量増殖施設に移された系統である．その後，添盛・仲盛 (1981) は，1978年11月から1979年1月にかけて沖縄本島糸満市のニガウリ被害果と石垣市のカボチャ被害果から得たウリミバエを交配し，新しい系統を育成した．この系統は，2世代まではカボチャを幼虫の餌とし，3世代目以降は人工培地で飼育した．また，3世代目以降は羽化後3週目の成虫から得られた卵だけを次世代の飼育に使った．この選抜によって，蛹歩留まりは5世代目からほぼ70％に達して安定し，羽化率は6世代経過後ほぼ目標の90％に達した．また，産卵数は世代とともに増加し，7世代目で成虫5万匹当たり40mlの目標値をほぼ達成した．この系統は，1979年11月以降大量増殖に使われた．

3-2-2-2 成虫飼育密度

成虫飼育箱の1室分（45×60×120 cm）で，成虫の飼育密度を10,000, 20,000, 30,000, 40,000とし，産卵数を週2回，3～4日間隔で8週間調査するとともに，毎週1回死亡虫を取り出し，生存虫数を飼育工程と同様，7週間調査した．

図3-2は，生存率に及ぼす成虫飼育密度の影響を示している．飼育密度が低いとほぼ安定した生存率を示すのに対して，密度の増加に伴い生存率は低くなった．特に高密度では羽化初期および30日後に死亡数が増加した．49日

3-2 石垣島におけるウリミバエの大量増殖

目の生存率は，10,000匹区で90％，20,000匹区で81％，30,000匹区で62％，40,000匹区で41％であった（表3-1）．図3-3Aは各密度区での産卵経過を示している．56日間の総産卵量は飼育密度を30,000匹より多くすると減少し，100メス当たりの産卵量は密度の上昇とともに減少した（仲盛ら，1975）．

効率的に大量の卵を得るためには，最大の繁殖が行われる適正密度で成虫

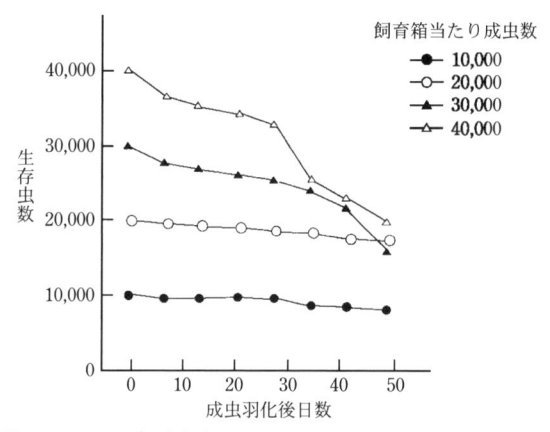

図3-2 異なる飼育密度における成虫の生存率（仲盛ら，1975）．

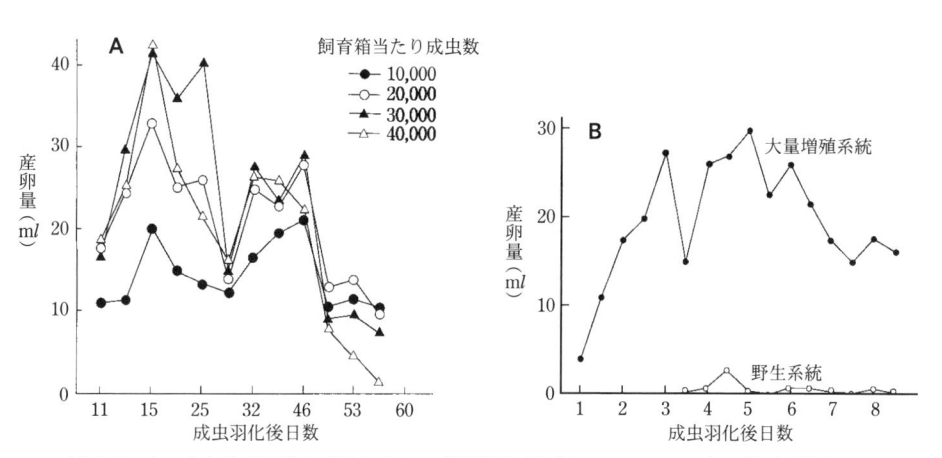

図3-3 A：成虫飼育密度を変えたときの産卵経過（仲盛ら，1975）．B：大量増殖系統と野生系統の産卵経過（仲盛ら，1976）．

表3-1 各成虫飼育密度における生存率と総産卵量(仲盛ら, 1975).

成虫飼育密度 (匹)	7週間の生存率 (%)	8週間の総産卵量 (ml)	100メス当たり産卵量 (ml)
10,000	90	179.5	1.8
20,000	81	253.5	1.3
30,000	62	297.0	1.0
40,000	41	260.0	0.7

を飼育することが必要である．8週間の総産卵量は，成虫密度を30,000匹より多くすると減少する．成虫の死亡は羽化初期と5週目以後に起こり，密度が高くなるにつれてその傾向は大きくなる．すなわち，高密度で飼育しても飼育箱の許容密度を超えると，死亡が起こり卵の回収効果は高くならない．羽化初期の死亡は，羽化がほぼ一定の時刻に起こるため，若い成虫がダンゴ状になってもみ合い，羽の損傷が起こるためと考えられる．また，5週目以後の死亡は，飼育箱の内面に排出物が付着し，休息場所を減少させるためと思われ，飼育箱を大きくし，さらに多数の虫を飼育する場合は，Baumhover (1966)と同様，内部にカーテンをつり下げ，休息場所を大きくするなどの工夫が必要であると考えられた．

これらの結果を総合的に考え，飼育箱1台当たりの飼育密度は50,000匹（2室×25,000匹）程度が適当と考えた．

3-2-2-3 大量採卵法

杉本(1978a)が提案した直径6cm，長さ20cmのプラスチック製人工採卵器を使って，野外から導入し3世代を経過した個体群と従来から大量増殖に使われている個体群間の産卵経過の相違を調査した．結果は図3-3Bに示したように，大量増殖系統と野生系統の産卵経過は明らかに異なる．大量増殖系統の産卵前期間は約1週間であるのに対して，野生系統では約3週間である．8週間の総採卵量は，大量増殖系統が314.4 ml，野生系統が9.4 mlであった．

図3-3Bに示した系統間の産卵経過の違いは，農林省熱帯農業研究センター沖縄支所における5世代の累代飼育の間に産卵前期間の短い個体群へと選抜育成されてきたためと，室内での150日生存率が75%前後 (Teruya et al., 1975) であるにもかかわらず，採卵効率の面から大量増殖条件では羽化後7週目で1世代を打ち切っていることなどが影響してきたものと考えられる．

3-2 石垣島におけるウリミバエの大量増殖

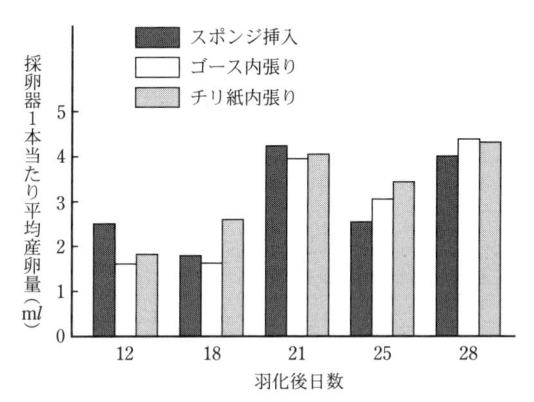

図3-4 人工採卵器内の果汁保持剤3種における平均産卵経過(仲盛ら, 1976).

また，人工採卵器に対する順化は起こっていないことが杉本 (1978a) によって報告されているが，その他の人為的飼育条件に対して虫自身が適応してきたのかどうかという点に関しては明らかではない．いずれにせよ，大量増殖の実施に当たっては，杉本 (1978a) と同様，野外から採集した直後の集団では大量増殖を推進するだけの卵を得ることは不可能であり，早熟し多産するようにある程度淘汰することもやむをえないものと考えられる．

また，この採卵器を使ってより効率的な大量採卵を実現するため，産卵を刺激するためのジュース保持材・産卵孔の密度・成虫齢期に応じた採卵器の設置本数について検討し，採卵作業のルーチン化を図った．

図3-4は，異なる果汁保持材を人工採卵器に使用した場合の産卵量を示している．チリ紙内張り法，ナイロンゴース内張り法，スポンジ挿入法のいずれにおいても，産卵孔が果汁で潤っていればよく産卵し，産卵量に差は認められなかった．作業性では，チリ紙内張り法とゴース内張り法は，採卵器内を果汁で潤す作業や水で洗い流して採卵する際に時間と手間を要した．スポンジ挿入法は，作業能率が他の2方法の1/8程度の労力であったが，多量の果汁が必要であった (仲盛ら, 1976).

大量増殖を実施するに当たっては，効率的に大量の卵を得ることが不可欠である．この大量増殖系統は，当初ハワイで実施されているスポンジ挿入法では採卵できなかった．このため，杉本 (1978a) はチリ紙内張り法を考案し，

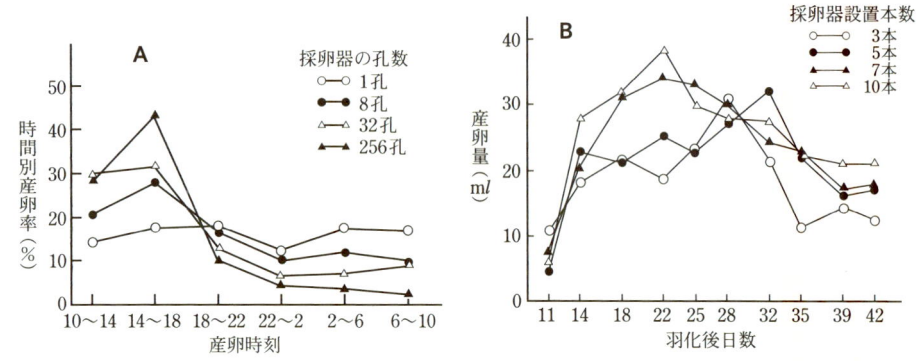

図3-5 A：各産卵孔数区における時間別産卵経過．時間別産卵率＝(所定の時間内に生まれた卵量)/(24時間内の総産卵数)×100(仲盛ら，1976)．B：人工採卵器設置本数と産卵量の関係(仲盛ら，1976)．

　採卵器内壁にチリ紙を密着させ，産卵孔をカボチャジュースで潤すことによって採卵に成功した．しかし，チリ紙内張り法は，チリ紙が崩れないようにジュースを流し込んだり，卵を水で洗い出す作業などに細かい手作業が必要であり，作業のルーチン化という面では問題が多かった．また，ゴース内張り法での作業効率はそれほど向上しなかった．これに対し，その後8世代の累代飼育虫に対して試みたTanakaの示唆によるスポンジ挿入法でも，産卵孔がジュースで潤っていればよく産卵することがわかったが，前述のようにこの方法は多量のジュースを消費し，その節減化が必要となった．その後，杉本(私信)の示唆により，60メッシュのナイロンネットを内張りすることで，作業の効率化とジュースの節減が実現された．

　人工採卵器に開ける産卵孔(直径0.5mm)数が4～24までは産卵孔数が増加するにつれて産卵量は直線的に増加するが，産卵孔数をそれ以上多くしても産卵量は頭打ちとなり増加しない．人工採卵器の適正産卵孔数は，産卵孔数が多いと齢期のそろった卵を得ることのできる利点はあるが，採卵器内部の乾燥を早め，卵の孵化率低下を招くおそれがある．このことから，採卵器の適正産卵孔密度は50～70個の範囲にあるものと考えられる．各産卵孔数区の24時間の産卵経過は，産卵孔数が多いと早い時間に産卵が集中し，産卵孔数が減少するにつれて集中度が落ちる(図3-5A)．

成虫齢期に応じた採卵器の設置本数の多少は，成虫の若齢期と老熟期ではそれほど差が認められないが，1世代中産卵の最も多い羽化後18〜32日にかけての産卵量は採卵器設置本数が多くなるほど採卵量も多くなっている（図3-5B）.

　成虫齢期に応じた成虫飼育箱の1部屋当たり採卵器挿入本数は羽化後3〜7週目までの5週間の採卵期間に，1回目は5本，2回目は7本，3〜8回目までは10本を使用し，9回目は7本，10回目は5本を使用する作業工程を組むことが適当であると考えられた.

3-2-2-4　成虫飼料

　従来，成虫飼料は杉本（1978a）の処方であるフィトン：イーストエキストラクト：砂糖を1：1：10に混合して与えていたが，この飼料のタンパク質源であるフィトンとイーストエキストラクトは1ポンド当たり12,000〜16,000円と，かなり高価であった．そこで，より安価なアメリカ産タンパク加水分解物であるアンバー-BYF Series 100^R（Tanaka, 1970；岩橋, 1974年私信）に置き換えることが可能かどうかを調査した結果，アンバー100（アンバー-BYF Series 100^{R}を省略）と砂糖を2：10に混合して与えると成虫の死亡率はむしろ低くなり，産卵量も劣らないことがわかった．また，このタンパク加水分解物の使用で成虫飼料のコストを1/3程度に引き下げることが可能となった（表3-2）.

表3-2　異なる成虫飼料が死亡率と産卵量に及ぼす影響.

成虫の週齢	累積死亡率（％）				産卵量（ml）			
	A	B	C	D	A	B	C	D
1	1.03	1.41	1.86	1.77				
2	1.63	1.95	2.41	2.22	0.60	0.35	0.66	0.63
3	2.67	2.49	2.96	2.86	1.58	1.53	1.42	2.08
4	4.01	3.57	3.65	3.61	1.45	1.05	1.63	1.65
5	5.16	5.16	6.49	5.05	2.75	2.48	3.05	3.28
6	13.17	17.69	17.99	8.02	2.60	2.00	1.56	2.70
7	15.73	19.71	19.70	11.60	2.35	2.20	1.66	2.40
合計					11.33	9.61	9.98	12.47

A：フィトン：イーストエキストラクト：砂糖＝1：1：10
B：AMBER BYF-Series 100^R：イーストエキストラクト：砂糖＝1：1：10
C：AMBER BYF-Series 100^R：フィトン：砂糖＝1：1：10
D：AMBER BYF-Series 100^R：砂糖＝2：10

3-2-3 幼虫飼育法
3-2-3-1 幼虫培地用フスマの品質

沖縄のウリミバエ幼虫飼育用培地は，Mitchell et al. (1965)，Peleg & Rhode (1967)，Watanabe (1970) などを参考に，杉本 (1978b) によって改良された小麦フスマをベースとしたものである．沖縄製粉（株）によると，沖縄に輸入されている小麦は3種類あり，それから生産されるフスマは4種類ある．そのうち，生産量の多い順に No.1 Canadian Wheat (1CW) と Western White (WW) の2種類のフスマを用い，大量飼育への適応度を知るため，異なるpHにおける卵から蛹までの歩留まりを調査した．1CWはどのpH点でも高い歩留まりを示したのに対して，WWはpH4.8〜5.0の狭い範囲でしか高い歩留まりは得られなかった（図3-6）．1蛹重は，仲盛ら (1975) が求めた回帰式 $Y = 1.35 - 1.34X$ に従っている．

一戸ら（1975年私信）は1CWのpH4.5における生産力はWWのpH4.8に比べて劣ることを報告している．また，Tanaka（1975年私信）によると，ハワイではDark Hard Winterの全粒粉を指定して用いている．このことから，フスマの種類による蛹歩留まりの低下は，そのフスマに適した培地pHを知ることによって克服可能であると思われる．しかしながら，高いpHで飼育することは細菌や糸状菌によって障害を受ける可能性が大きいことと (Mitchell et al. 1965)，1CWは沖縄での生産量が最も大きく安定的供給が期待できる点な

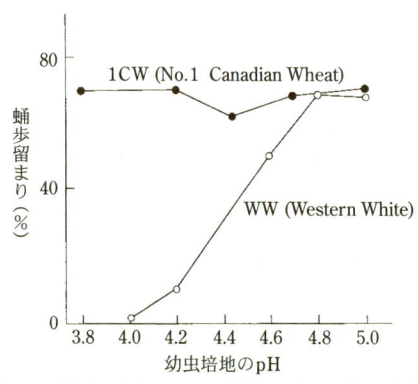

図3-6 フスマの銘柄を変えたときの幼虫培地のpHと蛹歩留まりの関係．

表3-3 幼虫飼育培地組成.

材　料	36l当たりの量
小麦フスマ (1CW)	5,400 g
大豆粕	1,080 g
ビール酵母	1,080 g
グラニュー糖	2,010 g
安息香酸ナトリウム	18 g
塩酸 (3.5%)	1,600 ml
チリ紙	850 g
水	28,000 ml

どを考慮して，フスマの銘柄を1CWと指定し採用した．このフスマを使用した場合の幼虫培地組成を表3-3に示した．

3-2-3-2　幼虫飼育密度

　幼虫培地に接種された卵は約24時間後に孵化し，若齢幼虫は培地表面をはいながら摂食し，成熟するにつれて培地内に潜る．その際，培地内は幼虫の代謝熱によって発熱し，卵接種後4～6日目に温度が最も高くなる (Tanaka, et al., 1972). そこで，幼虫発育に及ぼす飼育密度の影響を調べるため，幼虫培地2lをスチロール製容器 (37×32×4cm) に入れ，1バット当たり卵量を0.5, 1.0, 2.0, 4.0, 8.0, 16.9, 32.0 ml (1 ml＝約9,600卵) の密度として飼育した．

　幼虫培地は卵接種後2日目から発熱が起こり，5日目の朝に最高に達し，幼虫の跳び出しが始まると下降した (図3-7). 各密度区における平均培地温は，0.5 ml で27.5℃，1.0 ml で29.0℃，2.0 ml で30.6℃，4.0 ml で33.5℃となり，平均培地温 (Y) と密度 (X) との間には $Y = 27.04 + 1.65X$，最高培地温 (Y') と密度 (X) との間には $Y' = 28.39 + 1.75X$ の回帰直線が得られた (図3-8).

　ウリミバエの発育限界温度は34℃前後であり (小泉, 1934; Keck, 1951), 培地内の温度上昇は幼虫や蛹の発育を阻害する (Bursell, 1964). 図3-7で示したように，卵密度が4 ml を超すと平均培地温度は34℃以上となり，最高温度は卵密度2.5 ml 当たりですでに34℃に達している．この培地温上昇が，羽化率・奇形率の増加に影響したものと考えられる．卵密度を2.5 ml 以上にして飼育するためには，幼虫発育期に培地温度を調整する必要がある．こ

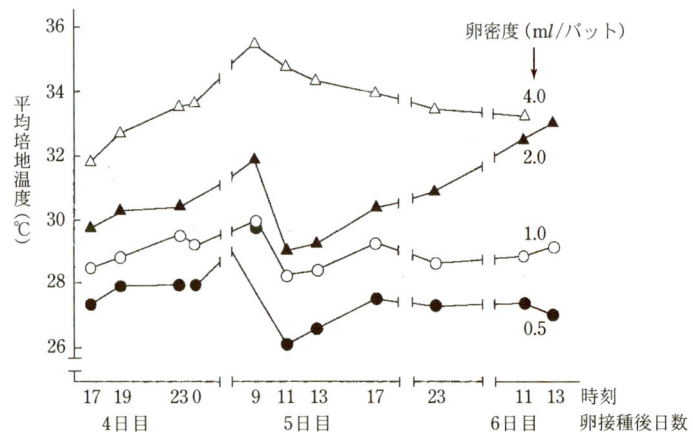

図3-7 異なる飼育密度における幼虫培地内の温度変化（仲盛ら，1975）．

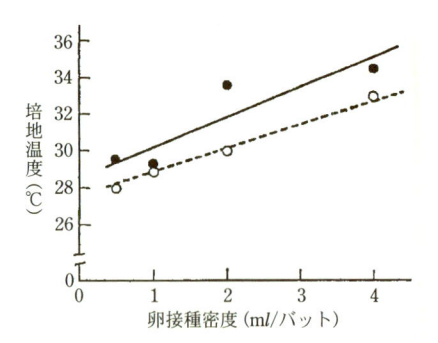

図3-8 卵接種密度（X）と培地温度の関係．●：最高温度（Y'）．○：平均温度（Y）．回帰式はそれぞれ $Y' = 39 + 1.75X$，$Y = 27.04 + 1.65X$（仲盛ら，1975）．

のためには，室温を27～21℃に下げるか，あるいは培地に散水することにより，培地温の上昇を抑えることができる（Tanaka et al., 1972）．ミバエに寄生された野外のトマトやキュウリを直射日光に当てると，果実内部の温度が外気温度より13.5℃も上昇し，高い幼虫死亡を引き起こすといわれている（Steiner et al., 1962）．

幼虫の跳び出しは，各区ともほとんどが5日目から始まり，6～7日目にか

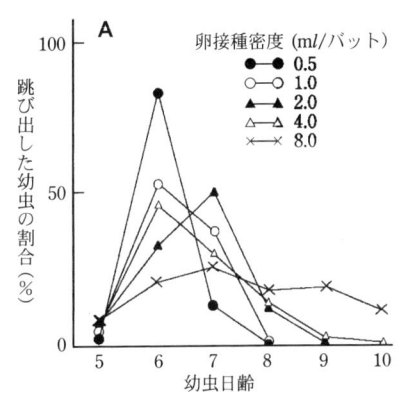

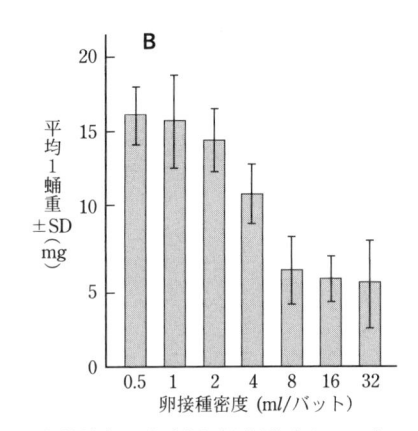

図3-9 A：異なる卵接種密度における飼育日齢と老熟幼虫の跳び出し経過(仲盛ら, 1975).
B：卵接種密度と平均1蛹重(仲盛ら, 1975).

けて約8割が跳び出すが，高密度になるにつれピークは崩れる傾向がある(図3-9A).

蛹にγ線を照射し不妊化するためには，蛹の発育を調整して羽化日をそろえなければならないため，幼虫の跳び出し日をできるだけ短期間にそろえる必要がある．このため，大量増殖においては7日目に幼虫を20℃の部屋に移し，さらに幼虫培地に散水して刺激することによって培地から追い出す．

0.5 ml，1.0 mlの卵密度での幼虫培地の摂食状況を見ると，飼育容器内に残餌があるが，2.0 ml以上の密度になるとほとんど残らない．このことから，2.0 ml以上の密度では，餌をめぐる競争があるものと思われる(仲盛ら, 1974).

蛹重は0.5〜2.0 ml間に有意差はなく，幼虫は十分に餌を摂取したものと思われる．しかし4.0 ml区になると蛹重は11 mgとなり，蛹重の減少が現れる．また，蛹重は密度が高くなるにつれて軽くなるが，0.5〜2.0 mlおよび8.0〜32.0 ml区においては，有意差は認められなかった(図3-9B)．羽化率，奇形率(羽化不完全虫を含む)，有効成虫率は，密度の上昇とともに低くなった(表3-4).

蛹の歩留まりでは，0.5 mlでは69.7％と低く，過疎の影響が現れ(仲盛, 1974)，1.0 ml区で93.4％と最も高く，2.0 ml区で86.6％，4.0 ml区で82.3％になり，8.0 ml区で41.5％と極めて低くなる．密度を2.0 mlから4.0 mlにする

表3-4 幼虫・蛹・成虫の発育に及ぼす卵接種密度の影響.

卵接種密度 (ml/2l培地)	蛹歩留まり (％)	成虫羽化率 (％)	奇形成虫率 (％)	正常成虫率[*1] (％)	蛹重 (mg)
0.5	69.7	96.8	0.1	96.7	16.8
1.0	93.4	93.2	0.1	93.1	16.5
2.0	86.6	94.2	0.2	94.0	14.5
4.0	82.3	80.8	1.5	79.3	11.2
8.0	41.5	30.8	10.7	20.1	6.6

*1 正常成虫率＝成虫羽化率－奇形成虫率

と，約1.9倍の蛹を回収することができる．

各区から得た成虫の羽化後7週目の生存率は，0.5 ml区が89.3％，1.0 ml区では72.2％，2.0 ml区は90％，4.0 ml区は93.5％となり，密度の影響を見いだすことはできなかった．また，49日間の総産卵量は，0.5 ml区が29.4 ml，4.0 ml区は34.5 mlとなり密度による影響は認められなかった．

3-2-3-3　幼虫飼育温度の操作法および幼虫の追い出し操作法

大量増殖は実験室内での小規模な飼育と異なり，極端な高密度で集団を維持するため，幼虫発育の過程で起こる代謝熱は非常に高くなる．しかし，幼虫の発育後期に培地温を下げることができれば，代謝熱による悪影響を避けることができると考えられる．このため，幼虫飼育室の温度を操作することによって，幼虫発育に伴う発熱の悪影響を回避し，効率的に老熟幼虫を回収するための追い出し操作法の確立を試みた（図3-10）．

実験1は，卵接種から幼虫の追い出し直前まで室温27℃で飼育し，7日目の午前9時に室温を20℃に下げると同時に培地に散水し，培地に残っている幼虫を培地から追い出した．実験2は，実験1で得られた培地内の温度と室温との格差をもとに，培地温を均一に保つように飼育期間中の室温を調節した．すなわち，卵接種後2日間は27℃で飼育し，その後25℃で1日，20℃で3日飼育した．7日目の午後には翌日の追い出し操作のため27℃にした．培地に残っている幼虫の追い出し操作は第1実験と同様に行った．幼虫培地から跳び出した幼虫は，一時的に水で受けた後，水を切りオガクズに入れて蛹化させた．

（1）幼虫培地内の発熱と飼育温度の操作　　図3-10のAは，室温を27℃に

3-2 石垣島におけるウリミバエの大量増殖

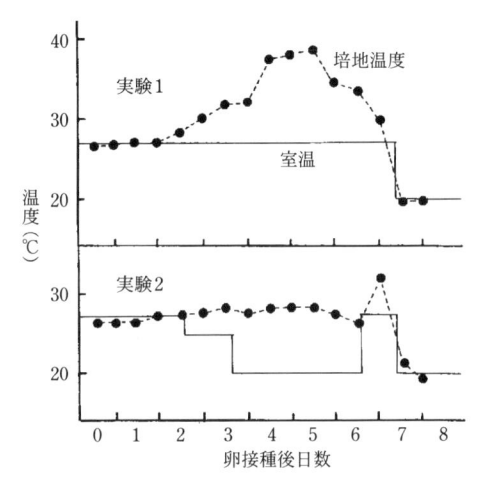

図3-10 幼虫飼育室の温度管理と幼虫培地温度の変化．最終日の幼虫追い出し操作は午前9時に行い，これ以外の温度変化は午後3時に行った(仲盛ら，1978a)．

維持した場合の幼虫培地内の温度変化を示している．培地内の温度は卵接種後2日目の午後から4日目にかけて緩やかに上昇した．その後5日目に38.5℃と最も高くなり，室温と培地温との差は11.5℃になった．老熟幼虫の跳び出しは卵接種後5日目から始まり，6日目，7日目と続くが，培地内の温度は初回の跳び出しの起こる5日目の朝に最も高くなり，その後，幼虫の跳び出しによる培地内密度の低下に伴い緩やかに下降した．

なお是石(1937)によると，幼虫は卵接種後3日目で3齢に達し，6日目から成熟した3齢幼虫が跳び出しを始めると述べている．観察によると，ウリミバエ幼虫の摂食行動は3齢期に最も激しく，総摂取量のほとんどがこの時期に摂食されているようである．このように，培地内温度の上昇経過は幼虫の発育と極めてよく一致しており，培地内の発熱は幼虫の物質代謝に伴うものであろう．チチュウカイミバエでは，1lの培地に25,000卵を接種して飼育すると，培地内の温度が室温より10℃以上も高くなることが報告されている(Tanaka et al., 1972)．また，ラセンウジバエ *Cochliomyia hominivorax* についても同じような現象があり(Baunhouver et al., 1966)，大量増殖においては考慮しなければならない現象である．

表3-5 実験1と実験2におけるウリミバエの蛹回収率,蛹重および成虫羽化率(仲盛ら,1978b).

実験	蛹回収率(％)	羽化率(％)	蛹重(mg)
1	62.3	62.3	14.8
2	77.8	91.3	15.0

　飼育室温度と培地内の温度との格差の測定をもとに,培地内の温度を飼育適温の範囲内に保つように飼育室の温度を制御した.その結果を図3-10のBに示した.前記のような温度操作をした結果,培地内の温度は最高が29℃であり,全期間を通して25〜30℃の範囲内に保つことが可能となった.ただし,7日目には翌日の追い出し操作のために室温を27℃に上げた結果,培地温も上がっている.この温度上昇は幅も小さく期間も短いため,さほどの悪影響はないものと思われる.

　表3-5は実験1および実験2での蛹化率,羽化率および蛹重量を示している.実験1,2での蛹化率はそれぞれ62.3％と77.8％となり,両処理間の差は15.5％であった.羽化率は実験1が62.3％,実験2が91.3％になり,その差は29％であった.この結果から,幼虫培地の発熱は幼虫期よりもむしろ蛹期に,より多数の死亡を引き起こすことがわかった.このことは,幼虫自身の代謝発熱による高温の影響が,次の蛹の段階で現れることを示している.

　(2) 幼虫の追い出し操作　幼虫の追い出しとは,幼虫飼育の最終日に培地に残っている老熟幼虫を培地から分離することである.ミバエ類の幼虫は老熟すると果実から抜け出し,ピンピン跳ねながら適当な蛹化場所に達する性質をもっている.老熟幼虫は明暗周期や温度の変化に敏感に反応して,この行動を起こすことが知られている.すなわち,暗から明,高温から低温への切り替え時に起こる(新井,1976).この性質を利用して人為的に幼虫と培地の分離を行った結果を表3-6に示した.

　この実験で,幼虫の飼育室温は実験2と同様に操作した.飼育室の照明条件は9〜17時を明期とし,その他を暗期とした.幼虫の追い出し法を比較するため,次の実験区を設けた.A区は7日目も追い出し操作をせずに27℃で維持した.B区は7日目の午前9時に室温を20℃に下げる.C区はBと同様室温を20℃に下げると同時に培地表面に散水した.

表3-6 ウリミバエ幼虫の跳び出しに及ぼす低温と散水の影響 (仲盛ら, 1978b).

処理[*1]	培地から跳び出した幼虫数	培地に残った幼虫数	培地に残った幼虫の割合(%)[*2]
A	12,690 ± 137	1,134 ± 105	5.9
B	13,032 ± 215	822 ± 155	4.3
C	13,432 ± 180	420 ± 88	2.3

[*1] 幼虫飼育室の温度管理は実験2と同じ. A: 幼虫飼育の7日目に培地温度を27℃に保つ. B: 7日目に培地を20℃に移す. C: 7日目に培地を20℃に移し, 培地上に散水する.
[*2] この値は, 19,200卵に対し, 培地に残っていた幼虫数の割合である.

A区では, 跳び出さずに培地内に残った幼虫の数は接種卵数の5.9％であった. B区では4.3％であった. これら両区では, 幼虫の跳び出しが始まってから終わるまでに5～6時間を要した. 一方, 温度を27℃から20℃に下げ, さらに散水を行ったC区では2.3％しか残らず, しかも2～3時間でほぼ追い出し操作が完了した. このような温度処理をしなければ, ウリミバエ幼虫の跳び出しは5～6日間の長期にわたって起こる. しかし, 大量飼育には限られた時間内で一つの飼育工程を終えなければならないという時間的な制約がある. そのうえ, 前記の値のわずかな差でも得られる虫数の差は数十万匹となり, 極めて大量の幼虫をむだにすることになる. このことから, 幼虫の適切な追い出し処理の重要性は明らかであろう.

3-2-3-4 幼虫飼育室の改良

飼育室全体が飼育箱という発想で幼虫飼育室を製作した. 図3-11は幼虫飼育室の平面図と断面図を示している. この改善で飼育室全体の空間が効率的に利用でき, 幼虫飼育能力は飛躍的に大きくなった. この幼虫飼育室には490枚の幼虫飼育バットが収容可能で, 週1回の卵接種 (以後「仕込み」という) で生産できる蛹数は, 次のようである.

$$490枚 \times 2.2 ml 卵 \times 9,600 卵/ml \times 65\% (歩留まり) = 6,726,700 蛹$$

培地から跳び出し, 床に張った水の中に落ちた幼虫は, 水流によって集められる. 幼虫は床の前面に取りつけたパイプを通して細かい網目の容器に集めて水を除き, オガクズに潜らせて蛹化させた. この発想法は, 後に週1億匹以上の大規模大量増殖を考える際の基礎となった.

Ⅰ：平面図　　　　　　　　　　　　　Ⅱ：断面図

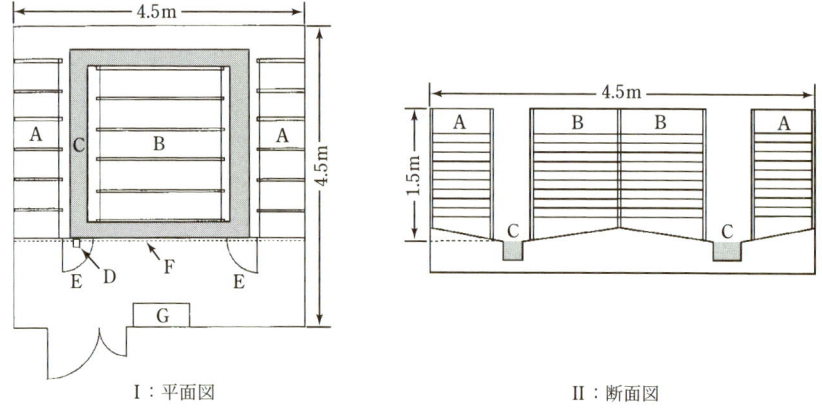

図3-11 改造された幼虫飼育室．A, B：幼虫飼育棚，C：幼虫回収溝，D：幼虫流出口，E：出入口，F：網張り仕切り，G：空調機．飼育バット収容数：490枚．（内訳）A：2枚×10段×12列＝240枚，B：5枚×10段×5列＝250枚．

3-2-4　蛹飼育法
3-2-4-1　動力篩による篩分け

　自然界では，ウリミバエの老熟幼虫は果実から跳び出し，土中に潜って蛹化する．初期の飼育法では，オガクズを入れたプラスチック容器を幼虫飼育箱の下部に置き，跳び出した幼虫を回収した．しかし，大量増殖では一度に大量の幼虫が跳び出すため，オガクズで直接幼虫を受けると代謝熱による発熱が起こり，幼虫や蛹にとって致命的な高温となる．このため，Tanaka（1974年私信）の助言から，跳び出した幼虫をオガクズのかわりにいったん水で受け，その後，オガクズと混合して蛹化させる方法で発熱現象を抑えることができた．また，予備調査から，20℃と27℃の条件下では，跳び出した幼虫を32時間水中に浸漬しても幼虫や蛹の死亡には差がなかったため，この方法が採用された．水を切った幼虫約5万匹を，約20 l のオガクズを入れた73×44×22 cmのプラスチック容器に入れて蛹化させた．蛹化室の温度は25℃，湿度は80％で管理した．

　オガクズ内で蛹化した大量の蛹を効率よく篩い分けるため，Mitchell et al.（1965），一戸（1973年私信）らの報告をもとにして，蛹の動力篩を製作した．

　動力篩は10メッシュのビニール被覆金網を底張りにした16.5×57.5×10.5

cmの篩をモータに連結し，振幅1インチ，毎分273回転で篩い分けた．Mitchell et al.(1965)によると，12メッシュ網底の動力篩では，振幅1インチ，毎分160回転で篩い分けると，5秒で完全にバーミキュライトと蛹を篩い分けることができるが，毎分240回転に上げた状態で10秒間，15秒間篩うと，それぞれ15％，65％の蛹死亡を引き起こすという．また，Tanaka et al.(1970)は，16メッシュ網底の動力篩で篩い分けると報告しているが，その影響についてはふれていない．筆者らの予備試験では，上記動力篩で2lの蛹・オガクズ混合物を1分，4分，8分篩ったところ，羽化率はコントロール（手篩い）を100とした場合，それぞれ97.62，80.57，75.61と減少し，奇形虫数（羽化不完全虫を含む）はおのおの96，186，223と増加した．これから，1分前後の篩分け時間は羽化率，奇形率に悪影響のないことがわかったため，大量飼育での篩分量4～6lの蛹・オガクズ混合物の篩分けに要する時間と羽化率を調査した．蛹の篩分けは，老熟幼虫をオガクズに混入した後，25℃，80％RHで2日間静置し，蛹化させた後実施した．羽化率に対する動力篩の影響は認められなかった．

また，蛹の篩分けに要する時間をできるだけ短くするため，蛹化培地として用いるオガクズをあらかじめ14～15メッシュの金網で篩った後使用した．この場合，約900lの蛹化培地（蛹約150万匹を含む）を篩い分けるのに，女性1人で4時間程度の労働であった．

3-2-4-2 ウリミバエ蛹の発育日数と羽化日の調整法

沖縄県農業試験場八重山支場の大量増殖施設でのウリミバエ生産は，週200万匹が限度とされていたが，筆者らは1976年3月から週500万匹の蛹を生産することを目標に，いくつかの実験と作業工程の組み立てに取り組んだ．その主な点は，従来行ってきた週1回の幼虫飼育工程を2回にし，二つの幼虫飼育工程から得られる蛹化日の異なる蛹を温度操作により同時に羽化させることであった．

ウリミバエの蛹および幼虫の発育に及ぼす温度の影響については，小泉(1932, 1933a,b)の詳細な研究がある．しかし，その実験に用いられた幼虫の餌は寄主植物果実を用いたためか，人工飼料を用いた大量飼育においては利用できない面がある．チチュウカイミバエの幼虫および蛹期間は，幼虫期に

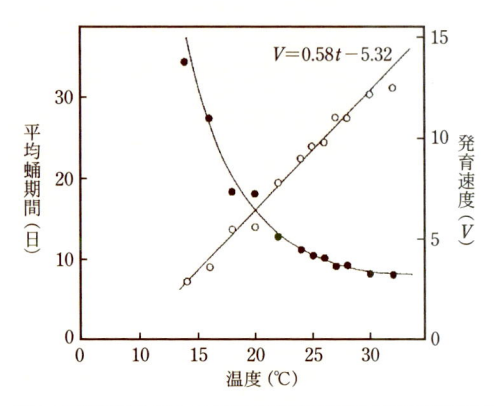

図3-12 種々の温度条件下における平均蛹期間と発育速度(仲盛ら,1978b).

摂食した餌の種類により異なることが報告されている(Mourikis, 1965). そのため, 人工培地で飼育した幼虫から得た蛹の種々の温度条件における蛹期間と不妊虫放飼計画における蛹輸送, γ線照射, 不妊虫放飼の日程を考慮した羽化日の調整法を組み立てた.

図3-12は, 14～32℃までの各温度における平均蛹期間と発育速度を示している. 平均蛹期間は, 14℃では34.6日, 16℃では27.5日, 18℃では18.3日, 20℃では18.2日であった. この温度範囲では, 温度の上昇に伴い蛹期間は急速に短縮し, 14℃と20℃の蛹期間の差は16.4日であった. しかし, 22℃以上になると温度差に伴う蛹期間の短縮は緩やかになり, 22℃では12.9日, 32℃では8.0日であった. また各温度区での蛹期間の変動は, 温度の上昇に伴い小さくなる傾向があり, 14℃では羽化開始から終了まで9日を要したが, 32℃では全個体がほとんど1日で羽化した. 各温度 (t) における平均蛹期間から相対的な発育速度を算出し, 温度 (t) に対して直線回帰式を求めると, 発育速度 (V) は, $V = 0.58t - 5.32$ となった.

この式から発育零点を求めると9.16℃であり, 小泉(1933)の結果とほぼ一致した. この発育零点を用いて各温度における有効積算温度を計算した結果と, 各温度における羽化率を表3-7に示した. 幼虫の跳び出しから羽化までの有効積算温度の最高は20℃において197.3日度, 最低は18℃で161.1日度

表3-7 各温度における有効積算温度と羽化率(仲盛ら,1978a).

温度(℃)	有効積算温度[*1]	羽化率(％)
12	—	0
14	167.5	8.7
16	188.1	52.9
18	161.8	44.9
20	197.3	96.6
22	165.6	95.0
24	164.7	83.6
25	167.9	95.6
26	171.8	77.5
27	162.9	94.3
28	171.4	65.1
30	170.9	34.1
32	182.7	13.1
34	—	0
	平均＝172.7	

[*1] 発育零点＝9.16℃.

であった．また，各温度における有効積算温度の平均は172.7日度であった．

一方，各温度における羽化率(羽化虫数/蛹数)は，14℃で8.7％，16～18℃では50％前後であり，20～27℃では77～96％と非常に高かった．しかし，30℃では34.8％，32℃では13.1％と低下した．12℃と34℃ではほとんど羽化が認められなかった．このことから，ウリミバエ蛹の発育好適温度は20～30℃の範囲にあると考えられる．

小泉(1933)によれば，ウリミバエの羽化は10～36℃の温度範囲で認められ，今回の実験より広い温度域であった．また，各温度における蛹期間は14℃で9日，30℃で2日と全般的に短かった．このことは幼虫期に摂食した餌の違いにより蛹期間が異なったとも考えられるが，系統間の差異を論ずる場合の資料としても興味深い．

不妊虫放飼による根絶事業は大量増殖，不妊化，不妊虫放飼の技術的三つの柱で構成されており，おのおのの作業工程に沿うような放飼虫の精密な発育調整がなされなければならない．羽化日の調整は主として大量増殖の過程でなされる．

この大量増殖施設での飼育は二つの幼虫飼育工程からなり，それぞれ火曜日と木曜日に卵接種を行う(図3-13)．火曜日の卵接種区をAとし，木曜日の

| 月 | 火 | 水 | 木 | 金 | 土 | 日 | 月 | 火 | 水 | 木 | 金 |

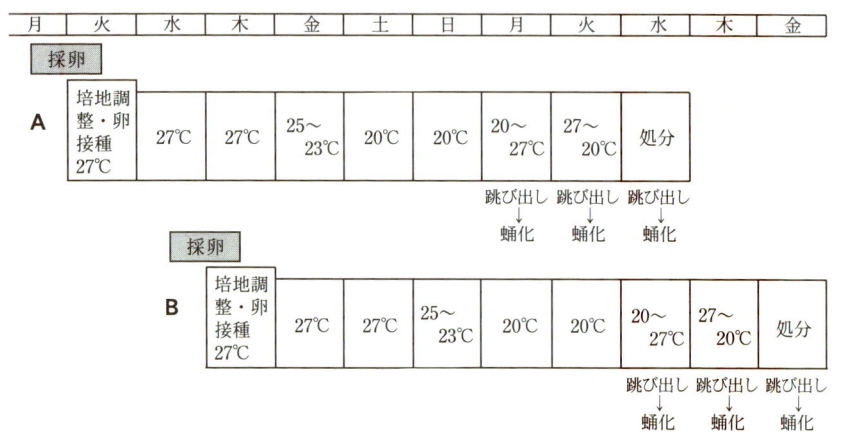

採卵

A: 培地調整・卵接種 27℃ | 27℃ | 27℃ | 25〜23℃ | 20℃ | 20℃ | 20〜27℃ | 27〜20℃ | 処分

跳び出し→蛹化、跳び出し→蛹化、跳び出し→蛹化

採卵

B: 培地調整・卵接種 27℃ | 27℃ | 27℃ | 25〜23℃ | 20℃ | 20℃ | 20〜27℃ | 27〜20℃ | 処分

跳び出し→蛹化、跳び出し→蛹化、跳び出し→蛹化

図3-13 石垣島のウリミバエ大量増殖施設における幼虫飼育工程.

卵接種区をBとすると，飼育工程Aは，翌週の日曜日から老熟幼虫の跳び出しが始まり，火曜日の追い出し操作で終了する．一方，飼育工程Bは，火曜日に始まり木曜日に終了する．すなわち，AとBの工程からは発育段階が1日ずつずれた五つの蛹集団が得られる．これら五つの集団を同じ日に羽化させるため，前記の実験結果から得られた各温度における発育速度をもとに羽化の斉一化を図った．

図3-14は，それぞれの羽化調整のために行った温度操作と羽化曲線を示した．この操作により，5日間にわたって跳び出した幼虫をほぼ2日間で羽化させることができる．蛹化した蛹は囲蛹(いよう)が固まるまで2日間以上25℃で静置し，その後篩別機でオガクズと蛹の篩い分けをする．この関係から，大量飼育では蛹化後2日間の25℃処理は省くことができない．また，久米島におけるウリミバエ根絶事業体制は，石垣島で大量増殖を行い，石垣〜那覇間を蛹の状態で空輸し，那覇で不妊化した後，久米島へ再空輸して放飼を行うという体制である．そのため，石垣〜那覇間の輸送が行われる卵接種の翌週水曜日までに羽化日の調整を終えなければならない．石垣〜那覇間の空輸後は全集団とも27℃に保管される．このことから，羽化調整の許される日数は蛹化後の3〜7日間である．目標とする羽化日は，久米島に放飼された翌日の金曜日か

3-2 石垣島におけるウリミバエの大量増殖　　　69

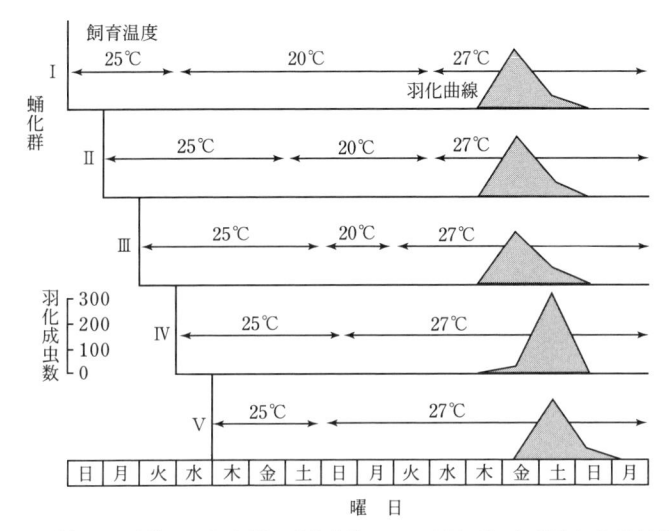

図3-14 5種類の温度管理をした蛹の羽化曲線．Ⅰ～Ⅴは各曜日に蛹化した蛹個体群を示す（仲盛ら，1978b）．

ら日曜日までである．実験結果から，20℃における相対的発育速度は5.5，25℃では9.6，27℃では11である．すなわち，27℃での発育進行度を1とすれば，20℃では0.5，25℃では0.87となり，日々の処理温度における発育進行度の合計が9前後に達すれば羽化することになる．このような計算をすると，理論的に輸送日までの発育進行度は集団Ⅰ（日曜日に培地から跳び出した集団，また，月曜日に跳び出した集団を集団Ⅱとし，以下同様に記述）が6.24，集団Ⅱ～Ⅳが6.48，集団Ⅴが5.74となる．集団Ⅴを除けば，集団Ⅰ～Ⅳは発育がほぼそろったことになる．集団ⅤはⅠより0.5遅れている．実際に，図3-14のような温度処理を終えた蛹は，集団Ⅰ～Ⅲが金曜日から羽化し始め，羽化ピークも同日にあった．集団Ⅳは金曜日に羽化し始めたが土曜日がピーク，集団Ⅴは前者4集団から1日遅れて土曜日に羽化が始まり同日にピークがあり，日曜日まで続いた．理論的に，集団Ⅰ～Ⅳと集団Ⅴは半日のずれを予想したが，実際には1日の遅れであった．その原因は，羽化が日周リズムに基づいて起こっているためと推察される．

　図3-15は，各温度処理における蛹の発育を有効積算温度で示してある．こ

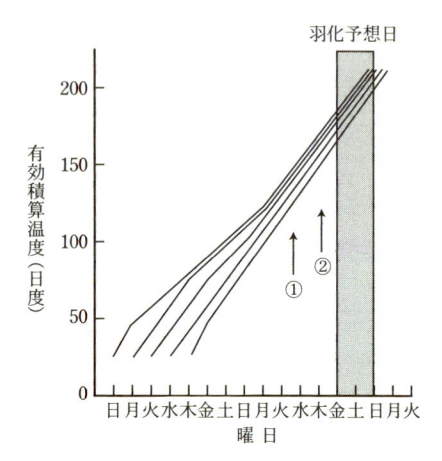

図3-15 各温度処理された蛹の有効積算温度. ①：石垣市から那覇市へ蛹を空輸する日. ②：γ線照射後, 那覇市から久米島へ蛹を空輸する日. ■：成虫が羽化する時期 (仲盛ら, 1978b)

れからも明らかなように，石垣〜那覇間の蛹輸送までの有効積算温度は120〜140日度と発育段階がほぼそろっている．また，羽化開始予定日である金曜日までの有効積算温度は160〜180日度になり，前記の実験結果から推察したところの，蛹化〜羽化までの平均有効積算温度ともほぼ一致している．以上の結果から，発育段階の異なる蛹を同時に羽化させることができ，また，羽化日を要求される日にずらすことも可能となった．

羽化日の予測と調整は，島間の輸送や放飼日程の関係から重要であるばかりでなく，γ線照射は羽化2日前が最もよいとされ，それ以前に照射すると放飼虫の活力低下を招くおそれがあり (Hooper, 1970)，不妊虫放飼による根絶計画において，羽化日の調整は不可欠な作業といえる．

3-2-5 飼育工程の組み立て

これまでの試験結果をもとに，久米島における不妊虫放飼を実施するための，週400〜600万匹生産規模のウリミバエ大量増殖工程を以下のように組み立てた．

3-2-5-1 成虫飼育・採卵

成虫は，杉本 (1978a) の成虫飼育箱1台に5万匹 (2.5万匹×2室) を入れて

飼育し，餌は，アンバー-BYF Series 100と砂糖を1：5に混合し，飼育箱当たり3.6 kg (1.8 kg×2室)を内部に設置した餌棚から与える．また，水を含ませた家庭用スポンジ8個（4個×2室）を飼育箱上部の網に置き給水する．このスポンジは週3回洗って置き直す．毎週3台の成虫飼育箱に蛹をセットし，羽化後7週間飼育する．採卵は羽化後3週目から7週目の成虫飼育箱に人工採卵器を挿入して行う．人工採卵器の挿入本数は，羽化後3週目の成虫には1室当たり5〜7本，4〜6週目は10本，7週目は5〜7本とした．

人工採卵器（杉本，1978a）は直径6.5 cm，長さ20 cmのポリエチレン製円筒で，上半面に直径0.5 mmの産卵孔を80個開けて使用する．人工採卵器の内部に60メッシュのナイロン網を内張りし，産卵を促すための果汁として約5 mlのカボチャジュースを入れ，数回振って産卵孔をジュースで潤した後，成虫飼育箱に挿入する．採卵器は午後1時から3時に挿入し翌朝取り出すが，採卵中は夜間も照明する．産下された卵は水道水で洗い出し，ナイロンゴースでこし，メスシリンダー内で沈殿させ，卵量を測定した．

初期には週2回採卵，2回仕込みを実施したが，幼虫飼育箱での飼育を幼虫飼育室全体で飼育するように変更した後は，週1回採卵，週1回仕込みで生産した．

3-2-5-2 卵接種・幼虫飼育

卵接種用ジュースは，水中に沈殿させた卵100 ml，水675 ml，3.5％塩酸25 ml，トマトジュース400 mlを混合して作成する．トマトジュースの使用は，その成分が卵をよく懸垂させ，沈殿速度を遅くするとともに，培地上での卵の拡散を助けるためである．この接種用ジュースをマグネチックスターラーで撹拌しながら，自動分注器で30 mlずつ培地上に集中しないように注ぎ，接種する．このとき，2 lの幼虫培地を入れた飼育バット1枚当たり，約21,000卵を接種したことになる．

幼虫培地は，表3-3に示した組成で，フスマはNo.1 Canadian Wheatを使用する．水を入れたコンクリートミキサーに組成量の少ない安息香酸ナトリウムと塩酸を加えた後，チリ紙を投入してよくほぐす．その後，組成量の少ない順に投入して，1回に108 l混合する．でき上がった培地は，37×31×5 cmのプラスチック容器に2 lずつ分け入れ，表面をコテでならした上にチリ紙を

置き，卵接種を行う．培地の上にチリ紙を置くのは，接種された卵が培地上の水たまりに入り，卵が死亡するのを防ぐためである．

卵接種の終わった飼育容器は，幼虫飼育室の飼育棚に収容する．幼虫飼育中は，幼虫発育に伴う代謝熱の上昇を調節するため，図3-13の飼育工程に従った温度管理を行う．また，幼虫飼育室の床に水を張り，高い湿度を保つようにする．

老熟した幼虫は，幼虫培地を跳び出し蛹化場所へ移動する．この行動は，卵接種後5日目から，光・温度・湿度などの刺激に敏感に反応して起こり，飼育室内の条件では暗から明への切り替えに反応して午前中に起こる．幼虫培地から跳び出した幼虫は床に張った水で受け，その日の午後に水とともに回収する．卵接種後6日目には，午後の幼虫回収後，翌日の追い出し操作に備えて室温を27℃へ戻す．7日目の朝は，飼育室の温度を20℃に下げるとともに，幼虫培地に散水刺激を与える追い出し操作を実施する．

3-2-5-3 蛹飼育

回収した老熟幼虫は水をきり，10 l のオガクズを入れたプラスチック容器 (73×44×22 cm) に約50,000匹の幼虫を潜らせて，25℃で蛹化させる．囲蛹が十分固くなる3日目に10メッシュの動力篩で蛹とオガクズとを篩い分ける．蛹の篩分けに際して，一度に大量のオガクズを投入すると篩い分ける時間が長くなり，飛翔筋に障害を与えるおそれが大きいので，1分以内に篩い終わるように気をつける．また，蛹化用に使用するオガクズはあらかじめ14～15メッシュの網で篩っておき，蛹篩いに要する時間を短縮することが重要である．

篩い分けられた蛹約15万匹は，40×60×2 cmの網底の棚に薄く広げて羽化日を調整する．羽化日の調整は図3-14に従って行う．羽化日の調整によって，羽化3日前に達した蛹は梱包し，那覇の不妊化施設へ輸送する飼育工程が組み立てられた．

3-2-6　石垣島のウリミバエ大量増殖施設における生産経過

石垣島のウリミバエ大量増殖施設における生産経過 (表3-8) は，準備段階である1期，久米島における不妊虫放飼開始から根絶達成までの期間を主に

3-2 石垣島におけるウリミバエの大量増殖

表3-8 石垣島のウリミバエ大量増殖施設における生産経過.

段階	期間	週数	平均孵化率(%)	平均蛹歩留まり(%)	平均羽化率(%)	総生産蛹数 ×10^4	週平均生産蛹数 ×10^4	総輸送蛹数 ×10^4	週平均輸送蛹数 ×10^4	備考 輸送蛹数
1期	1974.11.19〜75.1.24	8	85.6	65.5	—	1,391	174.8	—	—	大量増殖開始
2期	1975.1.29〜75.8.19	30	89.8	68.3	70.7	4,942	164.7	3,600	133.3	久米島輸送用 週100万匹規模
3期	1975.8.26〜76.3.18	30	89.7	68.3	84.1	6,227	207.6	5,664	188.8	久米島輸送用 週200万匹規模
4期	1976.3.23〜76.12.16	39	88.5	61.8	85.5	17,023	436.5	14,564	347.4	久米島輸送用 週400万匹規模
5期	1976.12.21〜77.8.30	36	92.1	53.3	91.6	14,095	391.5	12,277	350.8	週1回卵接種 久米島根絶・放飼終了
6期	1977.9.6〜77.12.27	15	92.4	65.6	92.6	5,718	381.2	4,556	325.4	ケラマ諸島放飼開始
7期	1978.1.3〜78.12.26	49	91.3	70.7	93.9	22,399	457.1	18,248	372.4	久米島放飼再開 12/11から新系統使用
8期	1979.1.9〜79.12.18	48	97.5	68.4	93.2	21,240	442.5	18,281	380.8	
9期	1980.1.8〜80.12.30	51	95.1	66.0	91.1	20,664	405.2	17,650	346.1	
10期	1981.1.6〜81.12.29	52	92.9	71.4	89.9	25,827	496.7	23,060	443.5	
11期	1982.1.5〜82.12.14	48	90.7	69.5	88.4	18,789	391.4	17,690	368.6	
12期	1983.1.4〜83.6.21	22	92.7	66.0	88.1	10,516	478.0	9,659	439.1	新大量増殖施設へ移行
計		428	91.5	65.8	88.1	168,828		145,248		

生産量に基づいて2〜5期に分けた．5期からは，基本的に週1回の仕込みで必要蛹数を生産するようになったが，供給される小麦フスマの品質が安定しない期間がかなり長く続いたため歩留まり低下が起こっている．6期は久米島へのウリミバエの再侵入を防ぐため，久米島周辺の慶良間諸島で不妊虫放飼が開始された時期である．しかし，久米島へのウリミバエ再侵入が起こり，その後は久米島と周辺諸島での不妊虫放飼が継続されることとなった．

7期以降は1年単位で区分けし，7期の12月11日以降は添盛・仲盛（1981）によって育成された新増殖系統だけを使って大量増殖を行った．増殖系統の入れ替えに伴う孵化率，蛹歩留まり，羽化率などのデータが大きく変動することはなかった．

3-3　新大規模大量増殖施設での大量飼育

3-3-1　新大量増殖施設建設に関する基本的な考え方

　石垣島のウリミバエ大量増殖施設では，基本的な大量増殖技術を開発し，1975年2月から不妊虫が久米島に放飼された．飼育法の改善に伴い，久米島への不妊虫放飼数も週100万匹から400万匹へと順次増加され，1977年には久米島のウリミバエは根絶されたものと判断された (Iwahashi, 1977)．この根絶は，農林省の駆除確認調査においても確認され，1978年9月に植物防疫法の施行規則が改正され，久米島で生産されるウリ類は自由に出荷できることとなった．

　一方，農林水産省と沖縄開発庁および沖縄県は，「久米島におけるウリミバエ根絶実験事業」を発展拡大させ，沖縄県全域からウリミバエを根絶する年次計画を策定した（表3-9）．この計画策定に当たって，面積が最大である沖縄本島全域からウリミバエを根絶するためには，少なくとも週1億匹（久米島での放飼数の約25倍）の不妊虫生産と放飼が必要であることが久米島の経験などから推定され，週1億匹以上の生産能力をもつ新大量増殖施設と不妊化施設が建設されることとなった．我々にとって，週産1億匹以上の大量増殖は未経験の領域であり，施設そのものも石垣島に建設された大量増殖施設（以後，旧施設と記す）の単純な規模拡大ではなく，技術的に未知な部分が数多くあるものと思われた．そのため，新施設の設計と建設，根絶事業の推進に当たって，週産数億匹の生産能力をもつ大量増殖施設における飼育状況と，不妊虫放飼法による大規模な根絶事業の実施体制などについて調査を実施した．最初の調査は，伊藤・与儀・垣花によって1978年に実施され，その

表3-9　沖縄県ウリミバエ根絶年次計画．

年　度	項　目
1980	大量増殖施設の建屋建設（総面積は週1億匹生産規模）
1981～1982	週3,000万匹生産用の設備建設
1983	不妊化施設建設
1984～1986	宮古群島放飼用の不妊虫生産（週3,000万匹）
	大量増殖用の設備を週1億匹生産用へ増強
1987～1989	沖縄群島放飼用の不妊虫生産
1990～1992	八重山群島放飼用の不妊虫生産

後，小山・諸見里 (1981)，玉城・垣花 (1983)，志賀・金城・瑞慶山 (1983)と4回にわたって実施された．

　最初に調査された大量増殖施設は，アメリカのテキサス州ミッションとメキシコのチアパス州ツクストラ・グチエレスにあるラセンウジバエの大量増殖施設であり，それぞれ週2億2千万匹と週3億匹の生産規模をもっていた(垣花, 1978)．このとき，メキシコのチアパス州メタパのチチュウカイミバエ大量増殖施設は設計段階であった．週当たり数億匹を生産する計画をもつこの施設は，小山・諸見里 (1981) によって調査されたが，建設直後であったこともあり，このころの生産規模は週1.5億匹であった．ラセンウジバエ大量増殖施設では150～300人が，また，チチュウカイミバエ大量増殖施設では50人が3交代で飼育作業に従事していた．これらの施設はいずれも放飼地域内に建設されているため，施設からハエが逃亡するのを防ぐための徹底した対策がとられていた．

　これらの海外調査を通して，日本でも導入すべき技術や考え方の選別が加えられた．まず考え方として参考にしなければならない点は，大量増殖施設からの飼育虫の逃亡防止対策である．ラセンウジバエの大量増殖施設では，人や物の施設への出入りが厳重にチェックされており，機器の修理も施設内部でできるようになっている．また，空き袋などが多量に出る飼育培地は解放部で混合し培地だけが施設内部にポンプで送られ，どうしても施設外へ搬出しなければならないものは殺虫処理を行った後に持ちだす．同時に6ページに及ぶチェックリストに基づいて，飼育虫の逃亡防止策に不備がないことを定期的に確認している．

　逆に問題ありと思われる点は，ラセンウジバエとチチュウカイミバエの成虫は，24時間照明のもとで何年も飼育され続けていることがあげられる．不妊虫放飼法は，放飼された不妊虫が野生虫と競争して交尾を成功させることに依拠した技術であり，この照明方法が不妊虫の交尾リズムに影響し，野生虫との交尾が成立しなくなる心配があるのではないか．また，メキシコで飼育されているチチュウカイミバエは何らの産卵刺激なしでも大量に産卵し，人間は水を流してこの卵を集めている．ミバエ類の老熟幼虫は果実を跳び出しピンピン跳ねながら適当な蛹化場所にたどり着いた後に蛹になるが，この

施設では，回転する網に幼虫培地を投入して強制的に幼虫と飼育培地を分離している．これらのことは昆虫がもつ自然の行動をあまりにも無視しすぎていると思われるので，日本でウリミバエを飼育する場合は導入すべきでないと考えた．

これまでの旧施設における大量増殖に関する研究と経験，および上記のような外国の増殖施設の調査結果も参考にして，沖縄における新ウリミバエ大量増殖施設建設の基本方針を作成した．すなわち，飼育の方法は基本的に石垣島の旧施設で行われたものを踏襲するが，これをそのまま1億匹規模まで拡大すると，140人程度の飼育作業員が必要になると予想される．そのため，作業の機械化によって作業員の数を可能な限り減らす必要がある．また，機械化によって施設に出入りする人数を少なくすることは，施設からのハエの逃亡防止対策としても重要である．さらに，飼育を機械化すれば手作業では利用できないような飼育室の上部空間まで利用することができるので，飼育室空間の効率的利用が図れる．しかし，機械を導入する場合は，あらかじめ故障した場合の対策を考えておかなければならない．一つの方法は，可能な限り機械設備を分割し，1台が故障してもバックアップができるようなシステムを作り，飼育している虫に対するダメージをできるだけ小さくすることである．

一方，飼育作業への機械力の導入には未知の要素が多い．機械力を使って虫を飼育する場合，人間が行うようなきめ細かな虫の取り扱いは機械ではできない．また，熟練を要する複雑な飼育作業を行う機械の開発とその導入には，それ自身多額の経費が必要とされる(仲盛・垣花, 1980)．そのため，おのおのの飼育工程に応じた機械と人力の使い分けが必要である．さらに，これらの機械化によって，虫がどのような影響を受けるかを細かく検討しなければならない．このような考え方から，まず1億匹規模の中間段階として，週3,000万匹を飼育できる機械設備を備えた大量増殖施設を建設し，この飼育過程で生じる機械的問題点や飼育技術上の問題点を改善した後，週1億匹生産用の飼育設備を導入することとした(表3-9)．飼育の機械化によって増殖施設内に出入りする人間を36人まで減少させることができた．

このような基本的な考え方に基づいて，Kakinohana (1982) は，生産目標である週1億匹の生産規模をもつ新ウリミバエ大量増殖施設の建設計画を作

3-3-2 新ウリミバエ大量増殖施設の建設
3-3-2-1 概　要
　この施設は沖縄県那覇市に建設された．建物は3階建てで，総面積は

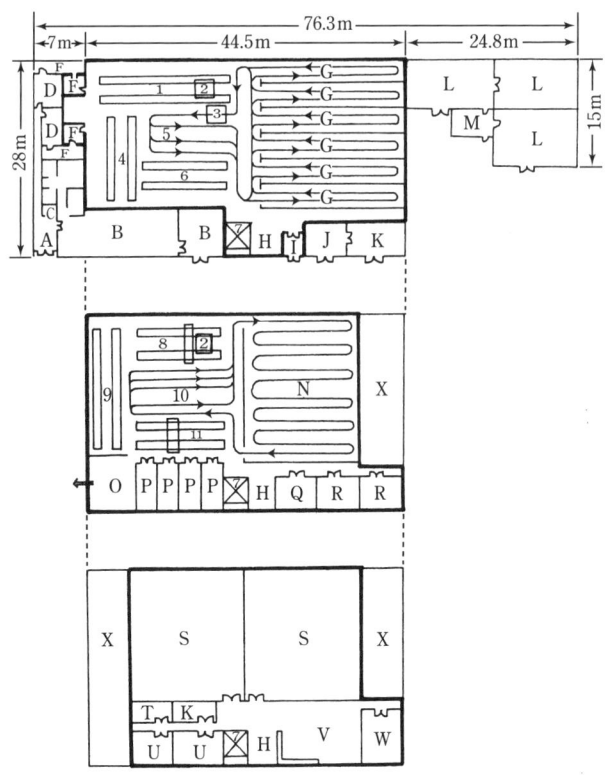

図3-16　新ウリミバエ大量増殖施設平面図．A：入口，B：事務室，C：監視室，D：ロッカー室，E：シャワー室，F：着衣室，G：幼虫飼育室，H：階段，I：高温殺虫室，J：幼虫飼料混合室，K：飼料原料倉庫，L：機械室，M：機械監視・操作室，N：蛹化室，O：蛹積み出し室，P：蛹保管室，Q：保守管理室，R：品質管理室，S：成虫飼育室，T：準備室，U：野外系統保存室，V：採卵・飼育箱洗浄室，W：休憩室，X：空調機室．1：バット洗浄ライン，2：老熟幼虫回収，3：フレーム洗浄，4：バット保管，5：幼虫飼育フレーム保管，6：卵接種ライン，7：リフト，8：幼虫・オガクズ混合，9：蛹化箱保管，10：蛹化フレーム保管，11：蛹篩別．A～Xは室の名称，1～11は作業を示す．太線の輪郭内は飼育虫の逃亡防止のための閉鎖部である．

4,265.57 m² である．各階への飼育室の配置については，成虫室は，自然日長に合わせて飼育室の日長をコントロールできるように3階に配置し，幼虫飼育室は，大量の水を使用することによる建物荷重の増加や防水処理を考慮して1階に，そして，蛹飼育室は2階に配置した．図3-16に施設の平面図を示した．各階の主な構成は以下のようになる．

1階 (1,738.82 m²)：事務部門，幼虫飼育部門，主機械部門
2階 (1,246.00 m²)：蛹飼育部門，品質管理部門，保守管理部門
3階 (1,246.00 m²)：成虫飼育部門，野外系統導入部門
R階 (34.75 m²)：エレベーター機械室

この施設を計画するに当たって最も配慮された点は，飼育虫の逃亡防止対策，飼育虫の品質管理，飼育作業の自動化，水の再利用システムのよる節水対策，幼虫飼育培地から発生する悪臭対策などである．

3-3-2-2 飼育虫の逃亡防止対策

この施設は根絶目標地域内でウリミバエを大量に増殖するので，飼育されたハエが施設の外に逃亡することがあってはならない．そのため，飼育虫逃亡防止対策として，各階は開放部と閉鎖部に分けられる．開放部には事務室，機械室，幼虫飼料混合室，飼料原料倉庫などがあり，飼育関係の各室は閉鎖部に配置される．また，閉鎖部内には保守管理室があり，内部飼育機械の予備部品などを保管し，簡単な修理は閉鎖部内でできるようになっている．

幼虫培地を混合する作業では多量の空袋などがでるので，作業は開放部にある幼虫飼料混合室で行い，幼虫培地だけが閉鎖部へポンプで圧送される．飼育終了後の幼虫培地の残渣は，90℃の熱湯と蒸気を吹き込んで撹拌し高温で殺虫処理した後，施設外部の廃水処理施設へ送り出す．そのほか，物品の搬出が必要な場合は，いったん殺虫室に収容し，高熱殺虫処理によって飼育虫の施設外逃亡が起こらない状態にしたのち搬出する．人間の出入りも厳しく制限され，出入りに際してはロッカー室と着衣室で外部と内部の衣服を着替えることが義務づけられる．

3-3-2-3 成虫飼育

成虫は3階の成虫飼育室で飼育される．成虫飼育室（幅16×奥行18.7×高さ5.5 m）は2室からなり，飼育温度は26℃である．杉本 (1987a) の成虫飼育

3-3 新大規模大量増殖施設での大量飼育

箱は，強度を高めるための骨組みを組み入れるとともに，採卵器を挿入する孔に細かい網（採卵器の挿入には支障はない）が設置できるように改良した（図3-17）．この改良によって採卵器の出し入れに伴う成虫の逃亡を防ぐことができた．成虫飼育箱1台で約5万匹の成虫が飼育される．成虫飼育室にはそれぞれ240台の成虫飼育箱が収容でき，その内訳は，60台（羽化後1〜2週目）は産卵前飼育，150台（羽化後3〜7週目）が採卵用，30台（1週分）は成虫を更新中である．採卵は各室とも週2回行い（表3-10），1週当たりの採卵量は下記のように推定される．

520,000卵/箱×150箱/室×2室＝156,000,000卵

成虫飼育室の照明には蛍光灯だけでなく，天井窓からの自然光も利用される．日中の飼育室内照度は1,000 luxに維持されるが，朝夕の照度は，屋外の照度に同調して蛍光灯の照明本数を増減させ，薄明・薄暮状態になるように

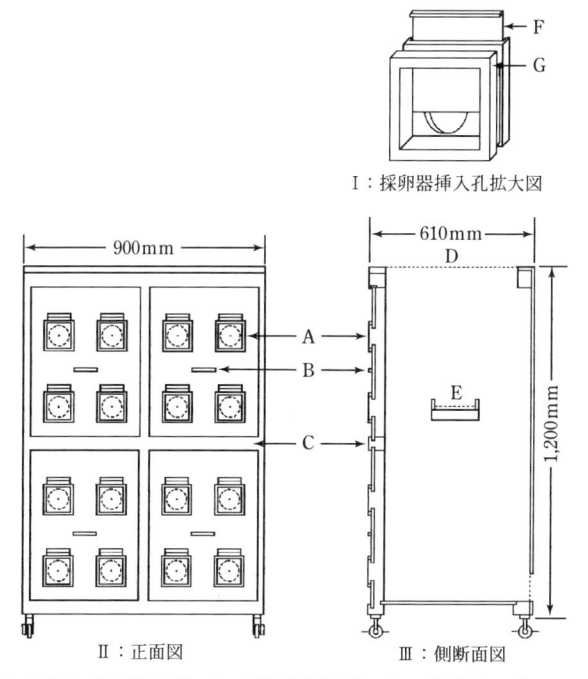

図3-17 改良された成虫飼育箱．A：採卵器挿入孔，B：前蓋取っ手，C：補強骨組み，D：ステンレス網，E：成虫餌棚，F：採卵孔シャッター，G：逃亡防止網取付け枠．

表3-10 週100万匹以上の大量増殖を実施する場合の採卵と幼虫飼育スケジュール[*1].

幼虫飼育室	月	火	水	木	金	土	日	月	火	水	木	金	土
No. I	A-1	EC ES	L	L	L	L	LC	LC	LC	A-1 W	EC ES	L	L
No. II		A-2	EC ES	L	L	L	L	LC	LC	LC	A-2 W	EC ES	L
No. III			A-1	EC ES	L	L	L	L	LC	LC	LC	W	
No. IV				A-2	EC ES	L	L	L	L	LC	LC	LC	W
No. V						A-1	EC ES	L	L	L	L		
No. VI							A-2	EC ES	L	L	L		

[*1] A-1, A-2: 成虫飼育室1と2における採卵器挿入, EC: 卵回収, ES: 卵接種, L: 幼虫飼育, LC: 老熟幼虫回収, W: 幼虫飼育室洗浄.

調整される．蛍光灯の点灯・消灯は屋外照度センサーを使って自動的になされる．これは飼育虫の行動の日周リズムをできるだけ野外に近い状態で保持することを目的としてなされた．ただし，各室週2回の採卵日には産卵を刺激するため24時間照明がなされた．

3-3-2-4 幼虫飼育

表3-10は大量飼育のスケジュールを示している．幼虫飼育は毎週火・水・木・金曜日に始まり，8日目に終了する．そのため，幼虫飼育室（幅3.4×奥行き20×高さ6m）6室のうち5室では飼育が同時に進行し，1室は洗浄・消毒にあてられる．

幼虫飼育培地の作成は開放部にある培地混合室（図3-16）でなされる．培地の混合は，1回に500l以上混合することができるミキサー2台を使って行い，その後，卵接種が始まるまで培地貯留槽に貯留される．培地貯留槽では，大型撹拌機2台で培地を撹拌し，培地の水分が分離しないようにする．閉鎖部にある幼虫飼育作業室での卵接種作業を行う際は，培地貯留槽下部の圧送ポンプが作動し，必要量の培地がパイプを通って自動的に仕込ラインへ供給

3-3 新大規模大量増殖施設での大量飼育

される．

　図3-18は幼虫飼育作業の流れを示している．この図で示すように，幼虫仕込作業（バット供給，培地供給からバット積み込み，フレーム搬入に至るラインの作業）と培地処分作業（フレーム搬出，バット取り出しから洗浄，バットストックに至るラインの作業）は可能な限り自動化される．

　幼虫仕込ラインでは，幼虫飼育バット（外寸64×39.5×7.5cm）がストック・ラインから取り出され，卵接種ラインに1枚ずつ載せられる．飼育バットには，一定量（5l）の幼虫培地が培地供給装置から投入される．培地はプレスと振動を加えることで自動的にならされた後，その上面に紙が人力で敷かれる．紙を敷かれた培地上には約50,000個の卵が接種される．卵が接種された飼育バットは，モノレールにつるされた飼育フレームに積み込んだ後，幼虫飼育室へ自動的に搬入される．幼虫飼育フレーム（約85×80×325cm）には棚が16段あり，それぞれ飼育バット2枚を収容できる．各棚の高さは約19cmで，幼虫の発育に伴う代謝熱が発散し，また，幼虫が培地から床面へ

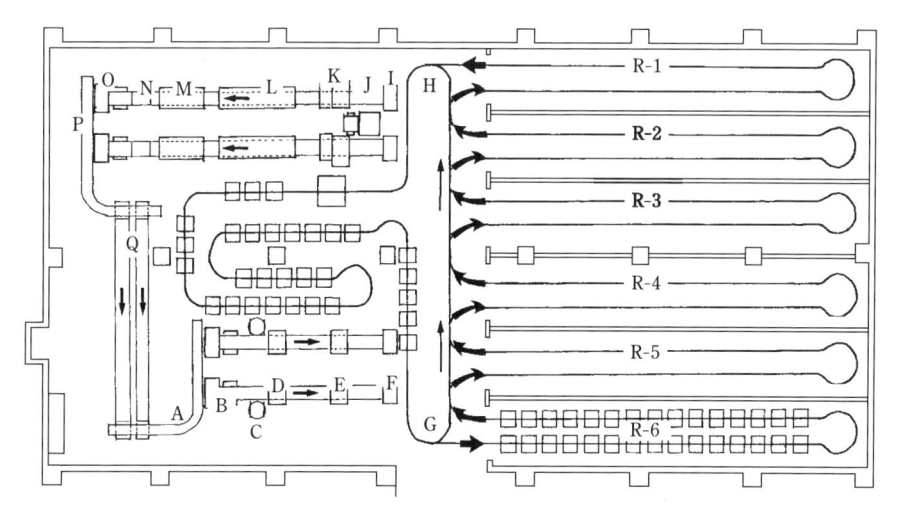

図3-18　幼虫飼育フロー．**（卵接種作業）** A：バット搬入，B：バット供給，C：培地供給，D：培地均し，E：卵接種，F：バット積み込みリフト，G：フレーム搬入．**（培地処分作業）** H：フレーム搬出，I：バット取り出しリフト，J：バット反転，K：培地落し，L：バット洗浄，M：バット乾燥，N：バット反転，O：バット段積み，P：バット搬出，Q：バットストック．**（幼虫飼育室）** R-1～R-6.

容易に跳び出すことができるように配慮し作成された．各幼虫飼育室には30台の飼育フレームが収容される．

　幼虫飼育の最終日に老熟幼虫がバットから跳び出すのを刺激するため，幼虫室の側面と中央に，すべての飼育バットの高さと対応して散水ノズルが配置されている．また，幼虫飼育室の床面は防水処理して水を張り，跳び出した老熟幼虫を受ける．また，幼虫の回収を容易にするために床面には勾配が付けてあり，中央に配置した幅40cmの幼虫回収溝に向かって低くなっている．床に張った水中に跳び出た幼虫は，回収溝の下に設置したパイプを通して水とともに幼虫回収槽に流し出され，余分な水を除いた後，2階の蛹飼育作業室へリフトで上げられる．

　幼虫飼育室の温度は，幼虫発育に伴う代謝熱の上昇に合わせて27～20℃の範囲で調節される．1室当たりの幼虫飼育能力は以下のように計算される．

　　　50,000卵/バット×32バット/フレーム×30フレーム×0.65（歩留まり）
　　　　＝31,200,000蛹

ただし，木曜日・金曜日に始まる飼育では成虫の産卵量が低下するため，飼育量は火曜日・水曜日に比べて約70％（21,840,000蛹）まで減少する．

3-3-2-5　蛹飼育

　図3-19に，蛹仕込み作業と蛹篩い作業の流れを示した．幼虫は，1階から2階へ幼虫回収リフトで送り込まれ，網張りコンテナで水と分離される．そして，10lのバーミキュライトが入った蛹化箱（外寸；縦65×横39.8×高さ11.8cm）に25,000匹ずつ人力で分配される．この蛹化箱を15段に積み上げ，蛹化室へ送り込む．最上段の蛹化箱にはバーミキュライトの乾燥を防ぐため蓋をかぶせる．蛹化室内部では，蛹化箱は搬入トラバーサーによって指定された蛹化ラインに移され，篩の時期まで25℃で保管される．蛹化室の収容能力は下記のとおりである．

　　　25,000幼虫/箱×15段×18列×20連＝135,000,000蛹

　バーミキュライト内で蛹化した蛹は，蛹化後5～6日目に動力篩で篩い分け，篩い分ける際の機械振動による飛翔筋の損傷（droopy-wing syndrome）（Ozaki & Kobayashi, 1981）を避ける．篩い日に達した蛹化箱は搬出トラバーサーで取り出され，磁石を使ったコンベアで蓋を取り外した後，篩分けの工

3-3 新大規模大量増殖施設での大量飼育　　83

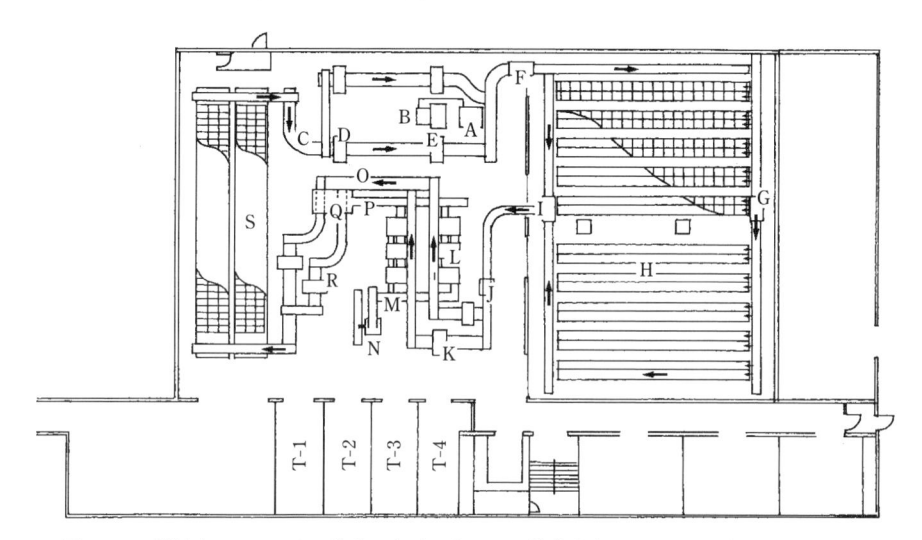

図3-19　蛹飼育フロー．A：幼虫回収リフト，B：幼虫分配，C：バット搬入，D：バット供給，E：バット段積み，F：蓋かぶせ，G：搬入トランスバーサー，H：蛹化室，I：搬出トランスバーサー，J：蓋はずし，K：バット供給，L：蛹篩い，M：蛹搬送，N：蛹計量，O：バット搬送，P：バーミキュライト搬送，Q：バーミキュライト供給，R：バット段積み，S：バットストック，T-1〜T-4：蛹保管室．

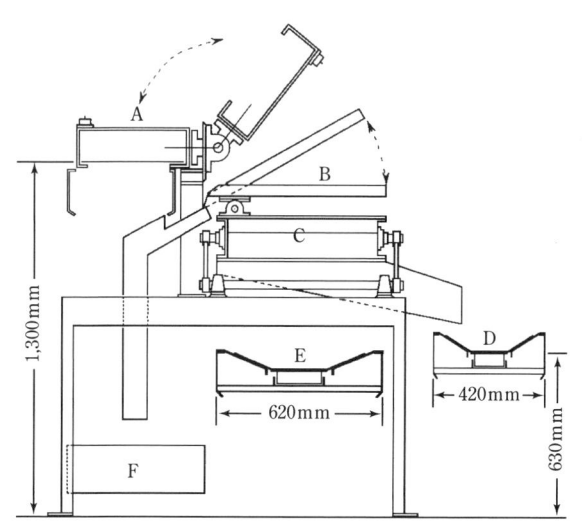

図3-20　蛹篩機断面図．A：蛹化バット反転装置，B：予備篩網，C：本篩網，D：蛹搬送ベルトコンベア，E：バーミキュライト搬送ベルトコンベア，F：予備篩受け．

程へと運ばれる．蛹篩機は，同時に2枚の蛹化箱を処理することができるようになっている．図3-20は蛹篩機の断面図を示している．蛹化箱内の蛹とバーミキュライトは，バット反転装置で上段の6メッシュの網上に投下され粗篩いされる．これは，過湿状態などのため団子状に固まったものをあらかじめ取り除くことで篩分けに要する時間を短縮し，機械振動の悪影響をできるだけ除くように配慮したものである．下段の12メッシュの網で本篩いされた蛹は，コンベアで計量器に運ばれ計量される．また，篩われたバーミキュライトはホッパーにいったん貯留した後，空の蛹化箱に再び分配され，バット・ストック・ラインで蛹化箱とともにストックされる．

異なるバッチから篩い分けられた蛹は，15～27℃の範囲で室温を調節できる四つの蛹室で保管し，発育温度をコントロールする．この操作によって，毎日一定量の蛹の照射と放飼が可能となる．

3-3-2-6　品質管理および野外系統導入

この施設では，蛹を大量生産するため，野外の複雑な環境条件とは異なる単純で人為的な室内条件の中で累代飼育することによって，生産効率の向上を図っている．そのため，飼育虫の品質変化は避けることのできない問題である．不妊虫放飼法は，野外に放飼した不妊虫と野生虫間の交尾に依存した害虫防除技術であるため，品質の変化，特に交尾特性に関する変化は，この技術の成否に重大な影響を及ぼす．放飼した不妊虫の品質は，野外条件下での野生虫との交尾競争力として最終的には評価されなければならないが，品質管理を考える場合，我々が測定しうる個々の特性と交尾競争力との関係を明らかにしなければならない．また，この施設の生産規模は石垣島の旧大量増殖施設（週400万匹生産）の約25倍であり，各段階における飼育作業や機械化などが品質にどのような影響を及ぼすのか不明な点が多数ある．

以上の観点から，我々は品質変化の程度を常にチェックする必要があり，このための品質測定試験は2階にある品質管理室でなされる．ここでは産卵量，孵化率，卵～蛹歩留まり，蛹のサイズ，羽化率などの大量飼育のデータだけでなく，飛翔力測定，行動リズム，交尾時刻などの個々の特性についての試験が野生虫との比較でなされる．また，大量増殖のための飼料原料の品質検査も品質検査室でなされる．

品質測定の結果，品質が極端に悪化していると判断された場合は，野生虫を導入し，新しい飼育系統を育成しなければならない．一方，野生虫を導入し，大量増殖の生産軌道にのせるためには7～8世代（約1年）の選抜が必要である（添盛・仲盛, 1981）．この選抜は野外系統導入室でなされる．

3-3-2-7　公害防止対策，その他

ウリミバエの飼育では多量の水を消費するので，水の再利用による節水対策は重要である．この施設で1日に消費する水の量は約126 m^3 と推定され，このうち約69 m^3 が再利用水でまかなわれる予定とした．断水に備えた上水の貯水槽は120 m^3（約2日分）である．

幼虫飼育の過程では，幼虫の排出物などのために幼虫培地から悪臭が発生する．その成分を特定するため，ユニチカ環境技術センターに委託して旧大量増殖施設幼虫室の空気を分析した．その結果，2回の測定値でアンモニアが17.0 ppm, 21.5 ppm（ネスラー法），トリメチルアミンが0.04 ppm未満（ガスクロマトグラフ法）であった．このように多量のアンモニアを含んだ空気を大気中に放出することは，悪臭公害を引き起こすおそれがある．その対策として，屋上に脱臭塔を設置して水または希硫酸で空気を洗浄し，アンモニアを除去したのち放出する方法が採用された．また，幼虫飼育終了後，培地は殺虫処理を行い廃水処理施設へ送られる．廃水処理施設では廃棄培地を圧搾し，餌かすと廃水に分けたのち，餌かすは堆肥原料として利用され，廃水は廃水処理施設で処理されたのち放流される．

これらの施設の建設は，年次計画に従って1980～1982年にかけて第1期の建設・設備工事が行われ，1983年から久米島放飼用の週500万匹の蛹生産が開始された．その後，1984～1986年にかけて第2期の施設増設工事が行われ，1984年から週3,000万～2億3,000万匹の蛹が生産された．

3-4　新大量増殖施設におけるウリミバエの大量増殖

新たに建設された新ウリミバエ大量増殖施設（以後「新増殖施設」と記す）における大量飼育は1983年5月から始まった．新施設における飼育は，飼育室の大きさ，飼育容器，飼育規模，作業工程などが石垣島の大量増殖施設（以後「旧増殖施設」と記す）のそれとは大きく異なる．そのため，これまで旧

増殖施設で実施してきた飼育法が、新増殖施設でも適用できるかどうかを確認しながらウリミバエの大量増殖を推進してきた．また、新施設での大量増殖を推進するに当たって、施設に適した飼育法の改善、飼育作業の省力化、コストの低減が図られた．

3-4-1 飼育系統の育成

新増殖施設におけるウリミバエの大量増殖は、添盛・仲盛（1981）によって旧増殖施設で育成された大量増殖系統を導入して開始された．旧増殖施設からの蛹導入は1983年4月から6月までの14週間、定期的に輸送された蛹を成虫飼育箱に入れて羽化させ、親世代とした．1983年7月以降は新増殖施設で生産された蛹から羽化した成虫を親世代とした．この系統は、久米島と宮古群島の防除に使われた．

宮古群島の根絶達成のめどがつき、最大の面積をもつ沖縄群島の不妊虫放飼用として新しい増殖系統が育成された．新増殖系統の育成は以下のようになされた．沖縄本島の糸満市で、1985年5～6月にかけてニガウリの被害果を採集し、これから約19,281匹の蛹を得て（表3-11）、羽化した成虫を親世代とした．この成虫は小型成虫飼育箱（30×30×45cm）に500匹（蛹数）ずつ入れて飼育した．F1世代を得るため、二等分したカボチャを飼育箱に入れて産

表3-11 新飼育系統育成方法．

世代	幼虫飼育		成虫飼育			採卵		成虫飼育規模（蛹数）	備考
	餌	飼育方法	飼育箱	成虫密度（蛹数）	採卵方法	採卵期間		
親世代	ニガウリ		30×30×45cm	500匹	カボチャ	羽化後2週目～10週目まで	合計 19,281匹	糸満市名城から採集 1985.5.30, 6.13, 6.20
F1	カボチャ	週2回飼育	大型飼育箱	20,000匹	人工採卵器	羽化後2週目～7週目まで	合計 841,600匹	8回飼育 (1985.7.5.～8.13.)
F2以降	人工飼料	週1回飼育 接種卵量 1,420,800卵 （容器16枚） 卵接種密度 7.4ml/5.5l （培地） 飼育期間 卵接種後8日目まで	大型飼育箱	50,000匹	人工採卵器	羽化後2週目～7週目まで	毎週 350,000匹	1985.9.17以降の飼育

卵させ，そのままカボチャを餌として幼虫を飼育した．この飼育から得られたF1世代は蛹数で841,600匹であった．

F1世代の成虫は，大量増殖用の大型成虫飼育箱に20,000匹（蛹数）ずつ入れて飼育した．F1世代からの採卵は人工採卵器を用いて行い，幼虫飼育には人工培地を用いた．F2世代の成虫は50,000匹ずつ大型飼育箱に入れて飼育した．飼育規模は週当たり35万匹とした．採卵は羽化後2週目から7週目まで行った．F2世代以降も同様の方法で飼育した．この系統は，1986年9月16日から大量増殖の生産ラインで使われた．

3-4-2 成虫飼育法
3-4-2-1 成虫飼料

成虫飼料の低廉下を図るため，従来使ってきたアンバー-100^{R}のかわりにビール酵母の自己分解物である安価なAY-65^R（アサヒビール社製）を成虫飼料として用いて，採卵量を比較した．AY-65と砂糖の混合割合が1：5の組成では，アンバー100を使った場合より採卵量は少し劣ったが，AY-65と砂糖の混合割合を1：4にすると，産卵量，孵化率ともアンバー100と比較して差はなかった（表3-12）．また，AY-65を摂食させた成虫の採卵量は2週目に多く，5，6週目に少なくなる傾向が見られたが，週平均ではアンバー100と差

表3-12 異なるタンパク加水分解物を摂食させた場合の産卵量と孵化率．

	反復	2週目	3週目	4週目	5週目	6週目	週平均
A	1 (ml)	14.5	30.0	29.5	26.5	22.0	24.5
	2 (ml)	14.5	29.5	29.0	27.0	21.5	24.3
	3 (ml)	15.0	31.5	30.5	27.5	20.5	25.0
	4 (ml)	15.0	31.5	30.5	28.0	23.0	25.6
	平均産卵量 (ml)	14.8	30.6	29.9	27.3	21.8	24.9
	平均孵化率 (%)	86.3	93.8	88.6	91.5	91.5	
B	1 (ml)	17.5	31.5	28.5	23.0	16.0	23.3
	2 (ml)	17.0	30.5	28.5	24.0	15.5	23.1
	3 (ml)	17.5	29.0	27.0	23.5	16.0	22.6
	4 (ml)	20.0	32.5	32.5	26.5	15.5	25.4
	平均産卵量 (ml)	18.0	30.9	29.1	24.3	15.8	23.6
	平均孵化率 (%)	87.3	90.8	90.5	92.7	89.1	

A：アンバー100 (AMBER BYF-Series 100^R)：砂糖＝1：5
B：AY-65：砂糖＝1：4

がなかった．また，成虫生存率についても違いはなく，従来のアンバー-100のかわりに，AY-65を1：4の組成で使用できることがわかった．ちなみに，1：4の組成で使用すると，コストは従来の4割減となった．

3-4-2-2 採卵法

従来，羽化後3〜7週目の成虫から採卵していたが，飼育期間が長くなるにつれて死亡する成虫数が多くなるため，採卵量が減少してくることがわかっている．採卵量を増やし，かつ採卵作業を効率化するため，成虫の週齢ごとの採卵量と孵化率を調査した（表3-13）．

実験1は，羽化後3〜7週目の成虫について，約50,000匹の成虫を収容した成虫飼育箱1台当たり6，8，10本の採卵器を挿入し，採卵量を比較した．採卵は週1回とし，7週間行った．成虫の週齢別採卵量は，羽化後3週目をピークに週齢が進むにつれて減少する傾向が見られ，羽化後3週目以前に成虫は性的に成熟していることが推測された．また，6，7週目の成虫は採卵器の挿入本数を増やしても採卵量は増加しなかった．

実験2では，従来より1週早く羽化後2週目の成虫からも採卵することとした．羽化後2週目の成虫では飼育箱1台当たり8, 10, 12本，また，3〜4週目の成虫には10, 12, 14本の採卵器を挿入したが，5週目以降の成虫については

表3-13 成虫週齢別の産卵量．

（実験1）

調査箱数	採卵器本数	成虫飼育箱当たりの平均産卵量±S.D.(ml)				
		成虫の週齢				
		3	4	5	6	7
2	6	91.0± 9.1	88.1± 8.9	69.9± 7.0	47.4±4.3	26.1±3.2
2	8	114.0±12.5	103.9±16.8	82.8±12.0	50.4±8.0	27.6±4.7
3	10	123.2± 7.4	110.2± 8.9	83.2±10.7	50.8±6.2	26.3±3.3

（実験2）

採卵器本数	成虫飼育箱当たりの平均産卵量±S.D.(ml)					
	成虫の週齢					
	2	3	4	5	6	7
6					42.3±5.8(2)	19.7±5.1(2)
8	88.1±18.9(2)[*1]			72.0±13.3(2)		
10	93.3±11.8(2)	122.3±18.6(2)	101.1±19.4(2)			
12	97.3±22.2(3)	126.9±16.5(2)	111.1±14.8(2)			
14		140.9±25.4(3)	119.1±21.6(3)			

[*1] （ ）内の数値は調査箱数を示す．

3-4 新大量増殖施設におけるウリミバエの大量増殖

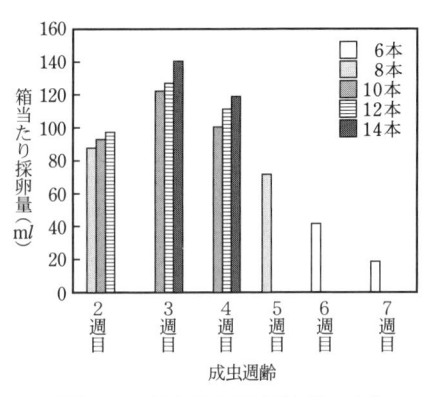

図3-21 採卵器本数別採卵量の変化.

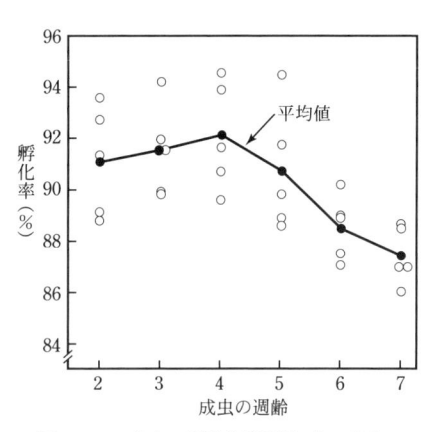

図3-22 成虫の週齢別卵孵化率の変化.

　実験1の結果を参考にして5週目は8本，6，7週目は6本の採卵器を挿入し，採卵量を調査した．採卵は週1回とし，9週間調査した．産卵のピークは実験1と同様羽化後3週目であるが，4週目に次いで2週目の産卵量が多いことが明らかとなった（図3-21）．また，採卵器8本を挿入した場合の羽化後2週目の成虫からの採卵量は88.1 ± 18.9 mlであるのに対して，7週目の採卵量は19.7 ± 5.1 mlであり，2週目は22.4％であった．さらに，ルーチンの飼育工程の中で羽化後2～7週目までの成虫から採卵した卵をそれぞれ約500個任意に抽出し，孵化率を調査した．孵化率は羽化後4週目までは徐々に上昇するが，その後は低下していく傾向が見られた（図3-22）．

　成虫飼育室に収容できる成虫飼育箱の数は限られているので，一定数の飼育箱から最大の採卵ができるように，効率的な採卵を実施することが必要である．これらの実験結果を総合的に考察すると，羽化後2週目の成虫からも採卵して7週目の飼育を廃止したほうが，孵化率が高く，多くの卵を採ることができると考えられたため，これに従って採卵作業工程を変更した．

3-4-2-3　卵の水中保存法

　Arakaki et al.（1984）はウリミバエ卵の水中低温保存法について報告し，採卵後空気中での発育が6時間以内では，1日間のみの水中浸漬でも孵化率が低下するが，浸漬前に空気中で発育させた卵（20時間）では7日間浸漬しても高

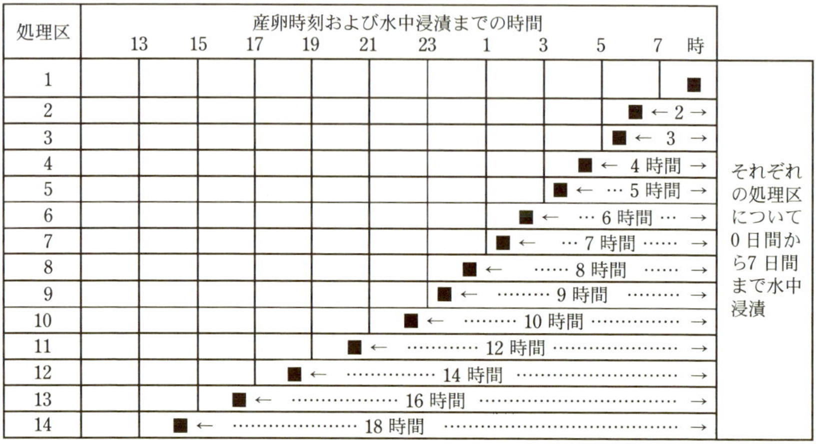

処理区	産卵時刻および水中浸漬までの時間	
	13　15　17　19　21　23　1　3　5　7　時	
1	■	
2	■ ← 2 →	
3	■ ← 3 →	
4	■ ← 4 時間 →	それぞれの処理区について0日間から7日間まで水中浸漬
5	■ ← 5 時間 →	
6	■ ← …… 6 時間 …… →	
7	■ ← …… 7 時間 …… →	
8	■ ← …… 8 時間 …… →	
9	■ ← …… 9 時間 …… →	
10	■ ← …… 10 時間 …… →	
11	■ ← …… 12 時間 …… →	
12	■ ← …… 14 時間 …… →	
13	■ ← …… 16 時間 …… →	
14	■ ← …… 18 時間 …… →	

(注) ■：それぞれ1時間の採卵器セット時間を示す.
　　 ←→：水中浸漬まで空気中においた時間.

図3-23　試験設計.

い孵化率を示し，さらに1〜3日間の浸漬ではその後の発育にも影響しないと述べた．この結果をもとに，卵の水中保存のためのより詳しい試験を実施した．

図3-23に試験設計を示した．採卵は15時から翌日の9時までの間に14回行ったが，15時から23時までは2時間ごと，0時から9時までは1時間ごとに行った．産卵時間（成虫飼育箱への採卵器の挿入から取り出しまでの時間）はおのおの1時間である．9時にすべての処理区の採卵器から卵を取り出し，5℃の水中に浸漬することで，産卵後の空気中での発育時間が0〜18時間まで異なるように試験を設計した．水中浸漬時間は，それぞれの処理区について0〜7日間までである．

表3-14に結果を示した．孵化率は採卵から浸漬までの時間が短いほど，また，浸漬期間が長いほど低下した．浸漬までの時間が18時間では浸漬期間が7日間でも孵化率は高い値（92.5％）を示したが，採卵後すぐ浸漬したものでは1日間の浸漬でも孵化率は非常に低かった（8.2％）．

現在の大量増殖の採卵作業では，採卵器の挿入から取り出しまでの時間は20時間であり，採卵器取り出し後すぐに卵を洗い出し，水中に浸漬している．

表3-14 採卵後水中浸漬までの時間・浸漬日数と孵化率との関係[*1].

採卵後水中浸漬まで空気中においた時間	水中浸漬日数（日）							
	0	1	2	3	4	5	6	7
0時間	96.9	8.2	0.3	1.1	0.2	1.4	0.4	0.8
2	94.2	64.4	47.4	37.2	21.7	12.0	3.4	2.7
3	95.0	91.3	67.9	26.7	8.4	1.4	1.3	0.2
4	95.6	95.4	84.4	67.7	44.5	27.2	7.4	0.3
5	95.6	95.2	95.1	87.8	84.4	67.3	43.4	28.9
6	96.2	96.1	94.1	86.7	67.1	58.5	45.5	32.7
7	95.5	94.5	92.9	87.0	73.0	29.6	42.3	23.4
8	97.4	95.5	95.5	86.8	76.6	52.8	38.5	34.3
9	96.8	95.4	94.5	87.1	65.4	15.6	16.1	16.0
10	97.1	96.1	95.7	88.8	81.9	68.6	48.3	54.3
12	95.0	96.5	96.6	94.3	91.6	81.7	76.5	47.4
14	97.2	96.6	96.9	96.8	93.4	87.3	97.6	86.5
16	97.6	96.5	96.7	97.2	96.4	95.8	97.8	93.7
18	95.5	96.2	96.1	97.1	93.1	94.4	98.4	95.2

[*1] 表中の数値は卵の孵化率（％）を示す．また，太線は孵化率が90％以上になった境界．

そのため，取り出した卵には0〜20時間まで空気中で発育した卵が含まれている．今後，浸漬許容日数を決める際には，経時的な産卵量の割合を調査する必要がある．また，大量飼育において生産コードNo.83037と83039では，それぞれ7日間と4日間5℃の水中に保存した卵を接種したが，孵化率はそれぞれ82.3％，80.1％と高かったにもかかわらず，蛹歩留まりは20.9％，27.5％と低い値を示した．今後，水中低温保存した卵の孵化後の発育についても，さらに調査する必要がある．

3-4-2-4　計量容器による卵密度の違いおよび卵数調査

卵数の推定方法は水とともに卵をメスシリンダーに入れ，水に沈ませた状態で容量を計り，1 ml当たり9,600個（仲盛ら，1975）の基準で換算して卵数を求めてきた．しかし，計量容器の容量が異なると水中に沈下している卵の密度が異なり，卵数も異なってくると考えられたため調査を行った．また，1 ml当たり9,600個の基準を見直すため，5 ml当たりの卵数を再度調査した．調査は2回行った．卵密度はメスシリンダーの容量が多くなるにつれて高くなり，1,000 mlメスシリンダーで計量したときの密度は，10 mlの場合の1.10倍と1.15倍であった（表3-15）．また，5 ml当たり卵数は54,888個と53,575個であ

表3-15 計量容器の違いによる卵密度の変化と5ml当たりの卵量.

反復	容器	メスシリンダーの容量 (ml)					5ml当たりの卵量	1,000mlのメスシリンダーで計算するときの1ml当たり卵数
		1,000	500	100	50	25	10		
第1回	卵計量容器 (ml)	1,000	500 500	100 100 100 100 100	50 52	25 26.5	5.0 5.0 5.0 5.0 5.9	54,888	1.10倍×54,888÷5ml =12,075卵
	合計	1,000	1,000	514	102	51.5	25.9		
	卵密度比[*1]	1.10	1.10	1.07	1.05	1.04	1.00		
第2回	卵計量容器 (ml)	1,000	500 500	100 100 100 100 113	50 55	25 26.5	5.0 5.0 5.0 5.0 5.9	53,318 53,848 53,559 平均 53,575	1.15倍×53,575÷5ml =12,322卵
	合計	1,000	1,000	513	105	51.7	25.9		
	卵密度比[*1]	1.15	1.15	1.12	1.07	1.04	1.00		

*1 卵密度比：容量10mlのメスシリンダーで計量したときの卵密度を1.00としたときの比.

った．したがって，500mlや1,000mlのメスシリンダーで計量した場合の1ml当たりの卵数は12,075個，12,322個と推定された．この結果から，500mlと1,000mlのメスシリンダーを用いて卵を計量する場合，1ml当たり卵数は12,000個として換算することとした．

3-4-3 幼虫飼育

幼虫飼育では，機械化によって作業の効率化が図られたが，ウリミバエの発育に及ぼす機械化の影響を調査した．

3-4-3-1 卵貯留漕内での撹拌操作が孵化率に及ぼす影響

卵接種の際，卵は水とトマトジュースの混合液で希釈し（杉本ら，1978），5連の自動分注機を使って接種する．しかし，現在用いている接種用ジュースの組成（卵1：水8.25：トマトジュース4：3.3％塩酸0.25）では，時間が経過するにつれて卵はトマトのパルプとともに下に沈んでくるため，卵接種時は，卵がジュース中で均一に分布するように，卵貯留漕内のファンを回転させてジュースを撹拌している．卵の孵化率を調査した結果，これらの操作を加えても，卵の孵化率は低下しないことが明らかになった．

また，卵を希釈する接種用ジュースの組成比を変えて，卵の沈降速度を調

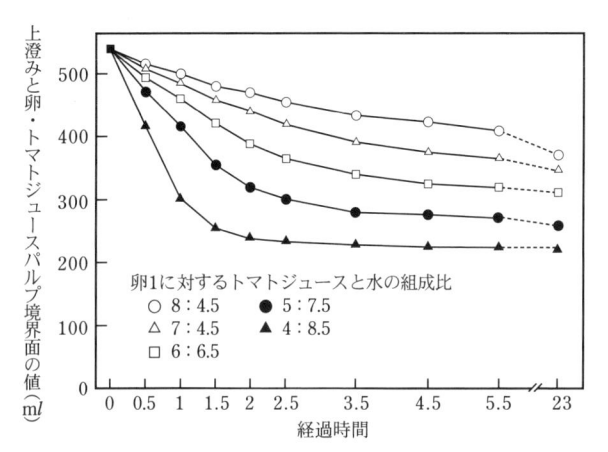

図3-24 トマトジュースと水の組成比の違いによる卵の沈下速度の変化．水だけの場合，卵は約1分で完全に沈下する．

査した．図3-24に示すように，トマトジュースの組成比が低いほど短時間で卵は沈下したが，2.5時間以降では沈下速度に大きな差はなかった．大量増殖工程で卵接種を実施する場合には，卵貯留槽内をファンで撹拌し卵の均一分布を図ることと，コスト低下を考慮し，卵1：水7.25：トマトジュース5：3.3％塩酸0.25の組成比に変更した．

3-4-3-2 卵接種法

新施設での卵接種は機械化されており，卵を混合した接種用ジュースは5本のノズルがついた自動分注機で自動的に接種される．接種されたジュースは幼虫培地上で5本の帯状に広がり，卵は互いに積み重なった状態で培地表面の狭い範囲に分布する．予備調査で，このように卵が重なっている場所では，卵の孵化率が低下することがわかった．旧施設では，人がノズルをもち，培地全面に卵が分布するように接種していたため，卵の重なり合う場所は少なかった (杉本ら，1978)．

新施設における初期の蛹生産では蛹歩留まりが悪く，このような卵接種法の相違が歩留まり低下をもたらす一因であると考えられた．そこで，幼虫飼育容器に5.0 l の培地を入れ，5.5 ml（1 ml＝約9,600卵で計算）の卵を人力接種と自動機械接種の両方で行い，生産パラメータを比較した．

表3-16 卵接種法と生産パラメータの関係[*1].

処理区	調査容器数	幼虫回収日別1蛹重 (mg)				
		6日目	7日目	8日目	加重平均
手まき	5	15.22	14.58	14.33	14.66
自動機械まき	5	15.66	15.05	13.99	15.02

処理区	容器当たり蛹重(g)	容器当たり蛹数	蛹歩留まり(%)	培地残存虫率(%)	幼虫回収日別羽化率(%)		
					6日目	7日目	8日目
手まき	544	37,100	70.3	6.9	95.0	92.8	85.8
自動機械まき	489	32,500	61.6	11.0	94.3	93.2	87.4

[*1] 各値は供試容器の平均値を示す.

　表3-16に卵接種法と生産パラメータの関係を示した．蛹歩留まりは人力接種のほうが自動接種より平均8.7％高かった．また，逆に培地残存虫率は自動接種が4.1％高かった．蛹歩留まりと残存虫率を加えた値を卵接種後7日目の幼虫生存率だと考えても，人力接種のほうが4.6％高かった．1蛹重は自動接種のほうが重く，羽化率は両方法で差はなかった．

　以上の結果から，卵接種法の相違によって蛹歩留まりに差があることがわかった．この差は，自動接種法では，筋状に接種された卵が同じ場所に積み重なる結果，孵化率が低下することだけでなく，孵化までの時間が変動し，その後の幼虫発育のばらつきが大きくなることから残存虫率が高くなったためと考えられた．したがって，さらに蛹歩留まりを上げるためには，接種された卵が積み重ならずに培地上に広がるように卵接種の方法を改良することが必要であると考えられた．そのため，吐出ノズルの先端に通称じゃま板といわれる板を取りつけるように改良し，接種卵を培地上に薄く広げることが可能となった．

3-4-3-3　種類の異なるビール酵母を用いた飼育試験

　幼虫飼料に使用するビール酵母は，これまでオリオンビール社の製品を使ってきたが，週1億匹の蛹を生産するには供給量が不足するため，他社の製品にかえる必要が生じた．そこで，キリンビール社の製品で飼育が可能かどうかを調査したが，キリンビール酵母を標準区と同量加えた区では，生産パラメータが標準区と同等の値を示したことから，キリンビール酵母をオリオンビール酵母の代替品として使用できることがわかった．

表3-17 異なる卵接種密度における生産パラメータ.

培地5l当たり卵接種密度(ml)	バット数	1蛹重(mg)	培地5l当たり蛹数	培地5l当たり蛹重(g)	培地残存虫率(%)	蛹歩留まり(%)	幼虫回収日別羽化率(%) 6日目	7日目
5.5	74〜128	14.98	38,100	570	7.6	57.8	92.3	88.8
6.6	64〜128	13.81	44,700	616	13.8	56.4	89.3	83.2
7.7	62〜128	12.86	51,500	663	12.3	55.7	88.9	83.7
8.8	62〜128	11.94	49,700	596	21.5	47.0	89.3	79.4

3-4-3-4 卵接種密度

新施設における生産効率を高めるため,最適卵接種密度を調査した.試験は2回行い,1回目は培地5l当たり卵接種密度を5.5ml(標準区),6.6ml,7.7mlの3区とし,2回目は8.8ml区を加えて4区とした.

2回目の結果を表3-17に示した.蛹歩留まりは卵の接種量が7.7ml区までは変わらないが,8.8ml区では減少した.1蛹重,培地5l当たり蛹数,培地5l当たり蛹重に相関があり,密度が増すにつれて蛹数・蛹重は増加した.8.8ml区では,小さい蛹が多数生産されると予想したが,1蛹重が減少したにもかかわらず,蛹数・蛹重の増加はなかった.羽化率は6日目回収虫ではいずれの密度についても高い値を示したが,7日目回収虫では密度が高くなるにつれて減少した.以上の結果から,1蛹重が14mg前後を基準とし,生産効率を上げるためには6.6mlの密度が最適であると考えられた.

3-4-3-5 幼虫室温度調節による培地温上昇の制御

ウリミバエの幼虫飼育過程で,幼虫発育に伴う代謝熱によって幼虫培地内の温度が室温より異常に高くなり,虫に悪い影響を及ぼす(仲盛ら,1978).この悪影響を回避するため,幼虫飼育室内の温度を調節して幼虫培地の温度を制御する試験を行った.

幼虫飼育バット当たり,幼虫培地5.5l,接種卵数7.4mlとし,幼虫飼育室の湿度は80%に保って行った.幼虫室の温度コントロールは図3-25に示した.Ⅰ型の場合は,卵接種後(0日目)28℃にセットし,2日目の17時に25℃,3日目の9時に20℃,最初の幼虫回収が終わる6日目の13時に28℃に戻し,2回目の幼虫回収が始まる7日目の9時に20℃に下げる温度管理である.以下同

| 定温型 | 28℃ | | 20℃ | 28℃ | 20℃ |

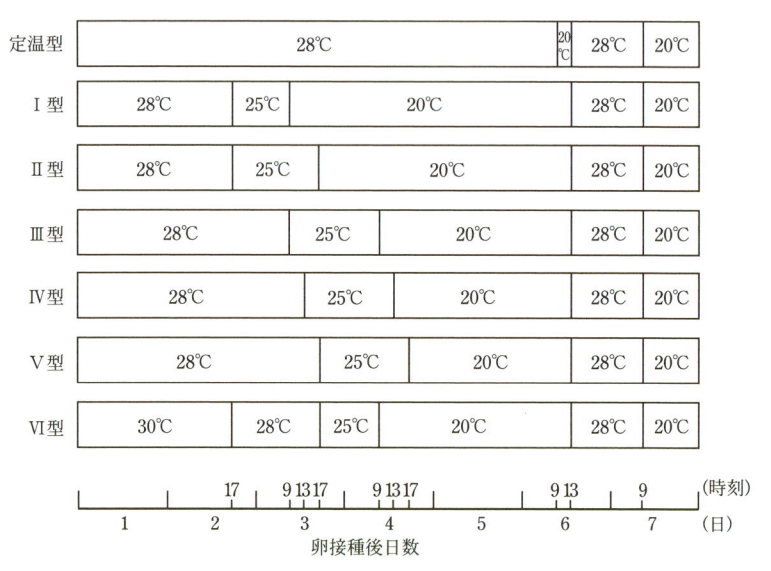

図3-25 幼虫飼育室温度コントロールパターン.

様にⅡ，Ⅲ，Ⅳ型の温度管理区と，全飼育期間28℃の定温区の五つの温度区で，設定温度±2℃に保って試験を行った．1区当たりの飼育バット数は約500バットで，幼虫室のほぼ半分を占める状態で行った．実験は2反復であるが，Ⅳ型だけは4反復で行った．培地温の測定は，床から1mくらいの高さにある飼育バットを選び，幼虫が集中して摂食している場所に2本の温度計を差し込んで培地内の最高温度を測定した．温度を測定した飼育バット数は12バットである．培地温度の測定は，原則として1日3回 (9時，13時，17時) 行った．

表3-18に示すように，定温区に比べてⅠ～Ⅳ型の温度管理区では，培地内残存虫率は10％以上も少なく，逆に蛹歩留まりは10％近く増加し，1蛹重も重くなった．羽化率は定温区の81％程度に対して，90％前後まで上がった．Ⅰ～Ⅳ型区のなかでは，蛹歩留まりはⅡ型区が最も高かった．羽化率はⅠ型区が最も高く，室温を早めに下げるほど高くなる傾向が見られた．

各処理区の培地温の変化を図3-26に示した．定温区では卵接種後5日目には40℃近くまで上がった．一方，温度管理区では，4日目の培地温が35℃前

後のピークに達し,それ以後は下降した.これは,全期間にわたって培地温を25〜30℃の範囲内に保った仲盛ら(1978)の実験結果より5℃も高く推移しているが,羽化率などへの悪影響は見られず,飼育容器,幼虫室のスペー

表3-18 幼虫飼育室の温度コントロールと生産パラメータとの関係.

幼虫飼育室温度コントロールの型	反復数	1蛹重(mg)	飼育容器当たり蛹重(g)	培地残存虫率(%)	蛹歩留まり(%)	幼虫回収日別羽化率(%) 6日目	7日目
定温区	2	12.96	677	16.8	58.8	81.8	81.0
Ⅰ型区	2	13.32	809	4.9	68.4	92.5	93.1
Ⅱ型区	2	13.20	823	4.5	70.2	89.6	89.8
Ⅲ型区	2	13.49	804	5.6	67.1	91.8	85.6
Ⅳ型区	2	14.09	818	4.5	65.4	89.6	86.8

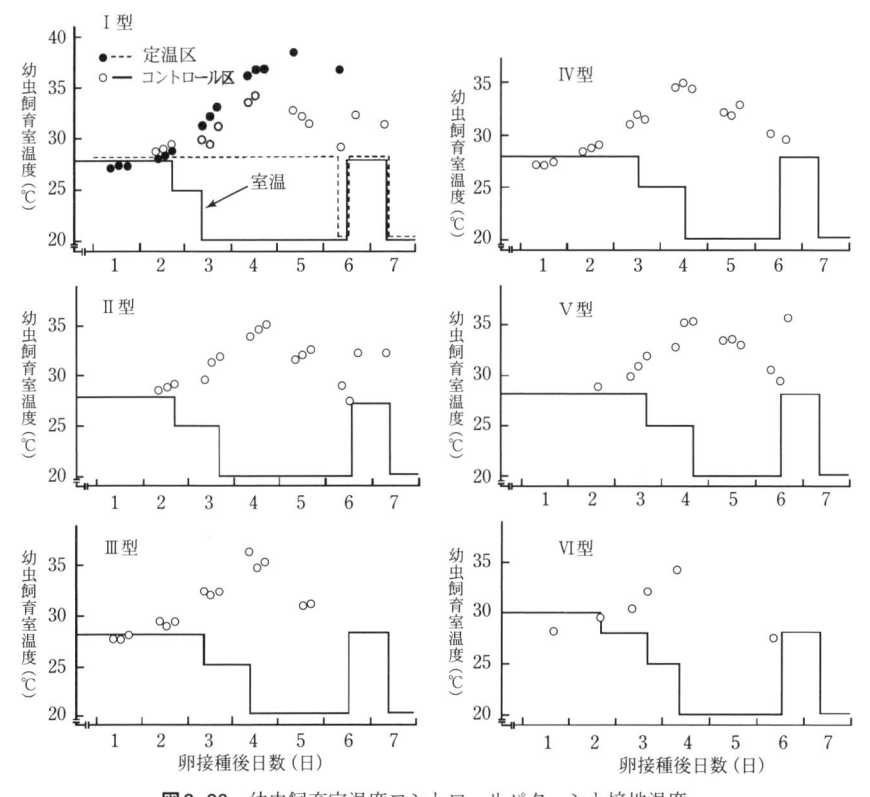

図3-26 幼虫飼育室温度コントロールパターンと培地温度.

スなどの諸条件が異なる大量増殖施設においては、ピーク時の35℃前後の培地温は容認できるものと思われる．また、羽化率は室温を早めに下げるほどよくなる傾向が見られるが、I型区においては、同一培地内で10℃近くの温度差があり、幼虫発育に大きなムラが生じるので、それより早い温度管理は行わなかった．

　以上の結果から、基本的な幼虫室の温度管理をII型のパターンで行った結果、図3-27に示すように、温度管理以前に比べて蛹歩留まり、羽化率とも良好になった．

3-4-3-6　幼虫飼育の最適湿度

　幼虫飼育に及ぼす飼育室内の湿度の影響を調査し、その結果を表3-19に示した．1蛹重、蛹歩留まりは、幼虫飼育室の湿度が高くなるにつれて高くな

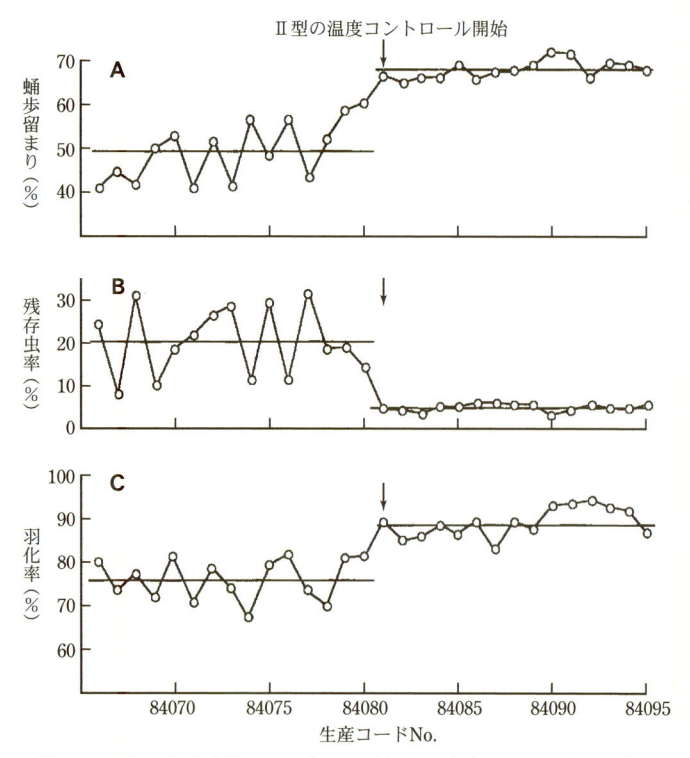

図3-27　幼虫飼育室温度コントロールによる生産パラメータの変化．

る傾向があり，80％区が最もよく，次いで90％区であった．羽化率については，各区ともほとんど差がなかった．培地残存虫率は，80％区が最も低く，湿度が低くなるにつれて高くなる傾向があった．また，図3-28に示すように，バット当たりの蛹重（1蛹重×蛹数）は80％区が500g以上と明らかに重く，次に90％区，70％区の順でどちらも400〜500gであり，60％区，50％区は400g以下であった．また，蛹歩留まりの高い区は1蛹重も重かった．この結果から，幼虫飼育のための最適湿度は80％前後にあるものと思われる．

3-4-3-7　幼虫跳び出し時の水面への落下が羽化率に及ぼす影響

培地と幼虫を分離するため，幼虫飼育の最終日には室温を下げるとともに幼虫飼育容器に散水し，水を張った床に幼虫を跳び出させる（仲盛ら，1978）．新施設では1番高い幼虫飼育容器から水面までの高さは3.5mである．幼虫が，このような高さから水面へ落下したときの影響の有無を調査した結果，水面への落下が羽化率へ悪影響を与えることはなかった（表3-20）．

また，幼虫培地から跳び出した老熟幼虫は，いったん水中で集められ，蛹化容器に移されるまでの間は水中に浸漬された状態で保たれる．幼虫回収は卵接種後6，7日目に行われるため，早く跳び出した幼虫は，長いものでは2日間ほど水中に浸漬されることになる．そこで，水中への浸漬時間と水温を

表3-19　幼虫飼育室の湿度と生産パラメータとの関係．

幼虫室湿度(％)	反復	1蛹重(mg)	1バット当たりの蛹重(g)	培地残存虫率(％)	蛹歩留まり(％)	幼虫回収日別羽化率(％) 6日目	7日目
50	1	13.12	279	23.9	32.3	88.4	79.5
	2	13.84	314	23.6	34.4	90.1	84.9
	平均	13.48	297	23.8	33.4	89.3	82.2
60	1	13.75	372	20.3	41.0	91.7	79.5
70	1	14.00	482	20.7	52.2	90.4	79.1
	2	13.45	414	16.5	46.6	91.2	83.4
	平均	13.73	448	18.6	49.4	90.8	81.3
80	1	14.45	563	11.4	58.9	89.9	82.8
	2	14.48	529	14.0	55.3	92.3	81.5
	平均	14.47	546	12.7	57.1	91.1	82.2
90	1	13.93	462	16.0	50.2	86.4	80.8
	2	14.25	480	16.5	52.0	89.6	99.9
	平均	14.09	476	16.3	51.1	88.0	80.4

表3-20 異なる高さからの幼虫落下が羽化率へ及ぼす影響.

処理区	正常羽化率(%)	羽化失敗率(%)	蛹死亡率(%)
無落下	95.3	0.7	4.0
1.5m区	95.3	1.4	3.3
2.5m区	96.0	1.0	3.0
3.5m区	95.4	0.9	3.7
4.5m区	95.4	1.2	3.4
1.5m区	96.3	1.0	2.7

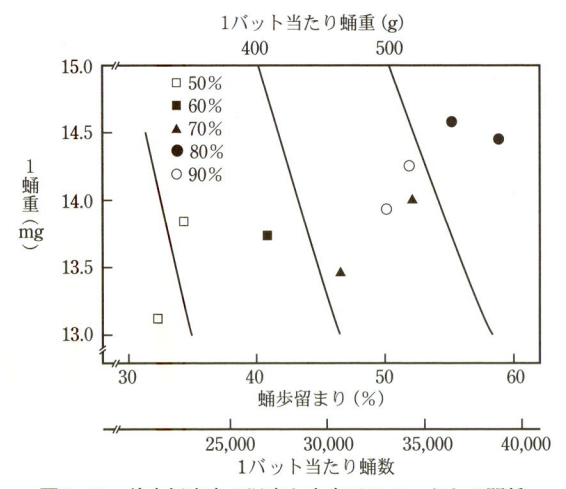

図3-28 幼虫飼育室の湿度と生産パラメータとの関係.

変えて蛹化率, 羽化率, 飛出虫率, 有効虫率を調べ, 虫質に及ぼす水中浸漬の影響を調査した.

表3-21に示すように, 蛹化率は浸漬時間が増すごとに低下する傾向にあるが, その影響は水温が高いほど顕著であった. 羽化率と有効虫率も同様に, 水温が高いほど, また浸漬時間が長いほど低下する傾向にあり, 水温が20℃, 25℃では, 48時間浸漬しても対照区とほとんど差がなかった. しかし, 水温30℃では著しい低下が見られた. 飛出虫率は, 各温度区とも浸漬時間が長くなってもほとんど変わらず, 外見上正常な成虫は飛翔能力をもつことがわかった.

以上の結果から, 水中浸漬による影響は, 浸漬時間と水温に大きく関係し

表3-21 水中への浸漬が幼虫に及ぼす影響[*1].

水温	浸漬時間	蛹化率	羽化率	飛出虫率	有効虫率
対照区	0	100	98.3	99.0	96.4
20℃	12	100	97.7	98.5	95.7
	24	99.9	96.3	99.6	95.1
	36	99.8	96.9	98.7	94.6
	48	99.9	95.0	99.4	92.4
	60	99.7	92.4	97.8	87.9
	72	99.5	89.7	97.9	85.4
	96	98.9	69.0	93.8	62.0
25℃	12	100	97.3	98.4	95.3
	24	99.9	96.6	98.7	94.3
	36	99.9	95.1	98.6	92.1
	48	99.3	96.4	98.0	93.1
	60	99.2	89.3	98.4	86.3
	72	97.3	73.7	95.7	68.2
	96	82.7	32.9	96.3	30.4
30℃	12	100	95.6	98.8	93.9
	24	99.5	88.2	98.7	85.3
	36	89.5	49.4	95.1	44.7
	48	34.8	20.3	80.8	16.1
	60	1.2	0.0	0.0	0.0
	72	0.4	11.1	100	11.1
	96	0.0	0.0	0.0	0.0

[*1] 蛹化率＝(蛹数÷幼虫数)×100,
羽化率＝(羽化虫数÷蛹数)×100,
飛出虫率＝(飛出虫数÷正常虫数)×100,
有効虫率＝(飛出虫数÷蛹数)×100,
飛出虫：飛翔能力のある成虫,
正常虫：外見上翅の正常な成虫.

ており，浸漬時間が長いほど，また水温が高いほど影響が大きいことがわかった．また，水温が20℃と25℃の場合は，水中に48時間浸漬しても影響がほとんどないことがわかった．

3-4-3-8 幼虫回収操作が羽化率に及ぼす影響

新施設では次の手順で幼虫回収作業を行っている．(1) 水を張った幼虫室の床に幼虫を跳び出させる．(2) 床にたまった幼虫は，幼虫室から幼虫回収槽へ排水パイプを通して水とともに流し込む．(3) 網を張った幼虫回収槽で大部分の水を流し去り，幼虫を集める．(4) 幼虫回収槽をリフトで2階へ運ぶ．(5) 幼虫回収槽を反転させ，幼虫を幼虫回収コンテナへ流し込み，水を

表3-22 幼虫回収操作の羽化率に及ぼす影響.

生産コードNo.	幼虫回収日	調査場所	調査虫数	羽化率(%)	羽化失敗率(%)	死亡蛹率(%)
83003	卵接種後7日目	幼虫室	1,069	89.7	6.8	3.5
		幼虫回収槽	1,058	95.4	2.4	2.2
		幼虫貯留槽	1,093	95.7	1.0	3.3
83004	卵接種後6日目	幼虫室	587	94.0	2.2	3.8
		幼虫回収槽	688	96.9	0.8	2.3
		幼虫貯留槽	680	96.6	2.4	1.0
	卵接種後7日目	幼虫室	622	90.0	1.5	8.5
		幼虫回収槽	580	93.8	0.9	5.3
		幼虫貯留槽	676	93.9	0.9	5.2
83006	卵接種後7日目	幼虫室	1,003	96.5	0.8	2.7
		幼虫回収槽	986	96.8	1.2	2.0
		幼虫貯留槽	699	97.4	0.6	2.0
平均		幼虫室		92.6	2.8	4.6
		幼虫回収槽		95.7	1.3	3.0
		幼虫貯留槽		95.9	1.2	2.9

切る.

　この手順の回収操作が幼虫の生存へ及ぼす影響の有無を明らかにするため，水を張った幼虫室の床，幼虫回収槽，幼虫回収コンテナの3箇所で幼虫を抽出し，羽化率を調査した．その結果，幼虫回収操作による羽化率への悪影響は見られなかった．なお，幼虫室で抽出した幼虫の羽化率は他と比較して少し低いが，これは標本抽出誤差によるものと思われた（表3-22）．

3-4-4　蛹飼育

3-4-4-1　蛹化容器と蛹化密度

　新施設における蛹化容器には，積み重ねができ，かつ，蛹化時の代謝熱が拡散してオガクズ内温度が上昇しないような容器を新たに見いだす必要があり，三甲（株）製の桃用輸送箱が使用可能かどうかを試験した．この容器は内寸600×368×114mmのプラスチック製で，積み重ね可能であり，通気性をよくするため側面フランジに段差が設けられている．

　この容器にオガクズ10*l*（約3kg）と老熟幼虫を入れて25℃の蛹化室で蛹化させた．幼虫密度は0.5, 1.0, 1.5, 2.0*l*の4区を設定し，それぞれ4回の反復を行った．4区の平均蛹数はおのおの20,700, 40,500, 58,500, 77,000匹であった．

3-4 新大量増殖施設におけるウリミバエの大量増殖

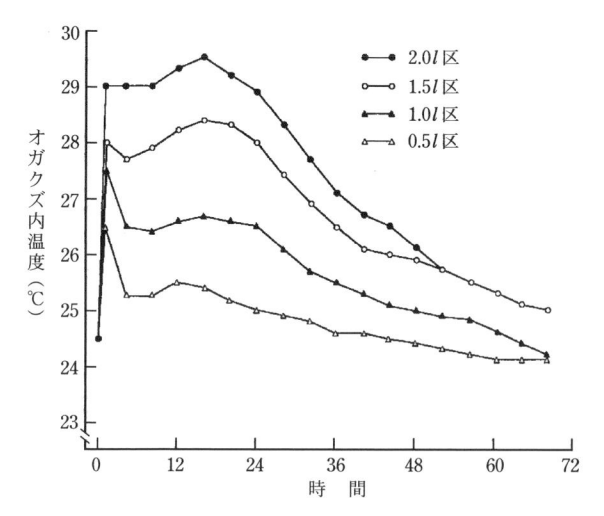

図3-29 幼虫密度とオガクズ内の温度変化.

表3-23 オガクズ10*l*中の幼虫密度と羽化率[*1].

幼虫密度(*l*)	蛹化数	羽化率(%)	羽化失敗率(%)	死亡蛹率(%)
0.5	20,000	95.2	1.3	3.7
1.0	40,000	93.4	1.3	5.2
1.5	60,000	90.9	1.2	7.9
2.0	80,000	87.7	1.3	10.9

[*1] 各値は4反復の平均値を示す.

蛹化後2日目にオガクズと蛹を篩い分け，羽化率を測定した．

図3-29にオガクズ内の温度変化を示した．各区ともオガクズ内の温度は，幼虫を入れてから1時間後には上昇してピークに達したが，20時間後からは次第に下降し，篩別時の68時間後には室温と同程度となった．また，オガクズ内の温度は幼虫密度の増加につれて上昇する傾向を示した．

表3-23に羽化率を示した．羽化率は幼虫密度が増加するにつれて低下した．0.5*l*区と1.0*l*区間では有意な差は見られないが，1.0*l*区と1.5*l*区，1.5*l*区と2.0*l*区間では有意な差が見られた．死亡蛹率についても同様な傾向を示したが，羽化失敗率は各区間に差は見られなかった．以上の結果から，幼虫密度の増加に伴う羽化率の低下は，蛹化時の代謝熱の影響であると考えられた．また，

この条件では1.0l以内の密度でこの容器を使用できることがわかった.

3-4-4-2 新型動力篩機による蛹篩別

蛹篩別ラインの自動化に伴い，従来の縦振動型の篩機にかわって，新型の横振動型の篩機が設置されることとなり，この篩機を用いて，蛹に影響の少ない振幅や振動数の検討を行った.

バーミキュライト10l当たり幼虫500ml（約20,000匹）をセットし，室温25±2°Cの蛹化室で蛹化させた．幼虫セット後3～6日目にバーミキュライトと蛹の篩別を行った．動力篩機の振幅と振動数の組み合わせは，95mm・200回/分，95mm・150回/分，60mm・200回/分，30mm・250回/分の4処理区で，対照区として手篩いを設けた．処理時間は，0.5, 1, 5, 10分で行い，各区とも0.5lの試料から篩別された蛹5g（約350匹）をサンプリングし，羽化率を調査した.

羽化率は，振幅30mm・振動数250回/分を除き，処理時間が長くなるほど急激に低下した．有効放飼虫率も，蛹化後3, 4日齢の蛹ではほとんどゼロであった．しかし，蛹化後5, 6日齢の蛹で処理時間が1分以内のときは，振幅30mm・振動数250回/分の区と95mm・150回/分の区では，羽化率は高い値を示した（表3-24）．これらの結果から，蛹への影響が少ないのは，振幅30mm・振動数250回/分の区であることがわかった．また，篩別する蛹が蛹化後5, 6日齢である場合，増殖工程の篩別時間である0.5分以内では，ほとんど影響がないことがわかった.

また，自動化された蛹篩別ラインで，蛹の篩別から計量までの工程が機械化されたため，各作業段階での蛹への影響を調査した．その結果，羽化率，有効飛出虫率ともに，手篩いと比較して工程内の各作業段階で差はなかった（図3-30）．さらに，各幼虫回収日別の比較においても大きな差はなかった.

3-4-5 超大量飼育工程の組み立て

新施設のような大規模大量飼育施設で昆虫を飼育する場合，成虫から蛹に至る各段階での飼育作業が同時に進行するため，それぞれの作業が効率的に遂行できるように作業工程を組み立てる必要がある．そのため，新施設で実施された試験結果をもとに，週2億匹以上の増殖を実施するための飼育工程

3-4 新大量増殖施設におけるウリミバエの大量増殖

表3-24 新横振動型篩機が蛹に及ぼす影響[*1].

日齢	振幅-振動数 mm 回/分	処理時間(分)	羽化率(％)	正常羽化率(％)	奇形虫率(％)	羽化失敗率(％)	死亡蛹率(％)	有効飛出虫率(％)
蛹化後3日齢	対照区(手篩い)		87.7	83.3	4.4	4.0	8.3	78.4
	95-150	0.5	91.4	87.8	3.6	2.4	6.2	13.8
		1	87.4	76.8	10.5	5.8	6.9	0.1
		3	18.9	6.9	12.0	44.2	36.9	0
		5	7.9	2.7	5.2	34.2	57.9	0
		10	0	0	0	7.5	92.5	0
	95-200	0.5	74.5	61.3	13.2	16.5	9.0	0.3
		1	9.5	5.5	4.0	28.3	62.2	0
		3	0	0	0	3.7	96.3	0
		5	0	0	0	0.1	99.9	0
		10	0	0	0	0.4	99.6	0
	60-200	0.5	89.8	86.3	3.5	2.7	7.5	29.4
		1	90.0	86.0	4.0	4.0	6.0	7.3
		3	67.1	53.1	14.0	21.4	11.5	0.3
		5	39.0	22.8	16.2	39.1	21.9	0.3
		10	0.9	0.1	0.8	17.4	81.7	0
	30-250	0.5	91.2	88.7	2.5	2.8	6.0	65.4
		1	89.7	86.5	3.2	3.0	7.3	71.7
		3	89.9	86.5	3.4	2.2	7.9	66.9
		5	90.1	86.8	3.3	2.1	7.8	54.9
		10	89.0	85.1	3.9	3.0	8.0	32.6
蛹化後6日齢	対照区(手篩い)		91.5	89.0	2.5	1.7	6.8	87.4
	95-150	0.5	89.2	85.1	4.1	1.9	8.9	84.1
		1	88.2	86.3	1.9	1.9	9.9	84.4
		3	78.5	72.9	5.6	3.6	17.9	69.7
		5	57.2	48.6	8.6	12.2	30.6	29.6
		10	32.8	25.8	7.0	21.3	45.9	5.1
	95-200	0.5	73.2	68.3	4.9	5.6	21.2	64.6
		1	43.7	34.3	9.4	30.9	25.4	20.4
		3	4.6	3.0	1.6	18.3	77.1	0
		5	0.3	0	0.3	20.5	79.2	0
		10	―	―	―	―	―	―
	60-200	0.5	86.3	83.4	2.9	2.4	11.3	75.6
		1	85.5	82.8	2.7	2.1	12.4	79.4
		3	80.8	77.1	3.7	3.2	16.0	67.2
		5	76.4	73.0	3.4	3.9	19.7	61.6
		10	65.0	56.7	8.3	8.5	26.5	37.6
	30-250	0.5	90.9	88.0	2.9	2.5	6.6	82.8
		1	91.3	89.2	2.1	2.1	6.6	85.4
		3	90.0	88.1	1.9	2.0	8.0	83.2
		5	87.6	84.7	2.9	2.4	10.0	79.8
		10	83.7	80.2	3.5	2.5	13.8	73.4

[*1] 正常羽化率＝羽化率－奇形虫率，有効飛出虫率＝(飛翔能力のある成虫数÷蛹数)×100。

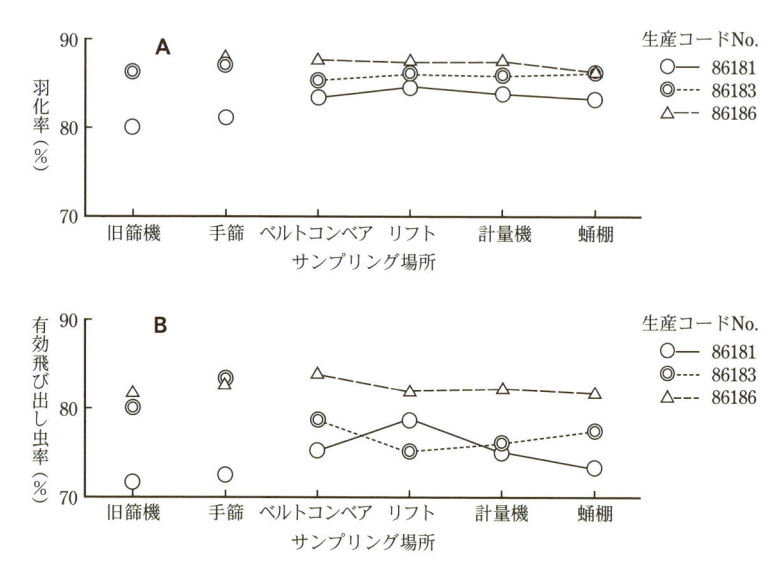

図3-30 蛹篩別工程の自動化が羽化率および有効飛出虫率に及ぼす影響.

を組み立てた．

表3-25は，1週間の大量増殖作業日程を示し，表3-26は，週23,000万匹の不妊虫を生産したときの大量増殖から不妊虫放飼までの作業日程と温度管理を示している．

3-4-5-1 成虫飼育

(1) 採卵用成虫の飼育管理・更新　毎週68台の成虫飼育箱に蛹をセットし，6週間飼育したのち更新する．成虫飼育箱1台当たりにセットする蛹数は62,500匹とする．成虫の餌は表3-27(1)に基づいて作成し，飼育箱の餌棚にセットする．水はスポンジに含ませて飼育箱の上から与える．スポンジに水を含ませる給水作業は週4回（月・水・金・土曜日）行う．スポンジは週に1回取り替え，洗剤で洗浄する．飼育を終えた飼育箱は洗浄し，熱湯に漬けて発生したダニなどを駆除する．

(2) 採卵　週2回（月～火曜日，水～木曜日），羽化後2～6週目の成虫から採卵する．表3-27(2)に基づいて採卵用カボチャジュースを作り，採卵器に15 mlずつ入れる．採卵器は成虫飼育箱の採卵孔にセットし，終日点灯して

産卵させる．採卵器は翌朝抜き取り，水で洗い流して卵を集める．集めた卵は成虫の週齢ごとに計量する．採卵に用いた採卵器，ナイロンゴースは洗剤で洗浄する．

3-4-5-2 幼虫飼育

(1) 幼虫培地の混合 表3-27(3)の組成に基づいて幼虫培地を計量，混合し，pHを測定したのち，ミキサーを反転させて混合した培地を貯留槽へ流し込む．培地圧送ポンプで幼虫飼育作業室内の培地供給槽に送り，作業終了後は飼料混合室，培地圧送ポンプなどを洗浄する．

(2) 卵の調整 蛹の生産計画に合わせて，表3-27(4)の組成で卵接種用ジュースを混合する．接種用ジュースを卵撹拌槽に入れて撹拌する．

(3) 卵接種 卵接種前に，飼育培地上に敷く紙タオルを幼虫飼育バットの大きさに合わせて切り離しておく．幼虫培地供給量カウンター，卵分注器からでる卵接種用ジュースの量・分注速度，卵撹拌層内のファンの回転速度，搬入すべき幼虫飼育室番号，搬入レーンの切り替えを確認する．すべてを確認した後，卵接種ラインを起動させて卵接種作業を開始する．卵分注器の分注量は30ml (卵7.5ml) とし，卵接種前と4フレームごとに4回確認する．

週4回 (火・水・木・金曜日)，卵接種ラインを起動させて卵接種する．作業終了後，幼虫飼育室の温度・湿度を設定するとともに，卵接種ラインを洗浄する．幼虫室の床には常に水を張っておく．

(4) 幼虫飼育 幼虫室の温度・湿度を管理し，定期的に幼虫飼育バットの培地温度を測定する．幼虫飼育室の温度は幼虫飼育室の入り口と奥の2箇所で測定し，幼虫培地温度は，飼育期間中に定められた12フレームについて午前9時に測定する．また，飼育期間中の設定温度の変更日時と設定温度についても記録する．

(5) 幼虫回収 老熟幼虫は基本的に卵接種後5，6，7日目に回収するが，火曜日に卵接種した飼育シリーズでは5日目が日曜日に当たるため，まとめて6日目に回収する．6日目の幼虫回収後，飼育室の温度を25〜27℃に設定し，翌日の幼虫追い出し操作に備える．7日目は幼虫室の温度を20℃に下げるとともに，幼虫バットに散水し，幼虫跳び出しを刺激する．幼虫跳び出し終了後，幼虫を回収槽に流し込み，回収リフトで2階へ送り込む．

表3-25 大量増殖作業

曜日	午前		
	成虫飼育作業	幼虫飼育作業	蛹飼育作業
月曜日	給水 スポンジ交換 スポンジ洗浄 カボチャジュース絞り 採卵器ジュース入れ	幼虫培地計量（翌日分） 幼虫培地処分 降ろしライン洗浄 幼虫飼育室洗浄	蛹照射ラインへ搬出 蛹照射ライン清掃 蛹篩い・蛹重計量 1蛹重計算・蛹配分 蛹篩ライン清掃
火曜日	採卵器抜き取り 卵回収・計量 卵接種用ジュース作り 採卵器, ゴース洗浄	幼虫追い出し 幼虫培地混合・卵接種 卵分注量サンプリング・計量 幼虫培地混合室洗浄 卵接種ライン洗浄 幼虫培地計量（翌日分）	蛹照射ラインへ搬出 蛹照射ライン清掃 蛹篩い・蛹重計量 1蛹重計算・蛹配分 蛹篩ライン清掃
水曜日	給水 卵接種用ジュース作り 採卵器ジュース入れ 成虫飼育箱洗浄 成虫室洗浄	幼虫追い出し 幼虫培地混合・卵接種 卵分注量サンプリング・計量 幼虫培地混合室洗浄 卵接種ライン洗浄 幼虫培地計量（翌日分）	蛹照射ラインへ搬出 蛹照射ライン清掃 蛹篩い・蛹重計量 1蛹重計算・蛹配分 蛹篩ライン清掃
木曜日	採卵器抜き取り 卵回収・計量 卵接種用ジュース作り 採卵器, ゴース洗浄	幼虫追い出し 幼虫培地混合・卵接種 卵分注量サンプリング・計量 幼虫培地混合室洗浄 卵接種ライン洗浄 幼虫培地計量（翌日分）	蛹照射ラインへ搬出 蛹照射ライン清掃 蛹篩い・蛹重計量 1蛹重計算・蛹配分 蛹篩ライン清掃
金曜日	給水 卵接種用ジュース作り 成虫飼育箱洗浄 成虫室洗浄	幼虫追い出し 幼虫培地混合・卵接種 卵分注量サンプリング・計量 幼虫培地混合室洗浄 卵接種ライン洗浄 幼虫培地計量（翌日分）	蛹照射ラインへ搬出 蛹照射ライン清掃 蛹化室清掃
土曜日	給水 成虫飼育箱 熱湯消毒	幼虫培地処分 降ろしライン洗浄 幼虫飼育室洗浄	蛹照射ラインへ搬出 蛹照射ライン清掃 蛹篩い・蛹重計量 1蛹重計算・蛹配分 蛹篩ライン清掃
	施設内清掃		

日程表（1989.3.2作成）.

	午後	
成虫飼育作業	幼虫飼育作業	蛹飼育作業
採卵器セット 成虫餌計量混合 成虫餌セット 採卵用蛹セット	幼虫回収	蛹化容器へ幼虫セット 蛹化ライン清掃
採卵器ゴース入れ ゴース伸ばし	幼虫回収 幼虫培地処分 降ろしライン洗浄 幼虫室洗浄 残存幼虫洗い出し ペーパータオル準備	蛹化容器へ幼虫セット 蛹化ライン清掃
採卵器セット 成虫飼育箱熱湯消毒 熱湯消毒	幼虫回収 幼虫培地処分 降ろしライン洗浄 幼虫室洗浄 残存幼虫洗い出し ペーパータオル準備	蛹化容器へ蛹セット 蛹化ライン清掃
採卵器ゴース入れ ゴース伸ばし	幼虫回収 幼虫培地処分 降ろしライン洗浄 幼虫室洗浄 残存幼虫洗い出し ペーパータオル準備	蛹化容器へ蛹セット 蛹化ライン清掃
成虫飼育箱熱湯消毒	幼虫回収 幼虫培地処分 降ろしライン洗浄 幼虫室洗浄 残存幼虫洗い出し ペーパータオル準備	蛹化容器へ蛹セット 蛹化ライン清掃

第3章　ウリミバエの大量増殖法

表3-26　増殖・照射・輸送・放飼

| 月 | 火 | 水 | 木 | 金 | 土 | 日 | 月 | 火 | 水 | 木 | 金 | 土 | 日 | 月 | 火 |

```
   ↑  ↑  28   28→25 25→20  20    20   20→25→20                       幼虫飼育①
  産卵 卵接種                     幼虫回収  ↑培地処分

      ↑       28   28→25 25→20  20    20   20→25→20                  幼虫飼育②
     卵接種                            幼虫回収  培地処分

      ↑  ↑       28   28→25 25→20  20    20   20→25→20              幼虫飼育③
     産卵 卵接種                          幼虫回収  培地処分

              ↑       28   28→25 25→20   20    20   20→25→20        幼虫飼育④
             卵接種                            幼虫回収  培地処分
```

回収25	25	25	25	25	篩別25→27	27	照射27→25	25	
	回収25	25	25	25	25	篩別25→27	照射27		
		回収25	25	25	25	25	篩別25→27	27	
			回収25	25	25	25	篩別25→20	20	20→27	照射→20
				回収25	25	25	25	篩別25→20	照射→20
☆			回収25	25	25	25	25	篩別25→20	20
				回収25	25	25	25	25	篩別25→27
☆				回収25	25	25	25	25	篩別25→27
					回収25	25	25	25	25
☆					回収25	25	25	25	25
						回収25	25	25	25	25
☆						回収25	25	25	25	25
							回収25	25	25	25	25

注：枠内の数字は蛹保管温度（℃）．
　　☆印は照射日の午前2：00に温度変更．

変更内容
　沖縄群島の空域別放飼量を変更．
　宮古群島の放飼数を変更．
　　中南部4, 6, 8, 10に
　　宮古成虫2,400万匹含む．
　八重山群島航空放飼開始．
　　放飼蛹数4,400万匹．

採卵　火曜日・木曜日の週2回．前日の午後1：00から採卵器をセットし，翌日の午前8：00から採卵器を抜き取る．産卵時間は19時間である．
卵接種　火曜日・水曜日・木曜日・金曜日の週4回．水曜日・金曜日の接種は5℃の恒温器に水中保管した卵を使用する．
幼虫飼育　幼虫室4室を使用し，それぞれ7日間飼育する．
幼虫回収　卵接種後5日目・6日目・7日目の3日間回収する．7日目は培地に散水して回収する．ただし，火曜日接種（幼虫飼育①）だけは6日目・7日目の2日間回収．
幼虫培地処分　原則として卵接種後7日目に処分する．
蛹とバーミキュライトの篩別　原則として蛹化後6日目に篩別する．ただし，月曜日回収虫は5日目に篩別する．
蛹への照射　羽化3日前に照射する．
蛹飼育温度　蛹篩別日までは25℃，篩別日から照射日までは20℃および27℃，照射日以後25℃で飼育する．温度管理No.5, 7については照射日の2：00に20℃から27℃に切り替える．また，温度管理No.3, 4, 7, 8については照射後2日間20℃で飼育し，その後25℃で飼育する．
羽化後の飼育温度　20℃に下げ，放飼までの間成虫の活動を抑える．
放飼　放飼は羽化ピーク日の2日後に行う．

作業日程表（1990.4.1作成）

水	木	金	土	日	月	火	水	木	輸送先	コンテナ No.	蛹数 (万匹)	温度管理 No.
25	羽化 25→20	20	放餌 20						北部 中南部	5 11, 12	1,000 1,200	1
放餌 27		羽化							久米島		500	2
27	27	羽化 27							採卵用		500	2
20	20→25	25	羽化 25→20	20	放餌 20				北部 中南部	1 1, 2	1,000 2,000	3
20	20→25	25	羽化 25→20	20	放餌 20							4
照射 27→25	25	25	羽化 25→20	20	放餌 20				宮古 八重山 南北大東 中南部	1 1, 2 3 4	800 2,000 1,000 1,000	5
照射 →25	25	25	羽化 25→20	20	放餌 20							6
20	照射 27→25	25	25	羽化 25→20	20	放餌 20			八重山 宮古 北都 中南部	3, 4 2 2 5, 6	1,600 800 800 2,000	5 6
篩別 25→27	照射 →26	25	25	羽化 25→20	20	放餌 20						
篩別 25→20	20	照射 27→25	24	25	羽化 25→20	20	放餌 20		八重山 宮古 北都 中南部	5 3 3 7, 8	800 800 400 2,000	5 6
25	篩別 25→27	照射 →25	25	25	羽化 25→20	20	放餌 20					
篩別 25→20	20	照射 27→20	20	20→25	25	羽化 25→20	20	放餌 20	北都 中南部	4 9, 10	800 2,000	7
25	篩別 25→27	照射 →20	20	20→25	25	羽化 25→20	20	放餌 20				8
									合　計		23,000万	

表3-27 餌の組成[*1].

(1) 成虫餌

組　成	混合量(g)
砂　糖	3,000
タンパク加水分解物	600
水	100

(2) 採卵用ジュース

組　成	割合
カボチャジュース	1
水	1
3.5％塩酸	0.04
安息香酸ナトリウム	0.00125

(3) 幼虫培地組成および1回当たり混合量

組　成	混合量
フスマ	75 kg
砂　糖	32.5 kg
脱脂大豆	16.25 kg
乾燥酵母	16.25 kg
チリ紙	12.75 kg
安息香酸ナトリウム	0.27 kg
3.5％塩酸	3.78 l
水	450 l
合　計	540 l

(4) 卵接種用ジュース組成

組　成	混合割合	
	生産コードNo. 84102以前	生産コードNo. 84103以後
卵	1	1
トマトジュース	4	5
3.5％塩酸	0.25	0.25
水	8.25	7.25

[*1] 餌の組成は実際に混合する場合の組成であるため,本文の給餌量と異なる場合がある.

(6) 幼虫培地のサンプリング　　培地内残存虫率を調査するため,幼虫回収が終わったのちの幼虫飼育バットを系統的(4フレーム,上・下,内側・外側)に抽出し,各飼育バット当たり1/4量の幼虫培地をサンプリングする.培地サンプルを十分に水で洗い流したのち,残った残渣を飽和食塩水に入れて,上に浮かんだ虫を網ですくいとり,計量する.計量後1/2量をサンプリングし,幼虫と蛹の数から培地残存虫率を算出する.

(7) 幼虫培地処分　　幼虫回収作業の終了後,搬出幼虫飼育室の番号を確認し,幼虫バット洗浄ラインを起動させて幼虫培地を廃棄し,幼虫飼育バットと飼育フレームを洗浄する.作業終了後,洗浄ライン,廃棄培地貯留槽,幼虫飼育室を洗浄する.作業場に跳び出した幼虫は熱湯をかけて殺す.

3-4-5-3　蛹飼育

(1) 蛹化バットへの幼虫セット　　回収された老熟幼虫を幼虫回収コンテナに移し水を切る.蛹化室への搬入ライン接続を確認したのち,蛹化バット積み込みラインを起動させる.一定量の幼虫をバーミキュライトの入った蛹化バットに入れ,蛹化室に搬入する.作業終了後は,積み込みラインを清掃し,蛹化室に跳び出した幼虫や蛹は清掃時に集め,熱湯をかけて殺虫する.

(2) 蛹の篩別　蛹化室と搬出ラインの接続を確認し，蛹篩ラインを起動させてバーミキュライトと蛹を篩別する．篩別した蛹は計量後，蛹保管棚に入れて蛹室に搬入する．作業終了後は，蛹篩ラインを清掃する．

(3) 蛹計数　篩い分けた蛹は総重量を測定したのち，5 gの蛹を5回無作為にサンプリングしてそれぞれの蛹数を数え，1蛹重と総蛹数を算出し，接種卵数に対する蛹歩留まりを算出する．サンプリングは生産コード別，幼虫回収日別に行う．

(4) 蛹の発育調整　放飼日程と放飼量，蛹飼育温度管理表に基づき，各設定温度の蛹室に蛹保管棚を移動して羽化日を調整する．

(5) 照射ラインへの蛹の積み込み　照射日に達した蛹を照射ラインへ積み込み不妊化する．作業終了後，蛹積み込み室，蛹保管棚，蛹室を清掃する．

3-4-6　新大量増殖施設における品質管理と飼育経過

　不妊虫放飼法で害虫を防除する場合，長期間にわたって毎週数百万匹から数億匹という大量の不妊虫を放飼し続けなければならない．このため，限られた飼育施設の面積，労働力，生産コストの範囲で効率的な不妊虫生産を達成するため，飼育作業をルーチン化した工場的感覚の生産性が要求される．しかし，野生のウリミバエは産卵数が少なく変異が大きいためこのような生産性は得られないので，野生虫から人工的な飼育環境に適応し，早熟多産で発育変異の少ない飼育系統を育成する必要がある (仲盛, 1988)．視点を変えれば，人為的飼育環境下で長期間累代飼育される飼育系統は常に野外とは異なる淘汰圧を受け続けることになる．また，大量増殖にとっては有利なこれらの形質が，野外における性的競争力とどのように相関しているかという問題は，大量増殖系統の質的劣化を早期に検出するためばかりでなく，不妊虫放飼法の正否を左右する重要な問題である．

　大量増殖された昆虫の質的劣化と品質管理に関する問題は1970年ころから論議されている (Boller, 1972; Mackauer, 1972; Chambers, 1975, 1977; Bush et al., 1976; 仲盛, 1979, 1988; Kakinohana, 1980; Boller et al., 1981; Colkins, 1989; Miyatake & Yamagishi, 1993)．Huettel (1976) は大量増殖虫の品質を "overall quality" と "quality of specific traots" のカテゴリーに分けて考えるこ

とを提案した．不妊虫放飼法において，"quality of specific traots" とは，大量増殖から不妊虫放飼に至る各段階で検出される個々の形質をさし，"overall quality" とは，各形質が総合されたものとして放飼された不妊虫の野外における性的競争力を示すものと考えられる．

野外条件における性的競争力を測定する試みは，Iwahashi et al. (1976, 1983) や Yasuno et al. (1978)，藤田ら (1986) などでなされているが，この調査には膨大な時間と労力を必要とするため，頻繁に実施することは困難である．また，経験的に大量増殖時の飼育状態が悪いと，その後の不妊化，輸送，蛍光色素のマーキングなどの作業によって受けるダメージは累積的に大きくなる傾向が見られる．

これらのことから，不妊虫の品質を日常的に評価するためには，大量増殖から不妊虫放飼に至る各段階で評価可能な形質を日常的にモニターし，放飼後の活力を推定することが現実的であろう．

3-4-6-1　累代飼育虫の系統保存

ウリミバエ大量増殖系統では，性的成熟期間，交尾回数，交尾時刻，産卵量，分散距離，寿命などの形質が野生虫と異なってきている（仲盛, 1988; 添盛, 1980; 添盛ら, 1980; Suzuki & Koyama, 1980）．飼育室内環境下で人為的に効率的な大量増殖を実施する場合，遺伝的形質のこのような変化を避けることは不可能であろう．一方，沖縄県全域からウリミバエの根絶が達成されたのちは，増殖系統の品質劣化を回復するために，新たに野外の遺伝子を導入して飼育系統を育成することは国内ではできなくなる．

図3-31は，1985年に野外から導入した増殖系統の羽化後10週目の生存率の推移を示している．この系統は，石垣島の旧増殖施設から導入した系統にかわって1986年9月から新増殖施設での大量増殖に使われたが，その後，顕著な寿命低下が起こってきた．この寿命低下の一つの要因は次世代に使う採卵用成虫のサンプリング法に問題があると考えられた．

新大量増殖施設におけるウリミバエの大量増殖法では，羽化後2～6週目の成虫から採卵しているが，どの週齢の成虫が産卵した卵を次世代の採卵用成虫として使うか．また，幼虫回収は卵接種後5～7日目になされるが，何日目に回収した幼虫を次世代の採卵用成虫として使うかが問題である．この次世

代のサンプリングの仕方によって淘汰圧が異なり，遺伝形質に変化が生じるものと推定された．すなわち，長寿系統の大量増殖虫を育成できるか，少なくとも，寿命低下の速度を可能な限り遅くすることができるであろう．このような考え方に基づいて，1989年5月8日の採卵から成虫室No.1と成虫室No.2で飼育する採卵用成虫のサンプリング方法を変更した．

(1) 1989年5月8日以前の蛹サンプリング方法 2～4週齢の成虫が産んだ卵を幼虫飼育に使用し，卵接種後6日目に回収した老熟幼虫から生産された蛹を次世代の採卵用成虫として導入する方法で世代を重ねてきた．これは，なるべく発育の早い個体を選び出し，大量増殖の能率を上げようとして行われたサンプリング方法である．しかし，この方法では，(1) 遅く産卵を始めるような形質を支配している遺伝子が失われる．(2) 卵接種後5日目あるいは7日目以降に回収されるような，早くまたは遅く幼虫培地から跳び出すような形質を支配している遺伝子が失われていくことが考えられる．このような心配を可能な限り避けるため，蛹のサンプリング方法を変更した．

(2) 蛹サンプリング方法の変更

A系統（成虫室No.1，採卵器セット：月曜日，採卵：火曜日） (1)の淘汰圧がかからないようにするため，各週齢の採卵量割合，幼虫回収割合に応じ

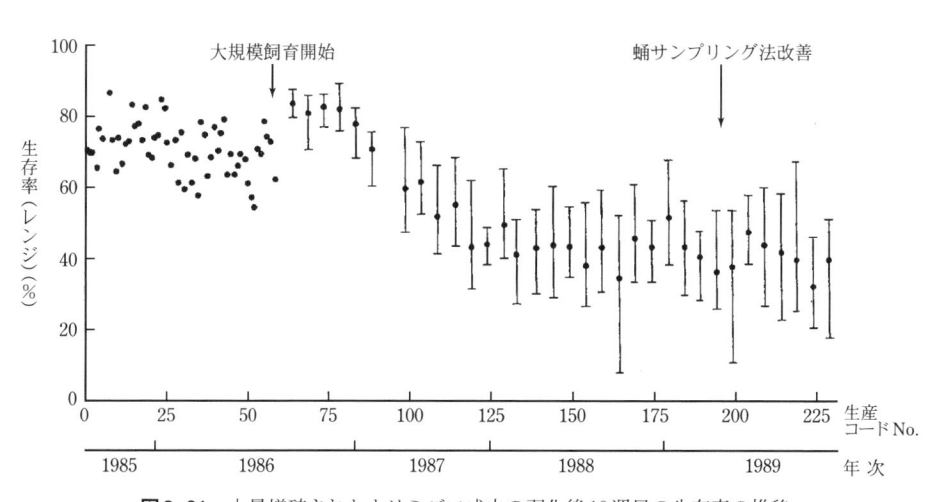

図3-31 大量増殖されたウリミバエ成虫の羽化後10週目の生存率の推移．

て次世代の蛹をサンプリングする．仮定の数値を使って，具体的な計算例を表3-28に示した．

B系統（成虫室No.2，採卵器セット：水曜日，採卵：木曜日）　これまでの累代飼育の過程で産卵前期間や寿命が短くなっているため，逆の淘汰圧をかけて，長く生存している成虫が産んだ卵を次世代に用いる．すなわち，2, 3週齢の成虫が産卵し木曜日に幼虫培地に接種されたものではなく，4～6週齢の成虫が産卵し金曜日に幼虫培地に接種（1日水中で保存した卵）されたものから得られた蛹だけを次世代として使用した．この場合も幼虫の回収日では淘汰せず，蛹数の割合に応じてサンプリングする．具体的な計算例を表3-

表3-28　成虫室No.1（A系統）の採卵用成虫の保存方法．

(1) 卵のサンプリング方法

成虫週齢	2週目	3週目	4週目	5週目	6週目	合計
採卵量(m*l*)	4,000	5,500	5,000	3,500	2,000	20,000
割合(%)	20.0	27.5	25.0	17.5	10.0	100
卵接種日	火曜日		水曜日（1日水中保存）		
採卵量(m*l*)	9,500			10,500		
割合(%)	47.5			52.5		

注1：水曜日に接種する卵は，火曜日に採卵した卵を5℃の水中に1日保存して使用する．
注2：接種する卵は，各週齢の成虫から採卵された卵量と同じ割合で混合して接種する．
　（計算例）水曜日の卵接種に7,000 m*l*の卵が必要な場合．
　　4週目：7,000×5,000÷10,500＝3,333 m*l*
　　5週目：7,000×3,500÷10,500＝2,333 m*l*
　　6週目：7,000×2,000÷10,500＝1,334 m*l*　　　　合計 7,000 m*l*

(2) 蛹のサンプリング方法

卵接種日	火曜日		水曜日		
幼虫回収日	月曜日	火曜日	月曜日	火曜日	水曜日
蛹数(万)	3,000	2,000	2,000	2,000	1,000
蛹数割合(%)	60	40	40	40	20
サンプリングNo.	1	2	3	4	5

注1：火曜日卵接種の月曜日回収には，日曜日と月曜日に跳び出た幼虫が含まれる．
注2：採卵用成虫はサンプリングNo.1～5から，卵の回収割合と蛹数割合に応じてサンプリングする．
　（計算例）次世代の必要蛹数が500万匹である場合．

サンプリングNo.	必要蛹数		採卵量割合		蛹数割合		サンプル蛹数
No.1：	5,000,000	×	0.475	×	0.6	＝	1,425,000
No.2：	5,000,000	×	0.475	×	0.4	＝	950,000
No.3：	5,000,000	×	0.525	×	0.4	＝	1,050,000
No.4：	5,000,000	×	0.525	×	0.4	＝	1,050,000
No.5：	5,000,000	×	0.525	×	0.2	＝	525,000

合計 5,000,000

29に示した．

　A系統とB系統は別々の幼虫飼育室で飼育され，これからそれぞれの次世代の成虫がサンプリングされた．図3-32はA, B両系統の世代数の推移である．羽化後10週目の生存率の変化は基本的には図3-31と同様であるが，長く生存している成虫が産んだ卵を使ったB系統は世代数の進み方が遅く，羽化後10週目の生存率はA系統に比べて明らかに高くなっていた．

3-4-6-2　品質管理のための調査項目

　新増殖施設における大量増殖の状態と飼育されたウリミバエの品質を把握するため，飼育の各段階でそれぞれの項目に基づいた調査がなされた．表3-

表3-29　成虫室No.2（B系統）の採卵用成虫の保存方法．

(1) 卵のサンプリング方法

成虫週齢	2週目	3週目	4週目	5週目	6週目	合計
採卵量(ml)	4,000	5,500	5,000	3,500	2,000	20,000
割合(%)	20.0	27.5	25.0	17.5	10.0	100
卵接種日	木曜日	木曜日	金曜日(1日水中保存)	金曜日(1日水中保存)	金曜日(1日水中保存)	
採卵量(ml)	9,500		10,500			
割合(%)	47.5		52.5			

注1：金曜日に接種する卵は，木曜日に採卵した卵を5℃の水中に1日保存して使用する．
注2：金曜日に接種する卵は，週齢の遅い成虫から採卵した卵を優先的に接種する．
（計算例）金曜日の卵接種に7,000 mlの卵が必要な場合．
　6週目：2,000 ml（100％使用）
　5週目：3,500 ml（100％使用）
　4週目：1,500 ml（ 30％使用）　　合計 7,000 ml

(2) 蛹のサンプリング方法

卵接種日	木曜日	木曜日	木曜日	金曜日	金曜日	金曜日
幼虫回収日	火曜日	水曜日	木曜日	水曜日	木曜日	金曜日
蛹数(万)	2,000	2,000	1,000	2,000	2,000	1,000
蛹数割合(%)	40	40	20	40	40	20
サンプリングNo.	使わない	使わない	使わない	1	2	3

注1：金曜日卵接種から回収された幼虫だけを次世代として使用する．
注2：採卵用成虫はサンプリングNo.1～3から，蛹数割合に応じてサンプリングする．
（計算例）次世代の必要蛹数が500万匹である場合．
　サンプリングNo.　必要蛹数　　蛹数割合　　サンプル蛹数
　　No.1：　5,000,000 ×　0.4　＝　2,000,000
　　No.2：　5,000,000 ×　0.4　＝　2,000,000
　　No.3：　5,000,000 ×　0.2　＝　1,000,000　　合計 5,000,000

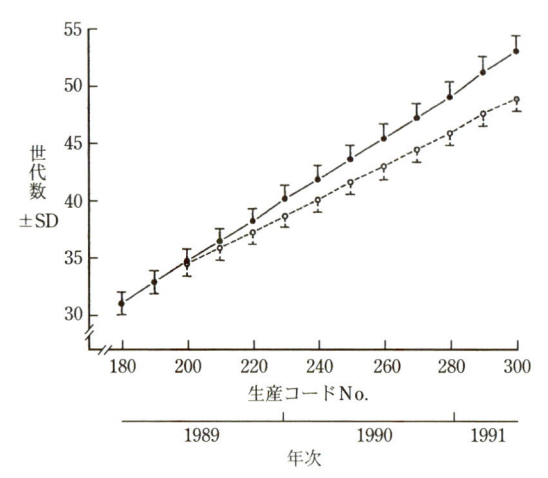

図3-32 蛹サンプリング方法の異なる2系統の世代数の推移. ●：A系統, ○：B系統（各系統の説明は本文参照）.

30, 3-31, 3-32は，1989年の初期の調査事例を示している．主な調査項目は以下のとおりである．

すべての大量増殖虫は全飼育工程を通して飼育虫の来歴がわかるように卵接種回数を基準とした生産コード番号が付けられた．コード番号の基準を例示すると，

（例）89161-1〜4では，最初の89が飼育された年を示し，続く161は飼育開始からの週数，1〜4は同一週に飼育されたことを示す枝番号で，1, 2, 3, 4はそれぞれ火，水，木，金曜日に卵接種したことを表している．

(1) 飼育系統の世代数（表3-30）

No.1：A系統の採卵用成虫の世代数は$Y = -1.2226 + 0.1794X$（X：生産回数，Y：世代数）の回帰直線で表され（$r = 0.9997$），およそ39日で1世代を経過したことになる．

No.2：B系統のデータは省略したが，採卵用成虫の世代数は$Y = 7.3888 + 0.1355X$（X：生産回数，Y：世代数）の回帰直線で表され（$r = 9406$），およそ52日で1世代を経過したことになる．

(2) 採卵用成虫記録表（表3-31）

No.1：1989年5月8日以前の採卵用成虫の記録.
No.2：A系統の採卵用成虫記録.
No.3：B系統の採卵用成虫記録.
世代数：野外から導入後の世代数.
幼虫回収月日：採卵用成虫に使われた蛹の来歴を示し，前回の幼虫飼育で老熟幼虫を回収した月日.
羽化月日：採卵用成虫が羽化した月日.
成虫箱数：増殖用に使われた成虫飼育箱数.
1蛹重：増殖用に使われた1蛹の重量 (mg).
箱当たり蛹重：1成虫飼育箱当たりの蛹重 (g).
箱当たり蛹数：1成虫飼育箱当たりの蛹数.
蛹重：使用した蛹の総重量.
蛹数：使用した蛹の総数.

(3) 採卵月日別採卵量 (データは省略)

各採卵日における各週齢成虫の産卵記録.

(4) 生産コード No. 別採卵量 (表3-32)

各生産コードの成虫の飼育期間中を通した産卵経過.

(5) 採卵時孵化率

採卵した全成虫の週齢別孵化率と平均孵化率.

(6) 卵接種時孵化率

卵接種に使用した卵の週齢別孵化率と平均孵化率.

保存日数：採卵後5℃の水中で保存した日数.

(7) 蛹生産記録総括表 (表3-33)

容器当たり餌量：1幼虫飼育容器当たりの培地量 (l).
容器数：卵接種した飼育容器数.
総接種卵数：接種した卵の総数で，1984年5月22日 (生産コード No. 84057) の卵接種以前は $1 ml = 9,600$ 卵で換算したが，同年5月29日 (生産コード No. 84058) 以降は $1 ml = 12,000$ 卵で換算した.
培地残存虫率：老熟幼虫回収後，跳び出さずに飼育培地内に残った幼虫と培地内で蛹化した蛹の総数で，接種した卵数に対する割合.

第3章　ウリミバエの大量増殖法

表3-30　成虫室No.1（A系統）飼育系統の世代数（B系統のデータは省略）．

生産コード No.	採卵年月日 （曜日）	\multicolumn{11}{c}{世代構成比（％）}	平均世代数 ±SD
		F31	F32	F33	F34	F35	F36	F37	F38	F39	F40	F41	
89196-1,2	1989.5. 9(火)	0.5	7.2	27.0	37.2	21.8	5.7	0.6					33.92±1.05
89197-1,2	5.16(火)	0.5	4.7	21.9	37.3	26.6	8.3	1.0					34.14±1.05
89198-1,2	5.23(火)		3.2	18.3	36.2	30.0	10.7	1.5					34.32±1.05
89199-1,2	5.30(火)		2.0	14.4	33.9	33.0	14.0	2.6	0.1				34.51±1.06
89200-1,2	6. 6(火)		1.2	10.6	30.6	35.6	17.7	4.1	0.2				34.71±1.06
89201-1,2	6.13(火)		0.6	8.3	28.1	36.8	20.6	5.2	0.4				34.86±1.05
89202-1,2	6.20(火)		0.3	6.3	24.7	37.0	23.8	7.0	0.9				35.02±1.07
89203-1,2	6.27(火)		0.2	4.1	20.4	36.4	27.9	9.5	1.5				35.22±1.07
89204-1,2	7. 4(火)			3.1	17.0	34.6	30.7	12.3	2.3				35.39±1.08
89205-1,2	7.11(火)			1.9	13.5	32.6	33.4	15.2	3.2	0.2			35.57±1.08
89206-1,2	7.18(火)			1.1	10.1	29.3	35.5	18.9	4.7	0.4			35.77±1.08
89207-1,2	7.25(火)			0.7	7.5	26.2	36.4	22.2	6.4	0.6			35.94±1.08
89208-1,2	8. 1(火)			0.4	5.8	23.0	36.2	25.3	8.1	1.2			36.09±1.09
89209-1,2	8. 8(火)			0.3	4.3	19.6	35.3	28.2	10.5	1.8			36.26±1.10
89210-1,2	8.15(火)				2.7	15.9	33.4	31.4	13.5	2.9	0.2		36.47±1.10
89211-1,2	8.22(火)				1.8	12.3	30.8	33.4	17.0	4.0	0.3		36.65±1.10
89212-1,2	8.29(火)				1.2	9.7	28.3	35.1	19.8	5.4	0.5		36.81±1.10
89213-1,2	9. 5(火)				0.8	7.4	24.9	35.7	23.1	7.2	0.9		36.98±1.11
89214-1,2	9.12(火)				0.4	5.2	21.3	35.4	26.6	9.5	1.6		37.18±1.11
89215-1,2	9.19(火)				0.3	3.9	18.3	34.1	29.2	11.8	2.2	0.2	37.33±1.12
89216-1,2	9.26(火)					2.8	15.1	32.5	31.5	14.5	3.3	0.2	37.51±1.12
89217-1,2	10.3(火)					1.9	11.7	29.6	33.7	17.8	4.8	0.5	37.70±1.13

表3-31　採卵用成虫の平均世代数など（B系統のデータは省略した）．

(1) 1989年5月8日以前の採卵用成虫記録表．

生産コード No.	平均世代数 ±SD	幼虫回収 月日（曜日）	羽化月日 （曜日）	成虫飼 育箱数	1蛹重 (mg)	飼育箱当 り蛹重(g)	飼育箱当 たり蛹数	総使用 蛹重(g)	総使用 蛹数
89191-2	33.12±1.03	1989.4.11(火)	1989.4.21(金)	68	14.93	940	63,000	63,920	4,281,000
89192-2	33.21±1.03	4.18(火)	4.28(金)	68	14.52	900	62,000	61,200	4,215,000
89193-2	33.50±1.02	4.25(火)	5. 5(金)	68	14.33	900	63,000	61,200	4,271,000
89194-2	33.59±1.03	5. 2(火)	5.12(金)	68	13.80	860	62,000	58,480	4,238,000
89195-2	33.95±1.02	5.10(水)	5.20(土)	68	14.43	900	62,000	61,200	4,241,000

(2) 成虫室No.1（A系統）の採卵用成虫記録表．

生産コード No.	平均世代数 ±SD	羽化月日 （曜日）	成虫飼 育箱数	飼育箱当 たり蛹数	総使用蛹数
89196	33.92±1.05	1989.5.27(土)	34	61,000	2,073,000
89197	34.14±1.05	6. 3(土)	32	63,000	2,000,000
89198	34.32±1.05	6. 9(土)	32	63,000	2,000,000
89199	34.51±1.06	6.17(土)	32	63,000	2,000,000
89200	34.71±1.06	6.24(土)	32	63,000	2,000,000

3-4 新大量増殖施設におけるウリミバエの大量増殖

表3-31 続き.
(2) 成虫室No.1(A系統)の採卵用成虫記録表(続き).

生産コード No.	平均世代数 ±SD	羽化月日 (曜日)	成虫飼育箱数	飼育箱当たり蛹数	総使用蛹数
89201	34.71 ± 1.05	7. 1 (土)	32	63,000	2,000,000
89202	35.02 ± 1.07	7. 8 (土)	32	63,000	2,000,000
89203	35.22 ± 1.07	7.15 (土)	32	63,000	1,999,000
89204	35.39 ± 1.08	7.22 (土)	32	63,000	2,000,000
89205	35.57 ± 1.08	7.29 (土)	32	63,000	2,000,000
89206	35.77 ± 1.08	8. 5 (土)	32	63,000	2,000,000
89207	35.94 ± 1.08	8.12 (土)	32	63,000	1,999,000
89208	36.09 ± 1.09	8.19 (土)	32	63,000	2,000,000
89209	36.26 ± 1.10	8.26 (土)	32	63,000	2,000,000
89210	36.47 ± 1.10	9. 2 (土)	32	63,000	2,000,000
89211	36.65 ± 1.10	9. 9 (土)	32	63,000	2,000,000
89212	36.81 ± 1.10	9.16 (土)	32	63,000	1,999,000
89213	36.98 ± 1.11	9.23 (土)	32	63,000	2,003,000
89214	37.18 ± 1.11	9.30 (土)	32	63,000	2,000,000
89215	37.33 ± 1.12	10. 7 (土)	32	63,000	2,000,000
89216	37.51 ± 1.12	10.14 (土)	32	63,000	1,999,000
89217	37.70 ± 1.13	10.21 (土)	32	63,000	2,000,000
89218	37.88 ± 1.12	10.28 (土)	32	63,000	1,999,000
89219	38.03 ± 1.12	11. 4 (土)	32	63,000	2,000,000
89220	38.23 ± 1.13	11.11 (土)	32	63,000	2,000,000
89221	38.40 ± 1.14	11.18 (土)	32	63,000	2,000,000
89222	38.59 ± 1.14	11.25 (土)	32	63,000	2,000,000
89223	38.72 ± 1.14	12. 2 (土)	32	63,000	2,000,000
89224	38.95 ± 1.14	12. 9 (土)	32	63,000	2,001,000
89225	39.13 ± 1.15	12.16 (土)	32	63,000	2,000,000
89226	39.31 ± 1.16	1989.12.23 (土)	32	63,000	2,001,000
89227	39.47 ± 1.16	12.29 (金)	32	63,000	2,000,000
89228	39.47 ± 1.16	1990.1. 6 (土)	32	63,000	2,002,000
89229	39.84 ± 1.16	1.13 (土)	32	63,000	2,001,000
90230	40.20 ± 1.16	1.20 (土)	32	63,000	2,000,000
90231	40.23 ± 1.17	1.27 (土)	32	63,000	2,001,000
90232	40.40 ± 1.17	2. 3 (土)	32	63,000	2,000,000
90233	40.57 ± 1.17	2.10 (土)	32	63,000	2,000,000
90224	40.79 ± 1.19	2.17 (土)	32	63,000	2,001,000
90235	41.01 ± 1.19	2.24 (土)	32	63,000	2,000,000
90236	41.27 ± 1.18	3. 2 (金)	32	63,000	2,000,000
90237	41.31 ± 1.17	3. 9 (金)	32	63,000	2,000,000
90238	41.43 ± 1.17	3.17 (土)	32	63,000	2,000,000
90239	41.63 ± 1.19	3.24 (土)	32	63,000	2,000,000
90240	41.92 ± 1.20	3.31 (土)	32	63,000	2,000,000

表3-32 生産コード

生産コード No.	羽化月日	成虫週齢 成虫室 No.	2週目 1	2	計	3週目 1	2	計	4週目 1	2	計
89190-2	4/14	採卵器本数	16	16		16	16		16	16	16
		飼育箱数	34	34	68	34	34	68	34	34	68
		産卵量 (ml)	3,830	4,760	8,590	5,520	5,720	11,240	5,080	4,280	9,360
		1飼育箱当たり平均産卵量 (ml)	112.6	140.0	126.3	162.4	168.2	165.3	149.4	125.9	137.6
89191-2	4/21	採卵器本数	16	16		16	16		16	16	
		飼育箱数	34	34	68	34	34	68	34	34	68
		産卵量 (ml)	3,820	4,740	8,560	5,860	5,600	11,460	5,210	4,500	9,710
		1飼育箱当たり平均産卵量 (ml)	112.4	139.4	125.9	172.4	164.7	168.5	153.2	132.4	142.8
89192-2	4/28	採卵器本数	16	16		16	16		16	16	
		飼育箱数	34	34	68	34	34	68	34	34	68
		産卵量 (ml)	3,770	4,630	8,400	5,600	5,480	11,080	5,020	4,460	9,480
		1飼育箱当たり平均産卵量 (ml)	110.9	136.2	123.5	164.7	161.2	162.9	147.6	131.2	139.4
89193-2	5/5	採卵器本数	16	16		16	16		16	16	
		飼育箱数	34	34	68	34	34	68	34	34	68
		産卵量 (ml)	4,170	4,950	9,120	5,800	5,800	11,600	5,100	4,900	10,000
		1飼育箱当たり平均産卵量 (ml)	122.6	145.6	134.1	170.6	170.6	170.6	150.0	144.1	147.1
89194-2	5/12	採卵器本数	16	16		16	16		16	16	
		飼育箱数	34	34	68	34	34	68	34	34	68
		産卵量 (ml)	3,640	4,700	8,340	5,620	5,530	11,150	4,920	4,720	9,640
		1飼育箱当たり平均産卵量 (ml)	107.1	138.2	122.6	165.3	162.6	164.0	144.7	138.8	141.8
89195-2	5/19	採卵器本数	16	16		16	16		16	16	
		飼育箱数	34	34	68	34	34	68	34	34	68
		産卵量 (ml)	3,130	3,760	6,890	5,850	5,620	11,470	5,080	4,810	9,890
		1飼育箱当たり平均産卵量 (ml)	92.1	110.6	101.3	172.1	165.3	168.7	149.4	141.5	145.4

蛹歩留まり：接種した卵数に対する生産された蛹の割合．

残存虫・蛹歩留まり：幼虫発育の状況を把握するために算出する項目で，接種した卵数に対する生産した蛹と培地残存虫数を加えた歩留まり．

蛹重：卵接種後5～7日目に回収された蛹重．

蛹短径：月1回，幼虫回収日別に蛹50gをサンプリングし短径を測定する．

有効飛出虫率：形態的には正常に羽化した成虫のうち飛翔能力のある成虫の蛹に対する割合．

(8) 飼育系統成虫生存率 (表3-34. 一部データ省略)

No.別採卵量.

	5週目			6週目		総産卵量 飼育箱当たりの 平均総産卵量	飼育箱当たり 1週当たりの 平均産卵量
1	2	計	1	2	計		
16	16		16	16			
34	34	68	34	34	68		
3,600	3,140	6,740	2,110	1,950	4,060	39,990	
105.9	92.4	99.1	62.1	57.4	59.7	588.0	117.6
16	16		16	16			
34	34	68	34	34	68		
3,520	3,040	6,560	1,990	2,000	3,990	40,280	
103.5	89.4	96.5	58.5	58.8	58.7	592.4	118.5
16	16		16	16			
34	34	68	34	34	68		
3,170	3,240	5,410	1,540	1,920	3,460	38,830	
93.2	95.3	94.3	45.3	56.5	50.9	571.0	114.2
16	16		16	16			
34	34	68	34	34	68		
3,250	3,410	6,660	1,430	1,700	3,130	40,510	
95.6	100.3	97.9	42.1	50.0	46.0	595.7	119.1
16	16		16	16			
34	34	68	34	34	68		
3,230	3,400	6,630	1,910	1,910	3,820	39,580	
95.0	100.0	97.5	56.2	56.2	56.2	582.1	116.4
16	16		16	16			
34	34	68	34	34	68		
3,300	3,170	6,470	1,700	1,840	3,540	38,260	
97.1	93.2	95.1	50.0	54.1	52.1	562.6	112.5

3-4-6-3 新大量増殖施設における生産経過

　新施設でのウリミバエ大量増殖は1983年から開始された．大量増殖開始当初は週500万匹から1,000万匹以内の生産であったが，不妊虫放飼地域の拡大に伴い，1987年末には週2億匹以上の生産を達成し，この増殖量は，1990年末まで維持された．

　1983年に新増殖施設において大量増殖を開始してから，1990年12月までの期間に生産された蛹数の経過を図3-33のA～Hに示し，図3-34のA～Hに幼虫飼育における羽化率，蛹歩留まり，培地残存虫率の変化を示した．また，

表3-33 蛹生産

生産Code No.	生産蛹数(1,000匹) 5日目	6日目	7日目	合計	週合計	回収日別蛹数割合(%) 5日目	6日目	7日目	容器当たり蛹数	餌1ℓ当たり蛹数	回収日別蛹歩留まり(%) 5日目	6日目	7日目	蛹歩留まり(%)
89186-1		2,199	43,304	45,503			4.8	95.2	47,400	7,900		2.6	50.8	53.4
89186-2	11,961	38,300	9,125	59,386		20.1	64.5	15.4	62,800	10,500	14.2	45.6	10.9	70.7
89186-3	29,202	21,943	8,756	59,901		48.8	36.6	14.6	62,400	10,400	34.3	25.7	10.3	70.3
89186-4	22,392	25,939	9,307	57,638	222,428	38.9	45.0	16.1	60,000	10,000	26.3	30.4	10.9	67.6
89187-1		1,104	20,658	21,762			5.1	94.9	45,300	7,600		2.6	48.5	51.1
89187-2	2,777	20,356	5,746	28,879		9.6	70.5	19.9	60,300	10,000	6.5	47.9	13.5	67.9
89187-3	8,094	15,740	4,407	28,241		28.7	55.7	15.6	60,900	10,100	19.6	38.2	10.7	68.5
89187-4	13,309	10,955	3,993	28,257	107,139	47.1	38.8	14.1	58,900	9,800	31.2	25.7	9.4	66.3
89188-1		15,551	38,258	53,809			28.9	71.1	56,100	9,300		18.2	44.9	63.1
89188-2	6,807	34,342	13,623	54,772		12.4	62.7	24.9	57,100	9,500	8.0	40.3	16.0	64.3
89188-3	11,607	33,618	10,854	56,079		20.7	59.9	19.4	58,400	9,700	13.6	39.4	12.8	65.8
89188-4	19,654	25,361	8,631	53,646	218,306	36.6	47.3	16.1	55,900	9,300	23	29.8	10.1	62.9
89189-1		13,557	38,420	51,977			26.1	73.9	56,000	9,300		16.5	46.6	63.1
89189-2	2,755	35,694	14,378	52,827		5.2	67.6	27.2	55,000	9,200	3.2	41.9	16.9	62.0
89189-3	18,127	30,004	9,736	57,867		31.3	51.8	16.8	60,300	10,000	21.3	35.2	11.4	67.9
89189-4	19,496	25,653	9,597	54,746	217,417	35.6	46.9	17.5	57,000	9,500	22.9	30.1	11.3	64.2
89190-1		27,198	30,741	57,939			46.9	53.1	60,400	10,100		31.9	36.1	68.0
89190-2	5,696	35,269	8,767	49,732		11.5	70.9	17.6	51,800	8,600	6.7	41.4	10.3	58.3
89190-3	15,932	32,658	9,583	58,173		27.4	56.1	16.5	60,600	10,100	18.7	38.3	11.2	68.2
89190-4	16,934	29,867	8,183	54,984	220,828	30.8	54.3	14.9	57,300	9,500	19.9	35.0	9.6	64.5
89191-1		15,690	41,036	56,726			27.7	72.3	59,100	9,800		18.4	48.1	66.5
89191-2	12,607	26,097	13,559	52,263		24.1	49.9	25.9	54,400	9,100	14.8	30.6	15.9	61.3
89191-3	21,707	30,340	7,762	59,809		36.3	50.7	13.0	62,300	10,400	25.5	35.6	9.1	70.2
89191-4	18,920	26,959	10,579	56,458	225,256	33.5	47.8	18.7	58,800	9,800	22.2	31.6	12.4	66.2
89192-1		25,368	30,877	56,245			45.1	54.9	58,600	9,600		29.8	36.2	66.0
89192-2	6,698	38,876	10,833	56,407		11.9	68.9	19.2	58,800	9,800	7.9	45.6	12.7	66.2
89192-3	28,344	22,114	7,028	57,486		49.3	38.5	12.2	59,900	10,000	33.3	25.9	8.2	67.4
89192-4	30,164	21,169	5,940	57,273	227,411	52.7	36.9	10.4	59,700	9,900	35.4	24.8	7.0	67.2
89193-1		34,006	24,581	58,587			58.0	42.0	61,000	10,200		39.9	28.8	68.7
89193-2	11,420	34,076	9,696	55,192		20.7	61.7	17.6	57,500	9,600	13.4	39.9	11.4	64.7
89193-3	21,110	29,472	10,004	60,586		34.8	48.7	16.5	63,100	10,500	24.8	34.6	11.7	71.1
89193-4	35,786	14,847	6,165	56,798	231,163	63.0	26.1	10.9	59,200	9,900	42.0	17.4	7.2	66.6
89194-1		26,935	32,068	59,003			45.6	54.4	63,600	10,600		32.7	38.9	71.6
89194-2	4,273	37,401	16,149	57,823		7.4	64.7	27.9	60,200	10,000	5.0	43.9	18.9	67.8
89194-3	22,258	26,729	10,018	59,005		37.7	45.3	17.0	61,500	10,200	26.1	31.4	11.7	69.2
89194-4	19,963	27,674	8,957	56,594	232,425	35.3	48.9	15.8	59,000	9,800	23.4	32.5	10.5	66.4
89195-1		40,764	18,254	59,018			69.1	30.9	61,500	10,200		47.8	21.4	69.2
89195-2	4,489	40,208	10,102	54,799		8.2	73.4	18.4	59,100	9,800	5.4	48.8	12.3	66.5
89195-3	15,029	26,520	11,729	53,278		28.2	49.8	22.0	55,500	9,200	17.6	31.1	13.8	62.5
89195-4	24,358	19,683	6,551	50,592	217,687	48.1	38.9	13.0	52,700	8,800	28.5	23.1	7.7	59.3

3-4 新大量増殖施設におけるウリミバエの大量増殖

記録総括表.

残存虫+蛹歩留まり (%)	蛹短径 (mm) 5日目	蛹短径 6日目	蛹短径 7日目	羽化率 (%) 5日目	羽化率 6日目	羽化率 7日目	飛出虫率 (%) 5日目	飛出虫率 6日目	飛出虫率 7日目	有効飛出虫率 (%) 5日目	有効飛出虫率 6日目	有効飛出虫率 7日目
76.8					84.9	88.5		97.8	99.4		81.5	85.3
73.9				92.4	92.9	82.3	98.9	99.3	98.7	90.8	91.2	79.6
77.1				87.8	88.5	83.7	98.9	98.5	98.2	85.6	85.3	80.5
75.9				91.0	93.9	87.9	99.4	98.6	98.8	89.1	90.9	85.5
71.9					72.6	79.9		97.0	98.5		68.4	76.3
70.9				88.6	92.2	92.0	98.2	99.3	99.5	85.7	90.1	90.1
73.2				92.3	87.4	87.5	99.0	99.1	98.6	90.4	84.3	84.8
70.6				91.3	93.0	88.2	99.6	99.1	99.2	88.7	89.8	85.7
69.4					88.7	88.8		99.1	99.6		85.7	85.2
68.3				84.8	92.2	88.4	98.8	99.4	99.0	81.9	90.5	85.2
70.2				80.3	92.3	88.3	98.1	99.0	99.7	76.7	90.1	86.2
65.6				88.7	87.5	86.5	98.7	99.2	99.2	85.2	84.0	83.0
72.1		2.25 ± 0.14	2.18 ± 0.15		87.9	91.8		99.0	99.4		85.0	89.3
66.5	2.29 ± 0.12	2.20 ± 0.14	2.14 ± 0.18	89.8	93.6	90.7	99.6	99.6	99.5	88.5	92.0	88.7
72.3	2.22 ± 0.14	2.20 ± 0.14	2.10 ± 0.17	93.7	96.4	89.8	99.6	99.7	99.6	92.2	94.8	87.3
69.0	2.30 ± 0.14	2.21 ± 0.16	2.15 ± 0.16	87.7	90.2	92.0	99.4	96.4	99.3	85.1	85.2	89.4
73.7					91.0	90.5		99.0	99.4		88.4	88.4
61.3				84.4	91.9	88.9	98.1	99.3	99.2	79.6	90.1	86.4
71.1				90.7	94.2	91.3	99.0	99.2	99.4	88.1	92.4	88.6
67.5				91.1	93.7	88.4	98.9	99.3	99.0	88.7	91.1	84.7
72.1					90.5	92.1		99.2	99.2		88.5	90.0
65.9				90.6	92.2	91.7	99.1	96.7	99.2	88.8	89.5	89.3
72.4				94.7	90.6	89.3	99.5	96.7	98.4	93.5	88.4	87.7
71.5				96.4	97.6	94.1	99.3	99.5	99.3	94.9	96.3	92.3
71.1					93.5	87.7		93.6	99.4		91.6	86.0
69.6				89.1	93.3	88.2	98.9	99.2	99.1	87.1	91.8	85.7
70.1				88.1	90.5	91.1	98.6	99.2	98.8	84.6	89.0	88.8
71.1				93.5	94.5	88.1	99.3	99.4	98.7	91.4	92.8	86.0
72.6					93.9	91.7		99.2	99.6		91.4	90.3
67.7				92.4	95.9	90.9	99.1	99.2	98.9	90.1	93.7	88.9
73.9				92.4	93.6	92.8	99.2	99.3	99.4	90.4	91.7	90.9
69.2				93.5	94.5	93.2	99.5	99.5	99.4	91.8	92.8	91.4
75.7		2.26 ± 0.14	2.16 ± 0.15		95.4	95.9		99.5	99.4		93.7	94.5
76.1	2.31 ± 0.15	2.24 ± 0.14	2.16 ± 0.19	87.6	95.1	91.8	99.1	99.4	99.1	85.3	93.9	89.9
73.0	2.29 ± 0.13	2.23 ± 0.14	2.16 ± 0.17	90.5	96.5	92.2	99.0	99.7	98.9	87.9	95.9	90.0
70.7	2.22 ± 0.16	2.24 ± 0.14	2.15 ± 0.15	87.7	95.0	90.2	98.6	99.5	98.5	85.4	93.4	86.7
73.3					91.9	94.2		98.5	99.2		88.9	93.0
69.9				93.9	96.7	95.7	98.8	99.4	99.4	91.5	95.6	94.1
67.8				93.3	95.2	95.9	99.4	99.1	99.7	92.0	93.7	94.8
63.0				93.3	97.7	95.3	99.1	99.7	98.7	92.0	96.9	92.9

表3-34 飼育系統成虫生存率

(1) メス

生産コード No.	卵接種月日	幼虫回収日	1週目	2週目	3週目	4週目	5週目	6週目	7週目	8週目	9週目	10週目
89194-1	1989.4.25	6	98.0	98.0	97.0	97.0	95.0	88.1	88.1	69.3	53.5	28.7
		7								(水落下, 成虫死亡)		
89194-2	4.26	5	95.5	95.5	94.3	93.2	85.2	81.8	75.0	62.5	51.1	36.4
		6	95.8	95.8	95.8	95.1	92.4	83.3	76.4	63.9	47.9	36.8
		7	95.9	95.9	95.9	95.2	94.6	89.1	78.2	71.4	53.7	46.3
89194-3	4.27	5	99.2	99.2	99.2	99.2	97.7	93.2	84.2	74.4	58.6	45.9
		6	97.0	97.0	97.0	97.0	97.0	90.9	82.9	72.0	56.1	47.0
		7	98.0	98.0	97.3	97.3	95.9	89.9	77.0	69.6	58.1	46.6
89194-4	4.28	5	96.5	96.5	95.7	94.8	92.2	87.0	83.5	71.3	60.0	47.8
		6	95.5	95.5	95.5	93.2	92.5	86.5	81.2	73.7	63.9	48.9
		7	97.5	97.5	97.5	97.5	96.2	91.8	88.6	84.8	71.5	54.4
89199-1	1989.5.30	6	98.7	98.1	97.5	97.5	93.7	88.0	79.1	62.0	51.3	39.9
		7	95.1	95.1	94.5	91.2	87.4	78.0	68.7	50.9	48.4	38.5
89199-2	5.31	5	97.6	97.6	97.6	97.6	95.3	84.7	74.1	54.6	38.8	30.6
		6	95.8	95.2	94.0	84.4	74.3	58.1	37.1	24.0	15.0	10.8
		7	93.5	93.5	92.5	90.9	89.2	63.9	75.3	66.1	47.3	34.9
89199-3	6. 1	5	94.6	93.1	92.3	92.3	92.3	84.6	78.5	65.4	50.8	36.9
		6	95.0	95.9	95.9	92.5	89.1	85.0	78.9	62.6	49.7	38.8
		7	95.9	92.9	91.9	91.4	88.3	84.3	73.1	63.5	52.3	41.1
89199-4	6. 2	5	97.2	97.2	97.2	96.3	93.8	90.7	85.2	75.0	82.0	47.2
		6	99.4	98.1	97.5	96.2	94.9	87.3	77.7	65.0	50.3	35.7
		7	98.2	98.2	98.2	95.2	93.4	87.4	79.6	72.5	53.3	35.3

(2) オス

生産コード No.	卵接種月日	幼虫回収日	1週目	2週目	3週目	4週目	5週目	6週目	7週目	8週目	9週目	10週目
89194-1	1989.4.25	6	94.7	94.1	90.8	87.5	85.5	82.9	82.9	69.7	57.9	40.1
		7								(水落下, 成虫死亡)		
89194-2	4.26	5	100	99.4	99.4	98.2	94.2	84.8	75.4	59.6	42.7	30.4
		6	96.6	96.6	96.6	94.5	93.8	90.4	90.1	64.4	46.6	32.2
		7	93.5	92.7	92.7	91.9	89.5	85.5	78.2	66.1	49.2	31.5
89194-3	4.27	5	95.2	95.2	95.2	92.7	91.1	85.5	74.2	60.5	33.9	25.8
		6	98.4	97.6	97.6	96.0	93.6	89.6	82.4	70.4	48.8	35.2
		7	97.6	94.4	92.7	91.9	89.5	83.9	73.4	61.3	44.4	29.8
89194-4	4.28	5	95.1	94.4	94.4	91.7	87.5	84.7	79.2	69.4	60.4	40.3
		6	95.2	95.2	94.6	93.9	93.2	89.8	85.0	76.9	61.2	44.9
		7	94.8	93.9	93.9	93.9	93.0	91.3	87.0	80.9	65.2	53.0
89199-1	1989.5.30	6	96.9	96.9	96.9	95.7	94.4	83.3	71.0	63.0	43.2	29.6
		7	92.4	91.9	91.3	87.2	83.1	77.9	72.7	60.5	51.0	38.4
89199-2	5.31	5	91.5	91.5	90.3	89.8	88.6	83.5	75.0	64.2	54.0	38.1
		6	97.2	97.2	93.8	88.3	85.5	60.7	42.1	31.7	19.3	11.0
		7	93.3	93.3	92.7	91.5	89.6	82.9	73.2	64.6	46.3	34.1
89199-3	6. 1	5	94.8	94.8	93.7	93.1	90.8	83.9	73.0	60.9	49.4	29.9
		6	94.9	94.9	94.3	93.7	91.8	88.6	81.6	71.5	62.0	41.8
		7	96.4	95.8	94.5	92.1	89.7	87.3	81.8	74.5	63.6	50.3
89199-4	6. 2	5	90.5	90.5	89.8	87.8	85.0	81.6	78.2	70.1	61.2	53.1
		6	94.5	93.1	93.1	91.7	91.0	90.3	86.9	78.6	64.8	48.3
		7	96.1	96.1	94.9	92.1	89.9	89.4	79.2	68.0	54.5	38.8

3-4 新大量増殖施設におけるウリミバエの大量増殖

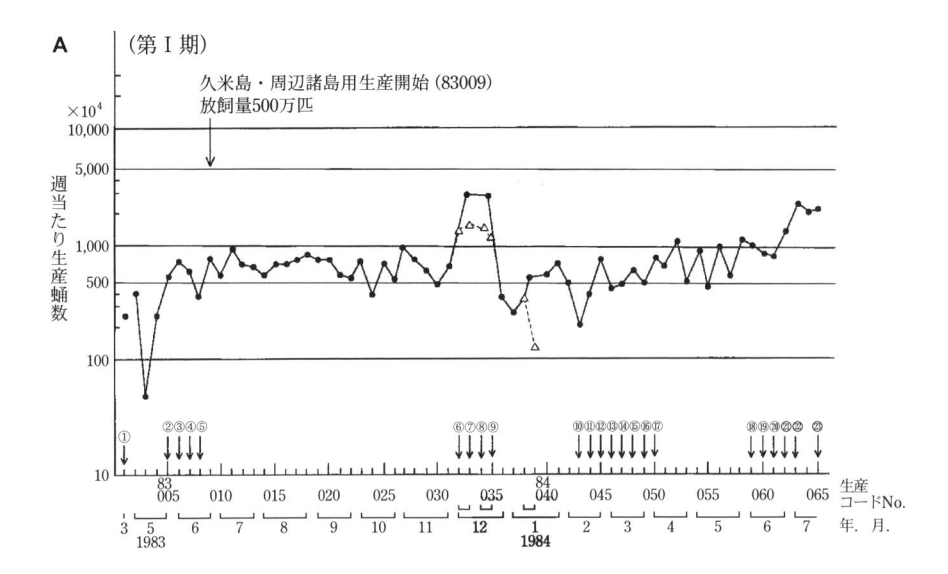

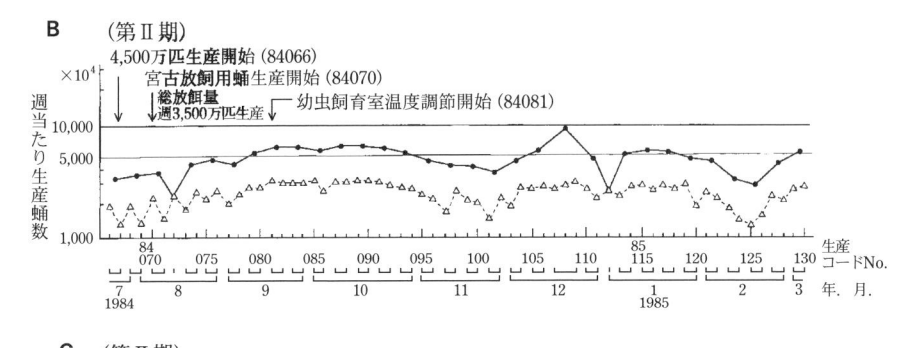

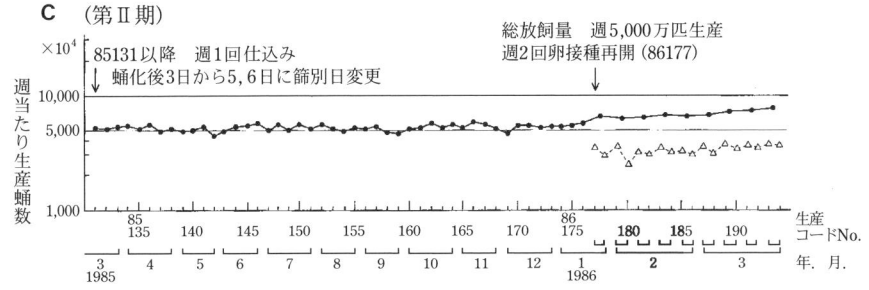

図3-33 新ウリミバエ大量増殖施設における週当たり生産蛹数の経過．生産コードNo.の下の⌴印と図中の△はそれぞれ同一週の卵接種と，1回当たりの生産蛹数を示す．①：施設竣工検査用試験飼育，②〜⑤：清管剤の影響試験，⑥〜⑨：2,000万匹試験飼育，⑩〜⑫：卵接種密度試験，⑬〜⑰：卵接種法試験（自動機械まき，手まき），⑱〜㉒：卵接種密度試験，㉓：培地量試験．新系統生産コードNo.86058以降は週4回卵接種したシリーズから生産された総蛹数である．

第3章 ウリミバエの大量増殖法

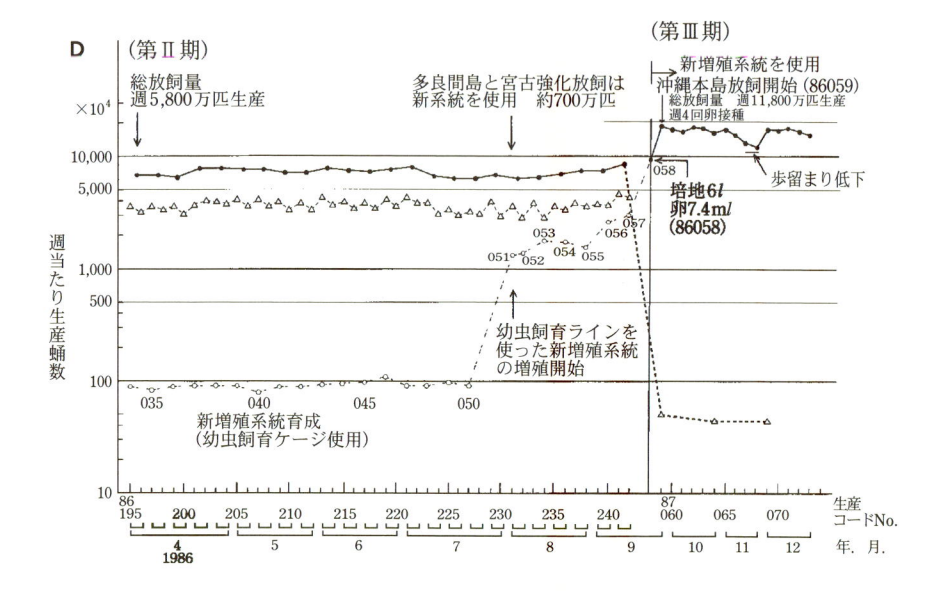

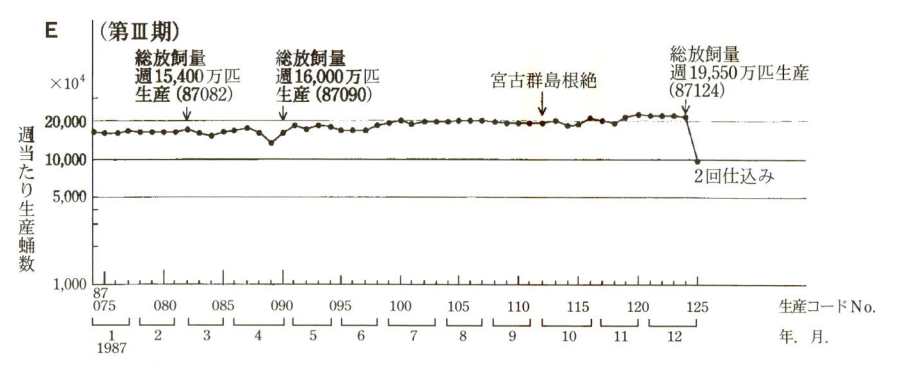

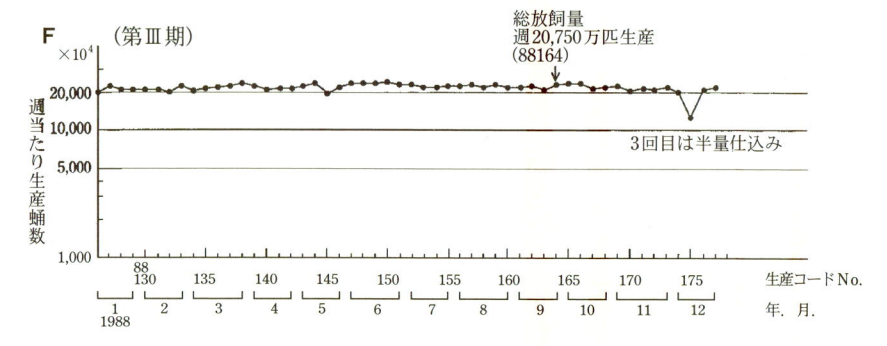

図3-33 続き

3-4 新大量増殖施設におけるウリミバエの大量増殖　　　　　　　　　　　　　　129

図3-33 続き

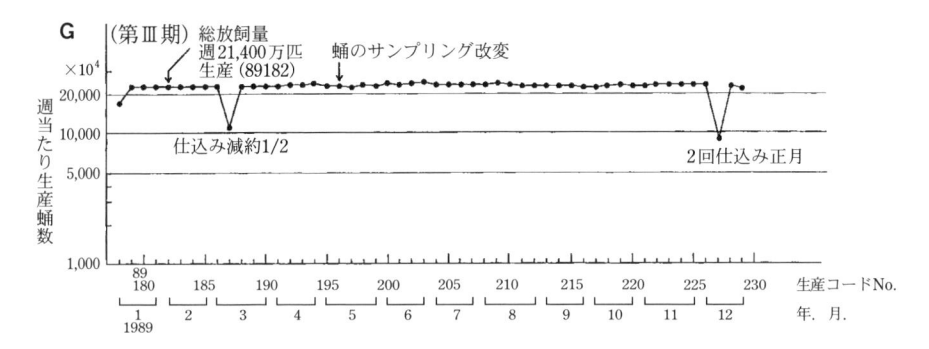

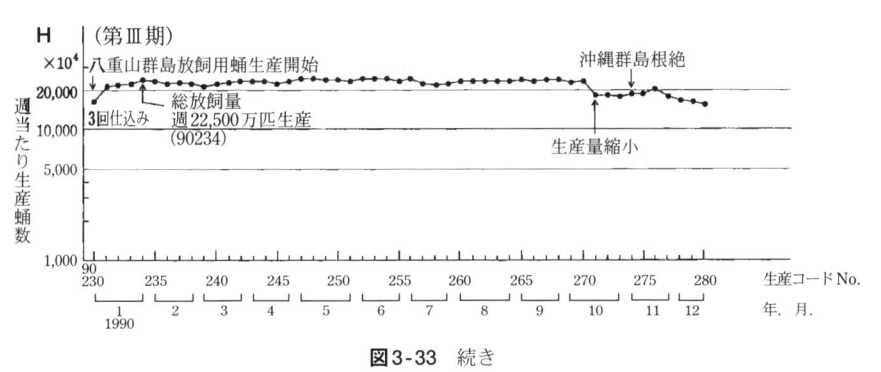

大量増殖虫の照射前羽化率と有効跳び出し虫率を図3-35のA〜Hに示した．これらの増殖経過は次の3段階に大別できる．

第Ⅰ期は，1983年5月の新増殖施設での飼育開始から宮古群島における不妊虫放飼の準備段階として週2,000万匹以上の飼育試験を実施するまで，第Ⅱ期は，1984年8月の宮古群島における不妊虫放飼開始から1986年9月に採卵用成虫を新増殖系統へ更新するまで，第Ⅲ期は，採卵用成虫を新増殖系統へ更新し，週2億匹の増殖を達成した後のものである．以下に，各飼育段階での大量増殖と飼育法の改善点，飼育虫の品質管理状況について記した．

(1) 第Ⅰ期　　図3-33〜3-35のA(1983とある)に第Ⅰ期の飼育データを示した．この時期は，新施設の慣らし運転ともいえる段階で，旧施設から大量増殖系統のウリミバエを導入し，1983年5月から新施設での蛹生産を開始した．生産量は週500万匹とし，飼育作業は旧施設での生産工程を基本とし

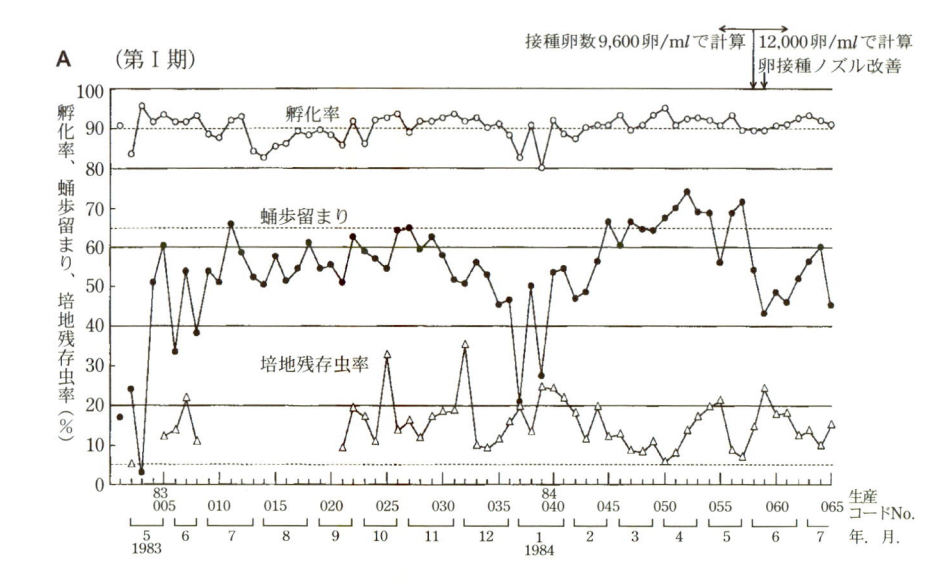

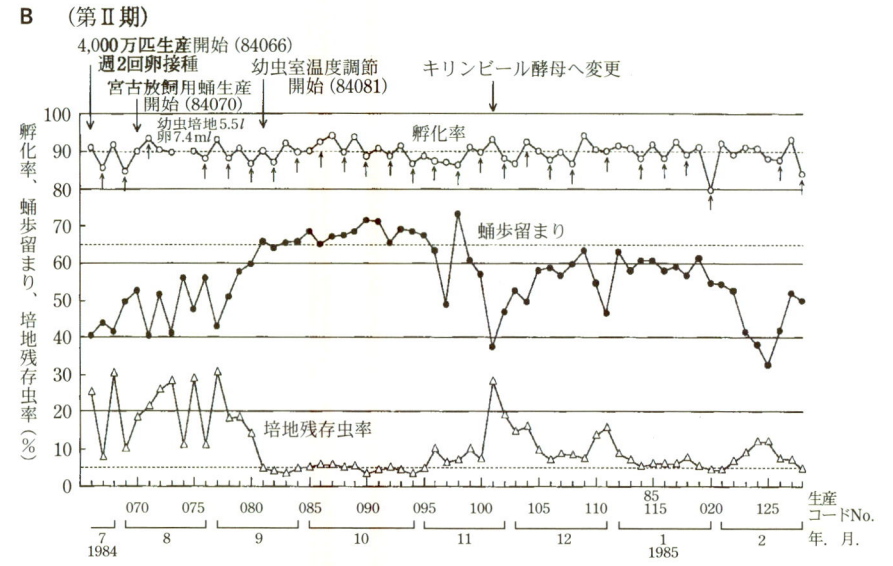

図3-34 新ウリミバエ大量増殖施設における孵化率，蛹歩留まりおよび培地残存虫率の経過．孵化率，蛹歩留まり，培地残存虫率の目標値はそれぞれ90％，65％，5％である．↑は5℃の水中で1日保存した卵を接種したことを示す．第Ⅲ期は週4回卵接種したシリーズの平均値である．

3-4 新大量増殖施設におけるウリミバエの大量増殖　　131

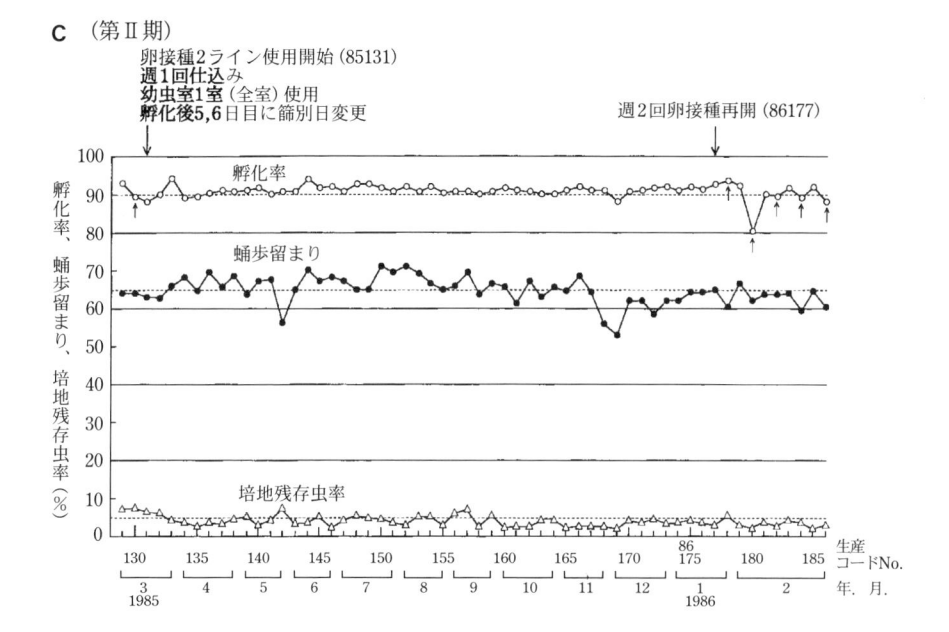

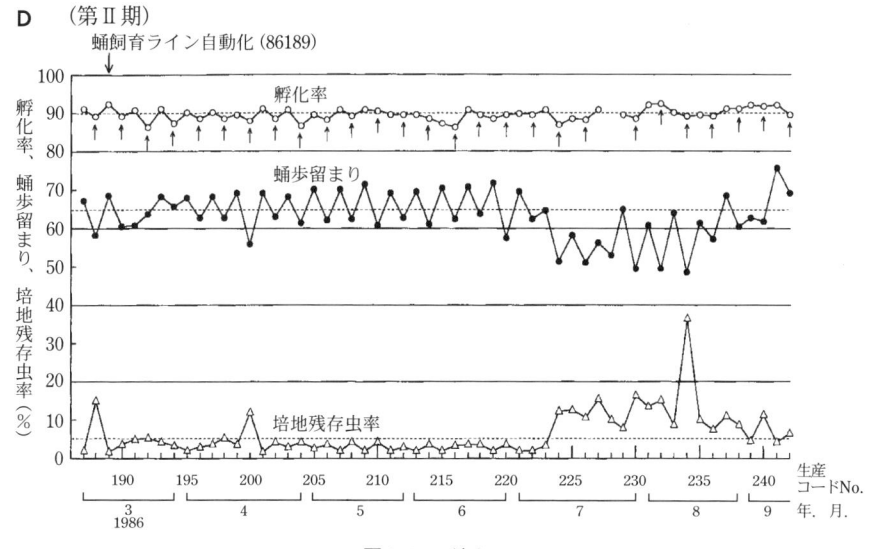

C （第Ⅱ期）

卵接種2ライン使用開始 (85131)
週1回仕込み
幼虫室1室（全室）使用
孵化後5,6日目に篩別日変更

週2回卵接種再開 (86177)

図3-34　続き

132　　　　　　　　　　　　　　　　　　　　　　　第3章　ウリミバエの大量増殖法

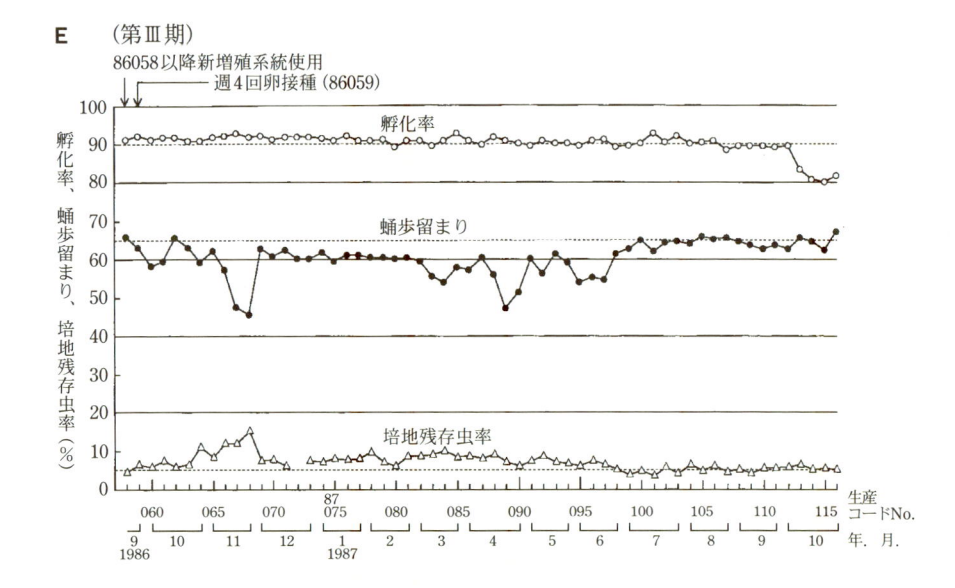

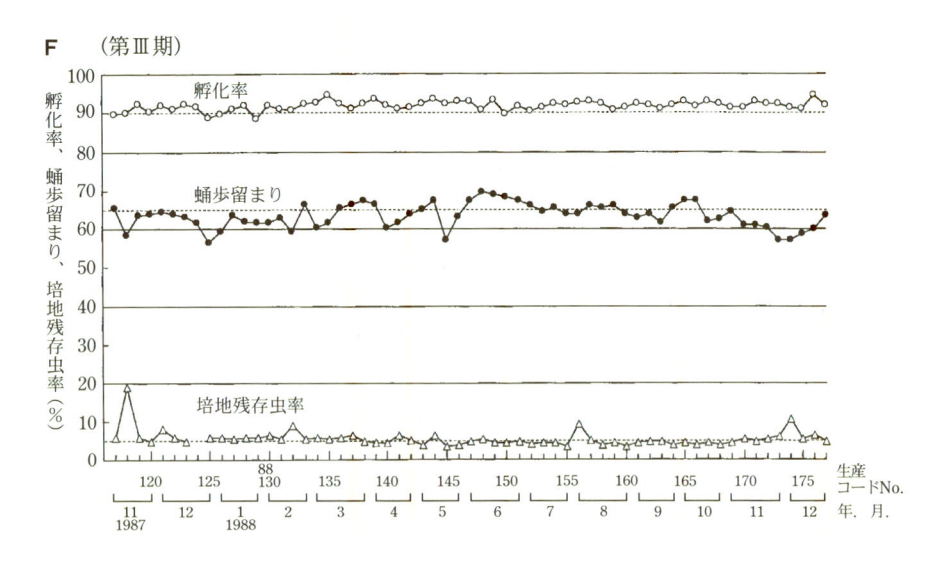

E　(第Ⅲ期)

86058以降新増殖系統使用
週4回卵接種(86059)

孵化率

蛹歩留まり

培地残存虫率

F　(第Ⅲ期)

孵化率

蛹歩留まり

培地残存虫率

図3-34　続き

3-4 新大量増殖施設におけるウリミバエの大量増殖　　133

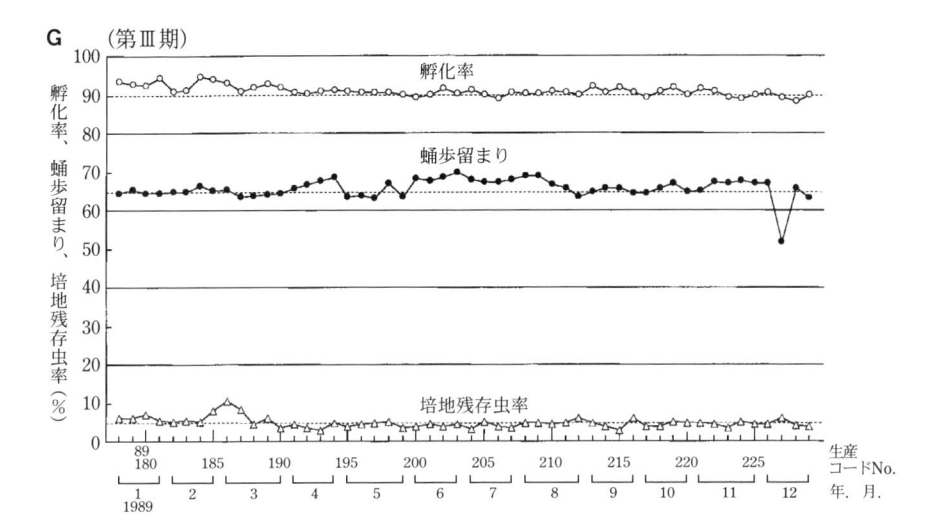

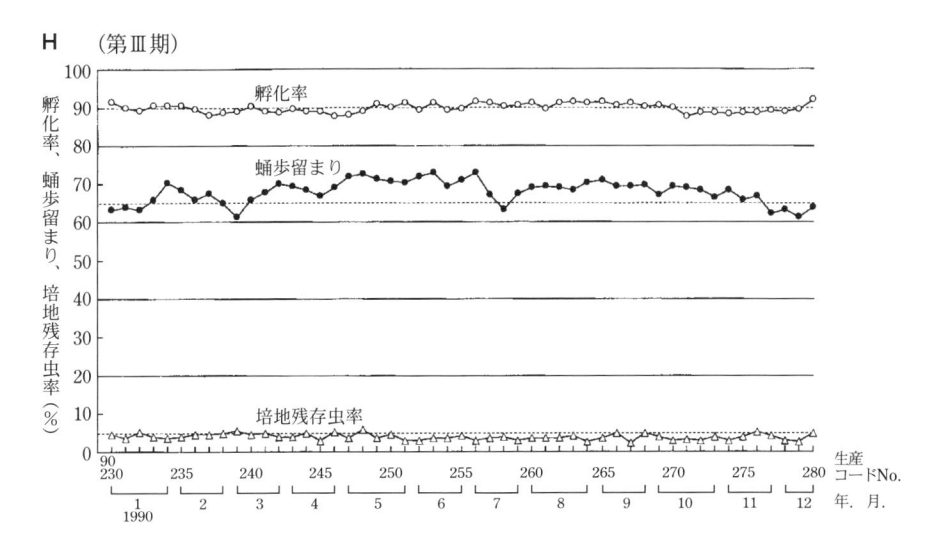

G （第Ⅲ期）

H （第Ⅲ期）

図3-34 続き

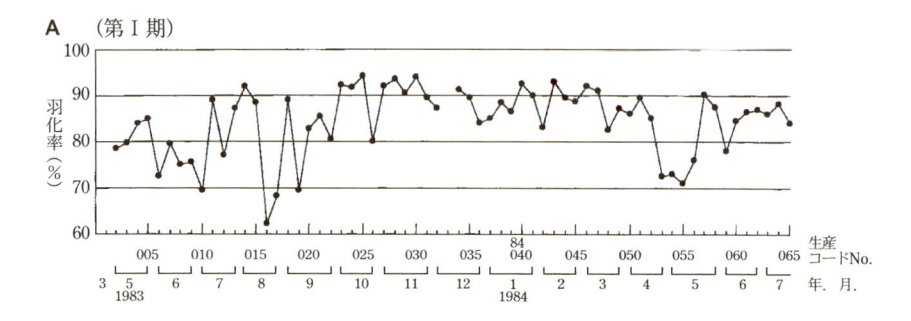

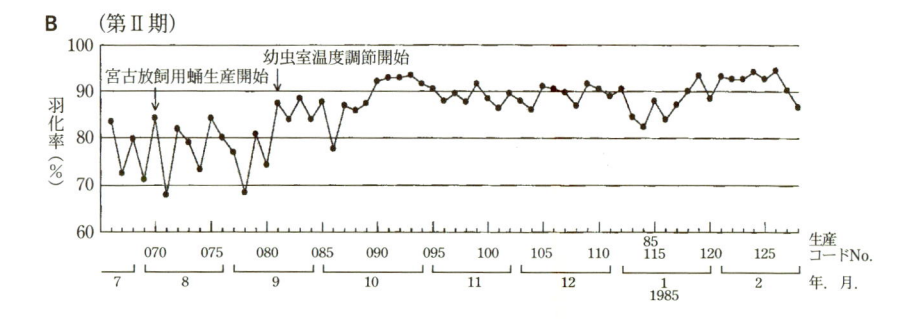

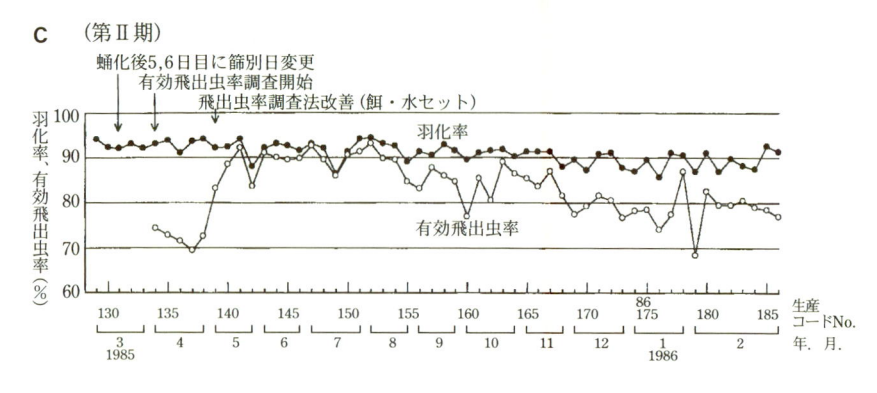

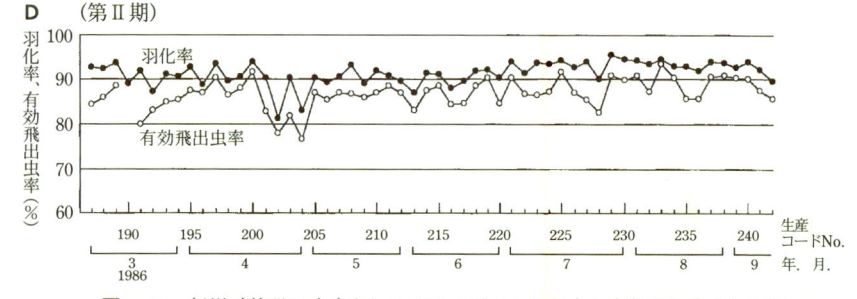

図3-35 新増殖施設で生産されたウリミバエの羽化率と有効飛出虫率の変化.

3-4 新大量増殖施設におけるウリミバエの大量増殖　　135

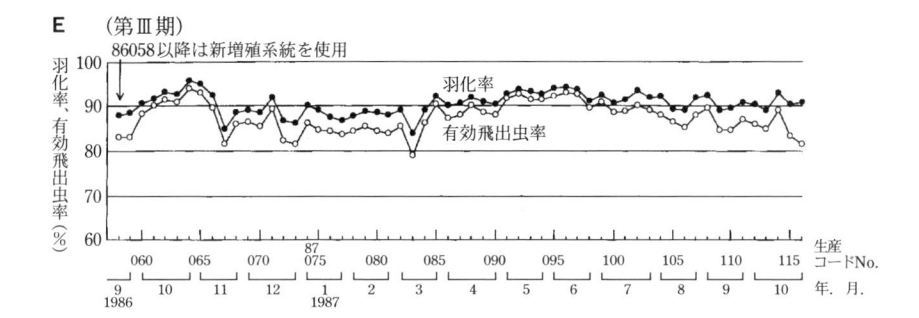

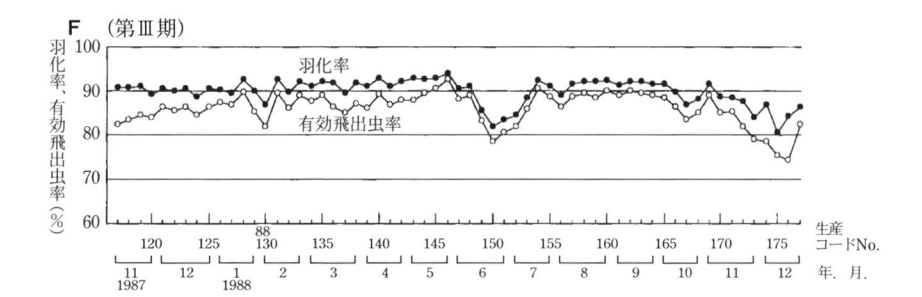

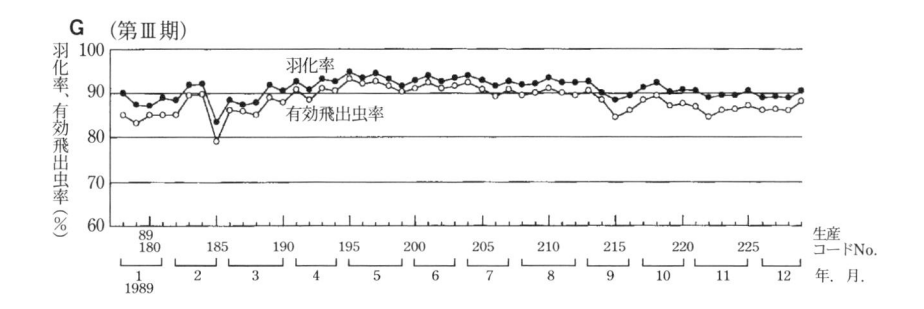

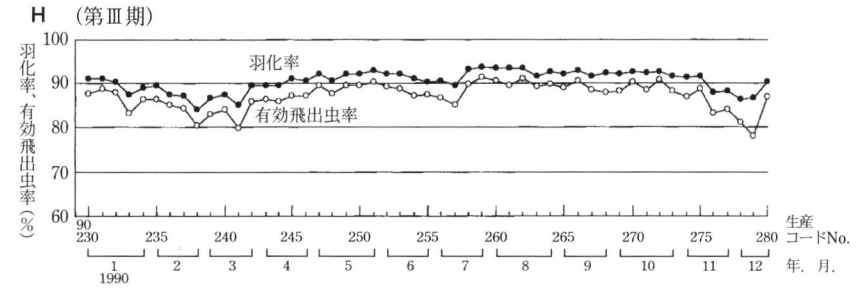

図3-35 続き

た．最初に，大型幼虫飼育ラインを使って，旧施設と同様の生産性が達成されるかどうかを確認するため，機器の性能と，虫質に及ぼす機械によるハンドリングの影響を調査した．また，以下のような新施設にあった作業工程などの再検討も実施された．

(1) 大量の卵を幼虫培地上に均一に接種するため，容量50lの大型タンクに卵とトマトジュースの混合液を入れ，ファンで撹拌しながら5連の自動分注器で帯状に接種する．この場合，ファンの撹拌による卵への影響はないが，幼虫培地上に卵をうまく拡散させるためには分注器のノズルを改善する必要がある．

(2) 老熟幼虫は蛹化のため最高3.5mの高さから床面に落下する．この落下による障害は床面に5cmの水を張ることで回避できた．幼虫飼育の最終日には，飼育室の温度を20℃に下げるとともに，幼虫培地に散水し，幼虫の跳び出しを刺激する．この散水をバルブ操作で自動的に行うが，飼育室が大きいため配管内の水圧が不均一になり，改善を要する．また，幼虫飼育工程の各段階で幼虫をサンプリングし，羽化率に及ぼす影響を調査したが，悪影響は見られなかった．

(3) 成虫の週齢別産卵量と採卵器の効率的使用本数を調査し，羽化後2〜6週目採卵，採卵器は1室当たり最大8本使用に改め，より短期間に，かつ少ない採卵器で同じ採卵量を得た．

(4) この段階では，培地残存虫率（接種した卵に対して培地内に残っている幼虫の割合）が高く，蛹歩留まりはよくなく，変動が大きかった．仲盛ら(1978)は，幼虫発育に伴う代謝熱で培地温度が上昇し虫に悪影響を及ぼすため，飼育室温度を下げて培地温度の過熱を防いだ．ところが，新施設での飼育では培地温度の上昇が見られなかったため27℃の定温で飼育した．培地温度が上昇しないのは，幼虫飼育室（約幅3.5×奥行20×高さ5.5m）の空調能力が飼育室の容積，外気温度，最大飼育時の培地発熱などを計算して設置されているのに対して，実際に飼育されたのはその1/5以下であるためと考えられた．また，一定程度の培地温度上昇は幼虫発育促進のため，むしろ好影響を及ぼしているという可能性も考えられた．

(5) 一方，効率的な蛹化容器の探索と行った結果，市販の桃用輸送箱（60

な歩留まりや羽化率の低下が見られるが，全体としては目標値に近い値で推移してきた．沖縄群島のウリミバエ根絶が達成された第Ⅲ期（生産コードNo. 86058～90280），222週の総蛹生産量は45,767,626万匹であり，週平均206,160万匹となった．

ちなみに，新増殖施設で生産された蛹が防除に使われた1983年6月から沖縄県全域からウリミバエ根絶が達成された1993年10月までの約11年4ヵ月の間の総蛹生産量は76,369,403万匹で，そのうち，根絶防除と根絶して地域に再侵入を防ぐための再侵入防止防除のために，実際に不妊虫として放飼された蛹数は67,630,221万匹であった．

3-5　ウリミバエ根絶後の大量飼育における問題点

1993年11月，八重山群島でのウリミバエ根絶を最後に沖縄県全域からのウリミバエ根絶が達成されたが，その後も，発生地域からのウリミバエ再侵入を防止するために不妊虫放飼が継続されている．図3-36は大量増殖施設におけるウリミバエ蛹の週当たり生産量の推移を示している．根絶後の蛹生産は

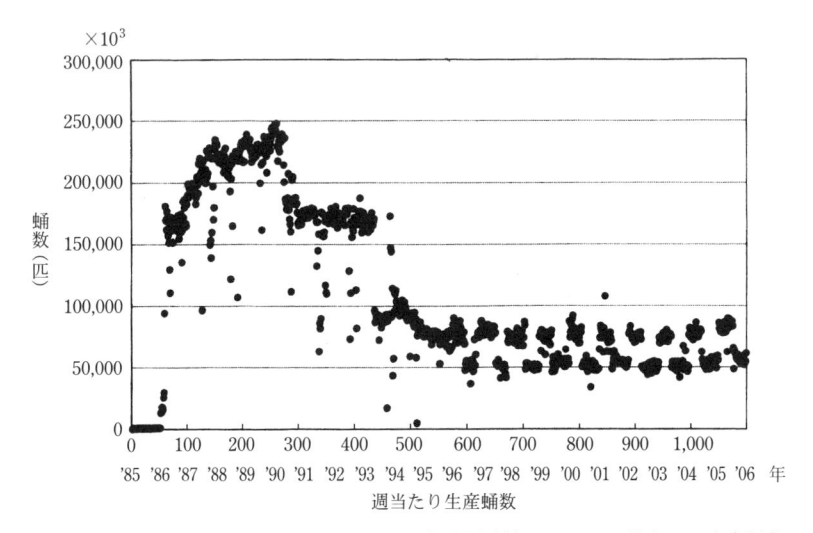

図3-36　1985年から2006年までのウリミバエ大量増殖施設における週当たり生産蛹数の推移．

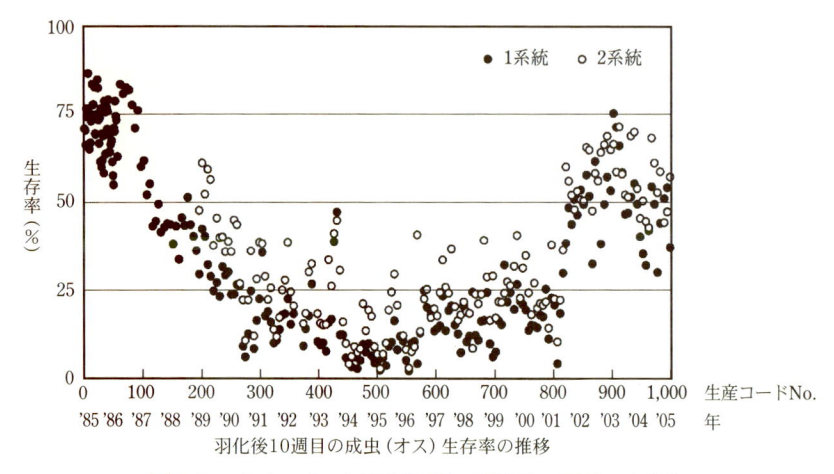

図3-37 ウリミバエ大量増殖系統の羽化後10週目の生存率.

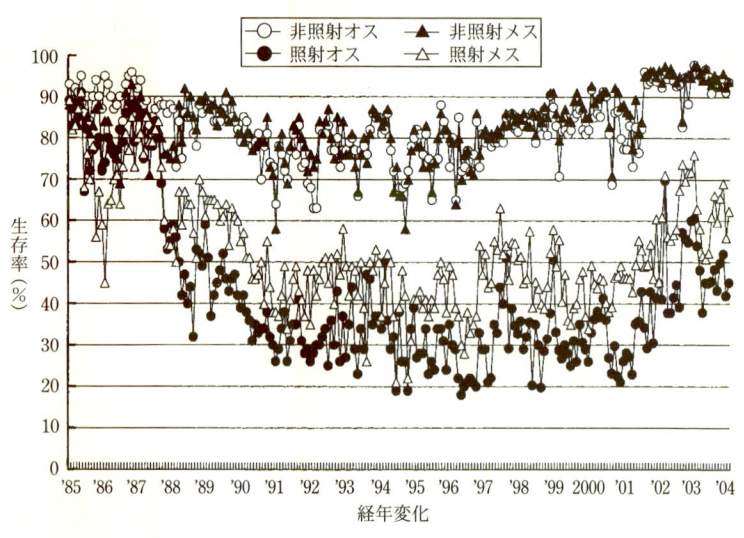

図3-38 ウリミバエ不妊虫の羽化後6週目の生存率.

大きく減少し，不妊虫を放飼する地域も重点化されてきた．

　その過程で，我々の予想とはまったく異なるデータが示されているのである．当初の予想では，大量増殖されたウリミバエは早熟，多産，短命化がすすみ，最終的には大量増殖系統の更新しか解決策はない，と思われていた．大量増殖系統の世代数は，2005年段階で200世代に達しようとしている．ところが，2001年ころから大量増殖系統の羽化後10週目の生存率が伸びている（図3-37）．また，不妊化された後の6週目の生存率も同じように伸びているのである（図3-38）．

　これらの現象は何を意味しているのであろうか？　大量増殖施設における飼育環境の変化は？　などなど，原点に戻って調査すべきであろう．

　飼育環境を点検すると，2001年9月に蛹生産規模の減少に伴ってこれまで2室で行ってきた採卵用成虫の飼育を1室にまとめて行うようにした．その結果，成虫飼育室が手狭になり，採卵用成虫の寿命モニタリング調査を成虫飼育室から野外系統導入室に移動した（図3-16参照）．この飼育環境の変化が10週目の成虫生存率を高めたのか？　この調査室移動は，真に採卵用成虫の寿命を反映しているのか？　などの疑問を生じさせる．しかし，従来と同一環境で調査している不妊虫の生存率が向上しているのはなぜか？

　この問題解決は大量増殖を実施している研究者にとって今後の研究課題として残っていることになる．この現象は沖縄のように野外虫の導入から200世代に至るまでの飼育虫の虫質モニタリングを一貫して実施してきたために顕在化してきたもので，長い歴史をもつチチュウカイミバエなどの飼育で，このような現象がデータとして出てきていないことは残念である．

引用文献

新井哲夫 (1976) ミンコミバエ幼虫のとび出し行動の日周性に対する光と温度の影響．日本応用動物昆虫学会誌 **20**: 9-14.

Arakaki, N., H. Kuba & H. Soemori (1984) The effect of water storage temperature on the hatching rate of melon fly, *Dacus cucurbitae* Coquillett, eggs. *Bulletin of Okinawa Agricultural Experiment Station* **9**: 112-118.

東清二・多良間恵栄 (1965) ウリミバエ *Dacus cucurbitae* Coquillettに関する研究 (第二報) 人工大量飼育法について．沖縄農業 **4**: 36-40.

Back, E. A. & C. Pemberton (1917) *The Melon Fly in Hawaii*. U.S. Dept. Agr. Bull. No.491.

Baumhover, A. H., A. J. Graham, B. A. Bitter, D. E. Hopkins, W. D. New, F. H. Dudly & R. C. Bushland (1955) Screwworm control through release of strilized flies. *Journal of Economic Entomology* **48**: 576-585.

Baumhover, A. H., C. N. Husman & A. J. Graham (1966) Screw-worms. *In*: Smith, C. N. (ed.) *Insect Colonization and Mass Production*. Academic Press, New York & London, pp. 533-554.

Boller, E. F. (1972) Behavioral aspects of mass-rearing of insects. *Entomophaga* **17**: 9-25.

Boller, E. F., B. I. Katsoyamos, V. Remund & D. L. Chambers (1981) Measuring monitering and improving the quality of mass-reared Mediterranean fruit flies, *Ceratitis capitata* (Wied). 1. The RAPID quality control system for early warning. *Zeitschrift für angewandte Entomologie* **92**: 67-83.

Bursell, E. (1964) Environmental aspects: Temperature. *In*: Rockstein, M. (ed.) *Physiology of Insecta*. Vol. I, Academic press, New York, pp. 283-321.

Bush, G. L., R. W. Neck & G. R. Kitto (1976) Screwworm eradication: Inadvertment selection for noncomprtitive ecotypes during mass rearing. *Science* **193**: 491-493.

Chambers, D. L. (1975) Quality in mass-produced insects: Definition and evaluation. *In*: *Controlling Fruit Flies by the Strile-insect Technique*. IAEA, Panel Proc. Seies, Vienna, pp. 19-32.

Chambers, D. L. (1977) Qualitu control in mass-rearing. *Annual Review of Entomology* **22**: 289-308.

Christenson, L. D., S. Maeda & J. R. Hollow (1956) Substotution of dehydrated for fresh carrots medium for rearing fruit flies. *Journal of Economic Entomology* **7**: 143-150.

Christenson, L. D. & R. H. Foote (1960) Biology of fruit flies. *Annual Review of Entomology* **5**: 171-192.

Colkins, C. O. (1989) Qualitu control. *In*: A. S. Robinson & G. Hooper (eds.) *Fruit Flies, Their Biology, Natural Enemies and Control*. Vol. 3B, Elsevier, Amsterdam, pp. 153-166.

Delanoue, P. & F. Soria (1958) Elevage d'insectes en laboratoriere; *Ceratitis capitata* Wied. Rapport sur les travaux de reserches effectues en 1957. *Acta Entomologica, Agricaltual, Sericultura et Botanica Agronomiqre, Tunisia* pp. 22.

Delcount, A. & E. Guyenot (1910) De la posibilite d'etudier certains Dipteres en milieu defini (*Drosophila*). *Compte Renclus Academia Sciencia Paris, T.* **151**: 255-257.

Finney, G. L. (1956) A fortified carrot medium for massculture of the oriental fruit fly and certain other Tephritids. *Journal of Economic Entomology* **49**: 134.

Fluke, C. L. & T. C. Allen (1931) The role of yeast in life history studies of the apple maggot, *Rhagoletis pomonella*. *Journal of Economic Entomology* **24**: 77-80.

藤田和幸・志賀正和・河野伸二 (1986) 野外におけるウリミバエ大量増殖・不妊虫の性的競争力の推定. 第30回日本応用動物昆虫学会大会 (北海道) 講演要旨.

深井勝海 (1938) 台湾産瓜実蝿の内地に於ける生活力に関する研究. 農林省農務局農事改良資料第134号.

Hagen, K. S. (1953) Influence of adult nutrition upon the reproduction of three fruit fly species. *In*: *Special report on control of oriental fruit fly (Dacus dorsalis) in Hawaiian Islands*. 3rd. Senete of the State of California, pp. 72-76.

Hagen, K. S. & G. L. Finney (1950) A food supplement for effectivily increasing the fecundity of certain tephritid species. *Journal of Economic Entomology* **43**: 735.

Hooper, G. H. S. (1970) Sterilization of the Mediterranean fruit fly: A review of laboratory data. *In*: *Sterile-male Tecnique for Control of Fruit Flies*. IAEA, vienna, pp. 3-12.

Huettel, M. D. (1976) Monitoring the quality of laboratory reared insect: A biological and behavioral perspective. *Environmental Entomology* **5**: 807-814.

Ichinohe, F. & K. Nohara (1976) Laval diets for production of melon fly in Okinawa. *Research Bulletin of Plant Protection, Japan* **13**: 1-3.

Itô, Y. (1977) A model of sterile insect release for eradication of the melon fly, *Dacus cucurbitae* Coquillet. *Applied Entomology and Zoology* **12**: 303-312.

伊藤嘉昭・岩橋統・垣花廣幸・杉本渥 (1976) 日本におけるミバエ問題 (I)—不妊オス放飼による根絶事業を中心に—. 科学 **46**: 348-356.

伊藤嘉昭・垣花廣幸・与儀善雄 (1978) ラセンウジバエとチチュウカイミバエの大量増殖施設. 沖縄県におけるウリミバエ撲滅実験事業報告第4号. 沖縄県農林水産部特殊害虫対策本部. pp. 49-61.

Iwahashi, O. (1977) Eradication of the melon fly, *Dacus cucurbitae*, from Kume Is., Okinawa with the sterile insect release method. *Researches on Population Ecology* **19**: 87-98.

岩橋統 (1979) 不妊虫放飼法によるウリミバエ *Dacus cucurbitae* Coquillett, の根絶に関する生態学的研究. 沖縄県農業試験場特別研究報告 **1**: 1-72.

Iwahashi, O., Y. Itô, H. Zukeyama & Y. Yogi (1976) A progress report on the sterile insect releases of the melon fly, *Dacus cucurbitae* Coquillett (Diptera: Tephritidae) on Kume Is., Okinawa. *Applied Entomology and Zoology* **11**: 182-192.

Iwahashi, O., Y. Itô & M. Shiyomi (1983) A field evaluation of the sexual competitiveness of sterile melon flies, *Dacus (Zeugodacus) cucurbitae*. *Ecological Entomology* **8**: 43-48.

垣花廣幸 (1978) ラセンウジバエ大量生産工場の現状. 植物防疫 **32**: 375-378.

Kakinohana, H. (1980) Qualitative change in the mass reared melon fly, *Dacus cucurbitae* Coq. *Proceeding of a Symposium on Fruit Fly Problems. Kyoto and Naha*. National Institute of Agricultural Science. Yatabe, Ibaraki, pp. 27-36

Kakinohana, H. (1982) A plan to construct the new mass production facility for the melon fly, *Dacus cucurbitae* Coquillett, in Okinawa, Japan. *In*: *Sterile Insect Technique and Radiation in Insect Control*. IAEA, Vienna, pp. 477-482.

垣花廣幸 (1990) ウリミバエ大量増殖と不妊化防除技術. 蚕糸昆虫農業技術研究所研究資料 **5**: 27-35.

垣花廣幸・添盛浩・仲盛広明 (1975) ウリミバエの大量飼育法確立試験Ⅱ. 沖縄農業 **13**: 33-37.

Kakinohana, H. & M. Yamagishi (1991) The mass production of the melon fly-Technique and problems. *In*: Kawasaki, K., O. Iwahashi & K. Y. Kaneshiro (eds.) *Proc. Intern. Symp. on the Biology and Control of Fruit Flies.* FFTC・Univ. of the Ryukyus・Okinawa Pref. Govern., held at Ginowan, Okinawa, Japan, pp. 1-10.

垣花廣幸・山岸正明・村上昭人 (1989) ウリミバエの大量増殖—週2億頭生産の達成—. 植物防疫 **43**: 20-24.

Kakinohana, H., H. Kuba, M. Yamagishi, T. Kohama, K. Kinjyo, A. Tanahara, Y. Sokei & S. Kirihara (1993) The eradication of the melon fly from the Okinawa Islands, Japan. II. Current control program. *In*: Aluja, M. & P. Lied (eds.) *Fruit Flies: Biology and Management.* Springer Verlag, New York, pp. 465-469.

Keck, C. B. (1951) Effect of temperature on development and activity of the melon fly. *Journal of Economic Entomology* **44**: 1001-1002.

Knipling, E. F. (1955) Possibilities of insect control or eradication through the use of sexual sterile males. *Journal of Economic Entomology* **48**: 459-462.

Knipling, E. F. (1966) Introduction. *In*: Smith, C. N. (ed.) *Insect Colonization and Mass Production.* Academic Press, New York and London, pp. 2-12.

小泉清明 (1931) 果実蠅の生育に及ぼす低温の及ぼす影響に関する研究, 第一報. 台湾総督府中央研究所農業部彙報, 第85号1-68.

小泉清明 (1932) 果実蠅の生育に及ぼす低温の及ぼす影響に関する研究, 第二報. 瓜実蠅の蛹及幼虫に対する氷点下低温の致死作用. 熱帯農学会誌 **4**(3): 322-359.

小泉清明 (1933a) 果実蠅の生育に及ぼす低温の及ぼす影響に関する研究, 第三報. 瓜実蠅の蛹, 卵及幼虫の発育速度, 発育限界温度及発育好適温度に就いて. 熱帯農学会誌 **5**(2): 131-154.

小泉清明 (1933b) 果実蠅の生育に及ぼす低温の及ぼす影響に関する研究, 第四報. 種々の発育時期に於ける瓜実蠅卵, 幼虫及蛹に対する低温の致死作用. 熱帯農学会誌 **5**(3): 317-331.

小泉清明 (1934) 果実蠅の生育に及ぼす低温の影響に関する研究, 第五報. 変動性低温の瓜実蠅蛹及幼虫の羽化に及ぼす影響. 熱帯農学会誌 **6**(3): 495-505.

小泉清明・柴田喜久雄 (1935) 果実蠅生態雑記 (I). 瓜実蠅に就いて. 熱帯農学会誌 **7**(3): 245-254.

是石肇 (1937) 台湾産瓜実蠅の外部形態並に経過習性に就いて. 植物検査所検査報告, 第二号, 台湾総督府植物検査所, pp. 1-74.

小山重郎・諸見里安勝 (1981) メキシコのラセンウジバエ及びチチュウカイミバエ根絶事業視察報告, 昭和55年度沖縄県特殊病害虫防除事業報告, 第六号・補遺, 沖縄県農林水産部特殊病害虫対策本部, pp. 39-65.

Mackauer, M. (1972) Genetic aspect of insect production. *Entomophaga* **17**: 27-48.

Maeda, S., K. S. Hagen & G. L. Finney (1953) Artificial media and the control of micro organisms in the culture of thphritid larvae (Diptera; Tephritidae). *Proceedings of Hawaiian Entomological Society* **15**: 177-185.

前田朝達・桐野嵩・垣花廣幸・永吉正昭 (1988) 宮古群島・奄美大島におけるウリミバエの根絶の経過と駆除確認調査. 植物防疫 **42**: 155-158.

牧茂市郎 (1921) 蜜柑小実蠅ニ関スル調査, 台湾総督府殖産局出版第262号.

Marlowe, R. H. (1934) An artficial food medium for the Mediterranean fruit fly (*Ceratitis capitata*). *Journal of Economic Entomology* **27**: 1100.

Marucci, D. E. & D. W. Clancy (1950) The artificial culture of fruit flies and their parasites. *Proceedings of Hawaiian Entomological Society* **14**: 163-166.

Mitchell, S., N. Tanaka & L. Steiner (1965) *Methods of Mass Culturing Melon Flies and Oriental and Mediterranean Fruit Flies.* USDA, ARS, pp. 33-104.

Miyatake, T. & M. Yamagishi (1993) Active quality control in mass reared melon flies: Quantitative genetic aspect. *In*: *Management of Insect Pest: Nuclear and Related Molecular and Genetic Techniques.* IAEA, Vienna, pp. 201-213.

Monro, J. (1968) Improvements in mass rearing the Mediterranean fruit fly, *Ceratitis capitata* WIED. *In*: *Radiation, Radioisotopes and Rearing Method in the Control of Insect Pest.* IAEA, Vienna, pp. 91-104.

Mourikis, P. A. (1965) Data concerning the development of the immature stages of the Mediterranean fruit fly, *Ceratitis capitata* Wiedemann (Diptera: Trypetidae), on different host-fruit and on artificial media under laboratory conditions. *Annals of Institute of Phytopathology, Benaki* **7**: 59-105.

Nadel, D. J. (1970) Current mass-rearing techniques for the Mediterranean fruit fly. *In*: *Sterile Male Technique for Control of Fruit Flies.* IAEA, Vienna, pp. 13-18.

Nadel, D. J. & B. A. Peleg (1968) Massrearing technique for the Mediterranean fruit fly in Israel. *In*: *Radiation, Radioisotopes and Rearing Method in the Control of Insect Pests.* IAEA, Vienna, pp. 87-90.

長嶺和亘・与儀善雄 (1970) ミカンコミバエ大量飼育法. 沖縄農業 **9**: 31-37.

仲盛広明 (1974) ミカンコミバエ *Dacus dorsalis* Hendelの増殖に対する生息密度効果, 幼虫の食物量を制限した場合. 沖縄農業 **12**(1-2): 9-15.

仲盛広明 (1979) 大量増殖虫の品質管理法 (quality control) ―不妊虫放飼法への利用を中心に―. 植物防疫 **33**: 264-268.

仲盛広明 (1988) ウリミバエの大量増殖における性的競争力に関する行動学的・生態学的研究. 沖縄県農業試験場特別研究報告 第2号, pp. 1-64.

仲盛広明・垣花廣幸・添盛浩 (1975) ウリミバエ大量飼育法確立試験Ⅰ, 幼虫及び成虫の飼育密度. 沖縄農業 **13**: 27-32.

仲盛広明・垣花廣幸・添盛浩 (1976) ウリミバエの大量飼育法確立試験Ⅲ, 大量採卵法. 沖縄農業 **14**: 1-5.

仲盛広明・垣花廣幸・添盛浩 (1978a) 種々の温度条件におけるウリミバエ蛹の発育日数と羽化日の調整法. 日本応用動物昆虫学会誌 **22**: 56-59.

仲盛広明・垣花廣幸・添盛浩 (1978b) ウリミバエ大量増殖における幼虫飼育温度の操作法. 日本応用動物昆虫学会誌 **22**: 115-117.

Nakamori, H. & H. Kakinohana (1980) Mass-production of the melon fly, *Dacus cucurbitae* Coquillett, in Okinawa, Japan. *Review of Plant Protection Research* **13**: 37-53.

仲盛広明・垣花廣幸 (1980) 昆虫の大量増殖と機械化の問題点. 植物防疫 **35**: 196-201.

Nakamori, H. & H. Soemori (1981) Comparison of dispersal ability and longevity between wild and mass-reared melon fly, *Dacus cucurbitae* Coquillett (Diptera:

Tephritidae), under the field conditions. *Applied Entomology and Zoology* **16**: 321-327.
名和梅吉 (1919) 瓜実蝿琉球に産す. 昆虫世界 **23**: 468.
沖縄県農林水産部 (1979) ウリミバエ根絶事業に関する資料. 1. 事業実施に関するメリット, 2. 野菜の生産見通し.
Ozaki, E. T. & R. M. Kobayashi (1981) Effect on pupal handling during laboratory rearing on adult eclosion and flight capability in three tephritis species. *Journal of Economic Entomology* **74**: 520-525.
Ozaki, E. T. & R. M. Kobayashi (1982) Effect of duration and intensity of sifting pupae of various ages on adult eclosion and flight capability of the Mediterra nean fruit fly (Diptera: Tephritidae). *Journal of Economic Entomology* **75**: 773-776.
Peleg, B. A. & R. H. Rhode (1967) New methods in mass rearing of the Mediterranean fruit fly in Costa Rica. *Journal of Economic Entomology* **60**: 1460-1461.
Peleg, B. A., R. H. Rhode & W. Calderon (1968) Mass rearing of the Mediterranean fruit fly in Costa Rica. *In: Radiation Radioisotopes and Rearing Method in the Control of Insect Pests.* IAEA, Vienna, pp. 107-110.
澤木雅之・垣花廣幸 (1991) 沖縄群島におけるウリミバエの根絶―根絶防除と駆除確認調査を中心にして―. 植物防疫 **45**: 55-58.
Schroeder, W. J., R. Y. Miyabara & D. L. Chambers (1972) Protein products for rearing three species of larval Tephritidae. *Journal of Economic Entomology* **65**: 969-972.
Schultz, J., P. S. Lawrence & D. Ewmeyer (1946) A chemically defined medium for the growth of *Drosophila melanogaster*. *Anatomical Record* **96**: 540.
柴田喜久雄 (1936a) 果実蝿生態雑記 (Ⅲ), 蜜柑小実蝿の卵の発育速度と発育限界温度に就いて. 熱帯農学会誌 **8(1)**: 95-101.
柴田喜久雄 (1936b) 果実蝿生態雑記 (Ⅳ), 瓜実蝿の卵の発育速度と発育限界温度に就いて. 熱帯農学会誌 **8(4)**: 373-380.
志賀正和・金城常雄・瑞慶山浩 (1983) メキシコにおけるチチュウカイミバエおよびラセンウジバエ根絶計画, ならびに, ハワイにおけるミバエ類研究状況調査報告. 昭和58年度沖縄県特殊病害虫防除事業報告第9号, 沖縄県農林水産部特殊病害虫対策本部, pp. 190-200.
Singh, P. (1977) *Artificial Diets for Insect, Mites and Spiders*. IFI/Plenum New York.
Singh, P. & R. F. Moore (1985a) *Handbook of Insect Rearing*. Vol. 1, Elsevier, Amsterdam.
Singh, P. & R. F. Moore (1985b) *Handbook of Insect Rearing*. Vol. 2, Elsevier, Amsterdam.
添盛浩 (1980) ウリミバエ, *Dacus cucurbitae* Coquillett, の野生虫と大量増殖虫における交尾の比較. 沖縄県農業試験場研究報告 **5**: 69-71.
添盛浩・塚口茂彦・仲盛広明 (1980) ウリミバエの大量累代増殖系統と野生系統の交尾能力および交尾競争力. 日本応用動物昆虫学会誌 **24**: 246-250.
添盛浩・仲盛広明 (1981) ウリミバエの大量増殖における新系統育成とその増殖特性. 日本応用動物昆虫学会誌 **25**: 229-235.
Steiner, L. F., W. C. Mitchell & A. H. Baumhaver (1962) Progress of fruit-fly control

by irradiation sterilization in Hawaii and Marianas Islands. *International Journal of Applied Radiation, Sterilization and Isotopes* **13**: 427-434.
Steiner, L. F., E. J. Harris, W. C. Mitchell, M .S. Fujimoto & L. D. Christenson (1965) Melon fly eradication by overflooding with sterilr flies. *Journal of Economic Entomology* **58**: 519-522.
Steiner, L. F. & W. C. Mitchell (1966) Tephritid fruit flies. *In*: C. N. Smith (ed.) *Insect Colonization and Mass Production*, Academic Press, New York, pp. 555-583.
Suzuki, Y. & J. Koyama (1980) Temporal aspects of mating behavior of the melon fly, *Dacus cucurbitae* Coquillett (Diptera: Tephritidae): A comparison between aboratory and wild strains. *Applied Entomology and Zoology* **15**: 215-224.
杉本渥 (1978a) ウリミバエの大量採卵法の検討. 日本応用動物昆虫学会誌 **22**: 60-67.
杉本渥 (1978b) ウリミバエ幼虫の大量飼育法の検討. 日本応用動物昆虫学会誌 **22**: 219-227.
杉本渥・垣花廣幸・仲盛広明・添盛浩 (1978) ウリミバエの大量飼育における卵の自動分注接種法. 日本応用動物昆虫学会誌 **22**: 204-205.
玉城盛徳・垣花廣幸 (1983) メキシコのチチュウカイミバエ根絶事業調査報告. 昭和57年度沖縄県特殊病害虫防除事業報告第8号, 沖縄県農林水産部特殊病害虫対策本部, pp. 206-213.
田口俊郎 (1966) ミカンコミバエ *Dacus dorsalis* Hendel 成虫の寿命と産卵におよぼす数種の飼料の影響. 植物防疫所調査研究報告 **4**: 16-19.
田口俊郎・川崎倫一 (1966) ミンコミバエ, *Dacus dorsalis* Hendel, の人工採卵に関する2,3の知見. 植物防疫所調査研究報告 **3**: 49-51.
Taguchi, T (1963) Evaluation of the dosage of various ingredients and the possible substitutes for carrot in the carrot-yeast medium in the larval culture of the oriental fruit fly, *Dacus dorsalis* Hendel. *Research Bulletin of Plant Protection Service in Japan* **38**: 17-27.
Tanaka, N. (1965) Artificial egging receptacles for the three species of tephritid fruit flies. *Journal of Economic Entomology* **58**: 178.
Tanaka, N., L. F. Steiner & K. Ohinata (1969) Low-cost larval rearing medium for mass production of oriental and Mediterranean fruit flies. *Journal of Economic Entomology* **62**: 967-968.
Tanaka, N., R. Okamoto & D. L. Chambers (1970) Methods of mass rearing the Mediterranean fruit fly currently used by the USDA. *In: Sterile Male Technique for Control of Fruit Flies*. IAEA, Vienna, pp. 19-23.
Tanaka, N., R. H. Hart, R. Y. Okamoto & L. F. Steiner (1972) Control of the excessive metabolic heat produced in diet by a high density of larvae of the Mediterranean fruit fly. *Journal of Economic Entomology* **65**: 866-867.
Teruya, T., H. Zukeyama & Y. Itô (1975) Sterilization of the melon fly, *Dacus cucurbitae* Coquillett, with gamma radiation; Effect on rate of emergence, lomgevity and fertility. *Applied Entomology and Zoology* **10**: 298-301.
照屋匡・西村真 (1986) 大量増殖されたウリミバエ, *Dacus cucurbitae* Coquillett (Diptera: Tephritidae), の羽化直後の給餌条件と飛翔力および寿命への影響.

沖縄県農業試験場研究報告 **11**: 67-72.

Tsiropoulos, J. G. (1992) Feeding and dietary requirements of the tephritid fruit flies. *In*: T. C. Anderson & N. C. Leppla (eds.) *Advances in Insect Rearing for Research & Pest Management*. Westvew Press, Oxford, pp. 93-118.

Watanabe, N. & T. Kato (1971) Substitution of cornflour for carrot in medium for larval culture of oriental fruit fly. *Research Bulletin of Plant Protection Service in Japan* **9**: 1-5.

Watanabe, N., F. Ichinohe & M. Sonda (1973) Improvement of corn-flour medium for larval culture of oriental fruit fly. *Research Bulletin of Plant Protection Service in Japan* **11**: 57-58.

Yasuno, M., W. W. MacDonald, C. F. Curtis, K. K. Grover, P. K. Rajagopalan, L. S. Sharma, V. P. Sharma, D. Singh, K. R. P. Singh, H. V. Agarwal, S. J. Kazmi, P. K. B. Menon, R. Menon, R. K. Razdan, D. Samuel & V. Vaidyanathan (1978) A control experiment with chemosterilized male, Culex pipiens fatigans Wiet, in village near Delhi surrounded by breedingfree zoon. *Japanese Journal of Sanitary Zoology* **29** (4): 325-343.

湯嶋健 (1962) 昆虫の人工食餌による飼育の現状と将来 (1). 農業技術 **14**: 25-27.

湯嶋健・釜野静也・玉木佳男編 (1991)『昆虫の飼育法』日本植物防疫協会.

第4章
精子競争と雌による隠れた選択
― ウリミバエ根絶の背後で進んだ性行動研究と今後の課題 ―

(伊藤嘉昭)

4-1　雌による隠れた選択

　近ごろ，進化生態学，行動生態学の領域で，また数少ないが自分の学問体系に生物進化論を取り込もうとしている（人間）心理学者の間で，とてもよく読まれ，引用される2冊の本がある．W. G. Eberhard の "Female Control: Sexual Selection by Cryptic Female Choice" (1996) と T. R. Birkhead の "Promiscuity: An Evolutionary History of Sperm Competition and Sexual Conflict" (2000) である．後者は早くも『乱交の生物学―精子競争と性的葛藤の進化史』と題する邦訳も出た（これはこの新しい問題をできるだけ広く知らせようとして鳥の行動学者 Birkhead が書いた見事な文章の大変よい邦訳である）．前者のタイトルは訳すと『雌による制御―雌による隠れた選択による性淘汰』となろうか．

　Cryptic female choice についてまず説明しておこう．Darwin (1871) は，自分が『種の起源』(1859) で立てた進化の自然淘汰説では説明困難な，クジャクのオスの美しくて大きな尾（本当は「上尾筒」という）やカブトムシのオスの角（どちらも余分な餌の獲得を要し，捕食者に見つかりやすく，また逃げにくい）の進化も，交尾相手の獲得という「性を通じた進化」で説明できるとした．『人間の進化と性淘汰』(1871) で出された性淘汰説である．性淘汰は次の二つに分けられる．

　(1) 同性内性淘汰 (intrasexual selection)
　(2) 異性間性淘汰 (intersexual selecton, epigamic selection)

(Darwin自身は2分法を明記してないが，Pianka, 1983の整理によった．Krebs & Davies, 1987や，昆虫の精子競争のとてもよい総説であるSimmons, 2001も同様な分類をしている．)

(1) は交配相手（通常メス）をめぐる争いに勝つための（通常オスがもつ）角などの武器や身体の大型化を進化させた淘汰，(2) はその性質をもつことによって交尾相手（通常メス）に好まれる性質で，クジャクのオスの尾などがこれに当たるとされた．

このうち (1) は生物学者たちに早くから承認されたが，(2) は長いこと認められなかった．私は拙著『生態学と社会』(1994) のなかで，そのわけを「実験生物学の興隆のなかで擬人主義を排撃するよう訓練された生物学者たちは『下等な動物のメスが配偶者をその形質によって選択するなんてできるものか』と考えたのである」と書いた．しかし (2) が長いこと受け入れられなかったのには他の原因もあった．証明実験がとても難しいこと（後述）以外に，オスでなくメスが交尾相手を決めるという考え方自体が，男性中心価値観の卓越した世界で余計受け入れられなかったのである (Birkhead, 2000)．「メスこそが相手を選択しなければならない．それは子に対する投資量はメスのほうがオスよりはるかに大きいからだ」ということが理論的に示されるには90年を待たなければならなかった (Trivers, 1972；引用はBirkhead前掲訳書による)．

配偶者選択 (mate choice) というとき，普通は交尾前の行動（求愛行動への無反応，求愛オスからの逃亡，交尾の拒否など）を指す．しかし外見からはわからないが，メスは交尾中や交尾後も配偶者を選択できることが最近明らかになってきた．メスは気に入らないオスとの交尾を十分な精液注入以前に中断したり，別の気にいったオスと再交尾したり，さらには受精嚢に入っている2匹のオスの精子のうち片方ばかりを利用したり，精子競争に影響を与えたりできるのである．これが「雌による隠れた選択」である（この言葉はThornhill, 1983によって最初に使われたが，広く知らせたのは冒頭にあげたEberhard, 1996の本である）．

昆虫のよい例にTallamy et al. (2002) によるハムシの一種 *Diabrotica undecimpunctata howardi* の仕事がある．このハムシのオスは交尾連結中に触角で

メスの体をリズミカルにたたく．Tallamyらは交尾前後のオス，メスの体重を正確に測定し（交尾時間中の乾燥による体重減少も考慮した），両者の減少と増加からメス体内への精包（本種は精子を分泌液で包まれた塊としてメスに注入する．この塊が精包）の注入の有無を調べた．メスは触角たたきのリズムが早いオスだけから精包を受けとっていた．しかも精包を受けとらなかったメスは他のオスとの再交尾を受け入れたが，受けとったメスはこれを拒否した．メスは触角たたきによって交尾中に精包移注を受け入れるかどうかを決めていることがわかったという．植物でも特定相手の花粉管の伸長阻止がある．Marshall (1998)はS対立遺伝子の異なるハマダイコンの交配を通じて，花粉の種子への到達率（父性獲得率）を調べた．異なる対立遺伝子をもつ花粉を混合して，いろいろな花柱に付けたところ，一つの系統の花粉が常に高い受精率を示した．それ以前にSnow & Spira (1991, 1996)はフヨウに近い植物 *Hibiscus moscheutos* で花柱内での花粉管の伸長が花粉生産者（オス親）により違う（おそらくメスの伸長抑制による）ことを示しているが，ハマダイコンの結果もこれによるのだろうという（Alcock, 2001, 訳書のp.178に紹介されている）．

　雌による隠れた選択の発見は，性淘汰に関するオス中心の見方を一変させた．例えば精子競争の研究はそれまでオスがいかにして自らの遺伝子を残すかという側面にだけかかわっていて，メスの関与はわずかか，まったくないというのが，精子競争の短い歴史のほとんどを通じた基本的な仮説だった．Birkhead (2000)によれば，この仮説は，「奔放なオスと従順なメスという，ベイトマンが初期に行ったミバエ［正しくはショウジョウバエ］の研究についてのトリバースの解釈から生じたものだ」（前掲書p.280）．この見方から「性淘汰に関心のあったフェミニストたちはわめきちらし，男性中心の偏りがあることに欲求不満を覚えて歯ぎしりした」という（p.280）．だが隠れた雌の選択の研究から「メスは複数のオスと交尾をすることから実際に何かを得ていることが強く示唆され」，もしそういうメスが「そうでないメスより多くの子供を残すのなら，メスにかかる性淘汰は，これまで考えられてきたよりもずっと重要に違いないということが推察できる」（同上p.284）．これによりメスも積極的に相手を選んでいることが明らかとなり，オス中心の観点が是正さ

れたのである．

4-2　オスの美しさの説明仮説と精子競争

異性間性淘汰と関連して，1980年代までには，オスがなぜ美しい色彩，大きな尾や，目立つ求愛動作などの特性を示すかを説明する学説はすべて，オスの特性とメスが配偶者選択でそれを選ぶ性質とが同時に進化したと見ていた．

私の古いテキスト（伊藤, 1993）にはこの段階のもの（ランナウェイ説，ハンディキャップ説，良質遺伝子説）しか紹介していない．しかしその後，メスは配偶者選択以外の原因によって美しい色彩や特別な動作を好む性質を先に進化させており，オスのこういう特性はそれに適応するよう後から進化したという，「感覚便乗モデル」(sensory exploitation model) や，メスにとって交尾はコスト（捕食の危険の増加やオスが精液とともに注入する物質による生存率低下）であるため，オスの求愛特性への弱い反応が進化し（求愛特性抵抗性），オスはこれに対抗するため一層強力な求愛特性を進化させたという「雌雄対抗モデル」（私の訳，原文は chase-away model）が登場した．

ソードテールと呼ばれる中南米の淡水魚はオスが尾びれの先に長い剣状の「ソード」をつけており，メスはこれの長いオスを選ぶことが知られていたが，オスがソードを持たない原始的な種（DNA法などでソードは後に進化したことがわかっている）のメスもソードを持つ別種のオスや人為的にソードを付けた同種のオスとよく交尾するという．オスのソードの進化がメスのソード好みの進化より後なのである（感覚便乗；Ryan & Wagner, 1987）．またオスがソードを持たずメスよりずっと小型であるピグミーソードテール（*Xyphophorus pygmaeus*）のメスは大型のオス個体を好むが，河系によりオスのサイズは異なり，大きいオスのすむ川のメスは小型オスのすむ川のメスより大型オス選好性が弱いという（雌雄対抗；Morris, Wagner & Ryan, 1996）．しかしこれら新学説を支持する証拠はわずかの種で出されているだけで，多くの生物のオス形質の進化にかかわっているかどうかは不明である．ただこれらもオス中心の観点からの脱却とはいえるであろう（これら二説については Holland & Rice, 1998 の総説と嶋田ら, 2005『動物生態学　新版』の第16章

を参照されたい．また前記テキストの『新版』—伊藤, 2006 にはこれらも記した）．新しい説と以前からの説との関係については後述する．

　性淘汰に働くもう一つの機構は精子競争である．メスの体内に複数のオスの精子が入ったとき，オスにはどちらのオスの精子が受精にあずかるかという問題が生ずる．これをめぐって起こる他オスの精子の受精を防ぐオスの行動や精子間の競争を，精子競争という（メスによる精子の選択はすでに記した）．

　動物においてメスが複数のオスと交尾する率は，かつて考えられたよりはるかに高いことが明らかになりつつある．例えば，かつて鳥は90％くらいの種がメスが1匹のオスとしか交尾しない厳密な一夫一妻社会をもつと考えられていたが，今日では一夫一妻で巣を作る極めて多くの種で，メスがつがい相手以外のオスとも交尾していることが判明している（伊藤, 2006参照）．膣につらなる受精嚢という器官を持ち，その中に精子を蓄える節足動物などではメスの多数回交尾は普通で，何匹かのオスの精子が受精嚢内に共存することも少なくない．Birkhead (2000) が実に多くの例をあげて書いているように，精子競争は生物進化の極めて重要な側面なのである．

4-3　精子競争・配偶者選択にかかわる技術 —不妊虫放飼法—

4-3-1　不妊虫放飼法とは？

　私は1972年に不妊虫放飼法による沖縄県久米島のウリミバエ根絶事業に主任昆虫学者として参加して以来，この害虫防除技術に深くかかわってきた．ウリミバエは台湾から琉球列島に侵入した外来害虫であり，これがいる限りこれらの島は内地にこのハエの寄主であるニガウリ（ゴーヤ），冬季のカボチャ，マンゴーなどの熱帯果実を移出できなかったのである．久米島の成功(1978) により農林水産省は沖縄，鹿児島両県に150億円近くの補助金を出して那覇市と名瀬市に巨大な大量増殖・不妊化工場を建設させ，これを用いてウリミバエは1993年に琉球列島全体から根絶された（ニガウリが最近日本のどこでも売られるようになったのはこの害虫の根絶による．そしてこの成功は，全昆虫を通じて1963年のアメリカによるマリアナ諸島ロタ島のウリミバエ根絶成功以来，世界で30年ぶりといってよい成功であった——本書の第1

章および伊藤・垣花, 1998参照).

　不妊虫放飼法 (sterile insect release method あるいは sterile insect technique; 以下後者の略SITを用いる) というのは，週当たり数千万匹から数億匹もの害虫を大量増殖工場で生産し，できた虫に放射線を照射して「不妊化」し，これから羽化した虫を野外に放すという技術である．適当な時期に適当な線量の放射線 (ウリミバエでは羽化2日前の蛹に70 Gy [グレイ；吸収線量の国際単位] のガンマ線) を当てると，オスは持っている精子に優性致死突然変異が生ずる．このオスは飛ぶことも交尾することもでき，精子も生きていてメスの体内で着床卵に侵入し受精させることができるが，この精子（以下不妊精子）を受け入れた卵は卵割の途中で死んでしまう．そこでこういう「不妊オス」を野生オスの何倍も野外に放すと，野外のメスの大部分が不妊オスと交尾して，孵化しない卵しか産まないようになり，次世代数は減少する．それでも大量の放飼を続けると，正常オス数に対する不妊オス数の割合は加速度的に上昇し，すべての野生メスが孵化する卵を産めなくなり，害虫は根絶されるのである（ウリミバエでは上記の照射でメスはまったく産卵できなくなったので，不妊メスもいっしょに放飼した．しかしメスが完全に不妊化できなかったり，不妊メスも人間に害をする場合――例えばマラリアカのメスは産卵できなくなっても吸血し，マラリア病原体をうつす――には雌雄両方の放飼はできない．こういう害虫では雄性染色体に薬剤抵抗性遺伝子を組み込み，増殖容器に薬剤を入れてメスだけを殺し，オスだけを放飼する技術が開発されている．Franz, 2005を参照）．

4-3-2　不妊虫放飼法成功の条件

　SITによる害虫根絶の成功のためには，(1) 野生個体群を十分減らせるだけの数の不妊オスが放飼できること，および (2) 放した不妊オスの生存率，移動能力が高いだけでなく，強い性的競争力をもつことが必要である．

　(1) について，私は個体数増加のロジスチックモデルに不妊オス放飼の効果を入れた式を作り，これから必要放飼数を計算して，放飼開始の際，野生オス数の2倍以上の不妊オスを放飼し，野生オス数の減少後もこの数の放飼を続ければ根絶は可能だという結論を出した (Itô, 1977; 本書第2章)．そして

その数(久米島では週200万匹以上)の生産は実現した(沖縄の根絶事業においてはこの後も常にマーキングによる野生虫数の推定結果に基づいて必要放飼数を決定してきた).上記の「2倍以上」という数は,最低野生オスの10倍以上の放飼が必要だというこの技術の創始者Knipling (1955)の見解と比べても,トラップで捕らえた不妊オスが野生オス数の100倍以上に達しながら失敗した外国でのいくつかの例と比べても,とても少ないが,これが事実なのである(私の発表と同年,アメリカのマラリアカ対策グループが数学者も入れて研究した結果を発表したが倍率はまったく同じだった——Haile & Weidhaas, 1977).

(2)のうち不妊オスの生存と移動については,マークした不妊オスを放して野外の誘引トラップ(オスだけを誘引するキュールアという薬を入れたトラップ)で再捕獲することにより,どちらも野生オスとそう変わりないことがわかった.問題は性的競争力である.

SITの成功のためには放した不妊オスが野外で野生オスとそう変わらない能力で野生メスと交尾できること(交尾競争力, mating competitiveness),および野生メスが何回も交尾する種ではメス体内に注入された不妊精子が正常精子と争って受精に至ること(精子競争力, sperm competitiveness)が必要である.両方をあわせて性的競争力(sexual competitiveness)と呼ぶことにする.

Birkhead (2000)はメスが複数のオスと交尾する種ではSITが使えないように書いているが(訳書p.76),これは間違いである.不妊オスの性的競争力が野生オスと等しいなら,野外に野生オスの10倍の不妊オスがいるとき1回交尾なら野生メスは1/11, 9.1%の確率でしか正常オスと交尾できない.2回交尾でも各回この確率は変わらないから,82.6%のメスは2回とも不妊オスと交尾して孵化しない卵を産み,0.8%のメスが2回とも野生オスと交尾してその卵は孵化し,8.3%のメスが1回目不妊オス,2回目野生オスと交尾,または反対の順の交尾をして,これらからは産んだ卵の半分が孵化するだろう.これならSITの効果はほとんど変わらない.

4-3-3 大量増殖虫の交尾競争力(1)

野外に放した不妊オスの性的競争力に影響する要因は二つある.狭い空間,

超高密度,そして人口餌を用いた大量増殖の悪影響と,不妊化のための放射線照射の悪影響である.

放射線照射の悪影響は表現型にかかわるもので,増殖世代数とは関係ない.ウリミバエでは蛹への70Gyのガンマ線照射の条件では羽化率も90日後の成虫生存率も非照射虫とほとんど変わらなかった(照屋, 1994).

一方,大量増殖の悪影響には二つの側面がある.第一は表現型的効果である.これは餌や密度の悪影響がその世代に出るもので,この影響はわずかだった.第二は遺伝的効果である.大量増殖は野外からとってきた虫で始めるが,増殖中に野生虫のうちのある遺伝子型のものが人工条件に適合できず減ってしまうことがある.例えば産卵を誘発するのは自然では寄主果実の匂いだが,増殖室内で市販の缶入りトマトジュースを使ったところ100匹中数匹のメスしか産卵しなかった.缶入りトマトジュースの使用を何世代も続ければ大部分のメスが産卵するようになるが,このころには野外で寄主果実を探すのに適した遺伝的形質を失った個体群となっているだろう.そうならぬよう我々はずっとカボチャのしぼり汁を使ってきた.野外では不利で淘汰されてしまうような突然変異が施設内で広がることもあろう.また大量増殖用に野外と違う形質を選ぶこともある.我々は急速な大量増殖のために早く産卵する系統を選抜した(野外ではメスは羽化後4週目ころから産卵を始め数十週にわたって毎週2〜3mlの卵を産む.しかし我々は羽化した週から産卵を始め週当たり数10mlの卵を,ただし短期間産む系統を作った).これらによって大量増殖が続くうち,すなわち増殖世代数が増えると,増殖個体群と野生個体群の遺伝的な差が増大する(何千万匹もいる増殖個体群に野外から新しい遺伝子を加えることは困難である.特に絶滅が近づくと野生虫をとること自体困難となる.本書第3章を参照).

ところがSITの国際センターとなっている国際原子力機関(IAEA)昆虫部門の指導下で行われてきた外国での数十のSIT事業では,放射線照射の害の検出は常に行われてきたが大量増殖の害は重視されず,特に遺伝的影響がほとんど研究されてこなかった.外国での論文・報告書を見ると大量増殖・照射虫:大量増殖・非照射虫,または大量増殖・照射虫:野生虫の比較試験ばかりで,大量増殖の影響だけを検出できる大量増殖・非照射虫:野生虫の試

験がほとんどないのである．また外国での試験はほぼすべて室内実験で，野外での研究はゼロに近かった．Boake et al. (1996) は Annual Review of Entomology に書いた総説で，性フェロモン利用と不妊虫放飼による害虫防除の成功のためには性淘汰の研究が不可欠だと強調し，性的競争力の推定には室内の研究だけでなく野外の研究をしなければならないと述べているが，引用されているのは後述する Iwahashi et al. (1983) の仕事と，ハワイでなされたチチュウカイミバエの仕事 (Shelly et al., 1994) の二つにすぎない．後者は大量増殖してきた不妊虫を野外に放飼する前と放飼後の野生虫個体数の変化や樹上に作られた交尾集団 (lek, 後述) の数および集団中での放飼虫，野生虫の交尾率を調べたものだが，放飼虫は雌雄ともレックに参加しているにもかかわらず，放飼オスの野生メスとの交尾成功は極めて低かった（放飼虫どうしでの交尾率は高く，また放飼メスは野生オスともよく交尾していた）．これから著者らは長期間人工飼育の性的競争力への害を指摘したが，この論文でも（野外調査なのでやむをえないが）使ったのは増殖・照射虫で，長期増殖だけの調査ではないのである．

4-3-4　大量増殖虫の交尾競争力 (2)

沖縄のウリミバエ根絶事業で，我々はまず放した不妊オスの性的競争力を野外で測定しようと考えた．

飼育箱内での性的競争力指数 c の測定のために Haisch (1970) は次の式を提案した（国内外の論文で「Friedの式」と書いてあるのが多いが，彼の論文発表は1971年で，Haisch が先である．なお c には交尾成功率と不妊精子の卵への到達率の両方が含まれているので「性的競争力指数」と書いたが，ほぼ交尾競争力と考えてよいだろう）．

$$c = \frac{H_n - H_c}{H_c - H_s} \cdot \frac{N}{S}$$

ここで H_n は正常オスとだけ交尾した正常メスの産んだ卵の孵化率，H_s は不妊オスと交尾した正常メスの産んだ卵の孵化率（ウリミバエでは0），H_c は正常オスが N 匹，不妊オスが S 匹いる飼育箱内に入れた正常メスの産んだ卵の孵化率である．

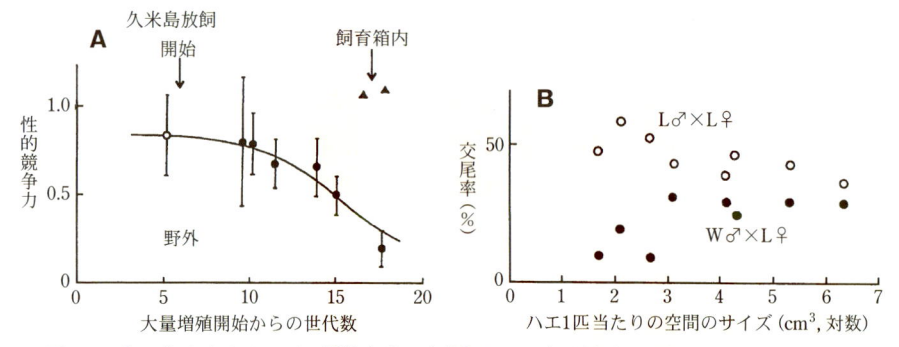

図4-1 A：久米島ウリミバエ根絶事業の際放飼された大量増殖・不妊オスの性的競争力. ○は久高島，●は久米島で得た値. ▲は飼育箱内で測定した競争力 (Iwahashi et al., 1983から改変). B：交配空間の大きさと野生虫 (W) および大量増殖虫 (L) の交尾率との関係 (添盛ら, 1980を改変).

我々は H_c をSIT実施地域で捕らえたメスの産んだ卵の孵化率, H_n を対象区 (別の島) で捕らえたメスの卵の孵化率, N/S を実施地域のトラップで捕らえた野生オスと不妊オスの比として, 野外における c を計算した (Iwahashi, 1977など. これは性的競争力の世界最初の野外測定である. このために我々は c の標準偏差を推定する式も考え, 発表している―Iwahashi et al., 1983).

最初に行われた久米島の事業中の c の変化を図4-1Aに示した. 横軸は大量増殖開始からの世代数となっているが, 久米島への放飼開始が大体6世代目, 根絶成功時の累積世代数が約18世代 (個体群は世代が重なっているので大体の値) であった. 図を見ると放飼開始直前の値は約0.8 (10匹の不妊オスの交尾能力が野生オス8匹分) だったが, 10世代をすぎるころから低下が始まり, 根絶寸前には約0.2となっている. 相当危ない状況で根絶を達成したことになる (他の島の根絶計画では数箇所からとった新しい野生虫を使って新系統を育成し, 事業中にも野生系統の導入を行った).

図4-1A右上の三角印を見てほしい. 野外の性的競争力が0.5以下になった時期にも, 放したと同じ増殖・照射虫を使って飼育箱内で行った試験の値はほぼ1だった. 室内の調査だけでは野外での放飼不妊オスの交尾能力を推定できないことの証明である.

添盛ら (1980) はこのことをはっきり示す実験を行った．図4-1Bは小さい飼育箱，大きい飼育箱，空室などいろいろな大きさの空間に継代増殖系統のオスや野生オスとメスとを放し，交尾成功率を調べた結果である（横軸の目盛1はオス1匹当たり$10\,cm^3$，目盛7は$10,000,000\,cm^3$［正立方体なら約$2\times 2\times 2\,m$］である）．これを見ると野生オスの交尾率は空間が小さいと低く，大きくなるにつれて上昇するが，大量増殖オスの交尾率は空間が小さいと野生オスよりずっと高く，空間が大きくなると低下する．もっと大きな空間では大量増殖オスの交尾成功率が野生オス以下になる可能性は大きい．大量増殖系統は高密度下の飼育が続く間に広い空間での交尾に必要な遺伝特性を失ったのだと思われる．この実験では増殖オスは不妊化していないので，結果は大量増殖だけの影響であり，継代増殖によるこうした交尾にかかわる性質の変化は，世界で初めて報告されたものである．

4-4　配偶者選択とその進化

図4-1A, Bに示した性的競争力の変化にはオス，メス両方がかかわっていよう．オスのメス探索能力，メスのそばで野生オスと遭遇したときの競争力（同性内性淘汰）などと，メスのオス選択（異性間性淘汰）である．

4-1節で異性間性淘汰はメスによる配偶者選択が思想的に疑問視され，また証明が困難なため長いこと認められなかったことを書いた．

配偶者選択を証明したと主張する論文は大戦直後にもあった．例えば木の幹上に集まって交尾するガの一種について観察時に交尾していたオスと交尾していなかったオスの大きさを比べたところ，前者のほうが大きかったので，メスは大きなオスを選択している，という報告がある (Mason, 1964)．しかしこれだけではメスが大型のオスを選んだのか，大型のオスが同性内性淘汰に強い（メスの周囲から小型オスを追い払う）ためか，また大型のオスは小型オスより幹上の歩行速度が速い（メスと遭遇する可能性が増す）ためかがわからない．

配偶者選択の明確な証明が発表されたのは『人間の由来と性淘汰』発表後110年を経た1982年のことだった．スウェーデンのAnderssonによるアフリカのサバンナにすむ鳥，コクホウジャクの研究である．本種のオスは黒い身

体に長い尾をもち，肩に赤白色の美しい紋がある．メスは褐色で尾が短い．オスはサバンナに縄ばりを作り，その中に数匹のメスを囲い込み，それらと交尾する．Anderssonはまず同数のメスを囲っていたオス多数を選び（これによりオスの同性内性淘汰への能力の差を除去した），それらをつかまえて一部は尾を切断して短くし，一部はこの切断した尾を他個体の尾の先に接着して尾を長くし，無処理のオスといっしょに放飼した（切断の影響を見るため切断してまた同じ個体に接着した個体もあるが，無処理と差がなかった）．この結果尾を長くしたオスの囲い込んだメスの数は短縮オス，無処理オスより有意に多かった．メスが長い尾のオスを選んでいることが証明されたのである．

　ウリミバエは昼間はニガウリ，カボチャなど寄主植物の畑などにいるが，夕方になるとオスは畑のそばの木に集まる (Iwahashi & Majima, 1986)．こういう交尾集団のことをレックといい，性淘汰上重要な役を果たす集団として理論家にも注目されている．前述のBoake et al. (1996) の総説でも，ミバエ類の多くはレックで交尾するので，この研究が特に重要だと述べている．さてウリミバエではレックのできた木の上でオスどうしはたたかい，多くの個体が大体葉1枚の縄ばりを作る．そこでオスは性フェロモンを放出する（多くの昆虫はメスが性フェロモンを放出してオスを呼ぶが，ミバエ類はオスが放出する）．誘引されたメスが近くにくるとオスは求愛行動をする．翅を震動させつつ脚で翅のうしろにある微毛と腹部にある一列の毛をこすって音（求愛歌）をたてる．しかしメスはこの求愛をなかなか受け入れない．求愛オスから飛び去り別のオスのところに行くことが多く，何匹目かにやっと交尾する．当時極めてわずかだった配偶者選択の証明である．

　野外のアミ室に木を植え，夕方ウリミバエを放すとオスは縄ばりを作り，フェロモンを放出する．Hibino & Iwahashi (1989) はアミ室内に大量増殖系統のオス（当時増殖開始から約20世代）および沖縄本島産の野生系統のオスとメスを放して交尾を観察した．ここでも不妊化は行わず，大量増殖の影響だけを調べている．図4-2Aはその結果の一部である．図の数字の上段は野生オスに対する沖縄本島野生メスの，下段は増殖オスに対する野生メスの行動を示す（図の下側の非求愛型交尾はいってみれば強姦で下の図では省略した．

4-4 配偶者選択とその進化

値は原著参照).野生虫どうしの場合を見ると,野生オスの求愛(翅振動)47回に対しメスは40回(85％)逃げている.残りの7回はマウントしたが,それでも4回はメスがオスをはねのけて逃げ,交尾できたのは3回(3/47＝6％)にすぎなかった.図に出してないもう一つの実験では37回の求愛中交尾成功は4回,10.8％だった.

図4-2A下段の数字を見よう.大量増殖オスでは62回の求愛中マウントが10回でこの率は野生オスと変わらないが,メスはすべて交尾を拒否している(0/10).別の実験でも同様(0/62)だった.メスは増殖オスの求愛を拒否するのだ.

実はこの実験のとき,沖縄本島は不妊虫放飼中で,その効果によって野生虫はわずかしかいなくなっていて,それを採集して1世代人工餌で増やしたものを「野生虫」としたのである.

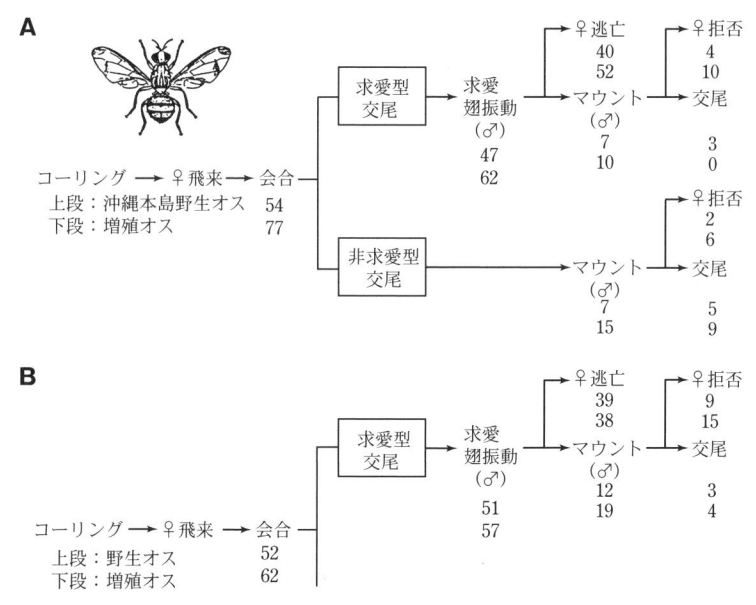

図4-2 ウリミバエの配偶行動.A:沖縄本島産のメスが沖縄本島産のオス(数字上段)または累代増殖オス(下段)と出会ったときの行動連鎖(Hibino & Iwahashi, 1989).B:石垣島産のメスが石垣島産のオスまたは増殖オスと出会った場合(Hibino & Iwahashi, 1991).

Hibino & Iwahashi (1991) は当時まだ不妊虫放飼をしていなかった石垣島の野生虫を使って同様の実験をした．その結果の一例が図4-2Bである．これを見ると野生オス対野生メスでは51回の求愛中1回がマウント，3回が交尾成功で成功率は6%，沖縄本島の野生オスとほぼ同じである．ところが石垣産野生メスは増殖オスの求愛も7% (4/57) 受け入れており，野生オスと差はない．

　この違いの原因は二つ考えられる．第一は石垣島と沖縄本島ではウリミバエの性質が違って，沖縄本島系統のメスは増殖オスの出す求愛音かフェロモンの匂いが嫌いだが，石垣島系統では野生オスの求愛行動も増殖オスのそれと似ていて区別をしないこと，第二は二つの島のウリミバエは本来同じだったのだが，沖縄本島の不妊オス放飼の過程でメス中に含まれていた「増殖オス型の求愛でも受け入れる遺伝子」をもつものが不妊オスとの交尾で子を残せなくて滅びてしまい，増殖オス嫌いの遺伝子型だけが残った，いうことである．

　どちらが本当かを決めるには，沖縄本島メスか石垣メスに沖縄本島野生オスと石垣野生オスとを与えて交尾の成功率を見ればよい．両者には有意差がなかった．これから Hibino & Iwahashi (1991) は第二の可能性，不妊虫放飼という人為淘汰によって配偶者選択が変化し，沖縄本島では求愛行動の広い範囲を受け入れるメスをもつ系統が滅びたためだと結論した．大量増殖・不妊オス嫌いのメスをもつ遺伝子型の優先，世界最初の配偶者選択の進化の発見である．「不妊虫抵抗性」ともいえよう．

　これへの対策は Tsubaki & Bunroongsook (1990) の研究で立てられた．彼らは前述した不妊虫放飼中の個体数変動のロジスチックモデル (Itô, 1977; 本書第2章の式(2-8)) に「増殖オス嫌い系統」と「区別なし系統」を導入した式を作り，根絶に必要な放飼オス数をシミュレーションした．その結果は，たとえ前者が出現しても，その影響は性的競争力の低下ほど大きくなく，これを考えずに推定した必要放飼数の2〜3倍の放飼をすれば根絶できるということであった（もちろん必要倍率は対象種の増殖速度および交尾選好の強さにより異なる．この値は当時のウリミバエの状況を入れた計算結果である）．意外に低い倍率で「増殖・不妊虫抵抗性」の拡散を抑えることができるので

4-5 ウリミバエの精子競争

　精子競争の実態を明らかにするには，あるメスと交尾した複数のオスがそれぞれどれだけの子を残せるかを知らなければならない．このためには違う色を発現する遺伝子をもつオスを使って，この色で親を判定したりする．しかし放射線不妊化ができる種ではこれを使うこともできる．1匹のメスを不妊オスと正常オスとに交尾させ，産んだ卵の孵化率が正常オスだけとの交尾の場合の半分になったら，不妊オスの精子も卵の半数に入っている——すなわち精子競争で野生オスと対等である——と判定できる．もしトンボやキボシカミキリに見られるようにあとから交尾したオスがすでに受精嚢中にある前夫の精子をかき出してから自分の精子を注入するなら（精子置換：伊藤, 1993, 2006; Birkhead, 2000参照），あとから交尾したのが野生オスなら孵化率は正常交尾の孵化率に近いが，それが不妊オスなら半分よりずっと低くなるだろう．

　父性判定への放射線不妊化の利用は世界最初に日本で行われた．Ômura (1938)のカイコの研究である(Birkhead, 2000は大村, 1939を引用しているが，これは放射線利用でなく，色・紋の違う突然変異体を用いた研究である)．放射線を当てたオスは交尾でき，精子も注入するが，この精子を受けとったメスの卵が孵化しないという事実もこの論文で初めて示された．しかしこの仕事は発表が早すぎ，学会に注目されなかった．新しい出発はSITと関連してなされた．1968年，当時ツェツェバエのSITプロジェクトにかかわっていたCurtisが正常オス，不妊オスの重複交尾から精子利用率を推定したのである．

　ウリミバエのメスも複数回交尾する (Itô, 1977のロジスティックモデルでは交尾回数の分布は平均交尾回数1.6のポアソン分布に従うとした．第2章参照)．正常オスおよび不妊オスと2回交尾させたときの結果を見よう．

　図4-3は根絶作戦初期に行われた実験の結果である．羽化後10日目（ほぼ性的に成熟した時期）に1回目の交尾をさせて，翌日から卵をとって孵化を調べる．正常オスとの交尾のとき孵化率は約95％，不妊オスとの交尾では0％

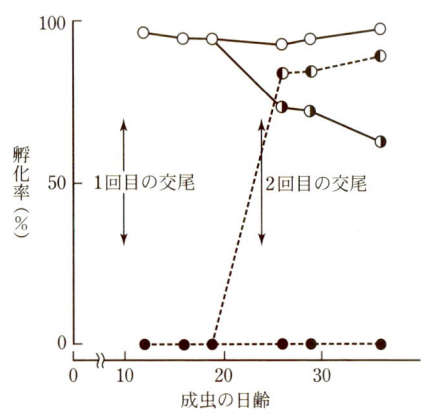

図4-3 ウリミバエの2回交尾と孵化率．正常オス（○）との1回目交尾のあとの孵化率は約90％，不妊オス（●）とのあとは0％．前者は不妊オスとの2回目交尾のあと低下し，後者は正常オスとの交尾後増加する（Teruya & Isobe, 1982より描く）．◐は不妊オス・正常オスの順，◑は正常オス・不妊オスの順の交尾後．

である．次に羽化後22日目に1回目と違う相手と交尾させたところ，1回目正常オス・2回目不妊オスの交尾では孵化率は70～55％に落ち，逆の順の交尾では約80％に上昇した．

　もし両方のオスの精子が受精嚢内に同数残っており，競争力が等しいなら，2回目交尾後の孵化率は正常交尾の半分（図の場合なら95/2＝47.5％）のはずだが，不妊精子の競争力が低ければこれより高くなり，しかし1回目正常オス・2回目不妊オスの交尾も逆の順の交尾も同じになるであろう．しかし図を見ると両者は47.5％より高いだけではない．2回目正常オスのほうが2回目不妊オスより高いのである．もし1回目の交尾で注入された精子が死亡や受精嚢からの放出によって減少しているなら，2回目の精子による受精の割合が高まり，1回目正常・2回目不妊の交尾の孵化率は低く，逆の順の交尾の孵化率は高くなるであろう．図はこのことを示しているように思われる．

　卵のうちの2回目交尾オスの精子で受精したものの割合を精子優先度と呼び，記号P_2で表す．$P_2 = 0$なら産まれた子はすべて1回目のオスの子，0.5なら半々，1ならすべて2回目のオスの子である．

　ウリミバエのP_2は何回も測定されているが，値はTeruya & Zukeyama

4-5 ウリミバエの精子競争

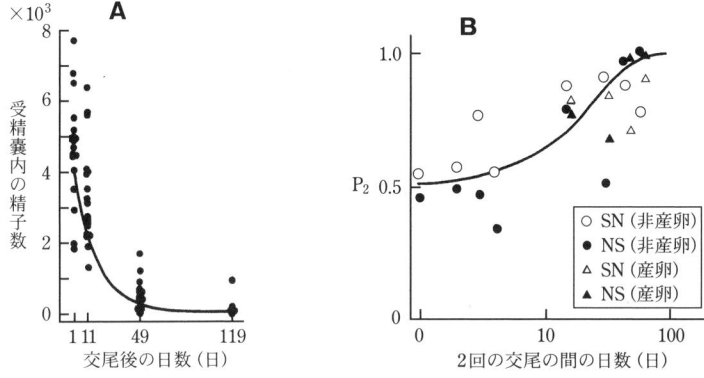

図4-4 A：産卵させなかったウリミバエのメスの受精嚢内に残っていた精子の数 (Tsubaki & Yamgishi, 1991を改変). B：2回の交尾の間の日数とP_2値の変化. SN：初め不妊オス, 2回目正常オスと交尾, NS：その反対. 産卵：1回目交尾のあとカボチャ汁液を与えて産卵させた場合, 非産卵：2回目交尾まで産卵させなかった場合 (Yamagishi et al., 1992より描く).

(1979) が0.76 (間隔12日, 伊藤が計算), Teruya & Isobe (1982) が0.65 (間隔13日, 山岸, 1993が計算), Tsubaki & Sokei (1988) が0.43 (0.5と有意差なし, 間隔1日, 成虫照射), Itô & Yamagishi (1989) が0.85 (間隔18日) などと異なっていた.

　山岸 (1993) はウリミバエのオスの精子注入量は交尾時間が進むにつれて増加し, ほぼ4時間で飽和に達することを示した (初めて交尾した不妊オスの不妊精子の注入もほぼ同じであることがわかっている). 上の値は長時間交尾の結果なので, 注入量はほぼ同じと仮定できる. 一方, 受精嚢内の精子は時間とともに死亡や放出によって減少する. Tsubaki & Yamagishi (1991) は1回交尾させたメスを産卵できない状態で飼育し, 異なる日数で殺して受精嚢内の精子数を数え, 精子の生存率を調べた (ウリミバエは寄主果実やその汁液のしみ込んだ濾紙のような産卵基質を与えないとまったく産卵しない. したがって卵の着床もなく, 放出でなく死亡だけを考えればよいと思われる). その結果は図4-4Aのとおりで, 精子は割合早く死亡する (ミツバチなどで精子が1年以上も生きることから, 昆虫の精子寿命は長いと考える人が多かったが, ウリミバエの精子は1ヵ月生きるものは10％以下である). したがって

交尾間隔が長ければ1回目交尾で受精嚢に入った精子数は2回目交尾のそれより少なくなっており，P_2は上昇するだろう．Itô, 1977

図4-5はItô et al. (1993) が示した図の一部である．1SNは1回目は不妊オス（S）と交尾させ，1日後に正常オス（N）と交尾させたメスの産んだ卵の孵化率，4NSは1回目交尾が正常オス，2回目が不妊オス，交尾間隔が4日であ

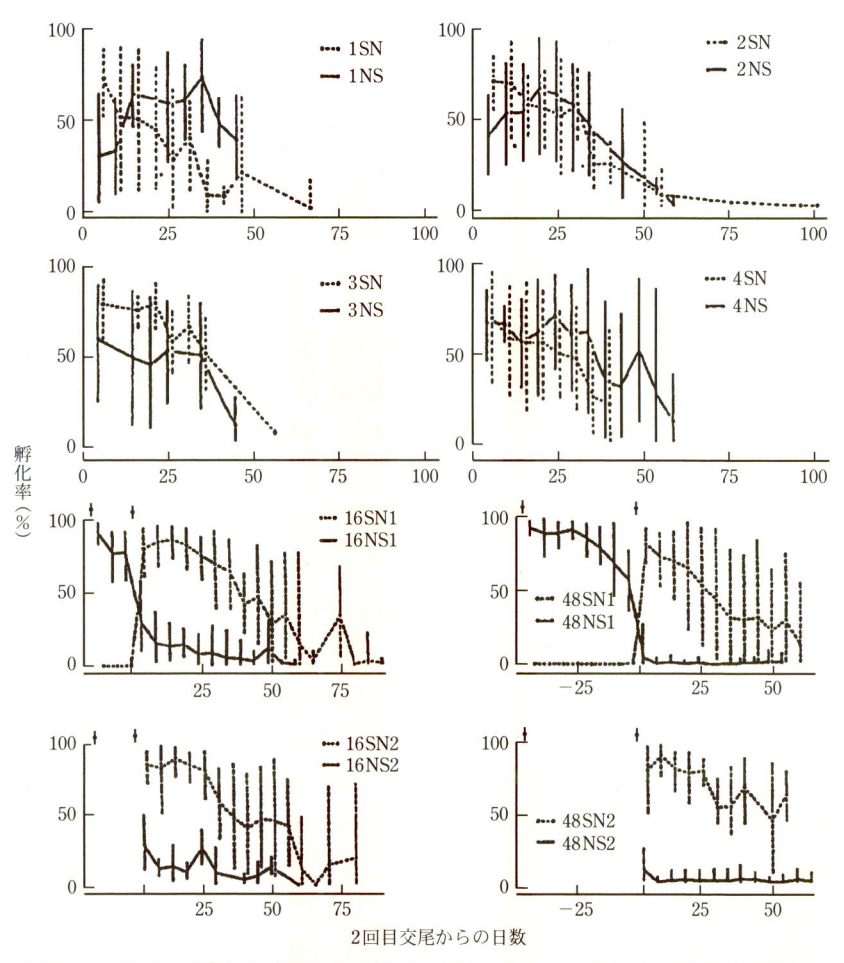

図4-5 正常オス (N) および不妊オス (S) と交尾させたメスの産んだ卵の孵化率．記号の説明は本文参照 (Itô, Yamagishi & Kuba, 1993)．

る．間隔16日以上は，1回目交尾後寄主汁液を入れ産卵させた場合最後の数字を1（例えば16NS1），2回目交尾まで産卵させなかった場合を2（例えば48SN2）とした．これを見ると交尾間隔1〜4日だと孵化率は50％よりやや高く，NSとSNの間に間隔3日を除き有意差はない．ところが間隔16日と48日ではNSの2回目交尾以後の孵化率は極めて低く，SNの孵化率はずっと高い．傾向は2回目交尾前に産卵させたかどうかで変わりない．これは1回目交尾の精子が減少していることの証拠である．

すべての実験結果から得られたP_2値をグラフにしたのが図4-4Bである．P_2は短間隔では0.5に近い．これはトンボで見られたような精子置換が起こってないことを示している．その後の上昇は精子の死亡によるものと思われ，図4-4Aの生存曲線から推定されたP_2期待値の変動予測（図4-4Bの曲線）と大体合致している．精子の死亡がP_2値の変化の主要因だという世界最初の発見である（受精とそのときの放出による減少でP_2が増加する例はショウジョウバエで知られている．Gromko et al., 1984）．

このデータから山岸（1993）は次の方法で正常オスと不妊オスの精子の優先度を計算した．正常オスの精子優先度をNS区のP_1（＝1－P_2）とSN区のP_2の調和平均，不妊オスのそれをNS区のP_2とSN区のP_1の調和平均とする．例えば交尾間隔1日では1NSのP_1とP_2は0.53および0.47，1SN区のP_1とP_2は0.44と0.56であり，正常オスの精子優先度は0.53と0.56，不妊オスのそれは0.47と0.44なので，調和平均0.54と0.45が両者の精子優先度となる．計算の結果，交尾間隔が1〜32日では正常オスの精子優先度が不妊オスのそれより有意に大きかった．48日と64日では逆だったが，両者ではP_2が非常に高く，逆にP_1が低くなっているため，この値を用いて精子優先度を求めることはあまり意味がないだろう（図4-4Bで黒丸，黒三角印が一番右4列だけ白印の上にあることに注意）．これらのことから正常オスの精子は不妊オスの精子よりやや強いといえようが，その差はそう大きくはなく（例えば野外での平均交尾間隔に近い16日では正常オス0.43，不妊オス0.34），SIT利用の障害になるほどではなかった．

上に「正常オスの精子が強いといえようが」と書いたが，それならこれはオス側の問題である．しかしメスが正常オスの精子を高率で利用したり，不

妊オスの精子注入を抑止しているなら，これは雌による隠れた選択である．山岸は「オスの立場」で論考しているのだが，雌による隠れた選択の関与は十分にありうることで，関与しているかどうかを決める研究は今後の課題である．

4-6　同一オスの精子間の競争 ― 赤目遺伝子を使って ―

不妊虫を利用したP_2の推定は便利ではあるが，この仕事では異なる飼育条件での非照射精子の競争力は得られない．

ウリミバエの成虫の複眼は周りが黄色，中央が褐色だが，赤目の変異体がある．この形質は常染色体上にある単一の劣性遺伝子によって決定されることがわかっている (Ishikawa & Sugimoto, 1980)．したがって赤目形質に注目すると対立遺伝子が異なる二つの遺伝子型の精子が形成されることになる．これら二つの遺伝子型の精子が受精をめぐって競争する．

赤目形質をマーカーとしてそれをもつ精子の競争力と受精後のF_1の生存率を比較することができる．赤目形質の遺伝子に関してヘテロ (Nr) のメスとホモ (rr) のオスおよびホモのメスとヘテロのオスの交配を行い，F_1の形質を調べた (山岸, 1993)．産まれたF_1の分離比の期待値は1：1である．Nrメスとrrオスの交配でできたF_1の赤目と正常眼の個体数は49.6％と50.4％で1：1と有意差がなく，ホモのF_1とヘテロのF_1の生存率に差がないことがわかった．またrrメスとNrオスの交配のF_1の赤目の個体数は51.1％，これに対し正常眼の個体数は48.9％で差は小さいが，危険率1％で有意差があった．生存率に差がなかったのだから，この差は赤目遺伝子をもつ精子 (r) の受精能力がわずかだが正常遺伝子をもつ精子Nより高いことを示していよう (先の試験ではメスだけがNを，この試験ではオスだけがNをもつことに注意)．その機構はまだ不明だが，ここにこそ隠れた雌の選択が働いている可能性がある．山岸 (1993) は赤目の表現型は羽化後の適応度が低いと考えられるのにウリミバエ大量増殖中に経常的に約0.1％のレベルで出現する理由は，この高い受精能力によるのかもしれないと考えた．

実は山岸の実験では40数匹のメスが産んだ15,000個もの卵をいっしょにしてχ^2検定をしており，この方法ではわずかな数のメスの産む子供の遺伝子

型に極端な偏りがある場合にも赤目メス全体の効果として検出されてしまう可能性がある（宮竹貴久氏の教示による）．したがって上の結論は一つの可能性を示唆するだけだが，面白い研究の刺激となりうると思い，あえて紹介した．

4-7 再交尾の抑制——ウリミバエの長時間交尾の理由——

ウリミバエの交尾は夕方始まり，雌雄は明け方までつながっている．交尾時間は10時間を超える．しかし先述したように精子は交尾開始後4時間以内にメスに渡される（最大精子数3,000〜10,000，平均6,000；山岸，1992）．交尾対はヤモリなどに捕食されやすいだろうに，あとの6時間，なぜ危険な交尾を続けているのだろう．

図4-6は交尾を確認してから3時間後にオスをひきはがしたメスと，8時間交尾させたメスに翌日以後毎日新しいオスを与えて再交尾を観察した結果である（Kuba & Itô, 1993*）．3時間しか交尾しなかったメスの80％は翌日新しいオスと再交尾し，3日目には全メスが再交尾したが，8時間交尾したメスは

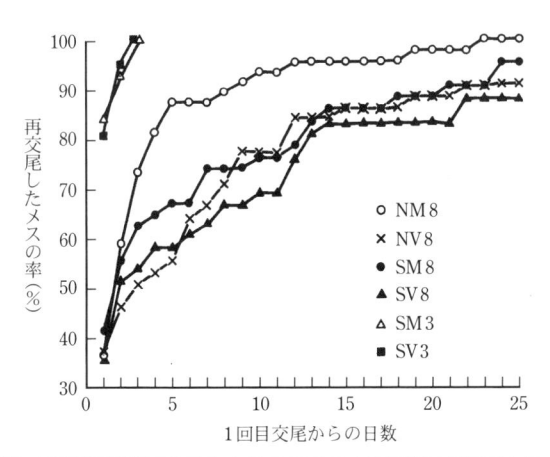

図4-6 8時間および3時間交尾させたウリミバエのメスに翌日以降新しいオスを与えたときの再交尾率の変化．記号は本文参照 (Kuba & Itô, 1993)．

---

* この論文には大きなミスプリントがあるので，興味のあるかたは改正した別刷を〒900-0029 那覇市旭町1 南部合同庁舎内 亜熱帯総合研究センター 久場洋之氏に請求されたい．

翌日は40％前後しか再交尾せず，80％以上が再交尾するには10日以上を要している．長時間交尾はメスの再交尾を，すなわち求愛受け入れを，抑制する効果がある．抑制のメカニズムは何だろう．

ウスグロショウジョウバエでは受精嚢内に精子が一杯あることが再交尾を抑制する (Gromko & Pyle, 1978; Gromko et al., 1984)．ショウジョウバエ類は体長より長い巨大な精子をもつ種もあるグループで，1回の交尾で受精嚢は満タンになるという．だがウリミバエではこれが主要因ではなかった．羽化2日前の蛹へのガンマ線照射は，それまでに形成されていた精子に前述の優勢致死突然変異を起こすだけでなく，精原細胞と精母細胞を破壊してしまう．正常なウリミバエのオスは1回の交尾でもっている不妊精子の大部分を放出するが，次の交尾までには新しい精子ができている．しかし不妊オスはこれができず，2, 3回交尾した不妊オスは精巣内に精子をもっていない．こういうオスも交尾をし，精子なしの精液をメスに注入する．図4-6のNV, NMはメスの1回目交尾の相手が未交尾正常オスと既交尾正常オス，SV, SMは未交尾不妊オスと既交尾不妊オスで，SMでは1回目交尾で精子がメスに入っていない．それでも8時間の交尾は正常オスと同様に再交尾を抑制している (NM8が他より高い理由は不明だが，累積曲線なので2日目，3日目に再交尾メスが多かったことが曲線を上に押し上げたのだろう)．だから再交尾抑制は精子満タン効果ではない．

ハエ類のオス生殖器には一対の付属腺がついていて，この中の物質も交尾中に精液といっしょにメスに注入される (メスの栄養になる種もある)．ウスグロショウジョウバエでは前記の精子満タン効果のほか，付属腺物質の注入が再交尾抑制を起こすことがわかっており，その化学構造も，それを作る遺伝子さえも決定されている (Chen et al., 1988)．ウリミバエの長時間交尾も付属腺物質注入による再交尾阻害のためだと思われるが，まだ物質の同定はされていない．

ウリミバエのメスも相手によって交尾を早く中断したり，再交尾を受け入れなかったりする可能性がある (雌による隠れた選択)．しかしこれを明らかにする詳しい研究はまだ行われていない．

4-8　オスの美しさに関する諸説の関係
―ハンディキャップ説の再評価？―

　オスの美しさや特異な求愛行動の進化に関する1980年代までの三つの説，ランナウェイ説，ハンディキャップ説，良質遺伝子説（ハンディキャップ説は良質遺伝子説に含め二説としてもよい）と，それ以後に出てきた感覚便乗モデルと雌雄対抗モデル（チェイスアウェイモデル）の関係を考えてみよう（4-2節参照）．

　感覚便乗モデルでは，メスはオスがその性質をもつ以前からオスの美しい尾や複雑な求愛動作を好む性質をもっており，あとからそういう性質をもつオスが生じると，それが配偶者選択で利益を得て多くの遺伝子を残せるというものであった．いったいなぜ，メスはそんな好みをもてたのだろう．近縁種との交雑回避とか捕食者対策のような配偶者選択以外の原因も考えられないことはないが，多くの場合を説明できるとは考えにくい．

　ジュウシマツのオスは求愛のとき複雑なさえずりを発する．本種は複雑なさえずりをしない野生のコシジロキンパラから18世紀に日本人が育成した鳥だという．岡ノ谷らの研究によると，コシジロキンパラのメスに，この種のオスのさえずりにジュウシマツのさえずり要素を導入した複雑な歌を作って聞かせると，メスはこれによく反応したという（Okanoya & Yamaguchi, 1997; Okanoya, 2002; 岡ノ谷, 2003）．

　コシジロキンパラは自然界で多くの捕食者に取り巻かれており，求愛のさえずりに多くを投資できないか，あるいは複雑なさえずりへと突然変異したオスは声が目立つので捕食されやすいかもしれない．しかしジュウシマツとして家禽化されたとき，捕食圧はなくなった．こうしてオスの複雑なさえずりが以前からあったメスの好みに従って進化したのかもしれない．

　ではなぜメスは本来なかった複雑な歌を好むのか．岡ノ谷（2003）と長谷川眞理子（2004）はハンディキャップ説が関連していると考えた．複雑な歌を歌うには上述のようにコストがかかる．それでも複雑な歌を歌うオスは適応度が高いのかもしれない．

　152ページに紹介したソードテールのソードも，そういうハンディキャッ

プをもちつつ生き抜いてきたというオスの強さを示すもので，メスはオスがそれをもたない時代から，こうした強さを示す形質を好む性質をもっていたのかもしれない．

いったんこうしたメスの潜在的好みに合致したオスが生ずると，チェイスアウェイが生じて，進化が一層進む可能性がある．ここではチェイスアウェイがランナウェイを作り出すのである．20年前には考えられなかった興味あるオスの美しさの進化過程が浮かび上がる．

これらのことを考えると，ランナウェイ，良質遺伝子（ハンディキャップを含む），感覚便乗，雌雄対抗の各説を統合した，オスの美しさの進化に関する総合説が誕生する可能性がある．

沖縄におけるウリミバエ根絶成功の主な要因の一つは，継代大量増殖系統ができるだけ自然の遺伝的性質を保持するような飼育法，系統選抜法の採用であった．しかしここで示した考えからは別の可能性がでてくる．新しい害虫の不妊虫放飼による根絶を計画するとき，メスがもっているオスの好みの調査をこの観点から詳細に実施し，メスの潜在的好みに合致した，自然のオスとは違う特質をもつオスを作り出すことも，将来考えてよいかもしれない．

4-9 おわりに

近年，性淘汰の生物進化における役割が重視されるようになり，「精子競争」と「雌による隠れた選択」の発想と研究の展開によって，そのなかでのオスとメスの役割の再評価が進んでいるが，日本ではこの種の研究がほとんど行われていないと考える人も多い．しかし不妊虫放飼法という方法を用いたウリミバエの根絶事業を通じて沖縄で多くの仕事が行われてきたのである (Eberhard の Female Control: Sexual Selection by Cryptic Female Choice には私と本文中に出てくる山岸君に照会したものを含め日本の論文35編が引用されているが，そのなかで沖縄関係が5編を占める）．ウリミバエ根絶後沖縄では久米島のサツマイモにつくゾウムシへの不妊虫放飼の試みが始まり，アリモドキゾウムシの根絶が成功に近づいているが，全琉球列島が対象になるならば性淘汰に関連して一層多くの研究が必要であり，そのなかでの雌による隠れた選択の研究や新説を含むオスの形質選択の研究は重要な役割を果たす

だろう．今後の進展を期待するとともに，これらのことを昆虫以外の生物を研究する方々にも知ってほしいと思い，書いてみた次第である．

引用文献

Alcock, J. (2001) *The Triumph of Sociobiology*. Oxford University Press, Oxford. (長谷川眞理子訳『社会生物学の勝利』新曜社, 2004)

Andersson, M. (1982) Female choice selects for extreme tail length in a widowbird. *Nature* **299**: 818-820.

Birkhead, T. (2000) *Promiscuity: An Evolutionary History of Sperm Competition and Sexual Conflict*. Harvard University Press, Cambridge, MS. (小西亮・松本晶子訳『乱交の生物学―精子競争と性的葛藤の進化史』新思索社, 2003)

Boake, C. R. B., T. E. Shelly & K. Y. Kaneshiro (1996) Sexual selection in relation to pest-management strategies. *Annual Review of Entomology* **41**: 211-229.

Chen, P. S., E. Stumm-Zollinger, T. Aigaki, J. Balmer, M. Bienz & P. Bôhlen (1988) A male accessory gland peptide that regulates reproductive behavior of female *Drosophila melanogaster*. *Cell* **54**: 292-298.

Curtis, C. F. (1968) Radiation sterilization and the effect of multiple mating of females in *Glossina austeni*. *Journal of Insect Physiology* **14**: 1365-1380.

Darwin, C. R. (1871) *The Descent of Man and Selection in Relation to Sex*. Appleton, NY. (長谷川眞理子訳『人間の進化と性淘汰 I, II』文一総合出版, 1999, 2000)

Eberhard, W. G. (1996) *Female Control: Sexual Selection and Cryptic Female Choice*. Princeton University Press, Princeton, NJ.

Franz, G. (2005) Genetic sexing strains in Mediterranean fruit fly, an example for other species amenable to large-scale rearing for the sterile insect technique. *In*: Dyck, V. A. (ed.) *The Sterile Insect Technique, Principles and Practice in Areawide Integrated Pest Management*. Joint FAO/IAEA Division of Nuclear Techniques in Food and Agriculture, Vienna, Chapter 4, 3.

Gromko, M. H., D. G. Gilbert & R. C. Richmond (1984) Sperm transfer and use in the multiple mating system of *Drosophila*. *In*: Smith, R. L. (ed.) *Sperm Competition and the Evolution of Animal Mating Systems*. Academic Press, New York, pp. 371-426.

Gromko, M. H., M. E. A. Newport & M. G. Kortier (1984) Sperm dependence of female receptivity to remating in *Drosophila melanogaster*. *Evolution* **38**: 1273-1282.

Gromko, M. H. & D. W. Pyle (1978) Sperm competition, male fitness, and repeated mating by female *Drosophila melanogater*. *Evolution* **32**: 5988-5993.

Haisch, A. (1970) Some observations on decreased vitality of irradiated Mediterranean fruit fly. *In: Sterile-Male Technique for Control of Fruit Flies*. IAEA, Vienna, pp. 71-75.

Haile, D. G. & D. E. Weidhaas (1977) Computer simulation of mosquito populations

(*Anopheles albimanus*) for comparing the effectiveness of control technologies. *Journal of Medical Entomology* **13**: 553-567.
長谷川眞理子 (2004)『動物の行動と生態』放送大学教育振興会.
Hibino, Y. & O. Iwahashi (1989) Mating receptivity of wild type females for wild type males and mass-reared males in the melon fly, *Dacus cucurbitae* Coquillett (Diptera: Tephritidae). *Applieid Entomology and Zooloogy* **24**: 152-154.
Hibino, Y. & O. Iwahashi (1991) Appearance of wild females unreceptive to sterilized males on Okinawa Island in the eradication programme of the melon fly, *Dacus cucurbitae* Coquillett (Diptera: Tephritidae). *Applied Entomology and Zoology* **26**: 265-270.
Holland, B. & W. R. Rice (1998) Perspective: Chase-away sexual selection: Antagonistic seduction versus resistance. *Evolution* **52**: 1-7.
Ishikawa, K. & T. Sugimoto (1980) A rust-eyed mutant of the melon fly. *Research Bulletin of Plant Protection, Japan* **16**: 91-93.
Itô, Y. (1977) A model of sterile insect release for eradication of the melon fly, *Dacus cucurbitae* Coquillett. *Applied Entomology and Zoology* **12**: 303-312.
伊藤嘉昭 (1993)『動物の社会［改訂版］―社会生物学・行動生態学入門』東海大学出版会.
伊藤嘉昭 (1994)『生態学と社会―経済・社会系学生のための生態学入門』東海大学出版会.
伊藤嘉昭 (2006)『新版 動物の社会―社会生物学・行動生態学入門』東海大学出版会.
伊藤嘉昭・垣花廣幸 (1998)『農薬なしで害虫とたたかう』岩波ジュニア新書.
Itô, Y. & M. Yamagishi (1989) Sperm competition in the melon fly, *Dacus cucurbitae* (Diptera: Tephritidae): Effects of sequential matings with normal and virgin or non-virgin sterile males. *Applied Entomology and Zoology* **24**: 466-477.
Itô, Y., M. Yamagishi & H. Kuba (1993) Mating behaviour of the melon fly: Sexual selection and sperm competition. *In*: *Management of Insect Pests*: *Nuclear and Related Molecular and Genetic Techniques*. IAEA, Vienna, pp. 441-452.
Iwahashi, O. (1977) Eradication of the melon fly, *Dacus cucurbitae*, from Kume Is., Okinawa, with the sterile insect release method. *Researches on Population Ecology* **19**: 87-97.
Iwahashi, O., Y. Itô & M. Shiyomi (1983) A field evaluation of the sexual competitiveness of sterile melon flies, *Dacus* (*Zeugodacus*) *cucurbitae*. *Ecological Entomology* **8**: 43-48.
Iwahashi, O. & T. Majima (1986) Lek formation and male-male competition in the melon fly, *Dacus cucurbitae* Coquillett (Diptera: Tephritidae). *Applied Entomology and Zoology* **21**: 70-75.
Knipling, E. F. (1955) Possibilities of insect control or eradication through the use of sexually sterile males. *Journal of Economic Entomology* **48**: 459-462.
Krebs, J. R. & N. B. Davies (1987) *An Introduction to Behavioural Ecology, 2nd Edition*. Blackwell, Oxford.
Kuba, H. & Y. Itô (1993) Remating inhibition in the melon fly, *Bactrocera* (=*Dacus*)

cucurbitae (Diptera: Tephritidae): Copulation with spermless males inhibits female remating. *Journal of Ethology* **11**: 23-28.

Marshall, D. L. (1998) Pollen donor performance can be consistent across maternal plants in wild radish (*Raphanus sativus*, Brassicaceae): A necessary condition for the action of sexual selection. *American Journal of Botany* **85**: 1389-1397.

Mason, L. G. (1965) Mating selection in the California oak moth (Lepidoptera: Dioptidae). *Evolution* **23**: 55-58.

Morris, M. R., Wagner Jr, W. E. & Ryan, M. J. (1996) A negative correlation between trait and mate preference in *Xiphophorus pygmaeus*. *Animal Behaviour* **52**: 1193-1203.

岡ノ谷一夫 (2003)『小鳥の歌からヒトの言葉へ』岩波書店.

Okanoya, K. (2002) Sexual display as a syntactical vehicle: the evolution of syntax in birdsong and human language. *In*: Wray, A. (ed.) *The Transition of Language*. Oxford University Press, Oxford, pp. 46-63.

Okanoya, K. & Yamaguchi, A. (1997) Adult Bengalese finches (*Lonchura striata* var. *domestica*) require real-time auditory feedback to produce normal song syntax. *Journal of Neurobiology* **33**: 343-356.

Ômura, S. (1938) Structure and function of the female genital system of *Bombyx mori* with special reference to the mechanism of fertilization. *Journal of Faculty of Agriculture, Hokkaido Imperial University* **40**: 111-125.

大村清之助 (1939) 蠶に於ける選擇受精. 遺伝学雑誌 **15**: 29-35.

Pianka, E. R. (1988) *Evolutionary Ecology (4th ed.)*. Harper and Row, New York. (伊藤嘉昭監修, 久場洋之・中筋房夫・平野耕治訳『進化生態学』蒼樹書房, 1978. これは原書2版の訳だが関係部分は後の版でも変わっていない)

Ryan, M. J. & Wagner Jr, W. E. (1987) Asymmetries in mating preferences between species: Female swordtails prefer heterospecific males. *Science* **236**: 595-597.

Shelly, T. E., T. S. Whitter & K. Y. Kaneshiro (1994) Sterile insect release and the natural mating system of the Mediterranean fruit fly, *Ceratitis capitata* (Diptera: Tephritidae). *Annals of the Entomological Society of America* **87**: 470-481.

嶋田正和・山村則男・粕谷英一・伊藤嘉昭 (2005)『動物生態学 新版』海游舎.

Simmons, L. W. (2001) *Sperm Competition and Its Evolutionary Consequences in the Insects*. Princeton University Press, Princeton.

Snow, A. A. & T. P. Spira (1991) Differential pollen-tube growth rates and nonrandom fertilization in *Hibiscus moscheutos* (Malvaceae). *American Journal of Botany* **78**: 419-426.

Snow, A. A. & T. P. Spira (1996) Pollen-tube competition and male fitness in *Hibiscus moscheutos*. *Evolution* **50**: 1866-1870.

添盛浩・塚口茂彦・仲盛広明 (1980) ウリミバエの大量増殖系統と野生系統の交尾能力および交尾競争力. 日本応用動物昆虫学会誌 **24**: 246-250.

Tallamy, D. W., B. E. Powell & J. A. McClafferty (2002) Male traits under cryptic female choice in the spotted cucumber beetle (Coleoptera: Chrysomelidae). *Behavioral Ecology* **13**: 511-518.

照屋匡 (1994) ウリミバエの不妊化. 1. 久米島実験事業の施設建設と不妊化技術の

確立. 沖縄県農林水産部編『沖縄県ミバエ根絶記念誌1994年1月』pp. 81-86.
Teruya, T. & K. Isobe (1982) Sterilization of the melon fly, *Dacus cucurbitae* Coquillett (Diptera: Tephritidae), with gamma radiation: Mating behaviour and fertility of females alternately mated with normal and irradiated males. *Applied Entomology and Zoology* **17**: 111-118.
Teruya, T. & H. Zukeyama (1979) Sterilization of the melon fly, *Dacus cucurbitae* Coquillett, with gamma radiation: Effect of dose on competitiveness of irradiated males. *Applied Entomology and Zoology* **14**: 241-244.
Thornhill, R. (1983) Cryptic female choice and its implications in the scorpionfly, *Harpovittacus nigriceps*. *American Naturalist* **122**: 765-788.
Trivers, R. L. (1972) Parental investment and sexual selection. *In*: Campbell, B. (ed.) *Sexual Selection and the Descent of Man, 1871-1971.* Aldine-Atherton, Chicago, pp. 136-179.
Tsubaki, Y. & S. Bunroongsook (1990) Sexual competitive ability of mass-reared males and mate preference in wild females: Their effects on eradication of melon flies. *Applied Entomology and Zoology* **25**: 457-466.
Tsubaki, Y. & Y. Sokei (1988) Prolonged mating in the melon fly, *Dacus cucurbitae* (Diptera: Tephritidae): Competition for fertilization by sperm-loading. *Researches on Population Ecology* **30**: 343-352.
Tsubaki, Y. & M. Yamagishi (1991) "Longevity" of sperm within the female of the melon fly, *Dacus cucurbitae* (Diptera: Tephritidae), and its relevance to sperm competition. *Journal of Insect Behavior* **4**: 243-250.
山岸正明 (1993) ウリミバエの精子競争に関する研究. 沖縄県特殊病害虫特別防除事業特別研究報告第1号: 1-66.
Yamagishi, M., Y. Itô & Y. Tsubaki (1991) Sperm competition in the melon fly, *Bactrocera cucurbitae* (Diptera: Tephritidae): Effects of sperm mortality on sperm precedence. *In*: Kawasaki, K., O. Iwahashi & K. Y. Kaneshiro (eds.) *Proceedings of the International Symposium on the Biology and Control of Fruit Flies*. Ginowan, Okinawa, pp. 194-203.
Yamagishi, M., Y. Itô & Y. Tsubaki (1992) Sperm competition in the melon fly, *Bactrocera cucurbitae* (Diptera: Tephritidae): Effects of sperm "longevity" on sperm precedence. *Journal of Insect Behavior* **5**: 599-608.

第5章
ウリミバエの体内時計を管理せよ！
―大量増殖昆虫の遺伝的虫質管理―

(宮竹貴久)

5-1 はじめに

　1990年4月，私は沖縄県農業試験場ミバエ研究室に転任した．これで仕事として虫の研究ができる．嬉しかった．で，何を研究するか？　当時ミバエ根絶事業は，沖縄群島での駆除確認調査の真最中だった．沖縄群島で根絶が確認されれば次は八重山群島．それでウリミバエは日本から根絶される．ウリミバエの生態を野外で研究するには時間がなかった．そのころ，不妊虫放飼のために沖縄で大量増殖されていたウリミバエは，増殖工場で飼われ始めてすでに40世代を超えていた．この間にウリミバエの性質は大きく変化していた．飼育したウリミバエ(飼育虫)は，野生虫と比べて若いときにたくさんの卵を産むが，寿命が短い．また上手く飛ぶことができない．動きも鈍く，交尾活動も変化していた．ウリミバエは，日に一度，夕刻に交尾する．理由は不明だったが飼育虫が交尾を開始する時刻は，野生虫に比べて1時間ほど早くなっていた．これらの現象をまとめて「ウリミバエの家畜化」と呼んでいた．なぜこのような変化が生じたのか？　このような変化は飼育環境の違いによるものか？　それとも遺伝的な変化なのか？　議論がなされていたが，原因についてはっきりとわかっていなかった．その理由を突き止めてみよう．すでに沖縄本島ではミバエの根絶が近かったため，那覇の大量増殖工場内でしかウリミバエを飼うことができなかった．それから10年，ミバエ大量増殖工場内の実験室でウリミバエを飼い続けて研究した．家畜化の原因についてその一端を明らかにすることができたと思う．本章では，大量増殖の過程で

ウリミバエにどのような遺伝的変化が生じたのか，そしてその変化はなぜ生じたのか，さらにそのような変化が不妊虫放飼法にどのような影響をもたらしうるのかについて述べる．

5-2 虫質管理の概念と量的遺伝学

不妊虫放飼法を行うには，防除しようとする昆虫を大量増殖する必要がある．不妊虫放飼以外にも，天敵を増殖して野外に放飼する生物的防除や有用昆虫を増殖して利用する昆虫産業など，近年，昆虫を大量に増殖して利用する機会が世界的に増えている (Knipling, 1979; Hendrichs et al., 1995; Dyck et al., 2005)．昆虫の大量増殖では，もともと野外に生息していた昆虫を室内で飼いやすくさせる，いわゆる「昆虫の家畜化」が意識的，あるいは無意識的に行われる．すなわち飼育する人が意図的に，卵をよく産み，発育がよい個体を選んで飼いやすい虫を作る場合と，飼育する人の意図とは無関係に人工的な飼育環境に適した個体が生き残る場合とがある．例えば，野外ではおそらく適応的である長い日にちをかけて少しずつ卵を産むという性質は，限られた時間で効率よく虫を飼わなければならない大量増殖にとっては不利であろう．このような性質は遺伝するので，大量増殖では淘汰排除されやすい．人為的な選択による飼育昆虫の家畜化は，大量増殖にとって避けられない作業ではあるが，それが不妊虫放飼や天敵放飼の成功にとってマイナスの効果をもたらすことがある．

昆虫の大量増殖の目標を初めて明確に示したのはFinney & Fisher (1964)であった．彼らは，大量増殖プログラムのゴールを，「最少の労働力と最少の空間内において，できる限り短期間かつ安価に，対象とする昆虫をできるだけ多く生産すること」とした．つまり生産効率を最大化することだ．しかし生産の効率性を追い求めることが思わぬ問題を引き起こした．それが大量増殖虫の品質低下である．大量生産を行えば生産物の品質低下がある割合で生じ，それをチェックするための「品質管理」が必要なことは，工業においてはあたりまえであろう．同じことが昆虫の増殖でも生じる．ただし，昆虫の累代増殖における品質低下が工業製品の場合と異なるのは，品質低下のなかに遺伝的な要素が含まれることだ．すなわち，ある世代の増殖で生じた品質の低下が，次の世代に遺伝することによって，世代から世代へと脈々と受け

継がれていくのである．

　増殖された昆虫の品質を管理する「虫質管理」という発想は，1960年代の半ばに生まれた(Baumhover, et al., 1966)．1971年にイタリアのローマで「永久的な昆虫生産のための示唆」というタイトルのシンポジウムが開催された．そのなかでBoller (1972)は大量増殖した昆虫の質として増殖昆虫の行動にもっと注意をむけるべきだと提唱した．一方，Mackauer (1972)は大量増殖昆虫の生理形質と行動形質の変化に関する遺伝の研究が重要だと書いた．ここに初めて昆虫の虫質管理に遺伝的側面という考えが導入されたのである．これ以降，不妊虫放飼法の枠組みにおいて大量増殖された昆虫の遺伝的な品質に関する議論が，何人もの研究者によってなされてきた(Chambers, 1977; Wood et al., 1980; Calkins, 1989; Miyatake, 1998; Cayol, 2000; Calkins & Parker, 2005)．また生物的防除のために増殖された寄生バチの虫質について集団遺伝学的に検討された研究もある(例えば，Mackauer, 1976; Wajnberg, 1991, 2004; Hooper et al., 1993)．

　現在，チチュウカイミバエをはじめとして不妊虫放飼のためにミバエ類を大量増殖する工場は，世界の多くの国で稼動している(Hendrichs et al., 1995; 本書13ページの表1-3も参照)．大量増殖された昆虫の系統が野生虫に比べて，産卵前期間が短くなるという現象は，ラセンウジバエやオリーブミバエにおいて報告され，産卵数が多くなるという現象もオリーブミバエ，チチュウカイミバエ，ミカンコミバエ，ラセンウジバエで観察されている(仲盛, 1988)．ウリミバエにおいても，沖縄県(仲盛, 1988)と鹿児島県(Suenaga et al., 2000)で，独立に採集され増殖された両方の系統において同様の変化が観察されている．さらに大量増殖虫の寿命が野生虫に比べて短いという現象も，オリーブミバエとラセンウジバエで認められている(仲盛, 1988)．発育期間，産卵数，寿命といった生活史形質における大量増殖過程での変化は，長期間にわたって累代飼育された増殖系統がもつ共通の性質のように思える．

　生活史形質の変異には，普通多くの遺伝子がかかわっている(Roff, 1992)．ある形質の変異に1個の遺伝子がかかわるメンデル形質に対して，複数の遺伝子がかかわる形質を量的形質と呼ぶ．量的形質の遺伝様式を理解し，解析する学問は量的遺伝学である．したがって，昆虫の虫質管理を学ぶ際には，量的

遺伝学の提供する概念が役に立つ．量的遺伝学は，栽培植物や家畜の育種の基礎をなす理論学問である．身長，体重や産卵数などの生物形質には変異がある．この変異は祖先から受け継いだ遺伝要因による変異と，その生物が育ってきた環境要因によって生じる変異に大きく分けられる．例えば，大型の犬どうし，あるいは小型の犬どうしを毎世代交配させて，人工的に作り出したセントバーナードやチワワなど犬の品種間の違いは，遺伝要因による犬サイズのばらつきである．一方，日本人の平均身長が過去数十年で著しく伸びたのは，日本人の摂食する栄養が向上した環境要因によるものである．量的遺伝学では，このような目に見える生物形質の個体間のばらつき（表現型分散という）について，どれだけが遺伝によるばらつき（遺伝分散）で，どれだけが環境によるばらつき（環境分散）なのかを調べることから研究が始まる．遺伝によるばらつきは，一つ一つは小さい効果をもつ遺伝子の集合効果によるばらつき（このばらつきは相加遺伝分散と呼ばれ，育種する際に重要となる部分である），優性によるばらつき（優性分散），および遺伝子どうしの相互作用によってもたらされるばらつき（これをエピスタシス分散と呼ぶ）にさらに分けられる（Falconer & Mackay, 1996）．生物形質のばらつきを以上のように分割することによって，問題とする集団の形質がどんな種類のばらつきをもっているのかがわかり，それによって自然淘汰が働いたときにその集団の形質がどのように変化するかを予測できる．分割したばらつきのうち相加遺伝分散を表現型分散で割った値が狭義の遺伝率である．これは形質に選択が働いたときどれだけ反応するか，すなわち進化の潜在能力を示す値である．このほか量的遺伝学には，実際にある生物の形質に人為的に選抜をかけて，その形質がどのように反応するか（直接反応），またはその形質の変化に伴って他の形質がどのように変化するのか（相関反応）について調べる人為選択実験法がある．また近親交配の影響について世代を追って調べる方法もある．

　量的遺伝学について詳しく学びたい人にはD. S. Falconer & T. F. C. Mackayが書いた優れた入門書 "Introduction to Quantitative Genetics, 4th Edition" (1996) がある．この第3版の邦訳が『量的遺伝学入門』として出版されている（ただしすでに絶版である）．このほか量的遺伝学における詳細なパラメータの計算方法や補正法について事細かに書かれたW. A. Beckerの "Manual of

Quantitative Genetics" (1992) と，量的遺伝学の手法全般について多くの文献とともに詳しく解説している M. Lynch & B. Walsh 著 "Genetics and Analysis of Quantitative Traits" (1998) があるので参照するとよい．

5-3 ウリミバエ大量増殖虫の遺伝的変化

　ウリミバエはウリ類と果菜類の大害虫であり，1919年に日本の南西諸島に侵入して以来，これらの島々から本土にウリ類や果菜類の出荷が制限されてきた．日本国内におけるこれら果菜類の移動規制をなくす目的で，南西諸島からのウリミバエの根絶が試みられた（この過程については，本書第4章で書かれている）．ウリミバエ侵入と根絶の過程，およびその間に行われた基礎研究が根絶事業にどのように役立ったかについては Koyama et al. (2004) による総説も参照されたい．さて沖縄で累代飼育され，不妊虫として放飼されたウリミバエでも虫質の劣化が問題となった．この場合，虫質劣化の究極的な評価は，放したウリミバエの不妊オスが野生メスとうまく交尾できるかである．

　沖縄における不妊虫放飼の過程で，放飼したウリミバエのオスが，野生メスとの交尾をめぐる野生オスとの交尾競争能力において劣ってきていることを野外で初めて実証したのは，Iwahashi et al. (1983) による久米島での実験である．ここでは，野生メスの産んだ卵が正常に孵化するかどうかを観察することで不妊虫の性的競争力を算出し，放飼虫の質の評価が行われた．すなわち岩橋らは，不妊虫放飼事業が実施されている久米島で野生のメスを採集し，室内に持ち帰って産卵させ，卵の孵化率を調査した．同時に不妊虫放飼の行われていなかった沖縄本島でも野生メスを採集し卵の孵化率を調べた．これらの値から，放飼した不妊虫が野生虫のメスと，野外においてうまく交尾できているかを示す性的競争力を推定した．その結果，不妊虫放飼が始まってしばらくの間は，性的競争力は0.8程度と高く，不妊オスが野生メスとうまく交尾できていることを示したが，この値は根絶事業の進行とともに徐々に低下し，事業の終わりごろには0.3程度にまで落ち込んでしまった．これは放飼したオスが野生メスとうまく交尾できていないことを示している．

　この結果をうけて，沖縄県はそれまで大量増殖していた増殖系統をあきらめ，新たに沖縄本島で採集したウリミバエから新しい増殖系統を作成し性的競

争力の低下に対応した．こう書くと系統の入れ替えが簡単な作業のように聞こえるかもしれないが，野生虫を再び飼いやすいように家畜化させ，大量増殖に適した系統にするには，数年の歳月と労力を要した(仲盛,1988)．また，当時は沖縄本島にウリミバエが生息していたので，いくらでも新たに野生のウリミバエを採集できたが，根絶後は外国でウリミバエを採集して許可をとって日本に移入し，増殖させる必要がある．そのため，増殖虫の質を管理することは，ウリミバエの根絶後もなお重要な課題である．ウリミバエは不妊虫放飼法以外に有効な根絶方法が確立されていないため(松井ら,1990)，増殖虫の虫質管理は，根絶後の現在もウリミバエ再侵入防止事業の大きな課題である．

　さて岩橋らは野外に放飼したウリミバエ不妊虫の交尾競争力の低下という重要な発見を私たちに残してくれた．しかし，なぜ不妊虫の交尾競争力が低下したのかという理由は詳しくわかっていなかった．その理由には，大きく二つの問題が関与する．一つは久米島のメスに不妊虫を避けて交尾する性質が発達した，いわゆる不妊虫抵抗性系統の出現である．これについては，本書第4章の162ページを参照されたい．もう一つが，大量増殖と不妊化の過程で，累代飼育しているウリミバエの形質が劣化したという問題である．実際に，大量増殖虫では野生虫と比べてさまざまな形質が変化しているので，質の低下があったことは事実である．ではウリミバエのどの形質が劣化したのか？　またどの形質の劣化が，増殖虫と野生虫の交尾競争に影響し，その結果不妊虫放飼の効率を左右するのかはわからなかった．

　久米島でのウリミバエ根絶後に，那覇市に建設されたウリミバエの大量増殖工場で累代飼育された新系統においても虫質の劣化が再び問題となり，実際に大量増殖虫は野生虫と比べてさまざまな形質が異なっていることが多くの研究者によって明らかにされた(Miyatake, 1998)．表5-1にそれらの研究結果をまとめて示した．大量増殖されたウリミバエ増殖虫は，野生虫と比べて繁殖力が強い，生活史の各期間が短い，交尾開始時刻が早い，飛翔能力が弱いなどの特徴があった．しかしこれらの形質が大量増殖の過程でどのように変化したのかについてはあまりわかっていなかった．そこで筆者は，増殖虫は野生虫に比べて，なぜ(1)発育期間が短いのか，(2)繁殖開始齢が早いのか，(3)初期繁殖力が高いのか，(4)寿命が短いのか，(5)交尾開始時刻が

5-3 ウリミバエ大量増殖虫の遺伝的変化

早いのか？ という問いに絞って量的遺伝学的な側面から研究に取り組み, その原因を明らかにした. (1) と (2) は大量増殖の生産効率のために大量増殖の管理者が意識的に選抜した形質であることがすぐにわかった (仲盛, 1988; Miyatake & Yamagishi, 1999). しかし (3), (4), (5) の変化についてはすぐに

表5-1 文献から見た沖縄県大量増殖施設のウリミバエ増殖虫と野生虫の形質比較.

形質の種類		形 質	結果[*1]			出典[*3]
			野生虫>増殖虫	野生虫=増殖虫	野生虫<増殖虫	
1 生活史形質						
	1-1 繁殖	生涯産卵数	0	0	5	[1-4]
		産卵メス率	0	0	1	[5]
		卵孵化率	0	0	1	[5]
		産卵頻度	0	0	1	[4]
		交尾回数	0	0	2	[4, 5]
	1-2 生活史の長さ	発育期間	1	0	0	[6]
		産卵前期間	7	1	0	[1-4]
		ピーク繁殖齢	2	0	0	[3]
		卵成熟期間	1	0	0	[7]
		産卵後期齢	1	0	0	[4]
		寿命	5	0	0	[3-5, 8]
		交尾前期間	6	0	0	[3-5, 7, 9]
		再交尾間隔	1	0	0	[5]
	1-3 個体変異	産卵前期間	1	0	0	[4]
		繁殖力	1	0	0	[4]
		産卵頻度	1	0	0	[4]
		交尾回数	1	0	0	[4]
		寿命	0	1	0	[4]
		交尾前期間	0	1	0	[4]
2. 行動形質						
	2-1 分散能力	飛翔力	2	0	0	[10]
		分散距離	3	1	0	[8, 11, 12]
		再捕獲率	3	0	0	[8, 12]
	2-2 交尾行動	交尾開始時刻[*2]	4	0	0	[7, 13, 14]
		求愛開始時刻[*2]	4	0	0	[7, 13, 14]
		交尾場所	0	1	0	[14]
3. 生理形質		CO_2排出日周リズム	0	1	0	[15]

[*1] 表中の数字は, それぞれの結果が得られた比較研究の数を示す. 例えば, 生涯産卵数の数字0, 0, 5は, 5つの報告のすべてが野生虫<増殖虫であったことを示す.
[*2] 時刻については, 不等号の大きいほうが開始時刻が遅いことを示す.
[*3] [1] 仲盛ら (1976), [2] 杉本 (1978), [3] 添盛・仲盛 (1981), [4] 仲盛 (1987), [5] 久場・添盛 (1988), [6] Miyatake (1993), [7] Suzuki & Koyama (1980), [8] Nakamori & Soemori (1981), [9] 添盛 (1980), [10] Nakamori & Simizu (1983), [11] 垣花ら (1977), [12] 添盛・久場 (1983), [13] Kuba & Koyama (1982), [14] Koyama et al. (1986), [15] Kakinohana (1980).

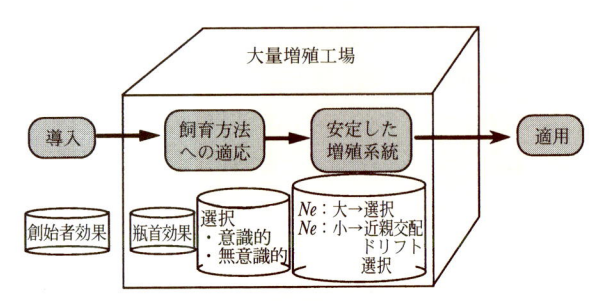

図5-1 量的遺伝学から見た大量増殖昆虫系統の確立と適用のシェマ.

はわからなかった.

　昆虫の飼育過程で形質を遺伝的に変化させるさまざまな要因が考えられる. それらを図5-1にまとめた. 大量増殖を始めるに当たり, まず基礎となる集団を野外から採集してこなければならない [導入]. その際, 基礎集団のサイズが小さいと創始者効果による形質の劣化が問題となる. 野外より採集した虫を大量増殖施設で人工的に飼うと, 飼育方法に適さない虫たちが排除され, 適した個体だけが生き残れる. いわゆる選択が生じる. この選択は人間が意識的に行う場合と, 無意識的に生じてしまう場合とがある. この段階で, 飼育方法に適応した個体の数が極端に少ない場合には, 瓶首効果 (bottleneck effect: 生物の集団サイズが一時的に減少し, 遺伝的浮動の作用が強くなることにより, 集団の遺伝変異の量が減少すること) による形質の劣化が問題になる [飼育方法への適応]. こうして大量増殖法に適した安定して累代飼育のできる増殖系統ができあがる [安定した増殖系統の確立]. いったん増殖系統ができても, その飼育規模の違いによってそれ以降に生じる形質変化の原因が異なる. すなわち, 飼育規模 (厳密には有効集団サイズ Ne) が小さい場合には近親交配やドリフト (遺伝的浮動) といった偶然による要因が強く作用し, 逆に飼育規模が大きい場合には選択の影響がむしろ重要となる. 以上のような影響を受けて形質が遺伝的に変化した大量増殖虫を, 私たちは不妊虫放飼や生物的防除に使用している [適用].

　沖縄本島で現在増殖されているウリミバエについて今述べた要因を検討してみよう. 沖縄におけるウリミバエの増殖については詳しい記録が残されている

(垣花, 1996; 本書第3章). それによると, 沖縄では大量増殖を始める際に, 野外より19,281匹のウリミバエの幼虫をいくつもの畑から採集してきた. したがって, 創始者効果は働かなかったと考えられる. また増殖の初期に飼育個体数が激減したという報告はない. さらに常に数百万という超大量規模で虫を飼い続けてきた. したがって沖縄のミバエ増殖虫に生じた形質の変化には, 少数個体で虫を累代飼育する際に問題となる近交弱勢やドリフトによる形質劣化は問題ではなく, 人工飼育方法に依存する選択による影響が問題となる.

以上のことから大量増殖虫に生じた形質の変化では選択が問題となることがわかった. そこで, 増殖の過程で意識的に選抜された (1) 発育期間と (2) 繁殖開始齢についてそれぞれ人為的に分断選択実験を行った. そのような選択が働いたときに, 選択された形質, あるいは他の形質がどのように変化するかを実験的に再現してみたのである. 量的遺伝学の知識を応用する出番だ. これらの実験結果は, 実際の大量増殖での虫質劣化の防止にフィードバックできるはずだ. まず発育期間に対する選択実験の結果, 次に繁殖開始齢に関する結果について述べよう.

5-4 発育期間に対する人為選択実験

発育期間に対する人為選択実験の結果について述べる前に, 沖縄県の大量増殖で実際に発育期間が短くなった事実について記しておく. 沖縄県の大量増殖施設では, ウリミバエをできる限り早く生産するために, ゆっくりと発育する数パーセントのウリミバエを毎世代捨てながら生産している. この影響が実際に大量増殖虫の発育期間にどのように影響するか調べるには, 大量増殖の過去のデータを見ればよい. 沖縄県の大量増殖施設では, 増殖虫のさまざまな形質についての貴重な記録が毎年「沖縄県ミバエ対策事業所事業報告書」という形で保存されている. この報告書には, どれだけのウリミバエを毎世代捨てたか, 何日目に培地から飛び出した虫の割合は, といった詳細なデータが世代ごとに記されていて, それらのデータから実際の大量増殖虫の幼虫期間を計算できる. 私は, 沖縄県ミバエ対策事業所 (当時) の山岸正明さんの協力を得て, 沖縄県で増殖されたウリミバエの世代数と幼虫期間の関係を調べてみた. その結果, 野外より導入した当初は約8日であったウリミバエの幼虫期間は, 導入

後10世代程度で約1日半短くなり，6.5日程度に短縮していた．また量的遺伝学的な解析によって，この短縮は，環境分散ではなく，遺伝分散の減少によって生じたことが明らかとなった (Miyatake & Yamagishi, 1999). さらに，野外より導入後40世代を経過した大量増殖系統と，野生系統のウリミバエの発育期間を実験室で精密に比較したところ，やはり大量増殖系統の発育期間は野生系統に比べて1日程度短いこともわかった (Miyatake, 1993).

　これらの結果は，飼育培地に残されたゆっくりと発育する幼虫の切捨てが，人為的な選択圧として実際に働き，大量増殖の過程で早く発育するウリミバエを選択していたことを意味する (Miyatake & Yamagishi, 1999). 早く発育するウリミバエを増殖することは，大量増殖の効率化にとって必要なことだが，この意識的にかけられた人為選択によって他の形質も変化してしまわないだろうか？　それを明らかにする目的で，実験的にウリミバエの発育期間に対して人為選択実験を行った．これが沖縄県農試に赴任して私が最初に取り組んだ実験である．1990年の初夏であった．

　人為選択は次のように行った．まず1,600個程度の卵を400 mlの人工培地に接種し，そこで発育した幼虫のうち最も早く羽化した雌雄それぞれ50個体を繁殖させた集団（ショート系統）と，最も遅く羽化した雌雄それぞれ50個体を繁殖させた集団（ロング系統）を作った．これらの集団から同じように採卵し，ショート系統では最も早く，ロング系統では最もゆっくり発育した雌雄50個体を毎世代繁殖させた．このような人為選択方法を，分断選択，あるいは2方向人為選択と呼ぶ．約2年かけて20世代以上発育期間を両方向に分断選択した（選択方法と結果の詳細についてはMiyatake, 1995を参照）．その結果，両方の集団は選択によく反応し，20世代の選択のあと，ロング系統の発育期間は32日以上に達し，ショート系統の約16日と比べて2倍も長くなった．同様の実験は，2回繰り返したが，2回とも結果は同様であった．この繰り返しには大切な意味がある．もし選択実験を1回だけ行ったとすると，得られた結果が選択の効果ではなく，ドリフト（＝遺伝的浮動）によって生じたという可能性を排除できないからである．また，選択実験に用いた集団（基礎集団と呼ぶ）を，選択をかけずに維持しておき，その集団の発育期間も測定した．この選択をかけていないコントロール区の発育期間は，ショート

系統とロング系統の間に位置したことから，ショート系統もロング系統もともに選択によく反応したことがわかった．このように選択実験では，基礎集団というコントロールをとっておくこともまた重要である．

さて，ショート系統とロング系統では，発育期間のほかに，直接選択しなかった別の形質も相関して変化していた．相関反応と呼ばれるこれらの結果を表5-2にまとめた．ロング系統はショート系統に比べて，幼虫期間と蛹期間が長く，成虫になるまでの死亡率が高い一方で，体サイズが大きくなっていた(Miyatake, 1995)．しかし，産卵前期間，初期繁殖力，生涯産卵数，寿命，交尾前期間，生涯交尾数など，成虫になってからの生活史形質には両系統で違いはなかった(Miyatake, 1996)．一般に，昆虫では体サイズの大きなオスはよく交尾できる傾向があるし，体サイズの大きなメスはたくさんの卵を産むことができる．したがって，発育期間の短くなった体サイズの小さな大量増殖虫は，交尾競争において不利な可能性がある．実際にウリミバエでも体サイズの大きなオスほどよく交尾できるという結果があるが(仲盛，未発表)，このことが不妊虫放飼法に及ぼす影響についてはよくわかっていない．

ショート系統とロング系統を毎世代飼育しているうちに，私はあることに気づいていた．ウリミバエは，1日のうち夕方にだけ交尾が生じる．雌雄は1日の日暮れの時間帯にしか交尾しない．ショート系統のオス成虫は，毎日規則正しく夕暮れ時になると翅を振るわせてメスに求愛行動を行い，メスが求愛を受け入れれば日没前に交尾に至る．ところがロング系統では，夕刻にまったく交尾が生じないのだ．不思議なことに，それにもかかわらず，毎世代，卵が産まれて次の世代を飼うことができる．想像もつかなかったが，何かおかしなことが起こっているに違いない．そこで私は何人かの先輩研究員にこの謎について相談をもちかけた．ある人からは「君はおそらく異常なハエを作ってしまったのだ．そんなことをやるよりも，もっと役に立つことをやったほうがよいのでは？」といわれた．善意からの助言であることはわかっている．確かにそのとおりなのかな，とも思った．しかし，当時ミバエ研究室の室長で私の上司であった川崎建次郎さんには，「きっと面白いことが隠されているに違いないからがんばってごらん」といっていただいたし，研究室や職場は異なったが先輩研究員であった新垣則雄さんや小濱継雄さんた

表5-2 繁殖開始齢および発育期間に対する選択に見られた相関反応.

選択した形質	相関反応	系統 ショート		系統 ロング	出典[*1]
1 発育期間	産卵前期間		=		[1]
	初期繁殖力		=		[1]
	生涯総産卵量		=		[1]
	寿命		=		[1]
	交尾前期間		=		[1]
	生涯交尾回数		=		[1]
	幼虫期間	短い	<	長い	[2]
	蛹期間	短い	<	長い	[2]
	成虫前死亡率	低い	<	高い	[2]
	体サイズ	小さい	<	大きい	[2]
	交尾開始時刻	早い	<	遅い	[3]
	体内時計の周期	短い	<	長い	[4]

選択した形質	相関反応	系統 ヤング		系統 オールド	出典[*1]
2 繁殖開始齢	寿命	短い	<	長い	[5]
	産卵前期間	短い	<	長い	[5]
	初期繁殖力	強い	>	弱い	[5]
	生涯総産卵量		=		[5]
	卵孵化率		=		[5]
	幼虫生存率		=		[5]
	幼虫期間	短い	<	長い	[5]
	交尾開始時刻	早い	<	遅い	[6]
	体内時計の周期	短い	<	長い	[6]

[*1] [1] Miyatake (1996), [2] Miyatake (1995), [3] Miyatake (1997b), [4] Shimizu et al. (1997), [5] Miyatake (1997a), [6] Miyatake (2002b).

ちは「明け方に交尾がシフトしてしまったのかもしれないさあ」とか,「案外,単為生殖になってたりして」とか冗談をいいながらも,まじめにこの現象を面白がっていただいた.沖縄県の病害虫研究の仲間たちには,研究室や職場を越えて自由に意見をいい合う雰囲気があってとてもよかった.このような助言に励まされ,「いずれにせよ交尾しないというのは不妊虫放飼にとって大問題であるはずだ.きっと面白い何かがあるに違いない」と信じることとした.そしてまずはいつ交尾が生じるのか,まる2日観察してみようと考えた.この二晩寝ずの観察が,その後の私の研究のブレークスルーにつながることとなった.1992年6月29日の夜であった.

この晩私は,ロング系統の雌雄が夜中に交尾しまくっているのを目撃することになる.その日の午前中にショート系統とロング系統の雌雄を一対ずつ

ペアにして小さなプラスチックカップに入れ，午後から30分おきに交尾を観察した．実験室には，何本もの蛍光灯をつけ夕刻になるとそれぞれ一定時間おきに少しずつ消えるようにして人工的な薄暮状態を作った．さてショート系統は夕方になると規則正しく交尾を始め，完全に暗くなる前にほとんどのペアが交尾した．一方，ロング系統は日が暮れても交尾する気配はない．消灯後はハエが光だとは感じない赤色灯を用いて交尾を観察した．すると消灯2時間後に，ロングの一ペアが交尾した．その後次々とロング系統の雌雄は交尾し，暗闇の中で6時間ほどかけてほとんどのペアが交尾した．同じ現象は翌晩も観察された．ロング系統では交尾が夜中にズレていたのだ！　もちろんこの交尾時刻のズレは，繰り返しとして作った二つのロング系統でともに同様に観察された．また雌雄別々にカップに入れてもそれぞれの性で独立して同様の現象が見られた．すなわち，雌雄単独でもロング系統はショート系統に比べて夜間に活発に活動し，特にロング系統のオスの求愛行動はメスが不在でも夜間に完全に移行していた．幼虫の発育期間と成虫の交尾時刻という，一見無関係の形質に相関があるなどということは，そう簡単には信じられない．心配だったので何度も実験してみたが，何度やっても結果は同じであった．ウリミバエでは発育期間に選択をかけると交尾時刻が相関して変化するのだ．これらの結果は，Miyatake (1997b) にまとめて書いた．

　ここに至って，増殖されたウリミバエの交尾時刻が野生虫に比べて40分早くなったという先人の観察結果 (Suzuki & Koyama, 1980) の謎解きに光がさした気がした．大量増殖の際の選択は，ショート系統の人為選択に近い効果をもっている．大量増殖における生活史形質に対する人為選択が，増殖虫の交尾時刻を早めたのではないか？　では，交尾時刻が早くなった増殖虫の体内ではどのような変化が生じていたのか？　体内リズムに異変が生じているのではなかろうか？　興味は尽きなかった．ただこれはそれまで自分が勉強したことのない昆虫生理学の問題だろうし，農業試験場で研究するには基礎的な研究課題すぎるかもしれない．しかし交尾時刻の変化は不妊虫放飼法にとって特に重要である．大量増殖虫と野生虫の交尾時刻が異なっては，放飼オスが野生メスと交尾できず不妊虫放飼法自体が成り立たない．もう少しこの問題に首を突っ込んでみようと考えた．

5-5　測時機構の変化，そして体内時計遺伝子へ

　発育期間を人為的に選択するとなぜ交尾を開始する時刻が変化するのだろうか？　答えはミバエの体内時計を支配する時計遺伝子にあった．生物は体の中に時を測る機構，いわゆる体内時計を備えていて，それによって1日24時間の明暗周期と自分の体内リズムを同調させている (富岡ら, 2003; Saunders, 2002)．当時すでに，ショウジョウバエ，クラミドモナス，アカパンカビ，ハムスター，シアノバクテリア，シロイヌナズナなどで体内時計の周期を変える変異体が発見されていた (Shimizu et al., 1997)．ショウジョウバエでは*period* (*per*) と名づけられた遺伝子内のそれぞれ一つの塩基の突然変異によって，体内時計の長さが短くなったり，長くなったりすることがわかっていた (Konopka & Benzer, 1971)．ウリミバエのショートとロングでも体内時計に変異が生じた結果，交尾時刻が異なってしまったのではないだろうか？

　ウリミバエの体内時計研究に首を突っ込むきっかけを与えてくれたのは，沼田英治さん (大阪市立大学) だ．学会で沖縄にこられた沼田さんを案内してカメムシの調査をしていたときに，ウリミバエの交尾時刻の変化について話しをした．するとタマネギバエの羽化リズムを研究している芦屋大学の渡康彦さんと新井哲夫さんに聞いてみたらよいだろうとのこと．それならと早速，1994年の6月に芦屋大学を訪問し，ショート系統とロング系統の羽化リズムと歩行活動リズムについてお二人の先生方と共同研究することとなった．さらに当時，弘前大学で博士を取得して行く先の決まっていなかった清水徹さんが1995年の4月に沖縄に1年間バイトにきてくれることになった．清水さんは概日リズムの計測方法に詳しく，アクトグラフと呼ばれる活動性を調べる装置を組み立ててミバエの体内時計リズムを解析してくれた (Shimizu et al., 1997)．アクトグラフは，昆虫の活動を光電センサーを使って調べる装置で，透明のプラスチック製バイアルビンの中にミバエを一匹入れる．バイアルビンの両側にそれぞれ光電センサーをつける．光電センサーからは赤外線が流れそのビームをミバエが横切ると，ビームが遮断される．その信号をコンピュータで取り込み，ミバエが時間当たり何回そのビームを遮断したかを6分ごとに計測し，ミバエの活動量を何日間も連続して計測するという装置

5-5 測時機構の変化，そして体内時計遺伝子へ

である．解析の結果，ウリミバエの体内時計の周期の長さ（これをτという記号で表す）は，ショート系統のハエで平均22時間だったのに対し，ロング系統ではなんと平均31時間であることがわかった（図5-2；Shimizu et al., 1997）．これはロング系統のミバエでは1日の長さが非常に長い体内時計をもっていることを意味する．普通，生物の体内時計の長さは24時間前後であり，ウリミバエの大量増殖虫も平均するとほぼ24時間の体内時計をもっていた．ただし大量増殖虫の体内時計の周期長の変異は非常に大きく，21時間程度のものから30時間以上のものまで存在した．野外の生物の体内時計のばらつきがこれほど大きいことは珍しく，大量増殖されたウリミバエでなぜこれほど

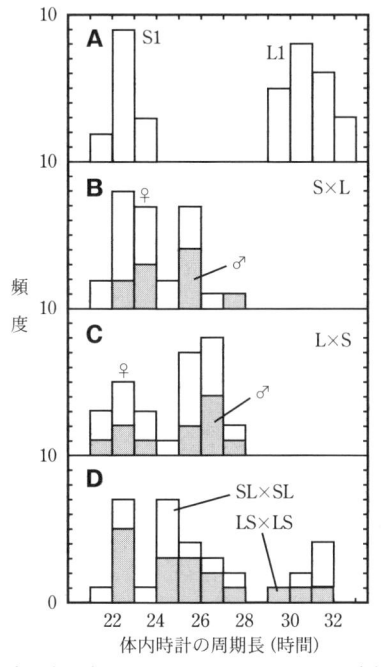

図5-2 発育期間に2方向分断選択をかけたウリミバエとその交雑個体（S×L：ショート系統のメスとロング系統のオスとの交配を示す）の概日周期の長さ．Aのグラフはショートとロングの親個体，B，Cの二つのグラフはF1個体（それぞれ正逆交雑の結果），DはF2での概日周期長の形質分離を示す．S1はショート系統，L1はロング系統，棒グラフの□はオス，■はメスの結果を示す（Shimizu et al., 1997; *Heredity*, **79**: 600-605より）．

大きなばらつきが体内時計の周期長（τ）に見られるのかについては大変興味深い現象である．この幅広いばらつきのうちショート系統では体内時計の短い集団が選抜され，ロング系統では長い集団が選抜されていたことになる．結局，発育期間の人為選択によって，発育期間の短い方向に選択した集団は体内時計の周期の短い特質をもっており，発育期間の長い方向に選択した集団は体内時計の長い特質をもっていたというわけだ．

　次にショートとロングの体内時計の周期の長さを決めている遺伝的背景を調べてみた．清水さんと私はショートとロングを交配させて，そのF1とさらにF1どうしを交配させたF2の集団について再びアクトグラフを用いて体内時計の長さを測定した（Shimizu et al., 1997）．オス親をショートにした場合もロングにした場合も，どちらでもF1集団のτは23時間から28時間となり，若干ばらつきはあるもののショートに近い部分優性を示した．またF2集団でのτの分離には，三つのピークが見られ，短いτのピークはショート系統と，長いτのピークはロング系統と同じであった（図5-2）．このことはこの時計変異体の遺伝様式が，メンデルの分離の法則にほぼ合致する，つまりウリミバエの体内時計を支配する主遺伝子の存在を示唆している．またF1集団のτにおいて，ショートとロングのどちらをオス親にした場合にも，τの値は変わらなかったことから，ウリミバエの体内時計を支配する主遺伝子は，性染色体ではなく，常染色体に存在することがわかった．ウリミバエでは発育期間を選択することで，体内時計の長さが相関して変化した．これはウリミバエの体内時計を支配する遺伝子が，歩行活動の概日リズムと発育期間という二つの形質に多面発現的に影響を及ぼすこともまた示唆している．いいかえると，発育期間をコントロールする成長の時計と，概日リズムを支配する体内時計という二つの性質の異なる時計が，遺伝的にリンクしていることになる．

　では，ウリミバエの歩行リズムを支配しているこの主遺伝子が，ウリミバエの交尾時刻も支配しているのだろうか？　ショウジョウバエの体内時計変異体では，羽化やオスが発する求愛歌の翅振動リズムも相関して変化していることが知られている（Konopka & Benzer, 1971; Kyriacou & Hall, 1980）．厳密には，ウリミバエの交尾リズムの変化を調べるためには，交尾活動だけを

検出できるようなアクトグラフを作成し，交尾活動の自由進行周期が変化していることを確かめる必要があろう．これはまだ実現できていないが，歩行活動リズムの体内時計が交尾時刻も支配する仕組みを示すモデルについてはMiyatake (2002a) に書いた．

さて，ここまでくればウリミバエの体内時計を支配する遺伝子探しだ．しかし遺伝子解析などやったことがない．私を遺伝子研究の世界に導いてくださったのは，九州大学の谷村禎一さんだった．1996年，私は上述した研究と後で述べる研究をまとめて，伊藤嘉昭さんの薦めをいただき九州大学理学部より学位を取得できた．この学位論文が，九州大学でショウジョウバエの時計遺伝子の研究をされていた谷村さんの目にとまり，共同研究の声をかけていただいた．それから谷村さんの研究室で分子生物学を勉強されていた松本顕さんといっしょにウリミバエのショートとロングのリズムを支配する時計遺伝子を探す研究が始まった．キイロショウジョウバエではすでに体内時計をつかさどる*period*遺伝子の塩基配列がわかっていた．そこでまず*period*遺伝子が翻訳するPERIODタンパク質と相同のタンパクがウリミバエにも存在するかどうかをウェスタンブロッティングという方法を用いて調べた．その結果，ウリミバエにもPERIODタンパク質の存在が確かめられ，その発現量は1日のうちで周期変動することがわかった．そこでウリミバエのピリオド遺伝子をクローニングし，塩基配列の一部を読んで*period*遺伝子のmRNAの発現を調べるためのウリミバエ*period*遺伝子のプライマーを作成した．このプライマーを用いて，ウリミバエを4時間おきに3日間サンプリングし，頭部をすりつぶして*period*遺伝子のmRNAの発現量を調べた．

2000年10月に私は沖縄県から岡山大学に転任していたので，ウリミバエのサンプリングは私が出張で沖縄に行き，沖縄県農業試験場の松山隆志君といっしょに行った．凍結したサンプルは，九州大学に空輸して松本さんが解析した．その結果，全暗条件で，ショートのウリミバエの*period*遺伝子mRNAは約22時間周期で変動し，ロングでは約30時間周期で発現が変動することが確かめられた (Miyatake et al., 2002)．

この結果は，ウリミバエのショートとロングの体内時計の長さをつかさどる原因が，*period*遺伝子の違い，もしくは*period*遺伝子と関連する時計遺伝子

群のどれかの遺伝子の違いに依存することを示している．時計遺伝子群と書いたが，1個の機械時計を動かすのにたくさんの部品が必要なのと同じように，現在では，生物の体内時計を動かすのにもたくさんの時計に関連した遺伝子が部品として機能していることがわかっている（谷村・松本, 2004）．現在，体内時計を構成する遺伝子には，*period* のほかに *timeless*, *clock*, *cycle* など多数の遺伝子があることがわかっている．*period* と *timeless* 遺伝子は，*clock*, *cycle* 遺伝子が作るタンパク質CLOCK，CYCLEによって活性化され，mRNAに転写される．その後，mRNAはPERIODとTIMELESSタンパク質に翻訳される．これらのタンパク質の合成量は夜間に増加し，PER-TIMの2量体がCLOCKとCYCLEによる転写を抑制する．この制御によりmRNAが減少し，PER-TIMタンパク質量も減少する．タンパク質が少なくなると抑制がかからなくなるので，再び合成が活発に行われるという仕組みで，遺伝子発現が周期的に起こると説明されている．

このほか合成されたタンパク質を分解する過程では *cryptochrome* という光入力感受系の遺伝子や，タンパク質をリン酸化させて分解する *doubletime* や *shaggy* などの遺伝子群も関与している．これら一連の合成・抑制の過程をフィードバックループと呼び，生物リズムが生じる基本的な機構だとされている．最近，キイロショウジョウバエでは，このようなフィードバックループが複数個存在し，それぞれのループがCLOCKとCYCLEを共通の転写因子として組み込むことによってリズムが形成されると考えられている（谷村・松本, 2004; Matsumoto et al., 2007）．ループを構成する遺伝子は動物の種類によって多少異なるものの，このようなループは哺乳類をはじめ動物界に広く見られ，生物時計の基本的な分子メカニズムと考えられている（岡村・深田, 2004）．

2008年の春を迎えた現在も，引き続き松本顕さんたちといっしょにウリミバエのショートとロングの体内時計の違いを引き起こすメカニズムについて，ウリミバエの *period*, *doubletime*, *cryptochrome*, *shaggy*, *cycle*, *clock* などの時計遺伝子の分子生物学的解析を続けている．ウリミバエの時計変異体のリズムを支配するメカニズムは，キイロショウジョウバエで発見されたような *period* 遺伝子内の点突然変異ではない可能性もあり，近い将来，生物時計を支配する新しい遺伝変異の仕組みについて発表できるかもしれない．

結局，発育期間を人為的に選択すると体内時計をつかさどる遺伝子に変化が生じ，その結果ウリミバエの交尾開始時刻が変化することがわかった．後の章で述べるように，この変化はウリミバエの不妊虫放飼法にとって重要な問題である．また応用面だけでなく，交尾する時刻が変わるとウリミバエの集団間で交尾が生じなくなるために交尾前生殖隔離を引き起こしうることになり，種分化における基礎研究にも一石を投じる発見につながった(Miya-take & Shimizu, 1999; Miyatake et al., 2002)．応用という本書の意図からは少しずれるので詳しくは別の機会に述べる(宮竹, 2006)が，生殖隔離との関連についてここでも少し述べておこう．

生殖隔離のメカニズムはいくつもある (Howard & Berlocher, 1998; Coyne & Orr, 2004)．最も有名なのは地理的隔離であろう．例えば，ある生物集団が地理的に隔離された小さな二つの集団に分けられたとする．長い年月この状態が続けば両集団は遺伝的に異なったものに進化し，再び同じ地域に生息するようになっても交雑できなくなり種分化に至る場合がある．ガラパゴスフィンチやゾウガメが代表的な例だ．これらは集団が空間的に隔離されるケースであるが，集団は時間的にも隔離されうるだろう．すなわち集団間で繁殖する季節や1日のうちの交尾する時刻が異なるならば，集団間の雌雄は互いに交配できないだろう．繁殖する季節が近縁種間で異なり生殖隔離が生じているとされる例は，花の開花時期 (Mosseler & Papadopol, 1989) や，セミ (Lloyd & Dybas, 1966)，アブラムシ (Abbot & Withgott, 2004)，リンゴミバエ (Feder, 1998) の交尾時期などで報告されている．もっと短い時間周期，すなわち，1日のうちの交尾時刻の違いが同種の集団間あるいは近縁種間の遺伝子流動を妨げている事例もまた，ガ (Pashley et al., 1992) やクインスランドミバエ (Meats et al., 2003) などで報告されている．さらにサンゴの配偶子放出時刻 (Levitan et al., 2004) やサケなどの魚の繁殖のタイミング (Quinn et al., 2000) も近縁種間で異なり生殖隔離が生じている．これらの事例は，まとめて異時的生殖隔離 (allochronic reproductive isolation) と呼ばれている．しかし，ある集団からどのようにして繁殖のタイミングの異なる別の集団が生じるのか，また体内時計をつかさどる遺伝子と繁殖のタイミング，および生殖隔離との関係について詳細に研究された事例はこれまでなかった．

ウリミバエの時計遺伝子の研究は，体内時計を支配する*period*遺伝子群が，発育期間に対する選択の影響をうけ，その結果，交尾時刻を変化させることを示した．もしこれと同じ機構が他の生物でも見られるなら，例えば，ある昆虫が新しい植物に寄主を転換させると発育期間や繁殖開始齢などの生活史形質に自然選択がかかる．その副産物として結果的に交尾時刻が変化し，もとの集団と交尾できなくなることが普遍的に生じる可能性がある．すなわち，生活史形質と測時機構との遺伝相関が生殖隔離を加速させる可能性が出てくる (Miyatake & Shimizu, 1999; Miyatake, 2002a)．このアイデアは種分化の解明に取り組んでいる研究者たちの目にとまり，種分化を論じたいくつかの教科書に紹介された (Schluter, 2000; Schilthuizen, 2001; Coyne & Orr, 2004; Dickmann et al., 2004)．近年，ショウジョウバエでも*period*遺伝子がメスの交尾時刻を支配していることが明らかにされ (Sakai & Ishida, 2001; Tauber et al., 2003)，またクインスランドミバエでは*period*遺伝子と同じフィードバックループ上で機能する*cryptochrome* (*cry*) 遺伝子が近縁種間との生殖隔離に関与する可能性が指摘された (Ann et al., 2004)．時計遺伝子と種分化の関係という新しい研究領域が開かれつつある．

5-6　繁殖と寿命のトレードオフ

ウリミバエの大量増殖過程で意識的に人為選択されたもう一つの形質は，初期繁殖力，すなわち「若いときに沢山卵を産む」という性質である．大量増殖の効率化のためには，これは避けられない選択であった．大量増殖でなくとも，一般に実験動物を飼う際には，飼いやすい形質を選抜する傾向があり，その結果，あまり卵を産まないメスの遺伝子は累代飼育の過程で捨てられることはよくあると思う．沖縄県のウリミバエ大量増殖施設でも，成虫齢の若いときにたくさんの卵を産むウリミバエを意識的に選んで次世代の卵としていた (仲盛, 1988)．この作業は，早くたくさんの不妊虫を作るには必須な作業であった．この選択の効果は数世代で現れた．増殖虫の若い齢での産卵量は5～6世代で爆発的に増加し，週に2億匹ものウリミバエの生産が実現できた．

沖縄県の大量増殖虫では，初期繁殖力の増加と反比例するかのように，寿命の短縮が生じていた (Kakinohana & Yamagishi, 1991)．鹿児島のウリミバ

工増殖工場で当時並行して増殖されていたウリミバエの増殖虫においても，増殖世代に伴う初期繁殖力の増加と寿命の低下が観察された (Suenaga et al., 2000)．これらの結果は，大量増殖における産卵量の増加と寿命の低下が，ウリミバエで一般性をもつことを示している．野外に放飼したウリミバエの寿命が短くなると，放飼虫が野生虫と交尾できる期間が短くなり不妊虫放飼の効率低下につながりかねないので，根絶事業において問題となっていた．

初期齢における繁殖量の増大と寿命短縮には何か関係があるのだろうか？これは生物の生活史の進化理論と深くかかわる問題である．生物の産卵数や体サイズ，寿命などの形質は，それぞれ独立に存在するのではない．互いの形質は，表現型のうえでも，遺伝的にも密接に関連しながら存在する．その関連の仕方には，一つの大前提がある．それが形質間のトレードオフという制約である (Stearns, 1992; Roff, 2002)．生物個体が活用できるエネルギー量は限られている．その限られた資源を，どのような戦略に割り振るべきか，生物個体は常にその選択にせまられつつ生活している．例えば，産むことのできる卵の全量を今すべて産んでしまうべきか，それとも少しずつ小分けにして産むべきか，もしくは今は生存にエネルギーを投資してあとで卵を生むべきかという選択，産卵するときに1個の大きな卵を産んで大切に育てるか，小さな卵をたくさん産んで危険を分散するべきかという選択といった具合である．生物は，両方を一度に実現することはできない．こちらを立てればあちらが立たずという制約のもとで生活している．これがトレードオフである．

初期齢での繁殖力と寿命（生存）もまた，トレードオフの成立する形質群である．若いときにたくさん卵を産むという形質と，長生きするという形質は両立できない．これは繁殖のコストと加齢（エイジング）の問題とも呼ばれ，数多くの研究がなされてきた (Zwaan, 1999)．加齢という現象に対して，初めて進化的説明を与えたのは Haldane (1941) であった．この問題について，理論的には二つの説明が与えられている．一つは Medawar (1946, 1952) と Williams (1957) による説明で，拮抗的多面発現仮説 (antagonistic pleiotropy) と呼ばれる．これは生存と高齢での繁殖力が，若いときの繁殖力（＝初期繁殖力）または成虫になる前の適応度を犠牲にして成り立っているというものだ．つまり初期繁殖力と寿命の間には遺伝的なトレードオフがあるとする考

え方である．この考え方では，初期繁殖力と寿命に負の遺伝的な連鎖がある と考えてもよいし，あるいは初期繁殖力をアップするが寿命は短くするという効果をもつ1個（あるいは1群）の遺伝子があると考えてもよい．もう一つの理論的説明は，有害突然変異蓄積仮説（deleterious mutation accumulation）で，Medawar (1946, 1952) が提唱した．この考えでは，生活史の後半に有害な突然変異の発現が頻繁に生じるようになり，加齢はその突然変異の蓄積による現象とされる．この有害突然変異による個体へのダメージの蓄積によって寿命が決まる．寿命理論の問題は，その後50年以上を経過した現在でも論争が続いているが，それは理論的に二つの説明が対立しているかのように考えられていたためでもある．この二つの理論は必ずしも排他的なものではなく，寿命の決定には両方の効果が働いていると考えられている．

　二つの理論のうち，拮抗的多面発現仮説について実験的に証明するために，コクヌストモドキとキイロショウジョウバエを用いて多くの人為選択実験が試みられてきた（Zwaan, 1999）．もし拮抗的多面発現が加齢の進化に重要な役割を果たしているなら，初期繁殖力の低下は寿命の増加を導くだろう．したがって，初期繁殖力を高めるように人為選択された系統では，寿命は短くなると予測できる．反対に，人為選択によって初期繁殖力を低下させた集団では，後期繁殖力が上昇し，寿命も延びるであろう．

　当時，キイロショウジョウバエを用いてこのトレードオフを検証しようとした人為選択実験の結果はまちまちであった．ある実験では遺伝的トレードオフが検出され，別の実験では検出できなかった．ウリミバエにおいてはどうなのか？　確かめてみる必要があった．そこで，1992年の7月からウリミバエの産卵タイミングに対して人為選択をかける実験をスタートさせた（Miyatake, 1997a）．この実験によって，ウリミバエの寿命を延ばすことができれば，大量増殖虫の寿命低下を防げるかもしれない．

　産卵スケジュールに対して二つの方向に分断選択をかけた．一つは，毎世代，成虫の羽化後10～15日以内に産まれた卵だけを使って繁殖させる系統で，ヤング系統と呼んだ．もう一つは，羽化後55～60日を経過した時点でメスが産んだ卵だけを使って毎世代繁殖させたオールドという集団である．ここでも実験結果がドリフトによって偶然に生じたものという可能性を否定するため

に，人為選択は3回独立に繰り返しを行った．その結果，ヤングとオールドについてそれぞれ三つの集団を作成した．この方法によって，ヤングを24世代，オールドを9世代飼ったのち，寿命や繁殖力を比較した．その結果，三つの繰り返しのすべてにおいて，ヤングの寿命は平均10週程度であり，オールドの平均寿命約15週に比べて著しく短命であった．さらにヤングのメス成虫は羽化後1～7週間くらいまでたくさんの卵を産み続け，その後産卵量は激減して，20週ころにはすべて死に絶えた．これに対して，ロングで最も長生きした個体は25週以上生存したが，その間に生涯少しずつ産卵が続いた．このようにヤングとオールドは，産卵のスケジュールがまったく異なっていたにもかかわらず，生涯に産んだ総卵数には違いがなかったのである．すなわち，一生の間に使うことのできるエネルギーには変化がなく，それを若いときにたくさん卵を産むことに使い切ると早死にし，逆に少しずつ卵を産んでエネルギーを温存させると長生きできるというわけだ．ウリミバエでも初期繁殖と寿命の間にトレードオフが存在することが証明できた．さらにこのトレードオフは，人為選択によって達成されたものであり，遺伝的な基盤をもっている．すなわち遺伝的なトレードオフであった (Miyatake, 1997a)．

　ではこれらの結果は，実際の大量増殖にも反映されるのだろうか．ミバエ対策事業所 (当時) の山岸さんと垣花さんは，500万匹の大量増殖成虫を，飼育方法の異なるそれぞれ250万匹からなる二つの集団に分けていた (Kakinohana & Yamagishi, 1991)．一つの集団では，羽化後2～6週目までの間に産まれた卵をミックスさせ，そこから任意に次世代の卵を選んで飼い続ける方法であり，もう一つは羽化後5週目と6週目のメスが産んだ卵だけを採卵し続ける方法である．後者はオールド系統の繁殖様式と似ている．この両集団の成虫寿命を統計的に比較してみた結果，実際のウリミバエ大量増殖においても，より高齢で産卵させて累代増殖したウリミバエが，若齢で繁殖させた集団に比べて一貫して寿命が長いことが明らかとなった (Miyatake & Yamagishi, 1993)．実験室で行った基礎的な人為選択実験の結果が，実際の大量増殖においても再現され，増殖虫の寿命低下を防止できることがわかった．

　前に提唱した二つの理論，拮抗的多面発現仮説と有害突然変異蓄積仮説の証明は，今後どのようになされるのだろうか．分子生物学がさらに進歩し，

繁殖力や寿命に直接大きな効果をもつ遺伝子が特定され，それらの遺伝子の多面発現的な機能が分子レベルで明らかにされるか，もしくは全ゲノムが特定されたキイロショウジョウバエのようなモデル生物において，突然変異が加齢に及ぼす分子生物学的なメカニズムが明らかになれば，二つの理論がそれぞれ実際にどの程度，寿命の低下に関与するのか明らかになるのかもしれない．今後の基礎研究に期待したい．

　ウリミバエで人為選択を行ったヤング系統とオールド系統では，他の形質についても比較実験を行った．その結果は表5-2に示したが，ヤングとオールドでは，卵の孵化率には違いがないこと，幼虫時の生存率にも違いがないことがわかった．しかしヤングのほうがオールドに比べて幼虫期間が短くなっていた (Miyatake, 1997a)．幼虫期間，つまり発育期間の変化は，ここでも体内時計と交尾時刻に影響を及ぼさないだろうか．そこでヤングとオールドの交尾時刻と体内時計の周期長についてアクトグラフを使って比べてみたところ，予測したとおりオールドはヤングに比べて遅い時刻に交尾し，さらに体内時計の周期長もヤングの約23時間に比べてオールドは約27時間とずいぶん長くなっていた (Miyatake, 2002b)．

　以上の結果をもとに，次の節では，ウリミバエの生活史形質と行動形質の遺伝的なつながりについて考察し，それがどのように不妊虫放飼法とかかわるのかについて考えたい．

5-7　生産効率と防除効率のトレードオフ

　生物の形質は互いに関連している．例えば，背の高い人は腕も長い傾向があるだろうし，体サイズの大きなメスは小さなメスに比べて産卵数が多いだろう．このような関係を形質間の表現型相関と呼ぶ．この相関に遺伝的基礎がある場合に，それは遺伝相関と呼ばれる．遺伝相関は，一つの遺伝子が二つ以上の形質に対して発現するために生じる場合（遺伝子の多面発現）と，二つの異なる遺伝子が連鎖して発現するために生じる場合とがある．遺伝相関は，複数の形質について血縁個体の類似性を調べる親子回帰やシブ解析などの方法によって，あるいは人為選択実験によって推定することができる (Falconer & Mackey, 1996; Lynch & Walsh, 1998)．これまでに生活史または形態形質

5-7 生産効率と防除効率のトレードオフ

の間や，生活史と行動形質との間に遺伝相関の見られることがさまざまな生物で調べられている (Boake, 1994; Roff, 1997).

沖縄で増殖されたウリミバエ集団における形質の相関関係を図5-3にまとめた (Miyatake, 1998). 調べた形質は，寿命・繁殖開始齢・発育期間・自由進行周期（＝体内時計の周期長）・交尾開始時刻の五つであった．このうち沖縄県における大量増殖の過程で，大量増殖の管理者が生産の効率化のために意識的に選択した形質は，繁殖開始齢と発育期間であった.

まず繁殖開始齢については，自然界では極端と考えられるほど齢の若いメスのみから採卵を続けた結果，大量増殖虫は野生虫に比べて繁殖開始齢が早くなった．若いときに多く卵を産むことは生存に対するコストとなるために寿命が短くなる．前述したようにこの関係を繁殖と寿命のトレードオフというが，このトレードオフが遺伝的基盤をもつために大量増殖虫の寿命が世代を重ねるにつれて短くなったと考えられた (Miyatake, 1997a). 大量増殖の生産効率上，若いうちからたくさん卵を産むという形質は必須のものであったが，それが遺伝的なリンクを介して短命化を招いてしまった．すなわち生産効率と防除効率はトレードオフの関係にあるといえる．ただし沖縄で生産されたウリミバエは，寿命が短くなったといっても，それでも数週間は生存できる．また大量増殖虫は野生虫よりも，性成熟も早くなっているので交尾を

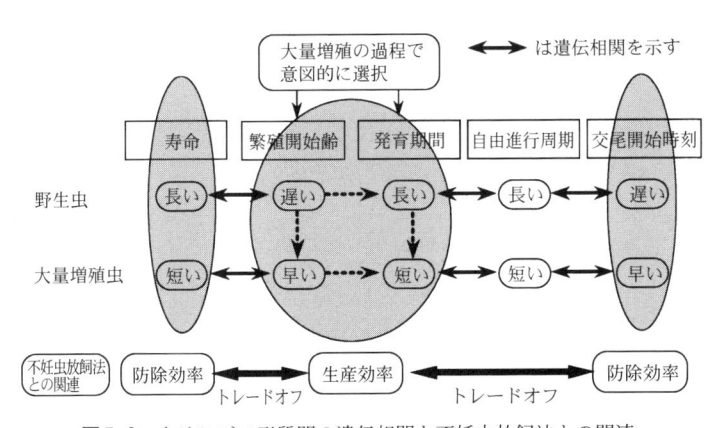

図5-3 ウリミバエ形質間の遺伝相関と不妊虫放飼法との関連.

始める齢も若い．したがって，寿命の短縮が不妊虫放飼効率に深刻な影響を与えることはなかったのであろう．

次に，大量増殖の過程で早く発育する個体を意識的に選んで繁殖させたために発育期間が短くなった点について考えよう．発育期間は複数の遺伝子に支配される形質であるが (Miyatake, 1997b)，その遺伝子群のうち1個の遺伝子が体内時計をつかさどる遺伝子であった．この対立遺伝子の頻度が発育を早くする方向にシフトしたため，大量増殖虫の概日周期の長さ（自由進行周期）が野生虫に比べて短くなったと解釈できる．そしてこの時計遺伝子の多面発現効果によって，増殖虫では野生虫に比べて交尾開始時刻が早くなった．これは前に述べたとおりである．繰り返しになるが，ウリミバエは1日のうちの交尾開始時刻が決まっていて，夕方にだけ交尾する．不妊虫放飼法は，不妊化して放飼したオスを野生メスと交尾させることで虫を根絶させる方法なので，交尾開始時刻の変化は防除効率を著しく低下させる．ウリミバエの集団間では，交尾開始平均時刻の差が60分を超えると有意な交配前隔離が生じることがわかっているので (Miyatake & Shimizu, 1999)，増殖虫における交尾開始時刻の大幅な変化は不妊虫放飼法にとって致命的となりうる．不妊虫放飼事業の進行中に，沖縄で飼育されたウリミバエ増殖虫と，当時の野生虫の交尾開始時刻の差は40分であった (Suzuki & Koyama, 1980)．このことは，不妊虫放飼法の成功にとって幸いだったのかもしれない．ここでも，大量増殖の生産効率化には必要だった発育期間を早くする人為的な選択が，不妊虫放飼法の効率の低下を招く可能性があった．早く大量にウリミバエを作るという生産効率を優先した結果，遺伝相関によって寿命が短くなり，また交尾開始時刻が早くなった．放飼虫の短命化と交尾時刻の変化は，ともに防除効率の低下を招く．すなわち生産効率と防除効率はトレードオフの関係にあるということができる．

もう一度図5-3を見ていただきたい．寿命と繁殖の間には遺伝的なトレードオフがあった．また発育期間と体内時計の周期長と交尾時刻は，どうやら時計遺伝子の多面発現によってほぼ説明できそうだ．さて問題は，繁殖開始齢と発育期間の関係はどうなっているのかだ．繁殖開始齢に選択をかけた場合は発育期間に正の相関反応が生じた (Miyatake, 1997a) のに対し，逆に発育期間に選

択をかけた場合には繁殖開始齢に変化が見られなかった (Miyatake, 1996). これは両者の間に遺伝的な相関がなく，そのためこの相関反応は不注意な選択によって生じたと考えるべきだ．若いときにたくさん卵を産むメスを選ぶと，その中には早く発育したために成熟するのも早くなったメスが含まれてしまう．これは不注意な選択だ．英語で "inadvertent selection" と呼ばれる不注意な選択は，形質を人為的に選択するときに常につきまとう問題である (Harshman & Hoffman, 2000; Partridge et al., 1999; Miyatake, 2002b). 生物の形質は互いに関連しつつ存在するとこの節の冒頭で述べた．したがって，生物の一つの表現型形質だけに選択が働くというのは，まずありえないことである．前にも記したように，繁殖齢に対して選択をかけると結果的に寿命の異なる集団の選択をかけていることになるし (Zwaan et al., 1995; Partridge et al., 1999), 例えば頭の幅の大きな個体を選抜しようとすると相対的に体サイズの大きな個体を選抜してしまうことになる．これらの不注意な選択を検証する方法の一つに，直接選択の対象となった形質と，相関して反応した形質の両方に選択をかけて，互いの形質の変化を比べるという方法が有効であろう．もし，二つの形質に別々に選択をかけて，相対する形質が同様に変化するならば，その二つの形質は遺伝相関の関係にあるといえるのではないだろうか．図5-3では繁殖開始齢に選択をかけると発育期間は変化したが，逆に発育期間に選択をかけたときに，繁殖形質は変化しなかったので遺伝相関はないと考えられるわけだ．遺伝相関を検出するもう一つの方法は，直接選択した形質と不注意な選択と思われる形質との両方について，兄弟の類似度を利用するシブ解析のような方法で遺伝相関の程度を別に推定することだろう．

　ウリミバエの場合，繁殖開始齢と発育期間は，遺伝相関の関係にはなかったが，繁殖開始に選択をかけると結果的に，発育期間に選択がかかり，その影響で体内時計の周期と交尾時刻に影響が現れた．よって生活史形質のタイミングが早い方向に選択がかかると，いずれにしても体内時計の周期が短くなってしまうのだ．増殖されたウリミバエでは，繁殖開始齢と発育期間に対する二つの意識的な選択の両方が相乗的に働き，より体内時計の周期長を短くしてしまったのではないかと考えている．

5-8　超高密度飼育がハエの行動に及ぼす影響

　もう一つ．大量増殖虫の形質変化に大きな影響を及ぼすと考えられるものに，増殖虫の超高密度飼育がある．那覇市のウリミバエ増殖工場では，週に最大2億匹のウリミバエを生産できる．工場内では，1 m³より少し大きな箱の中に，5万匹の密度で成虫を詰め込んで飼育している．飼育箱の中には，大きなチリ紙をぶら下げたりして，ハエの止まる場所を確保してはいるものの，中をのぞいて見ると，ハエ，ハエ，ハエ，… 超高密度である．この高密度飼育そのものが，ハエの形質に遺伝的変化をもたらさないのだろうか．

　野外では，ウリミバエはレックという配偶システムをもつ．レックとは，メスにとって資源とならない場所に，交尾のためにオスが集まり，そのオス集団にメスが誘引される結果，交尾効率が高まるという配偶システムである (Emlen & Oring, 1977)．ウリミバエの場合，野外でレックが形成されるのは樹木である．オスは夕刻になると樹木の葉裏に集まる．夕方の早い時刻には，1枚の葉の裏に複数のオスが集合するが，やがて時間がたつと1枚の葉の裏にそれぞれ1匹のオスが陣取る．樹自体がオスの縄ばりの集合体のようになる．この集合体の中には交尾に適したよい葉があり，オスはその場所をめぐって互いに争う．他のオスが縄ばりに侵入しようとすると，激しく争いどちらかが追い出される (Iwahashi & Majima, 1986)．このとき，オスどうしはフェロモン様の煙を相手オスに吹きかけあう．このフェロモン放出のメカニズムについてはKuba & Sokei (1988)による詳しい解説がある．さらに夕闇が迫ると，オスの陣取った葉をメスが訪れる．メスはオスの放出するフェロモン様の煙に引かれてレックにやってくる．メスが訪れるとオスは，2枚の翅を震わせて求愛ソングを発する．求愛ソングは，最初，ブッ‥ブッ‥ブッ‥といったある程度間隔のあいた音のつながりから始まる．このときにメスが去ってしまうことも多い．メスが去らないとオスの興奮は次第に増し，求愛ソングも連続音へと変化する．オスとメスの興奮が最高潮に達したときに，オスはメスの正面から素早くメスの背中に飛び乗り，交尾器をメスに挿入し交尾が成立する．野外では，オスの求愛にメスがやすやすと応じる場合は少なく，求愛の数％程度しか交尾まで発展しない．この一連の求愛過程で，ウリ

ミバエのメスは，交尾相手としてふさわしいオスを選んでいると考えられている (Iwahashi & Majima, 1986)．

　野外でのウリミバエの交尾は，このように樹という空間構造の中で，複雑に発達した交配様式によって時間をかけてメスがオスを選んでいると考えられる．また交尾が嫌ならメスはいつでも夕暮れ空に飛んで逃げることができる．しかし，大量増殖工場の超高密度飼育では，このような流暢な配偶システムが機能しないのは歴然であろう．1993年の秋に，私は，当時琉球大学の昆虫学教室を卒業しミバエ研究室でバイトをしていた原口大君と，超高密度飼育ではどんなオスがメスに選ばれるのかを調べてみた．その結果，飼育密度が低いときには，ウリミバエの交尾は特定のオスに偏って生じていたが，実際の増殖施設の密度と同じに設定した超高密度飼育下ではすべてのオスが偏りなく交尾できることがわかった (Miyatake & Haraguchi, 1996)．これではメスが質のよいオスを識別することはかなわない．オスは手当たりしだいメスに飛び乗って交尾しようとしている．メスは狭いケージの中で逃げる場所もなく，絶え間なくたくさんのオスの求愛やマウントを受ける．これをそのたび受け入れていたのでは消耗が激しいので，このような状況ではメスはオスの選り好みなどせず黙ってオスを受け入れたほうがよいのかもしれない．また，野外ではすべての個体が夕刻に葉に集まって交尾するため，夕刻以外に交尾しようとする変わり者がたとえ出現しても，交尾できず遺伝子を残せないだろう．しかし，超高密度の飼育箱の中ではいつでも交尾可能であろう．またメスは，たくさんのオスからハラスメントを受けるよりも，交尾を受け入れたほうがよいだろう．ウリミバエでは2匹のオスが1匹のメスと立て続けに交尾したときに，どちらのオスの精子もほぼ均等に受精できることがわかっている (Yamagishi et al., 1992)．このような状況では，オスは他のオスより早く交尾してしまうほうが有利だろう．そうするとオスの交尾開始時刻はどんどん早くなることになる．どこまで早くなるのか，極端にいえば，いつ交尾してもよい．むしろいつでも交尾できる個体のほうがより遺伝子を多く残すに違いない．結局，1日中いつでも交尾できる個体が，このような状況では有利になるのではないだろうか．ウリミバエの交尾時刻は体内時計に支配されていると考えられるので，24時間以外の体内時計をもった変

異個体も大量増殖施設の中ではどんどん子供を残せるわけである．実際に，沖縄で増殖されているウリミバエの体内時計の個体変異は信じられないほど広く，21～32時間周期という変異幅をもつ (Shimizu et al., 1997)．このことは，いつでも交尾できる環境下では，体内時計の狂った個体でも生存可能なことを示唆しているように思える．

まとめると前の節で述べた大量増殖では成虫の初期繁殖力の強い個体と，発育期間の早い個体がより子孫を残せることができ，この人為選択がともに増殖虫の体内時計の長さを短くした．さらに，いつでも交尾できる個体がより有利である．これらによって大量増殖虫の体内時計は，野生虫に比べて平均値で短く，かつ幅広い変異をもつようになったと考えられる．大量増殖虫と野生虫の体内時計と交尾時刻のチェックは，虫質管理のうえで今後とも監視していくべき形質である．

5-9　遺伝的虫質管理における今後の課題

環境問題がますます重要になると考えられる将来，環境への負荷の少ない害虫防除法である天敵放飼法や不妊虫放飼法はより注目を増すだろう．そのなかで天敵や害虫の大量増殖における虫質管理は，今後大切な課題となるだろう．虫質管理は，工場における品質管理と違って，管理するものが虫であり，累代飼育を行うために，遺伝学の概念を必要とすることは前にも述べた．それにもかかわらず大量増殖昆虫の虫質管理に関する遺伝的側面については，国内および海外において研究事例は少ない．

ウリミバエを用いた一連の研究によって，昆虫の大量増殖においては，人工飼育によって選択がかかると予測される形質，すなわち生産効率にかかわる形質と，増殖虫の利用効率にかかわる形質との遺伝相関を調べ，形質間のトレードオフを考慮する必要があることが示唆された．その際，どの形質にどれだけ遺伝変異が残されているのか，どの形質間に遺伝相関が存在するのか，を調べておくことが大事となる．これらを調べるためには量的遺伝学的手法が不可欠である．また形質を支配する遺伝子を特定する手法や，遺伝子の挙動を把握する手法も必要になるだろう．

一方，大量増殖虫のどの形質が重要であるかは，大量増殖の目的によって

5-9 遺伝的虫質管理における今後の課題

異なる．不妊虫放飼法では交尾行動が最も重要だし，生物的防除においては寄主探索能力にかかわるすべての形質が問題となるだろう．本章では昆虫形質の遺伝変異と，形質間の遺伝相関について大量増殖とのかかわりを述べた．しかし，野外に放飼された昆虫の形質は，放飼虫が野外で遭遇する環境によって異なる表現を示すだろう．すなわち，遺伝子と環境の相互作用・表現型の可塑性について考もえなければならない．

不妊虫放飼法の成功のために必要となる大量増殖虫の形質は何であろうか．それは大量増殖されたオスのミバエが，野外で野生メスと交尾する能力である．したがって，野生メスのいるところに飛んでいき，多くの野生メスをひき付ける魅力的な大量増殖オスを人為的に選んで生産できれば理想的であろう．もし野生メスが野生オスよりも大量増殖されたオスと好んで交尾するならば，そういうオスを生産することで，よりアクティブな虫質管理を実践することができる．しかし，実際にそのようなオスを人為的に選抜するにはいくつもの困難があろう．

ウリミバエの増殖においては，交尾時刻を支配すると考えられる体内時計のチェックが虫質管理の一つの鍵であることがわかった．将来，分子生物学がさらに進み，遺伝子の系統的制御によって虫質を管理する日がくるかもしれない．また本章では触れなかったが，増殖系統の遺伝変異を保持するには，大規模な増殖系統を維持するのとは別に，シブ交配により遺伝変異を固定させた小規模の分集団を数多く飼うこともまた有効である．この際，各ストック間の遺伝変異は大きいほうがよい．そしてもし大量増殖系統の品質に劣化が生じたならば，これらの分集団間で交配を重ね遺伝変異を回復させて大量増殖系統に戻す，または入れ替えるといった作業が可能になる．このような方法によって，近交弱勢の影響を避けながら，集団の遺伝変異を保持することができる (Kimura & Crow, 1963)．ウリミバエではデータは得られていないが，このような近交系統間の交雑によるヘテロシスの効果も今後考えなければならない重要な問題の一つである．ただし，その前に実際に野外に放飼した不妊オスが，野外でどのように野生メスと交尾しているのかを詳細に解析し，野生オスとの交尾競争に打ち勝つために大量増殖虫にとって必要な形質が何であるかについてさらにデータを蓄積する必要がある．もちろん，本章で提案した増殖昆虫の遺伝的

虫質管理にかかるコストと不妊虫放飼プロジェクトによってもたらされる利益のバランスを考えることも当然大事である．

5-10　おわりに

　沖縄県農業試験場のミバエ研究室に赴任したのは28歳の春だった．私の前任者だった仲盛広明さんからの仕事の引き継ぎには少し戸惑った．託されたのは，それまで研究室のメンバーが沖縄の各地で買い集めてきた三合瓶の泡盛コレクションの管理だけ．研究については，自分のやりたいことをせよ，の一言．ウリミバエの根絶事業が順調に軌道に乗った時期の赴任というタイミングもあったのかもしれない．

　最初からやらねばならない研究課題が与えられたわけではなかった．課題は自分で見つける必要があった．戸惑ったが，これはとても幸運なことだったと思う．発育期間を選抜したウリミバエの交尾が夕方に生じないことに気づいた1992年の初夏．もしかしたら寄り道に終わっていたかもしれない体内時計の研究という，それまでの自分にとって未知の研究に踏み込んだとき．結果として私は，大量増殖昆虫の体内時計の管理という，世界で誰も考えていなかった新しい研究課題の扉を少し開くことができたのではないかと思っている．今だからそう言えるのかもしれない．ミバエ研究室にいた当時は，こんな研究をやって本当に不妊虫放飼法の役に立つのだろうか？　という思いが正直，10年間ずっと心にあった．

　ウリミバエの根絶後，最近になって台湾の野生ウリミバエの交尾時刻が沖縄の大量増殖虫のそれと比べ著しく早いことがわかった．この事実を見つけたのはミバエ研究室で私の後任者となった松山隆志さんである．もし今，台湾のウリミバエが沖縄に再侵入してきたら，ちょっと困った事態が生じるかもしれないのである．つまり再侵入した台湾のウリミバエのオスとメスどうしが夕方の早い時刻に交尾してしまい，放飼したウリミバエはそのあとで交尾を開始する．これでは不妊虫放飼の効率は上がらない．ミバエの交尾時刻を支配するメカニズムを解明し，再侵入したミバエと増殖虫の交尾時刻を同調させる手法の開発は，今や効率的な不妊虫放飼にとって重要な研究課題の一つとなった．

　昨今は，何かと出口の見える研究の必要性が叫ばれる．予算を配分する側と

して，これが当然なのはよくわかる．しかし，研究の過程で見つけた不思議な現象に寄り道したことから新しい発見がなされることは，科学ではしばしばある．私がミバエの研究を始めたときには，出口どころか入口さえ見えなかった．特に若い研究者には，研究の過程で時には寄り道をしてもらいたい．自分で何か新しいことを発見し，それをとことん追求するという過程を大いに楽しんでほしいと思っている．もうすぐ齢，四十七．20年近くも前に見つけたウリミバエの発育期間と交尾時刻の遺伝相関．これを引き起こす分子的なメカニズムの全貌の解明に，私たちは今なお取り組んでいる．近い将来，トラップに誘引されたウリミバエの標本から，そこに生息するウリミバエの交尾時刻をDNAの情報によって簡易に推定できる日がくることを夢見て．

引用文献

Abbot, P. & J. H. Withgott (2004) Phylogenetic and molecular evidence for allochronic speciation in gall-forming aphids (Pemphigus). *Evolution* **58**: 539-553.

Ann, X., M. Tebo, S. Song, M. Frommer & K. A. Raphael (2004) The cryptochrome (cry) gene and a mating isolation mechanism in tephritid fruit flies. *Genetics* **168**: 2025-2036.

Baumhover, A. H., C. N. Husman & A. J. Graham (1966) Screwworm. *In*: Smith, C. N. (ed.) *Insect Colonization and Mass-production*. Academic Press, NY, pp. 533-554.

Becker, W. A. (1992) *Manual of Quantitative Genetics, 5th Edition*. Academic Enterprises, Pullman.

Boake, C. R. B. (1994) *Quantitative Genetic Studies of Behavioral Evolution*. The University of Chicago Press, Chicago.

Boller, E. F. (1972) Behavioural aspects of mass-rearing of insects. *Entomophaga* **17**: 9-25.

Calkins, C. O. (1989) Quality control. *In*: Robinson, A. S. & G. Hooper (eds.) *Fruit Flies Their Biology, Natural Enemies and Control*, Vol. 3B. Elsevier, Oxford, pp.153-162.

Calkins, C. O. & A. G. Parker (2005) Sterile insect quality. *In*: Dick, V. A., J. Hendrichs & A. S. Robinson (eds.) *Sterile Insect Technique Principles and Practice in Area-Wide Integrated Pest Management*. Springer, Dordrecht, pp. 269-296.

Cayol, J. P. (2000) Changes in sexual behavior and life history traits of Tephritid species caused by mass-rearing processes. *In*: Aluja, M. & A. L. Norrbom (eds.) *Fruit Flies (Tephritidae): Phylogeny and Evolution of Bahvior*. CRC Press, Boca Raton, pp. 843-860.

Chambers, D. L. (1977) Quality control in mass rearing. *Annual Review of Entomolo-*

gy **22**: 289-308.
Coyne, J. A. & H. A. Orr (2004) *Speciation*. Sinauer Associtaes, Inc. Massachusetts.
Dickmann, U., M. Doebeli, J. A. J. Metz & D. Tautz (2004) *Adaptive Speciation*. Cambridge University Press, Cambridge.
Dyck, V. A., J. Hendrichs & A. S. Robinson (2005) *Sterile Insect Technique Principles and Practice in Area-Wide Integrated Pest Management*. Springer, Dordrecht.
Emlen, S. T. & L. W. Oring (1977) Ecology, sexual selection, and the evolution of mating systems. *Science* **197**: 215-223.
Falconer, D. S. & T. F. C. Mackay (1996) *Introduction to Quantitative Genetics, Fourth ed.* Longman, Essex.
Feder, J. L. (1998) The apple maggot fly, *Rhagoletis pomonella*: flies in the face of conventional wisdom about speciation? *In*: Howard, D. J. & S. H. Berlocher (eds.) *Endless Forms: Species and Speciation*. Oxford University Press, New York, pp. 130-144.
Finney, G. L. & T. W. Fisher (1964) Culture of entomophagous insects and their hosts. *In*: DeBach, P. & E. T. Schlinger (eds.) *Biological Control of Insect Pests and Weeds*. Chapman and Hall, London, pp. 328-355.
Haldane, J. B. S. (1941) *New Paths in Genetics*. Allen and Unwin, London.
Harshman, L. G. & A. A. Hoffmann (2000) Laboratory selection experiments using *Drosophila*: what do they really tell us? *Trends in Ecology and Evolution* **15**: 32-36.
Hendrichs, J., G. Franz & P. Rendon (1995) Increased effectiveness and applicability of the sterile insect technique through male-only release for control of Mediterranean fruit flies during fruiting seasons. *Journal of Applied Entomology* **119**: 371-377.
Hooper, K. R., R. T. Roush & W. Powell (1993) Management of genetics of biological-control introductions. *Annual Review of Entomology* **38**: 27-51.
Howard, D. J. & S. H. Berlocher (1998) *Endless Forms: Species and Speciation*. Oxford University Press, New York.
Iwahashi, O. & T. Majima (1986) Lek formation and male-male competition in the melon fly, *Dacus cucurbitae* Coquillett (Diptera: Tephritidae). *Applied Entomology and Zoology* **21**: 70-75.
Iwahashi, O., Y. Itô & M. Shiyomi (1983) A field evaluation of the sexual competitiveness of sterile melon flies, *Dacus* (*Zeugodacus*) *cucurbitae*. *Ecological Entomology* **8**: 43-48.
垣花廣幸・添盛浩・仲盛広明 (1977) 大量飼育されたウリミバエ成虫の野外における分散力. 沖縄県におけるウリミバエ撲滅実験事業報告 **3**: 23-24.
Kakinohana, H. (1980) Qualitative changes in the mass reared melon fly, *Dacus cucurbitae* Coq. *In: Proceedings of a Symposium on Fruit Fly Problems. Kyoto and Naha, August, 1980*. National Institute of Agricultural Sciences, Yatabe, Ibaraki, pp. 27-36.
垣花広幸 (1996) ウリミバエの大量増殖に関する研究. 沖縄県農業試験場研究報告 **16**: 1-102.

引用文献

Kakinohana, H. & M. Yamagishi (1991) The mass production of the melon fly? techniques and problems. *In*: Kawasaki, K., O. Iwahashi & K. Y. Kaneshiro (eds.) *Proceedings of the International Symposium on the Biology and Control of Fruit Flies*. FFTC, Okinawa, pp. 1-10.

Kimura, M. & J. F. Crow (1963) On the maximum avoidance of inbreeding. *Genetical Research* **4**: 399-415.

Knipling, E. F. (1979) *The basic principles of insect population suppression and management*. United States Department of Agriculture. (小山重郎・小山晴子訳『寄生虫放飼による害虫防除法の原理』東海大学出版会, 1992)

Konopka, R. J. & S. Benzer (1971) Clock mutants of *Drosophila melanogaster*. *Proceedings of the National Academy of Science U.S.A.* **68**: 2112-2116.

Koyama, J., H. Nakamori & H. Kuba (1986) Mating behavior of wild and mass-reared strains of the melon fly, *Dacus cucurbitae* Coquillett (Diptera: Tephritidae), in a field cage. *Applied Entomology and Zoology* **21**: 203-209.

Koyama, J., H. Kakinohana & T. Miyatake (2004) Eradication of the melon fly, *Bactrocera cucurbitae*, in Japan: importance of behavior, ecology, genetics, and evolution. *Annual Review of Entomology* **49**: 331-349.

Kuba, H. & J. Koyama (1982) Mating behaviour of the melon fly, *Dacus cucurbitae* Coquillett (Diptera: Tephritidae): comparative studies of one wild and two laboratory strains. *Applied Entomology and Zoology* **17**: 559-568.

久場洋之・添盛浩 (1988) ウリミバエの交尾継続時間, 卵のふ化率および再交尾間隔についての二, 三の知見. 日本応用動物昆虫学会誌 **32**: 321-324.

Kuba, H & Y. Sokei (1988) The production of pheromone clouds by spraying in the melon fly, *Dacus cucurbitae* Coquillett (Diptera: Tephritidae). *Journal of Ethology* **6**: 105-110.

Kyriacou, C. P. & J. C. Hall (1980) Circadian ehythm mutations in *Drosophila* affect short-term fluctuations in the male's courtship song. *Proceedings of the National Academy of Science U.S.A.* **77**: 6929-6933.

Levitan, D. R., H. Fukami, J. Jara, D. Kline, T. M. McGovern, K. E. McGhee, C. A. Swanson & N. Knowlton (2004) Mechanisms of reproductive isolation among sympatric broadcast-spawning corals of the Montastraea annularis species complex. *Evolution* **58**: 308-323.

Lloyd, M. & H. S. Dybas (1966) The periodical cicada problem. II. Evolution. *Evolution* **20**: 786-801.

Lynch, M. & B. Walsh (1998) *Genetics and Analysis of Quantitative Traits*. Sinauer Associates, Sunderland.

Mackauer, M. (1972) Genetic aspects of insect production. *Entomophaga* **17**: 27-48.

Mackauer M. (1976) Genetic problems in the production of biological control agents. *Annual Review of Entomology* **21**: 369-385.

松井正春・仲盛広明・小濱継雄・長嶺由範 (1990) 沖縄群島伊平屋島における雄除去法によるウリミバエの抑圧防除. 日本応用動物昆虫学会誌 **34**: 315-317.

Matsumoto, A., M. Ukai-Tadenuma, R. G. Yamada, J. Houl, K. D. Uno, T. Kasukawa, B. Dauwalder, T. Q. Itoh, K. Takahashi, R. Ueda, P. E. Hardin, T. Tanimura & H.

R. Ueda (2007) A Functional genomics strategy reveals *clockwork orange* as a transcriptional regulator in the *Drosophila* circadian clook. *Genes and Development* **21**: 1687-1700.

Meats, A., N. Pike, X. Ann, K. Raphael & W. Y. S. Wang (2003) The effects of selection for early (day) and late (dusk) mating lines of hybrids of *Bactrocera tryoni* and *Bactrocera neohumeralis*. *Genetica* **199**: 283-293.

Medawar, P. B. (1946) Old age and natural death. *Modern Quart* **1**: 30-56.

Medawar, P. B. (1952) *An Unsolved Problem of Biology*. H. K. Lewis, London.

Miyatake, T. (1993) Difference in the larval and pupal periods between mass-reared and wild strains of the melon fly, *Bactrocera cucurbitae* (Coquillett) (Diptera: Tephritidae). *Applied Entomology and Zoology* **28**: 577-581.

Miyatake, T. (1995) Two-way artificial selection for developmental period in *Bactrocera cucurbitae* (Diptera: Tephritidae). *Annals of the Entomological Society of America* **88**: 848-855.

Miyatake, T. (1996) Comparison of adult life history traits in lines artificially selected for long and short larval and pupal developmental periods in the melon fly, *Bactrocera cucurbitae* (Diptera: Tephritidae). *Applied Entomology and Zoology* **31**: 335-343.

Miyatake, T. (1997a) Genetic trade-off between early fecundity and longevity in *Bactrocera cucurbitae* (Diptera: Tephritidae). *Heredity* **78**: 93-100.

Miyatake, T. (1997b) Correlated responses to selection for developmental period in *Bactrocera cucurbitae* (Diptera: Tephritidae): time of mating and daily activity rhythms. *Behavior Genetics* **27**: 489-498.

Miyatake, T. (1998) Genetic changes of life history and behavioral traits during mass-rearing in the melon fly, *Bactrocera cucurbitae* (Diptera: Tephritidae). *Researches on Population Ecology* **40**: 301-310.

Miyatake, T. (2002a) Pleiotropic effect, clock genes, and reproductive isolation. *Population Ecology* **44**: 201-207.

Miyatake, T. (2002b) Circadian rhythm and time of mating in *Bactrocera cucurbitae* (Diptera: Tephritidae) selected for age at reproduction. *Heredity* **88**: 302-306.

宮竹貴久 (2006) アロクロニックな生殖隔離と生物の測時機構. 日本生態学会誌 **56**: 10-24.

Miyatake, T. & D. Haraguchi (1996) Mating success in *Bactrocera cucurbitae* (Diptera: Tephritidae) under different rearing densities. *Annals of the Entomological Society of America* **89**: 284-289.

Miyatake, T. & T. Shimizu (1999) Genetic correlations between life-history and behavioral traits can cause reproductive isolation. *Evolution* **53**: 201-208.

Miyatake, T. & M. Yamagishi (1993) Active quality control in mass reared melon flies: quantitative genetic aspects. *In*: *Management of Insect Pest: Nuclear and Related Molecular and Genetic Techniques*. IAEA, Vienna, pp. 201-213.

Miyatake,T. & M. Yamagishi (1999) Rapid evolution of larval development time during mass-rearing in the melon fly, *Bactrocera cucurbitae*. *Researches on Population Ecology* **41**: 291-297.

Miyatake, T., A. Matsumoto, T. Matsuyama, H. R. Ueda, T. Toyosato & T. Tanimura (2002) The period gene and allochronic reproductive isolation in *Bactrocera cucurbitae*. *Proceedings of the Royal Society of London Series B* **269**: 2467-2472.

Mosseler, A. & C. P. Papadopol (1989) Seasonal isolation as a reproductive barrier among sympatric Salix species. *Canadian Journal of Botany* **67**: 2563-2570.

仲盛広明・垣花廣幸・添盛浩 (1976) ウリミバエの大量飼育法確立試験 3. 大量採卵法. 沖縄農業 **14**: 1-5.

Nakamori, H. & H. Soemori (1981) Comparison of dispersal ability and longevity for wild and mass-reared melon flies, *Dacus cucurbitae* Coquillett (Diptera: Tephritidae): a comparison between laboratory and wild strains. *Applied Entomology and Zoology* **16**: 321-327.

Nakamori, H. & K. Simizu (1983) Comparison of flight ability between wild and mass-reared melon fly, *Dacus cucurbitae* Coquillett (Diptera: Tephritidae), using a flight mill. *Applied Entomology and Zoology* **18**: 371-381.

仲盛広明 (1987) ウリミバエの大量増殖系統と野生系統の繁殖特性の変異性. 日本応用動物昆虫学会誌 **31**: 309-314.

仲盛広明 (1988) ウリミバエの大量増殖における性的競争力に関する行動学的・生態学的研究. 沖縄県農業試験場特別研究報告 **2**: 1-64.

岡村均・深田吉孝 (2004) 『時計遺伝子の分子生物学』シュプリンガー・フェアラーク東京.

Partridge, L., N. Prowse & P. Pignatelli (1999) Another set of responses and correlated responses to selection on age at reproduction in *Drosophila melanogaster*. *Proceedings of the Royal Society of London Series B* **266**: 255-261.

Pashley, D. P., A. M. Hammond & T. N. Hardy (1992) Reproductive isolating mechanisms in fall armyworm host strains (Lepidoptera: Noctuidae). *Annals of the Entomological Society of America* **85**: 400-405.

Quinn, T. P., M. J. Unwin & M. T. Kinnison (2000) Evolution of temporal isolation in the wild: genetic divergence in timing of migration and breeding by introduced Chinook salmon populations. *Evolution* **54**: 1372-1385.

Roff, D. A. (1992) *The Evolution of Life Histories: Theories and Analysis*. Chapman and Hall, New York.

Roff, D. A. (1997) *Evolutionary Quantitaitve Genetics*. Chapman and Hall, New York.

Roff, D. A. (2002) *Life History Evolution*. Sinauer Associates, Sunderland.

Sakai, T. & N. Ishida (2001) Circadian rhythms of female mating activity governed by clock genes in *Drosophila*. *Proceedings of the National Academy of Science USA*. **98**: 9221-9225.

Saunders, D. S. (2002) *Insect Clocks, Third Edition*. Elsevier, Amsterdam.

Shimizu, T., T. Miyatake, Y. Watari & T. Arai (1997) A gene pleiotropically controlling developmental and circadian periods in the melon fly, *Bactrocera cucurbitae* (Diptera: Tephritidae). *Heredity* **79**: 600-605.

Schilthuizen, M. (2001) *Frogs, Flies, and Dandelions*. Oxford University Press, New York.

Schluter, D. (2000) *The Ecology of Adaptive Radiation*. Oxford University Press, New

添盛浩 (1980) ウリミバエ, *Dacus cucurbitae* Coquillett の野生虫と大量増殖虫における交尾の比較. 沖縄県農業試験場研究報告 **5**: 69-71.

添盛浩・仲盛広明 (1981) ウリミバエの大量増殖における新系統育成とその増殖特性. 日本応用動物昆虫学会誌 **25**: 229-235.

添盛浩・久場洋之 (1983) ウリミバエの大量累代増殖2系統と野生系統の野外における分散能力の比較. 沖縄県農業試験場研究報告 **8**: 37-41.

Stearns, S. C. (1992) *The Evolution of Life Histories*. Oxford University Press, New York.

Suenega, H., A. Tanaka, T. Kamiwada, T. Kamikado & N. Chishaki (2000) Long-term changes in age-specific egg production of two *Bactrocera cucurbitae* (Diptera: Tephritidae) strains mass-reared under different selection regimes, with different egg collection methods. *Applied Entomology and Zoology* **35**: 13-20.

杉本渥 (1978) ウリミバエの大量採卵法の検討. 日本応用動物昆虫学会誌 **22**: 60-67.

Suzuki, Y. & J. Koyama (1980) Temporal aspects of mating behavior of the melon fly, *Dacus cucurbitae* Coquillett (Diptera: Tephritidae): a comparison between laboratory and wild strains. *Applied Entomology and Zoology* **15**: 215-224.

谷村禎一・松本顕 (2004) ショウジョウバエ. 岡村均・深田吉孝編『時計遺伝子の分子生物学』シュプリンガー・フェアラーク東京, pp. 29-40.

Tauber, E., H. Roe, R. Costa, J. M. Hennessy & C. P. Kyriacou (2003) Temporal mating isolation driven by a behavioral gene in *Drosophila*. *Current Biology* **13**: 140-145.

富岡憲治・沼田英治・井上愼一 (2003) 『時間生物学の基礎』裳華房.

Wajnberg, E. (1991) Quality control of mass-reared arthropods: a genetical and statistical approach. *In*: Bigler, F. (ed.) *Fifth Workshop of the IOBC Global Working Group. Quality Control of Mass Reared Arthropods*. Wageningen, The Netherlands, pp. 15-25.

Wajnberg, E. (2004) Measuring genetic variation in natural enemies used for biological control: why and how? *In*: Ehler, L., R. Sforza & Th Mateille (eds.) *Genetics, Evolution and Biological Control*. CAB International, pp. 19-37.

Williams, G. C. (1957) Pleiotropy, natural selection, and the evolution of senescence. *Evolution* **11**: 398-411.

Wood, R. J., L. C. Marchint, E. Busch-Petersen & D. J. Harris (1980) Genetic studies of tephritid flies in relation to their control. *In*: *Proceedings of a Symposium on Fruit Fly Problems. Kyoto and Naha, August, 1980*. National Institute of Agricultural Sciences, Yatabe, Ibaraki, pp. 47-54.

Yamagishi, M., Y. Itô & Y. Tsubaki (1992) Sperm competition in the melon fly, *Bactrocera cucurbitae* (Diptera: Tephritidae): effects of sperm "longevity" on sperm precedence. *Journal of Insect Behavior* **5**: 599-608.

Zwaan, B. J. (1995) Direct selection on life span in *Drosophila melanogaster*. *Evolution* **49**: 649-659.

Zwaan, B. J. (1999) The evolutionary genetics of ageing and longevity. *Heredity* **82**: 589-597.

第6章
拡散距離の推定法
― 不妊虫放飼による根絶の必要条件 ―

(山村光司)

6-1 はじめに

　拡散距離の推定は不妊虫放飼法（以下SIT）を実行する際にもさまざまな点で重要な課題となってくる．第一に，不妊虫放飼法を成功させるためには放飼虫と野生虫がよく混ざり合う必要がある．もし放飼虫の拡散距離が短ければ，不妊虫を野外にかなり一様に放飼しなければ野生虫との交尾はうまく成功しない可能性がある．そのため，放飼虫の移動距離を考慮して放飼方法を決定する必要がある．また，累代飼育や放射線放射の影響により放飼虫の分散力が低下すれば，野外オスとの性的競争力が低下することもありうる．できれば不妊虫と野生虫の分散能力を事前に比較しておくほうが好ましい．また，過不足のない放飼個体数を決定するためには事前に野外の個体数を正確に推定しておくことが重要となる．移動性の高い昆虫の場合には標識再捕法を用いて個体数が推定されることが多い（第2章参照）．しかし，この標識再捕法では，調査区域内で放飼虫と野生虫が十分に混合することが前提とされている．この前提を近似的に成立させるためには，放飼虫の移動距離を事前に把握しておく必要がある．最後に，不妊虫放飼法によって局地的に根絶に成功したとしても，分散力が強い昆虫の場合には近辺の発生源から再侵入する可能性がある．その再侵入の可能性を予測して事前に対策を立てるためにも，拡散距離の定量的な予測が重要となる．本章では，SITなどと関連して行われた拡散の仕事の紹介を含め，生物の拡散距離の推定に用いられるいくつかのモデルについて紹介したい．内容には，比較的新しい観点についても

含めたい.

6-2 経験モデル

　拡散に関するモデル式は理論モデル式と経験モデル式に分けることができる.理論モデル式は生物個体の移動行動に特定の仮定をおいて導かれる式で,導出の際に用いた仮定が正しければ,遠距離まで外挿して拡散距離を予測できる.これに対して,経験モデル式は,生物の移動行動に関して特定の機構を仮定することなく用いられる式である.データの得られていない遠距離まで外挿することはできないものの,理論モデルよりも一般に簡単で取り扱いやすい形をしている.

　放飼個体の移動距離 r の分布 $f(r)$ を経験式で記述する際には,次の一般化ガンマ分布を用いると便利である (Taylor, 1980; Portnoy & Willson, 1993; Turchin, 1998).

$$f(r) = \psi r^{-\varepsilon} \exp[-(r/\omega)^{\gamma}] \tag{6-1}$$

ここに ψ, ε, ω, γ は定数である.定義から, $f(r)$ をすべての空間にわたって積分すると1になるため次式の関係がある.

$$\psi = \frac{\gamma}{2\pi\omega^{2-\varepsilon}\Gamma[(2-\varepsilon)/\gamma]} \tag{6-2}$$

式 (6-1) は今までに提案されてきた経験式のいくつかをその特殊ケースとして含んでいる.例えば式 (6-1) において $\varepsilon = 0$, $\gamma = 2$ とおけば片側正規分布となる (Itô & Miyashita, 1965).

$$\log_e[f(r)] = a - br^2 \tag{6-3}$$

ただし,ここに $a = \log_e(\psi)$, $b = 1/\omega^2$ である.また, $\varepsilon = 0$, $\gamma = 1$ とおけば指数分布になる (Kettle, 1952).

$$\log_e[f(r)] = a - br \tag{6-4}$$

ただし,ここに $a = \log_e(\psi)$, $b = 1/\omega$ である.また, $\varepsilon = 0$, $\gamma = 0.5$ とおけば, Wallace (1966) によって用いられた式になる.

$$\log_e[f(r)] = a - b\sqrt{r} \tag{6-5}$$

ただし,ここに $a = \log_e(\psi)$, $b = 1/\sqrt{\omega}$ である.また後述するように,いくつかの理論式も式 (6-1) の特殊ケースとして位置づけられる.

6-2 経験モデル

　Taylor (1978) は多くの文献から収集したデータにいくつかの経験式を当てはめて比較を行い，Wallace式 [式 (6-5)] が最も優れていると結論した．SITと関連した仕事としてはハワイのPlant & Cunningham (1991) の報告がある．彼らはチチュウカイミバエの不妊虫の拡散にいくつかの式を適用し，やはり式 (6-5) が最も当てはまりがよいことを見いだした．

　式 (6-3)，(6-4)，(6-5) はそれぞれ r^2, r, $\sqrt{r}$ に関して直線関係になっているから，直線回帰によってそのパラメータを推定できる．しかし，個体数のバラツキは平均個体数とともに増加するのが普通なので，直線回帰の前提である等分散性が満たされないことが多い．そのため推定の際には，誤差にポアソン分布を仮定した最尤推定法を用いるほうが好ましい．この推定法はポアソン回帰とも呼ばれる．

　上の経験式中の a, b などのパラメータは生物的な意味をもっていない．そのため，パラメータそのものを記述するよりも，パラメータを別の統計量に変換してから記述するほうが有効である場合が多いと思われる．

　Hawkes (1972) は統計量として平均分散距離 $\bar{r}$ が有用であることを示唆した．式 (6-1) においてはこの統計量は次式で与えられる．

$$\bar{r} = \frac{\int_0^\infty 2\pi r^2 f(r) \mathrm{d}r}{\int_0^\infty 2\pi r f(r) \mathrm{d}r} = \omega \Gamma\left(\frac{3-\varepsilon}{\gamma}\right) \bigg/ \Gamma\left(\frac{2-\varepsilon}{\gamma}\right) \tag{6-6}$$

ここに $\Gamma(\ )$ はガンマ関数である．例えば式 (6-5) のWallace式の場合には $\varepsilon = 0$，$\gamma = 0.5$ であるから平均分散距離は $\bar{r} = 20/b^2$ となる．一方，Turchin & Thoeny (1993) はメディアン分散距離 $r_{0.5}$ が有用であることを示唆した．この統計量は「50％の分散個体を含む円の半径」として定義される．この値は次式を満たす $r_{0.5}$ 値として数値的に (試行錯誤的に) 探すことにより推定される．

$$\frac{\int_0^{r_{0.5}} 2\pi r f(r) \mathrm{d}r}{\int_0^\infty 2\pi r f(r) \mathrm{d}r} = 0.5 \tag{6-7}$$

後に述べるように生物拡散の分布の裾野はかなり長くなることが多い．極端な長距離を移動する個体がわずかながら存在する．平均拡散距離の値はその

ような少数の個体の値に引っ張られるため，直感的に予想されるよりもかなり長くなってしまうことがある．そのような場合には，平均移動距離よりもメディアン移動距離のほうがより拡散分布の実態を正しく表現することができる．ただし，平均移動距離は例えば$20/b^2$のような極めて単純な式で計算できるのに対し，メディアン分散距離は単純な式では求めることができない．したがって，まずは平均移動距離を報告し，余力があればさらにメディアン移動距離を計算して，平均移動距離と合わせて報告するとよいであろう．

6-3 経験モデルの適用例

図6-1は2000年に沖縄県伊計島で行われたオキナワカンシャクシコメツキ (*Melanotus okinawensis* Ohira) の分散実験の結果である (Kishita et al., 2003). 3月30日と4月25日にそれぞれ300個体と500個体が標識され，島の中心部から放飼された．81.4 haの耕作地域に725個のフェロモントラップが放飼前にほぼ一様に設置され，そのうちの道路沿いの250個について再捕獲数が経時的に記録された．図6-1のプロットはトラップごとの再捕数の合計値を示している．Kishita et al. (2003) はトラップでの捕獲数がポアソン分布に従うと仮定して，いくつかの経験式をデータに当てはめ，その当てはまりのよさをAIC基準（赤池情報量基準）によって比較した．一般に，モデルを複雑にすれ

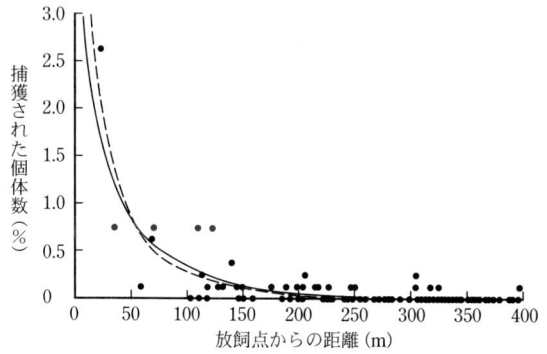

図6-1 オキナワカンシャクシコメツキの分散曲線．プロットは各地点に設置されたトラップにおける累積再捕獲個体数．破線の曲線はWallace式［式(6-5)］をポアソン回帰によって推定したもの．実線の曲線は式(6-26)をポアソン回帰によって推定したもの．放飼点から400 mよりも遠い場所で捕獲された個体は表示していない．

ば，モデルがより柔軟になるためにデータに対する当てはまり具合が高まる．しかし，モデルを過度に複雑にすると，誤差まで拾って当てはめてしまい，いわゆるオーバーフィッティング状態が生じる．そのような場合には，複雑なモデルを用いたほうが，かえって予測力が減少するという現象が発生する．予測された値と新しいデータとを比較すると，単純なモデルから予測した値のほうがより実際に近い，という現象が生じるのである．AIC基準は，そのような現象を考慮して，カルバック・ライブラー情報量の尺度での予測力が最大になるように「最適な複雑さ」を選択するための基準である．AICは次式で計算される．

$$\text{AIC} = -2(最大対数尤度) + 2(モデルのパラメータ数)$$

この値が最小となるモデルが最も予測力に優れている．図6-1のデータにAIC基準を適用したところ，式 (6-5) (Wallace式) の当てはまりが最もよいことが示された．推定された式は

$$\log_e[f(r)] = -8.07 - 0.392\sqrt{r} \tag{6-8}$$

平均分散距離を先ほどの $\bar{r} = 20/b^2$ によって推定すると130.1mである．また式 (6-7) を満たすメディアン分散距離を試行錯誤的に求めると $\hat{r}_{0.5} = 87.7$ mであった．

図6-2は1993年7月に沖縄県読谷村で行われたアリモドキゾウムシ (*Cylas formicarius* (Fabricius)) の拡散実験の結果の一部である (Miyatake et al., 2000)．この実験ではフェロモントラップが放飼点から10, 20, 50, 100, 200mの距離に45°間隔の8方向に放射状に設置されている．2,000匹のオスに標識がつけられ，7月16日の15時から16時の間に放飼された．トラップはその放飼から6日後の1時から3時の間に設置され，翌日の10時から11時の間に回収されている．したがって，図6-2のプロットは，どちらかといえば放飼個体の分布の時間的な一断面を示しているといえる．トラップによって捕獲効率が異なる可能性があるため，Itô & Yamamura (2005) はこのデータに対して，まずトラップごとに $10^3 \times$ (捕獲された標識個体数) / (捕獲された野外個体数) として補正再捕獲数を計算した．そしてこの補正再捕獲数が $f(r)$ の定数倍だと仮定して，式 (6-3), (6-4), (6-5) を直線回帰によって当てはめて，その当てはまり具合を比較した．この実験では500m地点にも付加的に4方向にだ

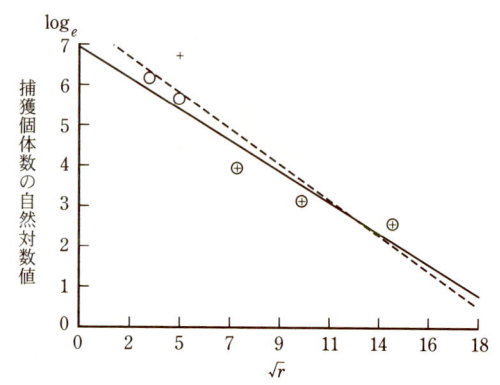

図6-2 アリモドキゾウムシの分散曲線．Wallace式［式(6-5)］を直線回帰によって当てはめた例．○および実線の直線はトラップのオーバーラップを考慮せずに推定した場合．平均分散距離は$\bar{r}=171\,\mathrm{m}$．＋印および破線は図6-3の方法でトラップのオーバーラップを考慮した場合．平均分散距離は$\bar{r}=129\,\mathrm{m}$．

けトラップが設置されているが，そのデータは用いていない．

得られた推定式と決定係数R^2は以下のようであった．

式(6-3)：$\log_e($補正再捕獲数$) = 5.05 - 0.000071\,r^2,\ R^2 = 0.58$

式(6-4)：$\log_e($補正再捕獲数$) = 5.67 - 0.018\,r,\ R^2 = 0.79$

式(6-5)：$\log_e($補正再捕獲数$) = 6.95 - 0.34\,\sqrt{r},\ R^2 = 0.91$

この三つのモデルのパラメータ数はいずれも2であるため，その当てはまりのよさをR^2で比較することができる．このデータの場合もいちばん当てはまりがよいのは式(6-5)のWallace式である．平均分散距離の推定値は$\bar{r} = 20/0.34^2 = 171\,\mathrm{m}$であり，メディアン分散距離は$\hat{r}_{0.5} = 115.2\,\mathrm{m}$であった．

6-4　トラップ誘引域の問題

同じ生物の拡散を測定あるいは予測する場合であっても，その拡散データの取り方によってはまったく異なった曲線となる可能性がある．図6-1の例では，放飼個体は継続的にフェロモントラップで再捕獲されたため，得られた値は時間的に積分された値になっている．また，トラップには何らかの形で誘引域があり，その一定範囲内を通過した個体が捕獲される．そういう意味では，トラップによる捕獲数は空間的に積分された値となっている．トラ

6-4 トラップ誘引域の問題

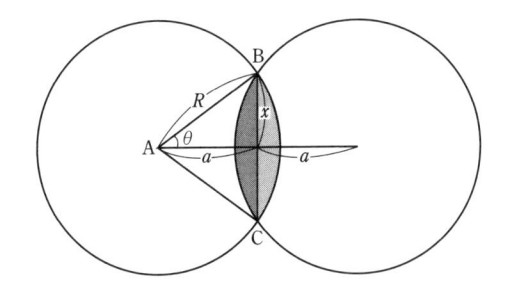

図6-3 トラップの誘引域のオーバーラップを補正する方法の例．トラップの誘引半径をRとし，二つのトラップが距離$2a$だけ離れている場合を示す．両方のトラップから誘引される領域ではより近いトラップに誘引されると仮定する．

ップが空間的に一様に配置されている場合には，どのトラップも同じだけの空間的な積分範囲をもつと考えてよいだろう．しかし，放飼試験では，放飼点の近辺により高密度でトラップを配置することが多い．そのような場合には，放飼点近くのトラップでは誘引域が重なり合ってしまい，空間的な積分範囲が狭くなる場合もあるだろう．

Itô & Yamamura (2005) は，図6-2のアリモドキゾウムシの拡散実験データを例にして，図6-3に示されるような方式で誘引域のオーバーラップの補正を試みた．図6-3においては二つのトラップの間の距離を$2a$，誘引域の半径をRと記している．斜線部分がオーバーラップしている面積であり，この部分に存在する個体はより近いトラップに誘引されると考える．すると片方のトラップの誘引面積は，半径Rの円の面積から濃い網の部分を引いた面積になる．三角形ABCの面積は$a\sqrt{R^2-a^2}$であるから，この濃い網の部分の面積は$\pi R^2 \times 2\theta/(2\pi) - a\sqrt{R^2-a^2}$で与えられる．したがって片方のトラップの誘引面積は$\pi R^2 - [\pi R^2 \times 2\theta/(2\pi) - a\sqrt{R^2-a^2}]$で与えられる．図6-2の＋印のプロットは誘引域の半径を10 mと仮定して誘引面積で補正した場合の個体数を示している．ただし，放飼点から10 mの距離に設置されたトラップについては3個以上のトラップの誘引域が重なり合っていて煩雑であるため除いてある．この補正個体数から式 (6-5) を推定すると$\log_e$(捕獲個体数) $= 7.6 - 0.39\sqrt{r}$，$R^2 = 0.80$である．平均分散距離は$\bar{r} = 129$ mであり，かなり小さくなる．

6-5　ブラウン運動モデル

　1905年にAlbert Einsteinは現代物理学の土台となった3種類の論文を次々と発表し，この年は後に「奇跡の年」と呼ばれるようになった．この三つの論文は「光電効果の理論」，「特殊相対性理論」，「ブラウン運動の理論」に関する論文である．このうち光電効果の理論は1921年のノーベル物理学賞の受賞へとつながり，特殊相対性理論は1916年の一般相対性理論へと展開されていった．一方，ブラウン運動の理論は物理学の枠を越えて数学や経済学の分野にも大きな影響を及ぼしていった．生物の拡散距離を推定する際に基本となってきたのもこのブラウン運動モデルである．

　ブラウン運動は，粒子がランダムに移動するランダムウォークの極限として導かれる．図6-4のように粒子が2次元平面上をランダムに移動していく場面を考えよう．ある時点 t に地点 (x, y) に個体が存在する確率を $\eta(x, y, t)$ と表記することにする．ある短い時間 Δt に粒子は半径 Δr の円周上に移動するとする．その移動する角度 θ はランダムに選ばれる．今，ある時点 $t + \Delta t$ に地点 (x, y) に1個体が存在したとすると，この個体は t 時点には (x, y) 地点を中心とする半径 Δr の円周上のどこかに存在していたはずである．そうでなければ $t + \Delta t$ 時点に (x, y) 地点に到達することはできない．この円周上の点の座標を式で書くと $(x + \Delta r \cos \theta, y + \Delta r \sin \theta)$ と書ける．ここに，θ は0から 2π の間のいずれかの値である．また，t 時点にこの円周上の1地点に存在した個体は，時間 Δt の間に自分の周囲の半径 Δr の円周上のすべての点に等し

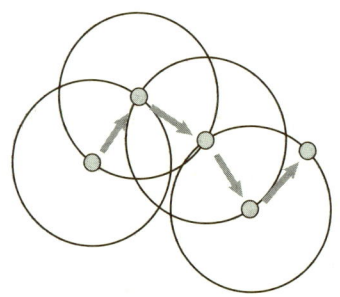

図6-4　ブラウン運動モデル（拡散方程式）のイメージ図．一歩の長さは一定であり，各個体は各瞬間に一定半径の円周上のどこかの地点にランダムに移動する．

6-5 ブラウン運動モデル

い確率で移動するから，この個体が時点 $t+\Delta t$ にたまたま地点 (x, y) に移動する確率は $1/(2\pi\Delta r)$ である．$t+\Delta t$ 時点に地点 (x, y) に個体が存在する確率 $\eta(x, y, t+\Delta t)$ は，個体が t 時点で円周 $(x+\Delta r\cos\theta, y+\Delta r\sin\theta)$ 上の特定の1地点に存在した確率に，その個体が $t+\Delta t$ 時点に地点 (x, y) に移動する確率 $1/(2\pi\Delta r)$ を掛けて，それらを $(x+\Delta r\cos\theta, y+\Delta r\times\sin\theta)$ 上のすべての点に関して足し合わせることにより与えられる．座標 (x, y) 上で積分するのは面倒なので，距離 Δr と角度 θ とで表現する「極座標」上で積分を行うと

$$\eta(x, y, t+\Delta t) = \Delta r \int_0^{2\pi} \frac{1}{2\pi\Delta r}\eta(x+\Delta r\cos\theta, y+\Delta r\sin\theta, t)d\theta \tag{6-9}$$

右辺ではさらに Δr を掛けて積分を行っている．この場合の Δr は (x, y) 座標から極座標へ変数を変換した際のヤコビアンと呼ばれるものである．(x, y) 座標と極座標では1地点当たりの面積が異なるために，積分する際にはそれを修正してから積分を行っている．また，$\Delta t, \Delta r\cos\theta, \Delta r\sin\theta$ はいずれも非常に小さいので，式 (6-9) の両辺をこの3変量に関して $\eta(x, y, t)$ まわりにテイラー展開して単純化することができる．ここでのテイラー展開の役割は，両辺を $\eta(x, y, t)$ と $\Delta t, \Delta r\cos\theta, \Delta r\sin\theta$ の1次式あるいは2次式の和として書き直すことである．右辺をテイラー展開した後に積分を実行すると，$\Delta r\cos\theta$, $\Delta r\sin\theta$ に関する1次項はゼロになり2次項だけが残る．しかもこの2次項の中の sin 記号と cos 記号は $\int(\sin\theta)^2 d\theta = \int(\cos\theta)^2 d\theta = \pi$ の関係から消えてしまう．$\eta(x, y, t)$ を η と省略して記すと，式 (6-9) の両辺は，

$$\eta + \frac{\partial\eta}{\partial t}\Delta t = \eta + \frac{(\Delta r)^2}{4}\left(\frac{\partial^2\eta}{\partial x^2} + \frac{\partial^2\eta}{\partial y^2}\right) \tag{6-10}$$

ここで，拡散係数 D を次式によって定義する．

$$D = (\Delta r)^2/(4\Delta t) \tag{6-11}$$

すると，式 (6-9) は次のような非常に簡単な形で表現される (Skellam, 1951b; Pielou, 1969)．

$$\frac{\partial\eta}{\partial t} = D\left(\frac{\partial^2\eta}{\partial x^2} + \frac{\partial^2\eta}{\partial y^2}\right) \tag{6-12}$$

これは拡散方程式と呼ばれる式である．時点 $t=0$ に座標 $(0, 0)$ で個体が放飼されたという条件を考えると，式の解は

$$\eta(x, y, t) = \frac{1}{4\pi Dt}\exp\left(-\frac{x^2+y^2}{4Dt}\right) \quad (6\text{-}13)$$

これは2変量正規分布である．x方向，y方向の平均はいずれもゼロ，分散はいずれも$2Dt$であり，両者の相関係数はゼロである．式(6-13)では空間的な位置を直交座標での位置(x, y)で表現しているが，それを原点からの距離をr，角度をθとした極座標における位置(r, θ)で表現したほうが何かと便利である．その場合には$r=\sqrt{x^2+y^2}$という関係があるから，これを代入すると，式(6-13)はr, tの関数で与えられて

$$\eta(r, t) = \frac{1}{4\pi Dt}\exp\left(-\frac{r^2}{4Dt}\right) \quad (6\text{-}14)$$

これは式(6-3)と同じ形をしている．なお，時間tに半径d内に存在する個体の比率を$F(d, t)$とすると，この比率は比較的簡単な形で与えられる．

$$F(d, t) = \int_0^d r \int_0^{2\pi} \eta(r, t) d\theta dr = 1 - \exp\left(-\frac{d^2}{4Dt}\right) \quad (6\text{-}15)$$

ここではまた上記のヤコビアンrを掛けてから積分を行っている．

後で詳しく述べるように，拡散係数Dの意味は非常にややこしい．式(6-11)のような形でDを定義するとうまくいく，という事実以外にはあまり意味がないともいえる．Dを用いないで拡散を表現する方法については後で触れたい．

6-6 拡散係数の簡易推定法

拡散係数Dは幾つかの方法で推定することができる．式(6-15)を変形すると
$$\log_e[1-F(d, t)] = -d^2/(4Dt) \quad (6\text{-}16)$$
放飼個体の時間tにおける空間分布が観察できたならば，まず距離dの内部に存在する個体の比率$F(d, t)$を計算する．そして$\log_e[1-F(d, t)]$の値を距離の2乗d^2に対してグラフにプロットする．そして，原点を通る直線回帰によって傾きbの推定値$\hat{b}$を計算する．すると，式(6-16)から$b=-1/(4Dt)$の関係があるから，$-1/(4\hat{b}t)$により拡散係数Dを推定できる(Broadbent & Kendall, 1953)．

ここで，原点を通る直線の傾きは従属変数と説明変数の積の和を説明変数の2乗和で割ることによって計算することができる(Snedecor & Cochran,

1989). もし観測された $\log_e[1-F(d, t)]$ と d^2 の関係が原点を通る直線でないならば，その生物の拡散はブラウン運動ではないことが示唆される（例えば Inoue, 1978）．

なお，拡散距離の2乗の期待値 $E[r^2]$ は

$$E(r^2) = \int_0^\infty r \int_0^{2\pi} r^2 \eta(r, t) d\theta dr = 4Dt \tag{6-17}$$

したがって，観察された移動距離の2乗の平均値を $4t$ で割ることによっても拡散係数 D を推定できる．また，いくつかの時点において移動距離が測定されているならば，それらのデータをすべて用いて「共通の D」を推定することもできる．その場合には，まず観察された移動距離の2乗の平均値を t に対してプロットし，原点を通る回帰直線の傾き b を推定する．式 (6-17) によればこの傾きが $4D$ であるから $\hat{b}/4$ を D の推定値として採用できる．

6-7 累積個体数の分布

トラップを用いて放飼個体を放飼直後から捕獲し続ける場合には，その捕獲数の空間分布は，ある特定の時点における空間分布というよりも，その時点までの累積捕獲数の空間分布に近いものになるであろう．十分に時間が経過した後の累積捕獲数は，ある仮定のもとでは比較的簡単な式で表現できる．まず，移動中の個体がある瞬間に移動をやめてその場所に定着する確率が一定であるとして，その値を λ としよう．すると，移動時間の確率分布 $p(t)$ は次の指数分布で与えられる．

$$p(t) = \lambda \exp(-\lambda t) \tag{6-18}$$

放飼地点から r 離れた地点に定着する確率 $f(r)$ は「t 時点だけ移動してから定着する確率」に「t 時点に放飼点から r 離れた地点にその個体が存在する確率」を掛けて，それをすべての t について足し合わせることによって与えられる．

$$f(r) = \int_0^\infty \eta(r, t) p(t) dt = \frac{\lambda}{2\pi D} K_0\left(r\sqrt{\frac{\lambda}{D}}\right) \tag{6-19}$$

ここに，K_0 は 0 次の第 2 種変形ベッセル関数である（Broadbent & Kendall, 1953; Williams, 1961; Shigesada, 1980）．拡散距離の期待値 $E(r)$ は

$$E(r) = \int_0^\infty r \int_0^{2\pi} r f(r) d\theta dr = \frac{\pi}{2} \sqrt{\frac{D}{\lambda}} \tag{6-20}$$

変形ベッセル関数 $K_\nu(z)$ に関しては，z が大きいときに次の近似が成立する．
$$K_\nu(z) \approx \sqrt{\pi/2z}\,\exp(-z) \tag{6-21}$$
Turchin & Thoeny (1993) はこの式を用いて式 (6-19) を次の形で近似した．
$$f(r) \approx \frac{1}{\sqrt{8\pi r}}\left(\frac{\lambda}{D}\right)^{0.75}\exp\left(-r\sqrt{\frac{\lambda}{D}}\right) \tag{6-22}$$
この式は，対数にすると次のような線形の形で表現することができる．
$$\log_e[f(r)] + 0.5\log_e(r) \approx (\text{定数}) - r\sqrt{\lambda/D} \tag{6-23}$$
これは式 (6-1) において $\varepsilon = 0.5$，$\gamma = 1$ のケースに相当する．

放飼地点から n_0 匹の個体を放飼し，定着した個体が一定確率 c でトラップに捕獲されると仮定すると，放飼地点から r 離れた地点に設置されたトラップで捕獲される個体数 $g(r)$ は，式 (6-19) を用いて
$$g(r) = cn_0 f(r) = (c\lambda n_0/2\pi D)\,K_0(r\sqrt{\lambda/D}) \tag{6-24}$$
となる．野外で得られたデータに非線形最小2乗法を用いて $g(r)$ を当てはめることによりパラメータ λ/D を推定できる．あるいは，少し計算は面倒になるが，過大分散ポアソン分布を仮定した最尤推定法を用いるほうがより好ましいだろう (Yamamura, 2002)．式 (6-16) や (6-17) を用いた推定法とは異なり，今の場合は λ と D を別々に推定できず，比率 λ/D を推定できるだけである．これは累積分布を扱っているために絶対的な移動速度に関する情報が失われているからであろう．また，式 (6-23) の近似的な直線関係を利用して，観察された $\log_e[f(r)] + 0.5\log_e(r)$ を r に対してプロットして直線回帰を計算し，その傾きから $\sqrt{\lambda/D}$ の値を推定することも可能である．この直線性を用いると，Inoue (1978) が式 (6-16) を用いてブラウン運動モデルの妥当性を判断したように，式 (6-23) を用いてブラウン運動モデルの妥当性を判断することもできる．すなわち，もし $\log_e[f(r)] + 0.5\log_e(r)$ と r の関係が直線でないならば，その生物の拡散は拡散係数一定の拡散ではないと判断できる．ただし，この直線回帰による推定値の性質は必ずしもよくないと思われる．

6-8　トラップによる除去の影響 ―拡散距離の過小推定とその対策―

放飼した個体をトラップによって連続的に捕獲することによりデータを得る場合には，推定の際に大きなジレンマが生じる．精度の高い推定値を得る

6-8 トラップによる除去の影響―拡散距離の過小推定とその対策―

ためには，できるだけたくさんのトラップを配置して，できるだけ多くの個体を捕獲するほうがよい．そのほうが誤差自体は小さくなる．しかし，トラップを用いて捕獲を行うと，本来ならばもっと遠くにまで移動していたはずの個体を移動途中でインターセプトしてしまうことになる．したがって，あまりにたくさんの個体を捕獲すると拡散距離を過小推定してしまい，推定のバイアス（偏り）が大きくなってしまう．これは物理学における不確定性原理と同様の現象であることから，Turchin (1998)はこれを「Heisenberg効果」と呼んだ．ブラウン運動モデルの場合には，この問題はトラップを空間的に一様に配置することで解決できる (Yamamura et al., 2003a)．

今，トラップが空間的に一様に配置されているとし，ある瞬間にトラップに捕獲される確率をξとする．ある瞬間にトラップ捕獲以外の理由で移動をストップする確率をλとすると，放飼個体の移動時間の分布$q(t)$は式 (6-18)のかわりに次の指数分布で与えられる．

$$q(t) = (\lambda+\xi) \exp[-(\lambda+\xi)t] \tag{6-25}$$

1 m^2 当たりのトラップ密度をwとしよう．すると1トラップは平均して$1/w$ m^2 面積内の個体を捕獲する．ある瞬間に移動をストップした個体は$\xi/(\lambda+\xi)$の確率でトラップに捕獲される．したがって，放飼地点からn_0匹の個体を放飼したとき，距離rに設置されたトラップで捕獲される個体数の期待値$g(r)$は近似的に次式で与えられる．

$$g(r) \approx \frac{n_0 \xi}{w(\lambda+\xi)} \int_0^\infty \eta(r, t) q(t) \mathrm{d}t = \frac{n_0}{2\pi w} \xi_D K_0\left(r\sqrt{\lambda_D + \xi_D}\right) \tag{6-26}$$

表記を単純化するために，ここでは$\lambda_D = \lambda/D$，$\xi_D = \xi/D$と定義した．式 (6-24)は式 (6-26)において$c\lambda = \xi/w$を一定に保ちながらξとwをゼロに近づけていった場合に相当する．

トラップに捕獲された総個体数をmとしよう．トラップによる除去を考慮して推定した移動距離の期待値を$E(r)$，それを無視して推定した移動距離の期待値を$E_u(r)$とすると，近似的に次の関係がある．

$$E_u(r) \approx \sqrt{1-\frac{m}{n_0}}\, E(r) \tag{6-27}$$

捕獲される放飼個体の率(m/n_0)が高まるにつれて過小評価の度合いが高まる．この式を用いるとパラメータを推定することなく簡易に平均拡散距離を

補正できる．

　図6-1のオキナワカンシャクシコメツキの分散実験においてはフェロモントラップがほぼ一様に設置されたため上の推定式を適用できる．最尤推定法により得られた式 (6-26) のパラメータの推定値±標準誤差は，

$$\hat{\lambda}_D = 11.93 \times 10^{-5} \pm 2.30 \times 10^{-5}$$
$$\hat{\xi}_D = 5.77 \times 10^{-5} \pm 1.20 \times 10^{-5}$$

であった．式 (6-20) にパラメータを代入すると，平均拡散距離の推定値は143.8 mである．トラップによる除去の影響を考慮せずに式 (6-24) によってパラメータを推定して平均拡散距離を推定すると118.1 mである．したがって，トラップによる除去の影響を無視すると118.1/143.8 = 0.821倍に平均拡散距離を過小推定してしまう．なお，725個のトラップのうち調査した250個のトラップで捕獲されたのは79個体であった．したがって，放飼した800匹の個体のうち，トラップで捕獲された個体数の推定値は79×725/250 = 229匹であるから，式 (6-27) より過小推定の度合いを推定すると0.845となる．式 (6-27) はランダムウォーク・ランダム定着の場合で，トラップが空間的に一様に配置された場合の式ではあるが，必ずしもそうでない場合にも，この式によって平均拡散距離を大ざっぱには補正することができるだろう．

6-9　1次元の拡散

　式 (6-9) では生物が2次元平面上を拡散していく場合を考えたが，生息地が面的でなく線的に分布している場合にはむしろ1次元の拡散で近似したほうがよい場合がある．例えば川沿いの植生や畑地を利用しながら拡散していく場合などがそのようなケースに相当するであろう．そこで，ここでは1次元の場合の拡散式を考えておく．今，$t + \Delta t$ 時点に x 地点に個体が存在する確率を $\eta(x, t)$ と表記することにする．$t + \Delta t$ 時点に x 地点にいる個体は t 時点には $x + \Delta x$ 地点あるいは $x - \Delta x$ 地点のいずれかに存在している．これらの個体は左右に等しい確率で移動するから，t 時点に $x + \Delta x$ 地点あるいは $x - \Delta x$ 地点に存在する個体が $t + \Delta t$ 時点にうまく x 地点に移動する確率はいずれも1/2である．したがって，式 (6-9) を導いたのと同様にして

$$\eta(x, t + \Delta t) = \frac{1}{2}\eta(x + \Delta r, t) + \frac{1}{2}\eta(x - \Delta r, t) \tag{6-28}$$

この式は式 (6-9) において θ が 0 と π しか取りえない場合に相当する．式 (6-9) の場合と同様にテイラー展開を用いると次式に帰着する．

$$\frac{\partial \eta}{\partial t} = 2D \frac{\partial^2 \eta}{\partial x^2} \tag{6-29}$$

時点 $t=0$ に座標 0 で個体が放飼されたという条件を考えると式 (6-29) の解は分散 $4Dt$ の正規分布で与えられる．

$$\eta(x, t) = \frac{1}{\sqrt{8\pi Dt}} \exp\left(-\frac{x^2}{8Dt}\right) \tag{6-30}$$

移動中の個体がある瞬間に移動をやめてその場所に定着する確率が一定値 λ であるとすると，累積個体数の分布は式 (6-19) と同様にして

$$f(x) = \int_0^\infty \eta(x, t)p(t)\mathrm{d}t = \frac{1}{2}\sqrt{\frac{\lambda}{2D}} \exp\left(-|x|\sqrt{\frac{\lambda}{2D}}\right) \tag{6-31}$$

これは $x=0$ を対称軸とする二重指数分布であり，ラプラス分布とも呼ばれる．拡散距離の期待値 $E(|x|)$ は

$$E(|x|) = \int_{-\infty}^\infty |x| f(x) \mathrm{d}x = \sqrt{\frac{2D}{\lambda}} \tag{6-32}$$

2次元拡散の際の期待値は式 (6-20) で与えられるから，1次元拡散の際の期待拡散距離は2次元拡散の際の期待拡散距離の $\sqrt{8}/\pi$ 倍に小さくなっている．

6-10 拡散係数の意味

図 6-4 のモデルでは，2次元平面上の拡散において時間 Δt の間に一定半径の円周上に個体が移動すると考えた．Einstein (1905) は1次元の拡散に関してではあるが，もう少し一般的な状況を考えていた．彼は Δt の間の移動距離は必ずしも一定値ではなく，ある確率分布 $\psi(\Delta r)$ に従って変動すると仮定していた．上の2次元拡散のモデルに Einstein が行ったように確率分布を仮定してみよう．このとき，式 (6-9) の右辺はこの確率分布に関してさらに積分をすることにより次式となる．

$$\eta(x, y, t+\Delta t) = \int_0^\infty \Delta r \int_0^{2\pi} \frac{\psi_t(\Delta r)}{2\pi \Delta r} \eta(x+\Delta r \cos\theta, y+\Delta r \sin\theta, t)\mathrm{d}\theta \mathrm{d}\Delta r \tag{6-33}$$

テイラー展開を用いると，この場合も結局は式 (6-12) に落ち着く．ただし，この場合には拡散係数 D は次式で定義される．

$$D = \frac{1}{4\Delta t}\int_0^\infty (\Delta r)^2 \psi(\Delta r) d\Delta r \quad (6\text{-}34)$$

この積分の部分は $\psi(\Delta r)$ の 2 次モーメントの定義式と等しい．したがって，移動の空間分布に関しては，その分布に 2 次モーメントが存在する限りは，分布を考えても考えなくても結果は同じということである．

拡散係数の定義式として式 (6-11) と式 (6-34) のいずれを考えるにしても，拡散係数の意味は必ずしも明快ではない (Turchin, 1998)．拡散過程を考えるとき，Δr と Δt を同時にゼロに近づけけた場面を想定するが，そのとき式 (6-11) と式 (6-34) の右辺が定数に近づくような形でゼロに近づけなければならない．そのためには Δr の 2 乗値と Δt を同じオーダーでゼロに近づけなければならない．このように考えるとうまく式を導くことができるが，その反面で直感とは合わないような出来事もここでは発生する．ブラウン運動モデルにおいては拡散している生物の速度は $\Delta r/\Delta t$ である．この $\Delta r/\Delta t$ に式 (6-11) を代入すると速度は $4D/\Delta r$ である．Δr をゼロに近づけたとき，この値は無限大に発散する．つまり，ブラウン運動モデルを仮定するとき，生物の速度が無限大であると仮定していることになる．実際の生物の移動速度はもちろん有限である．ブラウン運動モデルはあくまでも近似にすぎないとして割り切ってしまえば悩むこともないが，拡散係数の生物的な意味が不明瞭であることには変わりはない．このような問題は，数学的な取り扱いやすさを優先して極限を考えるために生じている．生物的な意味づけという点では，極限の議論に持ち込まずに，次に述べるように離散的に拡散をとらえるほうがわかりやすい．

6-11 離散型モデル

2 次元拡散で離散型のモデルを考えるのは難しいが，1 次元であれば比較的簡単に式を導くことができる (Yamamura et al., 2003b)．今，セルに区切られた直線上をランダムに個体が移動する場面を考えよう．ある地点に存在する個体が右隣と左隣のセルに移動する確率がいずれも $s/2$ であるとする．上の連続型の式の場合には，最初は定着のない場合を取り扱い，その後で定着率

を組み込んだが，ここでは定着率を同時に組み込むことにし，$s<1$とする．その場所に定着する確率は$1-s$である．直線上の位置xのセルに入ってくる「延べ個体数」をN_xと記す．x地点には$x-1$地点と$x+1$地点の両方から個体が入ってくるから次の関係が成立する．

$$N_x = \frac{s}{2} N_{x-1} + \frac{s}{2} N_{x+1} \tag{6-35}$$

この式は式(6-28)とよく似ている．しかし，この式は式(6-28)を単に離散型にしただけではなく，定着率を考慮して時間積分を行った形になっている．このため，式(6-28)と違って式(6-35)には時間を示す添え字tは入っていない．式(6-29)などが微分方程式と呼ばれるのに対し，式(6-35)などは差分方程式と呼ばれる．今，$x=0$のセルでM匹の個体を放飼したとき，N_0に関しては式(6-35)ではなく次式が成り立つ．

$$N_0 = \frac{s}{2} N_{-1} + \frac{s}{2} N_1 + M \tag{6-36}$$

$x=0$地点には両側のセルから個体が入ってくるだけでなく，直接にもM個体が加えられるからである．式(6-35)の差分方程式を式(6-36)の条件を満たすように解を求めると次のようになる．解の求め方はGoldberg(1958)などに詳しく解説されている．

$$N_x = \alpha \beta^{|x|} \tag{6-37}$$

ただし，ここに

$$\alpha = M/\sqrt{1-s^2} \tag{6-38}$$
$$\beta = (1-\sqrt{1-s^2})/s \tag{6-39}$$

セルに定着した個体がその場所に設置されたトラップに捕獲される確率をcとする．あるセルに定着する確率は$1-s$であるから，座標xのセルに設置されたトラップに捕獲される個体数の期待値T_xは

$$T_x = c(1-s)\alpha\beta^{|x|} \tag{6-40}$$

この式は，連続型モデルの場合の式(6-31)と同様に，放飼点を対称として両側に指数的に減少する形になっている．両辺を対数にすると

$$\log_e(T_x) = \log_e([c(1-s)\alpha]) + |x|\log_e(\beta) \tag{6-41}$$

これはxに関して直線関係である．したがって，観測された捕獲数の対数を距離に対してプロットして直線回帰式を計算することにより，その傾きから

β の推定値を得ることができる．式 (6-39) から

$$s = 2\beta/(1+\beta^2) \tag{6-42}$$

の関係があるので，ここに推定された β を代入すれば s の推定値が得られる．

　図6-5は離散型モデルをブタクサハムシ（*Ophraella communa* LeSage）の拡散に適用した例である．幅20 mの細長い圃場においてブタクサハムシの成虫を拡散させ，10 mおきに設置したトラップで捕獲している．図6-5からプロットはほぼ直線上に並んでいることから，ブタクサハムシの拡散は，この100 mの範囲内ではほぼランダムウォークモデルで近似できそうである．座標 x を10 m単位で取り扱うと，推定式は次式となった．

$$\ln(T_x) = 8.182 - 0.451x \quad (r^2 = 0.910) \tag{6-43}$$

この傾きから $\log_e(\beta)$ の推定値は0.451であり，これを式 (6-42) に代入することにより s の推定値として0.906が得られる．これは「ある場所に存在するブタクサハムシが隣の10 m区画へ移動する確率は0.9であり，現在の10 m区画内にとどまる確率は0.1である」ことを意味している．なお，傾きの2乗値は $0.451^2 = 0.2$ であるから，連続モデルを適用した場合には，式 (6-31) と式 (6-43) より「$\lambda/2D$ の推定値が0.2である」と述べることになる．離散モデルは連続モデルよりも生物的な解釈が容易であるという点で有利であろう．しかし，離散モデルは1次元のランダムウォークのような限られた場面にしか適用できない．

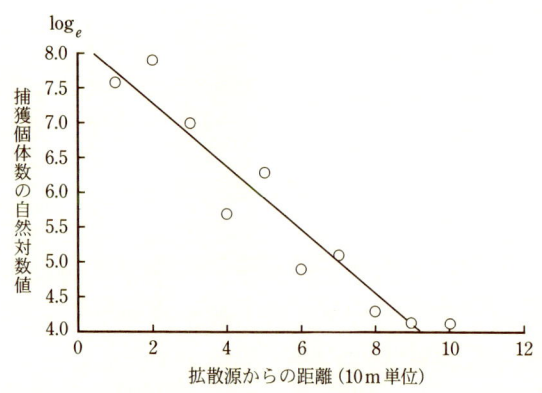

図6-5　ブタクサハムシ成虫の拡散曲線．直線は離散型の1次元ランダムウォークモデルによる予測式 [式 (6-43)]．

6-12 変動を考慮した拡散モデル

今まで述べてきた理論モデルにおいてはブラウン運動やランダムウォークを想定していた．しかし，1990年ころからブラウン運動モデルは野外の生物拡散には合わないことが広く認識されるようになってきた．個体群の中の一部の個体はブラウン運動モデルから予測されるよりも速い速度で拡散する傾向がある．そうしたデータに合わせるために，個体群が拡散係数の異なる2群の混合から成り立っていると仮定する論文が多く見られるようになってきた (Shigesada et al., 1995; Lewis, 1997; Shigesada & Kawasaki, 1997; Takasu et al., 1997; Clark, 1998; Clark et al., 1998; Higgins & Richardson, 1999; Cronin et al., 2000; Skalski & Gilliam, 2000; Takasu et al., 2000: Rodríguez, 2002; Shigesada & Kawasaki, 2002; Loos et al., 2003)．ただし，拡散係数の異なる集団は2群だけではなく3群以上も混ざっているかもしれない．そこで，もう少し一般的な仮定として，移動時間が確率分布に従って変動するという仮定もしばしば採用されてきた (Skellam, 1951a; Yasuda, 1975; Clark et al., 1999; Clark et al., 2001; Yamamura, 2002)．

ブラウン運動モデルは金融工学の分野でも活用されてきた．この場合には価格がランダム変動すると考えて1次元のブラウン運動モデルが仮定されていた．しかし，この分野でも生物拡散の分野と同じような問題が起こってきている．金融派生商品のオプション価格を計算する式として有名なブラック・ショールズ式は幾何レベルでのブラウン運動モデルを仮定していた．Scholesはこの業績で1997年にノーベル経済学賞を受賞した．しかし，このブラック・ショールズ式が実際の経済変動に合わないことは今では周知のこととなっている．現実にはブラウン運動モデルではありえないような極端な価格の下落や上昇が発生している．

図6-4では，一歩の長さΔrが一定であると仮定した．前述のようにEinsteinはΔrが確率分布に従って変動する場面を考えていたが，その場合は拡散係数の定義が式 (6-11) から式 (6-34) へとやや複雑になるだけの違いであり，同じ式が導かれた．Δrが変動するような一般的な場面を考えるにしても，Einsteinのようにそれが時間によらず同じ分布に従って変動すると仮定する限り，結果は何も変わらない．

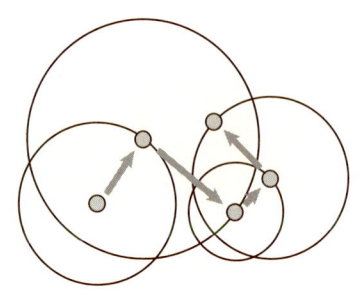

図6-6 一歩の長さが変動する拡散モデル（ガンマモデル）のイメージ図．各瞬間に，個体は円周上のどこかの地点にランダムに移動するが，その移動半径は環境の「揺らぎ」によって変動する．実際にはさらにここに傾向的な流れ（移流項）の影響が入る．

そこで次に図6-6のような状況を考えよう．図6-4と同じように，個体はある短い時間Δtの間に円周上のいずれかの地点に移動する．ただし，Einsteinの場合とは異なり，その際の移動半径Δrが時間的にランダムに変動すると仮定する．時間tにおける移動半径をΔr_tと記す．ここでは，さらに特定方向への流れ（移流）をも考慮しよう．単純化のため，この移流はΔrの2乗に比例すると仮定し，x方向とy方向の移流をそれぞれ$\delta_x(\Delta r_t)^2/2$と$\delta_y(\Delta r_t)^2/2$で表す．ここにδ_xとδ_yは定数である．便宜上，ここではランダム移動と移流が順番に生じるとして表現する．つまり，短い時間Δtの間にまず距離Δr_tのランダム移動が起こり，その直後に移流により(x, y)方向に$[\delta_x(\Delta r_t)^2/2, \delta_y(\Delta r_t)^2/2]$だけ流されるとする．今，$t+\Delta t$時点に座標$[x+\delta_x(\Delta r_t)^2/2, y+\delta_y(\Delta r_t)^2/2]$に存在する個体の軌跡を時間をさかのぼって追ってみよう．すると，式(6-9)と同様に次の関係が成り立つ．

$$\eta\left(x+\delta_x(\Delta r_t)^2/2,\ y+\delta_y(\Delta r_t)^2/2,\ t+\Delta t\right)$$
$$= \Delta r_t \int_0^{2\pi} \frac{1}{2\pi\Delta r_t} \eta\left(x+\Delta r_t\cos\theta,\ y+\Delta r_t\sin\theta,\ t\right)\mathrm{d}\theta \quad (6\text{-}44)$$

x, y, tに関してテイラー展開を行った後に積分を行うと

$$\frac{\partial \eta}{\partial t} = D_t\left(\frac{\partial^2 \eta}{\partial x^2} + \frac{\partial^2 \eta}{\partial y^2} - 2\delta_x\frac{\partial \eta}{\partial x} - 2\delta_y\frac{\partial \eta}{\partial y}\right) \quad (6\text{-}45)$$

ただし，ここに

$$D_t = (\Delta r_t)^2/(4\Delta t) \quad (6\text{-}46)$$

6-12 変動を考慮した拡散モデル

であり，D_t は定数ではなく Δr_t の変動によって変動する．式 (6-12) と異なり式 (6-45) では D_t が時間的にランダムに変動するため，このままでは解くことができない．そこで「拡散係数で重みづけられた時間 τ」を次のように定義する．

$$\Delta \tau = D_t \Delta t \tag{6-47}$$

ただし，ここに $\Delta \tau$ と Δt ともに無限小に近づける．時間の関数 $\eta(x, y, t)$ を重みづけ時間の関数に直した関数を $\phi(x, y, \tau)$ とすると，式 (6-47) を式 (6-45) に代入して次式を得る．

$$\frac{\partial \eta}{\partial \tau} = \frac{\partial^2 \phi}{\partial x^2} + \frac{\partial^2 \phi}{\partial y^2} - 2\delta_x \frac{\partial \phi}{\partial x} - 2\delta_y \frac{\partial \phi}{\partial y} \tag{6-48}$$

これは拡散係数1の拡散方程式である．時間 $\tau = 0$ に座標 $(0, 0)$ から個体が放飼された場合には，その解は次式で与えられる．

$$\phi(x, y, \tau) = \frac{1}{4\pi\tau} \exp\left[-\frac{(x - 2\delta_x \tau)^2 + (y - 2\delta_y \tau)^2}{4\tau}\right] \tag{6-49}$$

ここで議論を少し戻して，中程度の大きさの Δr_t と Δt を考えよう．図6-6のように一歩の大きさ Δr_t が時間的に変動することを表現するために，Δr_t が次の一般化ガンマ分布に近似的に従って変動すると仮定する．

$$\frac{2}{\Gamma(r)} m^\nu (\Delta r_\tau)^{2\nu - 1} \exp\left[-m(\Delta r_\tau)^2\right] \tag{6-50}$$

今，変量 z_t を次のように定義する．

$$z_t = (\Delta r_t)^2 / (4\Delta t) \tag{6-51}$$

すると z_t は形状母数 ν，尺度母数 $4m\Delta t$ のガンマ分布に従う．放飼した昆虫が移動を停止するまでの時間を T とすると，この昆虫は $T/\Delta t$ ステップの移動を行うことになる．この $T/\Delta t$ ステップの移動にわたって $z_t \Delta t$ を合計したものを S_D と定義すると，ガンマ分布の再生性から S_D はガンマ分布に従う．ここで Δr_t と Δt を0に近づけると，式 (6-46) と式 (6-51) の定義から z_t は D_t に一致する．すると式 (6-47) の定義から，拡散係数で重みづけられた時間が次のガンマ分布に従うことになる．

$$p(\tau) = [1/\Gamma(k)] \lambda^k (\tau)^{k-1} \exp(-\lambda \tau) \tag{6-52}$$

ただし，式を簡単にするために，ここでは $k = \nu T / \Delta t$，$\lambda = 4m$ と置き直してある．したがって，T 時間後の個体の分布は，式 (6-19) と同様に積分するこ

とにより次式で与えられる (Yamamura, 2004).

$$\begin{aligned}f(x, y) &= \int_0^\infty \phi(x, y, \tau) p(\tau) \mathrm{d}\tau \\ &= \frac{1}{\pi \Gamma(k)} \left(\frac{\lambda}{2}\right)^k \exp(\delta_x x + \delta_y y) \left(\frac{\sqrt{\delta_x^2 + \delta_y^2 + \lambda}}{\sqrt{x^2 + y^2}}\right)^{1-k} \\ &\quad \times K_{1-k}\left(\sqrt{x^2 + y^2}\sqrt{\delta_x^2 + \delta_y^2 + \lambda}\right) \end{aligned} \quad (6\text{-}53)$$

このモデルをガンマモデルと便宜上呼ぶことにする．K_{1-k}は$1-k$次の実数次の第2種変形ベッセル関数であり，式(6-21)の近似を使用することもできる．

図6-7は，昆虫の例ではないが，Jones & Brooks (1950) によって報告されたトウモロコシの花粉の拡散・交雑のデータにガンマモデルを適用した例である．ブラウン運動モデルと異なり，厚い裾野を表現することが可能となっている．

6-13 おわりに

生物拡散には理論的に未解明な部分がまだまだ多い．先に述べたように，ブラウン運動モデルやランダムウォークモデルでは実際の生物の分散曲線を十分に記述することができない．広範囲にわたる分散曲線を予測する際には，ガンマモデルなど環境変動を考慮したモデルを用いる必要があるであろう．しかし，その場合にはモデルのパラメータの推定は少々やっかいである．近距離の拡散を予測する際には，離散型あるいは連続型のランダムウォークモデルも近似として十分に役立つ場面があると思われる．また，現時点では理論モデルの不十分さを補う点で経験モデルもまだまだ重要な位置を占めている．近年では拡散の問題は金融工学の分野で特に大きく発展してきているようである．そうした分野との理論面での連携が今後とも望まれる．

野外でデータを採取する際には以下のような点に留意すべきであろう．

(1) 風などの影響で特定の方向に移動する傾向がある場合には，放飼点と捕獲点の間の距離だけではうまく移動力を把握することができない．パラメータを正確に推定するためには移動の方向性を考慮しなければならず，そのためには，放飼点から1方向だけではなく複数の方向に向かってトラップを設置する必要がある．図6-7の花粉データの例では1方向でだけデータが採

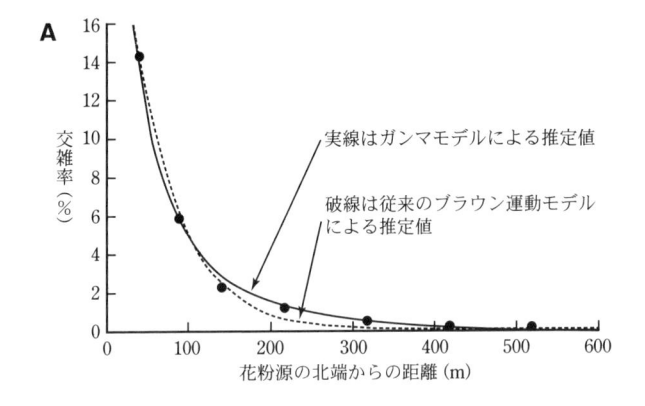

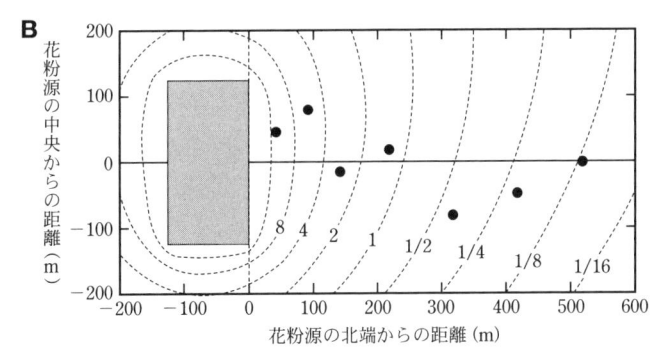

図6-7 Jones & Brooks (1950) のトウモロコシ交雑データに対するガンマモデルの当てはめ．A：距離と交雑率 (%)．●は観察値．ガンマモデルとブラウン運動モデルによる推定値は遠距離域で大きく異なる．B：ガンマモデルによる交雑率 (%) の等高線推定図．●は交雑率が測定された地点．■部は花粉源を示す．

取されていたため，パラメータの推定精度が悪くなっている．

(2) トラップを設置すれば人為的な死亡圧がかかるために，一般に拡散距離は過小推定される．Yamamura (2003a) が示したように，その影響を除くためにはトラップを空間的に一様に (格子状に) 設置するほうが好ましい．ただし，その推定結果から考えると，トラップ密度が相当に高くない限りは，これはあまり考慮する必要はないようである．

(3) トラップの誘引域は重複しないように配慮することが好ましい．トラップ誘引域が重複していると，図6-2に示されるように移動距離が過大推定される場合がある．Itô & Yamamura (2005) が例示したように，それを補正

することも不可能ではないが，重複のあるトラップは計算から除外するなどの対応も必要となるであろう．

(4) 生物の拡散次元にも配慮する必要がある．世の中は3次元であるが，拡散は必ずしも3次元では生じていない．短距離の拡散は3次元だとしても，空間的に広く拡散していく生物の場合には2次元以下で近似するのが妥当であろう．本章でも2次元以下の拡散しか扱わなかった．生物の生息地が線上に並んでいる場合には，むしろ生物は1次元の空間に生活しているといえる．多くの生物にとって，実際の拡散次元は1次元と2次元の間に存在するはずである．このため，生物の拡散を予測する際には，生物の生活特性に応じて1次元拡散式と2次元拡散式を使い分けることも必要となるであろう．

引用文献

Broadbent, S. R. & D. G. Kendall (1953) The random walk of *Trichostrongylus retortaeformis*. *Biometrics* **9**: 460-466.

Clark, J. S. (1998) Why trees migrate so fast: confronting theory with dispersal biology and the paleorecord. *American Naturalist* **152**: 204-224.

Clark, J. S., C. Fastie, G. Hurtt, S. T. Jackson, C. Johnson, G. A. King, M. Lewis, J. Lynch, S. Pacala, C. Prentice, E. W. Schupp, T. Webb Ⅲ & P. Wyckoff (1998) Reid's paradox of rapid plant migration. *BioScience* **48**: 13-24.

Clark, J. S., M. Lewis & L. Horvath (2001) Invasion by extremes: population spread with variation in dispersal and reproduction. *American Naturalist* **157**: 537-554.

Clark, J. S., M. Silman, R. Kern, E. Macklin & J. Hille Ris Lambers (1999) Seed dispersal near and far: patterns across temperate and tropical forests. *Ecology* **80**: 1475-1494.

Cronin, J. T., J. D. Reeve, R. Wilkens & P. Turchin (2000) The pattern and range of movement of a checkered beetle predator relative to its bark beetle prey. *Oikos* **90**: 127-138.

Einstein, A. (1905) On the movement of small particles suspended in a stationary liquid demanded by the molecular-kinetic theory of heat (English translation, 1956). *In*: Fürth, R. (ed.) *Investigations on the theory of Brownian movement*. Dover, New York, pp. 1-18.

Goldberg, S. (1958) *Introduction to difference equations*. Wiley, New York.

Hawkes, C. (1972) The estimation of the dispersal rate of the adult cabbage root fly (*Erioischia brassicae* (Bouché)) in the presence of a brassica crop. *Journal of Applied Ecology* **9**: 617-632.

Higgins, S. I. & D. M. Richardson (1999) Predincting plant migration rates in a changing world: the role of long-diatance dispersal. *American Naturalist* **153**: 464-475.

Inoue, T. (1978) A new regression method for analyzing animal movement patterns. *Researches on Population Ecology* **20**: 141-163.

Itô, Y. & K. Miyashita (1965) Studies on the dispersal of leaf- and planthoppers. III. An examination of the distance-dispersal rate curves. *Japanese Journal of Ecology* **15**: 85-89.

Itô, Y. & K. Yamamura (2005) Role of population and behavioural ecology in the sterile insect technique. *In*: Dyck, V. A., J. Hendrichs & A. S. Robinson (eds.) *Sterile insect technique. Principles and practice in area-wide integrated pest management.* Springer, Heidelberg, Germany, pp. 177-208.

Jones, M. D. & J. S. Brooks (1950) Effectiveness of distance and border rows in preventing outcrossing in corn. *Oklahoma Agricultural Experiment Station Technical Bulletin* **T-38**: 1-18.

Kettle, D. S. (1952) The spatial distribution of *Culicoides impunctatus* Goet. under woodland conditions and its flight range through woodland. *Bulletin of Entomological Research* **42**: 239-291.

Kishita, M., N. Arakaki, F. Kawamura, Y. Sadoyama & K. Yamamura (2003) Estimation of population density and dispersal parameters of the adult sugarcane wireworm, *Melanotus okinawensis* Ohira (Coleoptera: Elateridae), on Ikei Island, Okinawa, by mark-recapture experiments. *Applied Entomology and Zoology* **38**: 233-240.

Lewis, M. A. (1997) Variability, patchiness, and jump dispersal in the spread of an invading population. *In*: Tilman, D. & P. Kareiva (eds.) *Spatial ecology: the role of space in population dynamics and interspecific interactions.* Princeton University Press, Princeton, pp. 46-69.

Loos, C., R. Seppelt, S. Meier-Bethke, J. Schiemann & O. Richter (2003) Spatially explicit modelling of transgenic maize pollen dispersal and cross-pollination. *Journal of Theoretical Biology* **225**: 241-255.

Miyatake, T., T. Kohama, Y. Shimoji, K. Kawasaki, S. Moriya, M. Kishita & K. Yamamura (2000) Dispersal of released male sweetpotato weevil, *Cylas formicarius* (Coleoptera: Brentidae) in different seasons. *Applied Entomology and Zoology* **35**: 441-449.

Pielou, E. C. (1969) *An introduction to mathematical ecology.* Wiley, New York.

Plant, R. E. & R. T. Cunningham (1991) Analysis of the dispersal of sterile Mediterranean fruit flies (Diptera: Tephritidae) released from a point source. *Environmental Entomology* **20**: 1493-1503.

Portnoy, S. & M. F. Willson (1993) Seed dispersal curves: behavior of the tail of the distribution. *Evolutionary Ecology* **7**: 25-44.

Rodríguez, M. A. (2002) Restricted movement in stream fish: the paradigm is incomplete, not lost. *Ecology* **83**: 1-13.

Shigesada, N. (1980) Spatial distribution of dispersing animals. *Journal of Mathematical Biology* **9**: 85-96.

Shigesada, N. & K. Kawasaki (1997) *Biological invasions: theory and practice.* Oxford University Press, Oxford.

Shigesada, N. & K. Kawasaki (2002) Invasion and the range expansion of species: effects of long-distance dispersal. *In*: Bullock, J. M., R. E. Kenward & R. S. Hails (eds.) *Dispersal Ecology*. Blackwell, Oxford, pp. 350-373.

Shigesada, N., K. Kawasaki & Y. Takeda (1995) Modeling stratified diffusion in biological invasions. *American Naturalist* **146**: 229-251.

Skalski, G. T. & J. F. Gilliam (2000) Modeling diffusive spread in a heterogeneous population: A movement study with stream fish. *Ecology* **81**: 1685-1700.

Skellam, J. G. (1951a) Gene dispersion in heterogeneous populations. *Heredity* **5**: 433-435.

Skellam, J. G. (1951b) Random dispersal in theoretical populations. *Biometrika* **38**: 196-218.

Snedecor, G. W. & W. G. Cochran (1989) *Statistical Methods, 8th edition*. Iowa State University Press, Ames.

Takasu, F., K. Kawasaki & N. Shigesada (1997) Simulation study of stratified diffusion model. *Forma* **12**: 167-175.

Takasu, F., N. Yamamoto, K. Kawasaki, K. Togashi, Y. Kishi & N. Shigesada (2000) Modeling the expansion of an introduced tree disease. *Biological Invasions* **2**: 141-150.

Taylor, R. A. J. (1978) The relationship between density and distance of dispersing insects. *Ecological Entomology* **3**: 63-70.

Taylor, R. A. J. (1980) A family of regression equations describing the density distribution of dispersing organisms. *Nature* **286**: 53-55.

Turchin, P. (1998) *Quantitative analysis of movement*. Sinauer, Sunderland, Mass.

Turchin, P. & W. T. Thoeny (1993) Quantifying dispersal of southern pine beetles with mark-recapture experiments and a diffusion model. *Ecological Applications* **3**: 187-198.

Wallace, B. (1966) On the dispersal of *Drosophila*. *American Naturalist* **100**: 551-563.

Williams, E. J. (1961) The distribution of larvae of randomly moving insects. *Australian Journal of Biological Sciences* **14**: 598-604.

Yamamura, K. (2002) Dispersal distance of heterogeneous populations. *Population Ecology* **44**: 93-101.

Yamamura, K. (2004) Dispersal distance of corn pollen under fluctuating diffusion coefficient. *Population Ecology* **46**: 87-101.

Yamamura, K., M. Kishita, N. Arakaki, F. Kawamura & Y. Sadoyama (2003a) Estimation of dispersal distance by mark-recapture experiments using traps: correction of bias caused by the artificial removal by traps. *Population Ecology* **45**: 149-155.

Yamamura, K., S. Moriya & K. Tanaka (2003b) Discrete random walk model to interpret the dispersal parameters of organisms. *Ecological Modelling* **161**: 151-157.

Yasuda, N. (1975) The random walk model of human migration. *Theoretical Population Biology* **7**: 156-167.

第7章
奄美大島におけるアリモドキゾウムシ根絶実証事業と残された課題

(杉本 毅・瀬戸口 脩)

7-1 なぜ根絶が必要か

　アリモドキゾウムシは，熱帯，亜熱帯に広く分布するが，先進国のなかではわが国の南西諸島や小笠原諸島のほかに，アメリカ本土の南東部とハワイ州にだけ分布するサツマイモの大害虫である (Jansson & Raman, 1991)．塊根や茎の表皮下に産下された卵から孵化すると，幼虫は直ちに内部組織に食入し，加害する．被害部は褐変・壊死し，独特の強い苦みと臭みを伴うので，人の食用はもちろん家畜の餌にも適さない (Sherman & Tamashiro, 1954; Sutherland, 1986; Talekar, 1983)．被害部におけるこの変化は，成虫や幼虫によって食害時に分泌されるグリコプロテインなどに反応して (Sato et al., 1981, 1982)，被害部にイポメアマロンなどのフラノテルペノイドやクマリン類が生成されるためである (Akazawa et al., 1960; Uritani et al., 1975)．フラノテルペノイドはファイトアレキシンに属し，黒斑病菌 (*Ceratocystis fimbriata*) に対する防衛反応としてサツマイモによって生成されることが知られている (Uritani & Stahmann, 1961; Kim & Uritani, 1974)．南西諸島では，防除しないと収穫した塊根の半分以上がしばしばこのような被害に見舞われ，農家の栽培意欲を著しく削いできた (栄, 1968; 栄・島田, 1961)．

　防除法としては，殺虫剤散布のほかに，寄生バチ，寄生性線虫，病原性微生物などによる生物的防除の試みはあるが，実用化に至っていない (Jansson, 1991)．また，抵抗性品種の育成に多大な努力が払われてきたが，満足できる成果は得られていない (Talekar, 1982; Mullen et al., 1985; Martin & Carmer,

1985).ただし，感受性系統に含まれる誘引，産卵に関与するカイロモンなど生化学的メカニズムの解明を通して抵抗性品種作出の新局面を開拓しようとの試みもある (Wilson et al., 1991; Starr et al., 1991). こうした現状にあって，有力な防除法として，殺虫剤散布に，野生寄主植物の除去，畑の清掃などの，いわゆる耕種的方法を組み合わせた総合防除が推奨されている (Talekar, 1991).

ところで，わが国では，本種に関する科学的な初記録は，『昆虫世界』7号 (1903) に掲載された名和梅吉による「蟻形象鼻蟲に就いて」であり，形態，習性などの記載のほかに，沖縄県で毎年サツマイモの被害が出て栽培農家は駆除に苦労していたことが記されている．

沖縄県に侵入後，本種は次第に北上を重ね，ついに本土における甚大な被害発生が懸念されるに至った．このため，1950年施行の「植物防疫法」によって移動規制対象害虫に指定され，現在，北緯30度以南を規制区域として検疫体制が敷かれている (江口，1965；小濱，1990; Setokuchi et al., 1996). 施行後しばらくはこの処置が効を奏して事なきをえたが，近年の物流激化は簡便な宅配便の普及と相まって，本種の北上に拍車をかけ，1995年には飛び火的とはいえ，高知県に侵入するに至った (杉本，2000；図7-1).

近年，本種のDNA多型解析が進み，RAPD-PCR法によって，南西諸島に生息する本種には多数の遺伝的変異が存在することが明らかになった．この新しい知見に照らし合わせると，高知県と屋久島への侵入虫は (図7-1)，いずれも沖縄本島以北だけで共通して見られるタイプであったので (Kawamura et al., 2002, 2007b; 川村ら，2003)，沖縄本島以北の分布域からこれらの2地域に侵入したと推察できる．

北緯30度以北の地域においては，侵入が認められると法令などに基づいて「緊急防除」などの措置がとられてきた．地元では，直ちに防除協議会が組織され，国，県の指導・協力のもとに，発生地域における作付け制限，寄主植物移動禁止などの行政措置がとられ，人海戦術による寄主植物の除去，殺虫剤や除草剤の大量散布など，徹底した殲滅作戦が長期間にわたって展開された．しかし，1990年の西之表市における緊急防除以降の事業においては，当時発見されたメス成虫由来の性フェロモン (Heath et al., 1986, 1991；化学式は252ページ) を利用したフェロモントラップ (Jansson et al., 1991) の導入よって (安田

7-1 なぜ根絶が必要か

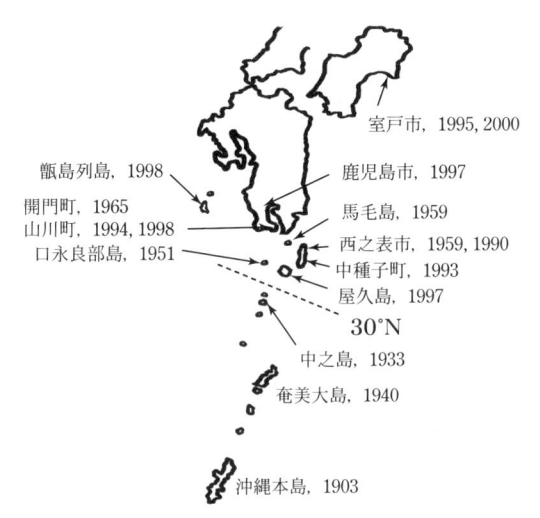

図7-1 アリモドキゾウムシの北上の様子（川村, 2005原図）. 北緯30度以北については, 侵入の都度, 緊急防除などが実施されて根絶されてきたが, 2006年8月に鹿児島県指宿市で再び侵入が認められた.

ら, 1992; Yasuda, 1995), モニタリング効率が飛躍的に向上し, 防除期間が大幅に短縮された. 現在では, 根絶事業のスケジュール化が可能なほどに, この種の技術の完成度は高い. 緊急防除の詳細については, 『植物防疫』54巻11号(2000)に掲載の特集「サツマイモのゾウムシ類根絶作戦」を参照されたい.

わが国の南西諸島は, 気候条件に恵まれた土地柄だけに, 降霜もなく, 年中サツマイモ栽培が可能である. 本土の端境期に当たる春先などに, 新鮮なイモを出荷できれば地元農家は潤うが, 上記の事情からそうもいかない. さらに, 近年の焼酎ブームを受けて, サツマイモに対するニーズが高まっている. また, わが国の極端に低い食料自給率向上のための飼料作物として, さらに農家の高齢化対策と関連してサトウキビの代替作物として, さらには食用だけでなくバイオ燃料やバイオプラスチックの素材としてなど多様な用途が期待されている. ところが, 生産現場における最大の阻害要因は, アリモドキゾウムシをはじめとする数種の害虫である. 本土への被害波及阻止という植物検疫上の目的とあいまって, これらの害虫の南西諸島全域からの根絶が望まれるゆえんである.

ところで, 北緯30度以北の地域において侵入を受けると, 上記のとおり

大量の農薬使用や植生破壊を伴う根絶対策が実施されてきたが，こうしたハードな手法は南西諸島全域に適用できるだろうか．北緯30度以北の侵入地域においては，他に選択肢がない現状からこのようなハードな根絶手法が防除の緊急性と地域限定性からやむなく受け入れられてきたが，南西諸島全域における適用には，人畜への悪影響はいうに及ばず，環境保全上からも決して許されないであろう．1988年から，鹿児島県では，農林水産省の特殊病害虫対策事業の一環として，国や大学など諸機関の協力を得て，アリモドキゾウムシの環境に調和したソフトな根絶技術の確立事業がスタートした．その過程で，「不妊虫放飼法」が目的にかなった根絶技術として着目され，その開発に取り組むこととなった(杉本, 2006)．

7-2　解明された生物学的諸特性など

「不妊虫放飼法」は単一技術ではなく，大量増殖法，不妊化法など数多くの個別技術からなる技術体系である．これらの個別技術がすべてそろわないと機能しないわけで，全体が走り出すのに多くの時間と労力を要した．個々の個別技術の確立のためには，アリモドキゾウムシに関する幅広い基礎的研究が必要なことは言を待たない．本種は，上記のとおり先進国ではわが国のほかにはアメリカの一部地域に分布するにすぎないため，わが国における根絶技術確立事業の着手以前には，広範にわたる本格的研究は世界的に見ても限られ，五里霧中のスタートとなった(アリモドキゾウムシ関係の文献目録として，Talekar, N. S. 編 (1994)，杉本・桜谷編 (1991) がある)．本節においてこれまでに明らかにできた主な事項を，本種の世界的拡散の推定などともあわせて紹介する．なお，必要に応じて沖縄県において得られた成果にも言及する．

7-2-1　世界的拡散とわが国への侵入

Kawamura et al. (2007a) は，わが国のほかに，アフリカを除く世界各地で採集された本種について，rDNAのITS-1領域の塩基配列を決定し，その結果を分子系統樹としてまとめた(図7-2)．この図によると，インド産は他地域産と遺伝的に著しく異なり，東アジア地域産は東北アジアと東南アジアの二次クレードに分かれ，さらに東北アジアクレードは三つの三次クレードに

7-2 解明された生物学的諸特性など

分かれることがわかった.

　本種は約9千万年前にインド亜大陸に起源したと考えられている (Wolfe, 1991). 一方サツマイモは南アメリカ北西地域の起源といわれており (Austin, 1988), コロンブスの新大陸発見 (1492) を介して, 16世紀初頭ヨーロッパを経由してポルトガル人によってインドに伝播されたようである (Yen, 1961; 小林, 1986). 本種はそれまでグンバイヒルガオなどを寄主植物として利用していたが, このころに至って初めてサツマイモに出会ったと推察される (Austin, 1991; Wolfe, 1991). 自力による移動能力は大きくないので (本章の7-2-5項

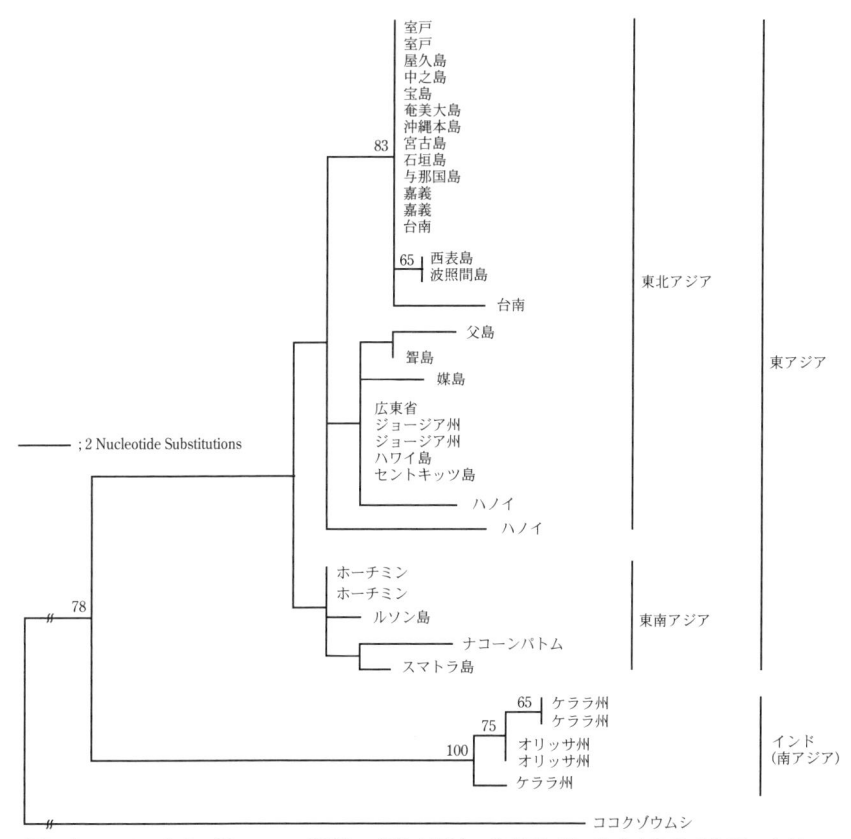

図7-2 アリモドキゾウムシのrDNAのITS-1領域の塩基配列に基づく分子系統樹. 各枝の数字はブートストラップ値 (%) を示す.

を参照），本種はインド亜大陸に出現した後南アジアで徐々に分布を拡大し，サツマイモとの出会い以後被害イモの人為的搬送に伴って急速に拡散したと考えられる．特に，西欧列強による16世紀以降の植民地開拓など人類活動のグローバル化がそれに拍車をかけたようであり (Wolfe, 1991), 東南アジアやオーストラリアには19世紀末ころまでにはすでに広く分布していた (Bohemann, 1833; LeConte & Horn, 1876; Tryon, 1900). しかし，図7-2から，このように急速に分布を拡大した個体群は，インド産とはかなり遺伝的特性を異にする地域個体群であったことがわかる．アフリカや新大陸への大規模な拡散については，西欧列強による植民地経営と密接な関係があり，19世紀なかばにインド人出稼ぎ労働者によって，インドからこれらの地域に被害イモとともに持ち込まれたと考えられてきた (Wolfe, 1991). さらに，アメリカ本土へは西インド諸島からニューオリンズに輸入されたサツマイモとともに侵入したといわれている (Summers, 1875; Newell, 1917). しかし，図7-2に示すように，西インド諸島のセントキッツおよびジョージアとハワイのアメリカ2州産の塩基配列は，インド産とは著しく異なり，中国広東省産と同じであった．したがって，従来の通説とは異なって，これらの地域に中国南部から直接的または間接的に持ち込まれたと考えるのが妥当であろう．

　本種は，これまで台湾から沖縄県に侵入したと考えられてきたが，台湾における本種の科学的記録は台湾総督府農事試験場編特別報告第1号 (1910) を待たなければならなかった．図7-2によると，南西諸島産は台湾産と同じ三次クレードに属しているので，これら両地域産は侵入源を同じくすると推測できるが，台湾から沖縄県へ侵入したとの通説の検証はできていない．

　小笠原諸島については，本種は東京府小笠原島廰報告書 (1914) において科学的に初記録された．小笠原諸島へは，従来から多量の植物類が沖縄県，アメリカやその他地域から持ち込まれてきた (大林, 2002). そのため，小笠原諸島の昆虫相は本来ポリネシア系統であったが，こうした事情から，東アジア系統が加わって複合した様相をなしている (Esaki, 1930). 図7-2によると，小笠原諸島 (父島，聟島，媒島) 産は，中国広東省，ハノイ，アメリカ本土，ハワイ，セントキッツ産と同じ三次クレードに位置づけられたので，小笠原諸島へは南西諸島産と異なる経路を経て侵入したと考えられ，中国南

部から直接的に，またはアメリカなどを経由して間接的に持ち込まれたことがうかがわれる（杉本ら，2007参照）．

7-2-2 越冬，耐寒性，分布拡大の可能性

奄美大島における越冬について見ると（Yamaguchi et al., 2000；山口ら，2005），普通，9月以後に産卵された個体は，冬季には主に老齢幼虫，蛹として寄主植物内で過ごすが，成虫として羽化脱出する個体もわずかにいる．冬季の野外調査によって，地表の枯れ葉・落ち葉や石の下，土の割れ目などに潜んで越冬している成虫が確認された．これらのメス成虫の交尾率は2月下旬までは低く，卵巣内に蓄えられた卵胞のサイズも小さかった．メス成虫は短日条件下で生殖休眠に入り，卵胞は発達しない．その臨界日長は13時間前後といわれている（金城，未発表）．

交尾と産卵の限界温度はそれぞれ約11℃と15℃であり，一方，奄美市の1月の平均気温は14℃前後である．したがって，真冬でも暖かい日中には産卵が可能なはずであるが，実際には翌3月後半までほとんど産卵が見られない．この事実は，秋の短日条件下で羽化した成虫は，生殖休眠の状態で越冬することを示している．翌春には休眠越冬成虫と新羽化成虫が混在することが予想されるが，野外における実体の解明はまだ行われていない．

室内実験において（Kandori et al., 2006），24℃下で羽化後2週間にわたって異なる日長処理にさらされた成虫のうち，その後0℃下に移して10日間生存できた成虫の割合は，10時間明期14時間暗期の短日条件を経験した成虫では80％前後であったが，14時間明期10時間暗期の長日条件を経験した成虫では40％前後にすぎず，明らかに成虫休眠に伴った耐寒性の向上が認められた．この傾向は雌雄を問わず認められ，また南西諸島のいくつかの島の個体群間でも大差はなかった．さらに，27℃，長日条件下で羽化後10日間飼育した後，15℃下に移して4日間にわたって低温順化の機会を与えても，ある程度の耐寒性向上が認められた．

以上から，秋以降の短日と気温低下によって，本種の耐寒性が向上することが明らかになった．ところで，こうした耐寒性向上機構をもつ本種は，わが国において，北に向かってどこまで分布を拡大できるだろうか．残念ながら，

なお未解明の問題点が多々あり，以上の実験結果と国内各地の冬の気温条件を照合して直ちに結論を導くことには無理があるが，次のような推測は可能であろう．本種の現時点での世界における分布最北地の例で，しかも比較的信頼できるデータがそろっている，アメリカのノースカロライナ州沿岸部南端近くに位置するウィルミントンとルイジアナ州北西端に位置するシュレビポートの両市における最近30年間の気温記録を見ると（Ruffner & Bair, 1987），それぞれ1月平均気温7.6℃と7.8℃，同平均日最低気温1.8℃と2.3℃，日最低気温0℃未満年間日数（いわゆる冬日日数）44.3日と37.2日であった．残念ながら，アメリカ産本種の耐寒性に関する研究は見当たらないが，主に熱帯，亜熱帯に分布する本種が，このような冷涼な地域に定着できるのは，秋以降の耐寒性向上機構に負うところが大きいと思われる．そこで，わが国各地とこれらアメリカの2市の1月の気温条件を比較しながら推測すると，本種は，東京湾あたりまでの太平洋沿岸部に定着可能であるが，九州でも熊本県人吉市のような内陸部では冬の厳しい寒さのため定着が難しそうである．

以上のとおり，わが国における本種の分布は，その推定された定着可能地域がかなり広いのにかかわらず，ときどき本土侵入が認められたとはいえ，これまで北緯30度以南に局限されてきた（図7-1）．これは，わが国の植物検疫制度が有効に機能してきた証であろう．しかし地球温暖化が進めば，本種の定着可能地域はさらに北に押し上げられ，分布拡大の可能性も増すであろうから，同制度の重要度はますます高まることであろう（杉本ら，2007）．

7-2-3 野外個体群の時間的動態，密度推定

室内外の調査によると（Proshold, 1983; Sakuratani et al., 1994），本種成虫は夜行性のため，昼間は畑地表の日陰部分などに潜んでいる．夜間でも，メス成虫は比較的不活発で，地上にとどまる個体が多く見かけられる．一方，オス成虫は夜間には植物上で活発に活動し，飛翔もする．メス成虫は植物上で交尾を終えると，地表に降りて産卵に備えるようである．解剖によると，地表で捕獲されたメス成虫には，植物上のメス成虫よりも成熟卵をもつ個体の割合が多く，また受精嚢に多くの精子を蓄えていた．

本種の密度推定のための標本抽出法として，イモトラップ，スウィーピン

グ，フェロモントラップが適宜使い分けられる（アリモドキゾウムシ研究会, 1992; 瀬戸口・安田, 2000）．イモトラップは，ネズミなどの小動物の食害から守るため，網かごに数個の塊根を入れて地面に設置して，成虫を誘引・捕獲したり，それらに産み付けられた卵の数を調べる．貯蔵庫から出したての新鮮な塊根より，やや古くて傷のあるほうが誘引性が高い．スウィーピングは，捕虫網を一定のやり方で振って，寄主植物の茂みをすくい，捕虫する．フェロモントラップは，合成性フェロモン吸着材を捕虫器の中，または粘着板上に設置して，オス成虫を誘引，捕獲する（Proshold et al., 1986; Jansson & Mason, 1991; Yasuda, 1995）．

フェロモントラップの性能を知るため，奄美大島のサトウキビ栽培地帯において，ある1地点にこれを設置し，それを中心に4方向の種々の距離から標識を異にする標識オス成虫を放飼して，再捕獲した（詳しくは本章の7-2-5項を参照）．その結果，トラップの有効半径はフェロモン量 $100\,\mu g$ で約55 mと推定された（Sugimoto et al., 1994b; なお，推定法については Hartstack et al. (1971) を参照のこと）．

上記の3種類のトラップによる捕獲虫数は，本項の冒頭において紹介した雌雄成虫の活動の日周性を反映して，それぞれ特徴のある日変化を示した．イモトラップでは，ほとんどメス成虫だけが捕獲され，14時ころをピーク，深夜を谷とする周期的変化が見られた．スウィーピングでは，オス成虫が捕獲虫の大部分を占めたが，雌雄とも逆にピークは深夜で，谷は昼間であった（Sugimoto et al., 1994a）．フェロモントラップではオス成虫だけが捕獲され，スウィーピングに似て深夜に際立ったピークが見られた（Sugimoto et al., 1994b）．このようにこれら3種類のトラップによる捕獲虫数には成虫の行動の日周性が強く反映されるので，正確な情報を得るためには，1日のうちで時間帯を定めて調査を実施しなければならない．また，このように動物の行動を利用した調査法実施に際しては，その行動に影響する温度などの諸要因に細心の注意を払わなければならない．前2法はサツマイモ畑など狭い場所における標本抽出に用いられ，フェロモントラップは標識再捕獲法に組み込んで，逆に行政区画など広い地域における密度推定に利用されてきた（Sugimoto et al., 1994a, c）．なお，フェロモントラップについては，種々の改良が加えられ

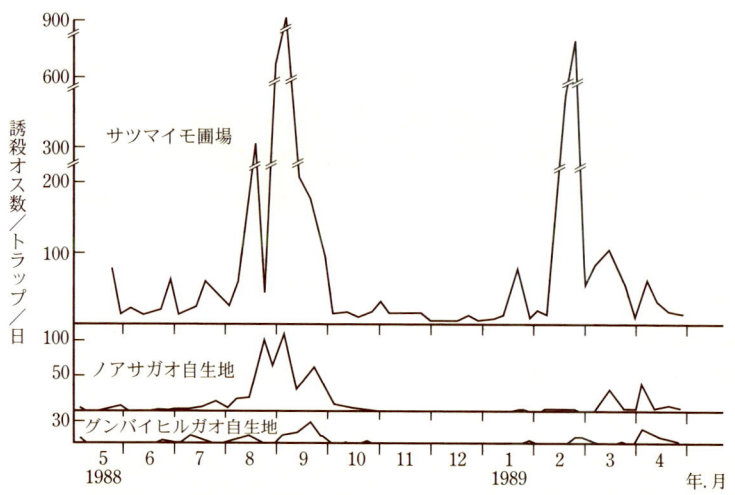

図7-3 奄美大島戸口地区におけるフェロモントラップによって捕獲されたアリモドキゾウムシのオス成虫数の季節変化（アリモドキゾウムシ研究会, 1992）.

てきている（瀬戸口・安田, 2000; 小濱ら, 1999）.

最後に，奄美大島の龍郷町戸口地区において，フェロモントラップ（合成フェロモン100μg使用）によって捕獲された成虫個体数の季節消長を図7-3に示した（アリモドキゾウムシ研究会, 1992）．この調査では，トラップは5日ごとに1日間だけ設置された．サツマイモ畑では2月に季節はずれの急増が見られたが，野生寄主植物群落に比べて発生量が多いとはいえ，全体として寄主植物種間で発生パターンは似ており，3～5月にやや増えた後，6月にいったん減少し，7, 8月に急増してピークに達した後，秋以降再び減少した．

7-2-4 繁殖特性
7-2-4-1 繁殖可能期間

27℃下では，雌雄成虫はいずれも羽化後4～6日間塊根中にとどまり，塊根から脱出する直前後に性成熟を遂げる．したがって，塊根から脱出した成虫は，ほぼ繁殖可能とみなすことができる（Sugimoto et al., 1996）．ところで，27℃下では，メス成虫は生涯にわたって毎日1～2卵をダラダラと産み続け，多くの個体が3～4ヵ月の寿命の間に約60～80卵を産んだ（図7-4）．内的自然増加

率 $r_m = 0.037$ であり [Pianka (1978) の近似式によって推定]，繁殖能力は低い．一方，羽化後40日目に初めて交尾機会を与えると (図7-4B)，残りの平均余命2.8ヵ月の間にほぼ同数の卵を産んだ．本種は，交尾機会がなくても，このように長期間にわたって繁殖能力を維持できる (Sugimoto et al., 1996).

本章の7-2-1項で紹介したように，インドで起源して以来 (Wolfe, 1991) 本種は，サツマイモの伝来まではグンバイヒルガオなどの永年性のヒルガオ科植物を利用していたと考えられている (Reinhard, 1923; Austin, 1991). これらの寄主植物は，局地的に繁茂してゆっくりと安定成長を遂げるが，本種はその木質化した茎を利用してきた．このような特性をもつ寄主植物との関係から，低い移動能力とともに (Sugimoto et al., 1994b; Moriya, 1995)，本種に見られる上記の繁殖特性が進化したと考えられ，本種は，いわゆる K-戦略者 (Pianka, 1978) として進化を遂げたとみなすことができる．

7-2-4-2 多回交尾かどうか

「不妊虫放飼法」の成功のためには，第1, 2章で紹介されているように，不

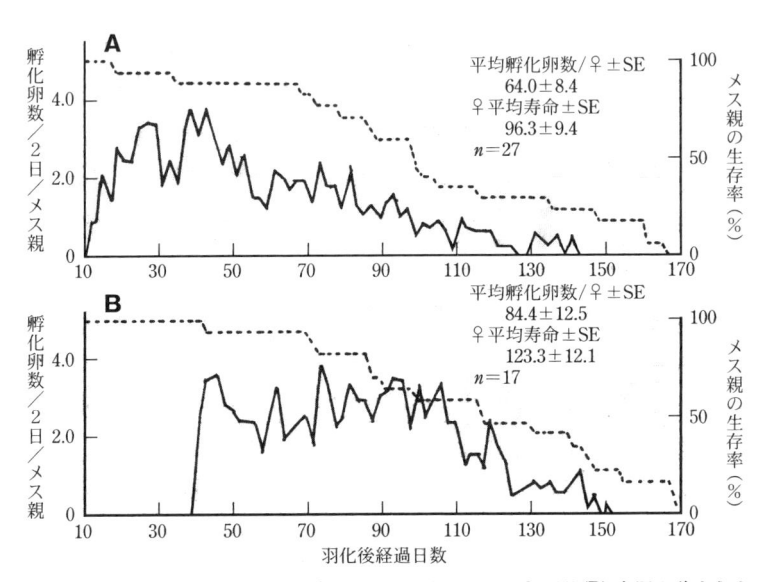

図7-4 羽化後，10日目から4日間(A)，または40日目から2日間(B)交尾を許されたメス成虫ついての，2日当たり平均孵化卵数(実線)と生存率(破線)の時間的変化 (Sugimoto et al., 1996 一部改変)

妊虫の性的競争力が重要な鍵となる．性的競争力は交尾競争力と精子競争力の2要素からなるが，いずれにしても，アリモドキゾウムシが1回交尾型か，それとも多回交尾型かを突き止めなければならない．交尾したメス成虫を解剖して，顕微鏡下でその受精嚢内に蓄えられた精子数を調べると（図7-5），塊根から脱出後3日間十分な交尾機会が与えられた場合に，平均1,400～1,500匹の精子が受精嚢内に身動きできないほど充満していた．一方，続く30日間再交尾の機会が与えられないと，その間に受精嚢内精子数は800匹以下に激減し，それ以降は受精のために精子が消費されたにもかかわらず，著しい減少は認められなかった．精子受け入れ後の早期における受精嚢内精子数の激減は多くの昆虫において見られる現象であり，受精のための精子の無駄遣い（Gromko, 1984），または受精嚢内での精子の早期死亡（Tsubaki & Yamagishi, 1991）などが原因と考えられている．

　オス成虫は，生涯に何回も交尾が可能な，いわゆる多回交尾型（polyandry）(Reinhard, 1923; Sugimoto et al., 1996) であるが，メス成虫は少し事情が異なる．受精嚢が精子で満杯になったメス成虫の割合についてみると，1回だけ交尾機会を与えたときには，その割合は10数％にすぎなかったのに，1日間複数のオス成虫と同居させて十分な交尾機会を与えると40％に達した．これは，後者の場合にはメス成虫が1日間に複数回交尾したことを示す．ところで，初回交尾から30日後に再交尾をさせると受精嚢内精子数は有意に増加したが，60日目以降に初めて再交尾させるとほとんど増加しなかった．この事実は，若いメス成虫は，受精嚢内に十分な精子をもたないと何回も交尾をすることを示し，いわゆる精子補充型多回交尾（sperm-replenishment polyandry）(Thornhill & Alcock, 1983) といえる．

　ところで，本種の配偶行動において，メス成虫が分泌する性フェロモン (Z)-3-dodecen-1-ol (E)-2-butenoate が重要な役割を果たす（Coffelt et al., 1978; Heath et al., 1986, 1991）．オルファクトメーター（Nottingham et al., 1989）を用いた嗅覚反応実験によると，5日齢以上（性成熟完了）のメス成虫は，交尾を経験しない限り，老若を問わずオス成虫に対して誘引的であったが，いったん交尾を経験すると誘引性が完全に失われた．これは，処女メスだけが性フェロモンを分泌できることを示している（Sugimoto et al., 1996）．また，メス成虫の

7-2 解明された生物学的諸特性など   253

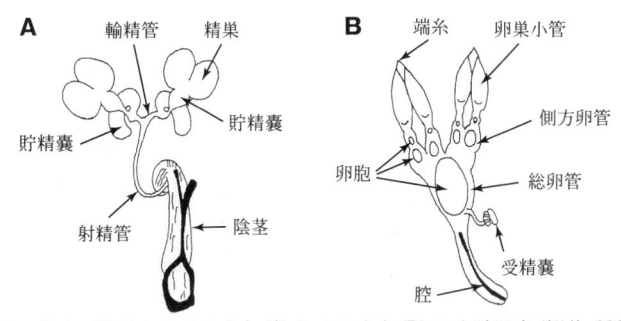

図7-5 アリモドキゾウムシのオス成虫(A)とメス成虫(B)の生殖器官(桜井, 2000 改変).

移動能力は，次項で述べるようにオス成虫に比べてかなり低かった (Moriya, 1995)．これらの二つの事実を総合すると，野外においては，処女メスは性フェロモンを分泌してオス成虫を誘引して交尾する．さらに，そのオス成虫が近辺にとどまっている間は再交尾も可能であろう．しかし，交尾経験後，メス成虫は性フェロモン分泌を停止するので，そのオス成虫が近辺から去れば新たにオス成虫を呼び寄せることはできない．したがって，広い野外においては，メス成虫には再交尾の機会はほとんどないと考えるのが妥当であろう．

7-2-5 移動能力

　7-2-3項で紹介したとおり，本種成虫は夜行性であるが，メス成虫は夜間でもオス成虫に比べて格段に活動性に乏しいことが知られている (Sakuratani et al., 1994)．この点は，フライトミルとアクトグラフを用いた行動量の定量的計測によっても裏づけられた (Moriya & Hiroyoshi, 1998)．野外におけるメス成虫の移動能力の本格的計測例は見当たらないので，ここではオス成虫について紹介する．まず，冷やしたアイスノンマット上で不活動化したオス成虫の前翅にペイントマーカーで標識をつけ，これらを10月末に奄美大島北部のサトウキビ栽培地帯の1地点から放飼し，そこを中心に種々の距離の地点に設置されたフェロモントラップで再捕獲した．その結果，オス成虫の日当たり平均分散距離は約55mと推定された [Sugimoto et al., 1994b．なお，推定法については，Hawkes (1972) を参照のこと]．沖縄本島中部のサツマイモ栽培地帯で行われた同様な調査によると (Miyatake et al., 1995)，2日当たり分散

距離の中央値は9月に325.7m，10月上旬には119.8m，10月下旬には50m以下と推定され，分散力が気温によって影響を受けることが示された．また，周囲にサツマイモなど寄主植物が存在しないと分散距離が長くなることもわかった．さらに，沖縄本島中部東海岸の沖合に位置する小島から標識オス成虫を放飼したところ，2km離れた対岸で少数ではあるが捕獲された．これらのオス成虫は，休むことなく少なくとも2kmの距離を飛翔移動できたことになる (Miyatake et al., 1997)．室内で飼育容器の蓋を開けると，オス成虫が螺旋を描きながらゆっくりと上昇飛翔するのがしばしば観察される．野外では，このように上昇飛翔したオス成虫が，自力というよりは，気流に乗ってそのまま運ばれて移動し，そのときの移動距離は風次第で決まると推察される．

7-2-6 増殖に対する密度効果

本種メス成虫は，塊根の表面をかじって小孔を開けてそこに卵を産み付け，その上から糞で栓をする風変わりな習性をもつ．孵化幼虫は，塊根内部に食い込んで食害する．したがって，塊根表面積はメス成虫にとって産卵対象資源の大きさを，また，塊根内部容積は幼虫にとって食料・居住資源の大きさを表すが，これらにはいずれも限りがある．だから，増殖過程において，本種は異なる発育段階において二重の制約にさらされることになる．これらの制約に対応して，本種がどのような密度調節機構を獲得してきたか，興味がもたれる．

27℃，60％RH条件下で，150gの塊根を静置したプラスチック容器 (31×31×11cm) に種々の密度で成虫を放し，3日間だけ産卵させて，増殖の様子を調べた (Sakuratani et al., 2001)．成長を完了して塊根から脱出できた子世代成虫数は，産卵のために放した親世代成虫数に比例して増えたが，親世代成虫数が100対以上になると逆に減少し，共倒れ型 (scramble type) の増殖曲線を描いた (Nicholson, 1954; Utida, 1941; 内田, 1998)．その結果，1匹のメス親から得られた子世代成虫数は，親世代成虫が65対当たりをピークとする一山型の曲線を描き，ごく低い密度ではかえって子世代数が減り，やや上の密度で最高となるAllee型となった (図7-6)．これは，次の仕組みによることがわかった．7-1節で紹介したように，サツマイモは，本種に加害さるとフラノテルペノイドなどを生成する．これらの物質は塊根細胞の壊死をもたらすので，

7-2 解明された生物学的諸特性など

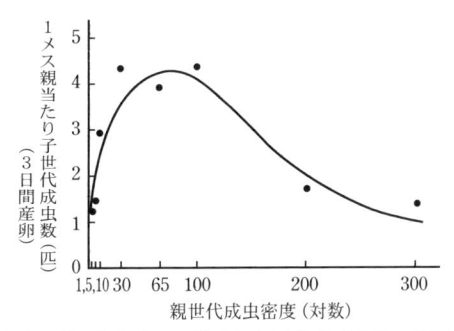

図7-6 親世代成虫密度と得られた1メス親当たり子世代成虫数の関係（アリモドキゾウムシ研究会, 1992）.

塊根組織が柔軟化して幼虫の食害にむしろ好適となるようである．この実験において，低い親密度下で産卵された塊根で比較的高い幼虫死亡率が観察されたが，これは，これらの塊根に産み付けられた産卵数が少なかったため幼虫密度も低くなり，塊根組織の柔軟化があまり進まなかったためと考えられる．他方，親密度が高くなると産み付けられた産卵数が増え，塊根に食入した幼虫数も増えて塊根組織の柔軟化が進み，幼虫生存率が高まった．しかし，親密度が限度を超えて高くなると，塊根内の幼虫密度が過剰となり，幼虫どうしの生存競争が激化して共倒れが起った．こうした仕組みが働いた結果，Allee型の増殖曲線が得られたと考えられる．このメカニズムは，増殖にとどまらず，塊根内の幼虫密度が高いほど幼虫，蛹の発育の促進と斉一化をもたらし，さらに，子世代成虫の小型化をもたらした．小型成虫は，繁殖能力，寿命，交尾競争力など多くの点で劣った（アリモドキゾウムシ研究会, 1992）.

7-2-7 不妊化

昆虫の不妊化法として，Co^{60}からのガンマ線やX線，またテパなどの化学不妊剤などが使用されてきた（Knipling, 1979）．普通，これらの作用によって致死突然変異が誘起され，子孫は胚発生の中途で死に至る．さらに，投与量を高めると，生殖細胞だけでなく体細胞にも有害な影響が及ぶので，体細胞の感受性が生殖細胞に比べて低いほど不妊化に好都合である．体細胞に対する悪影響を最小限にとどめながら，不妊化可能な投与量の選択が求められる．

一般に，生殖細胞の感受性は一定でなく，若い細胞ほど高いので，不妊化に最適な投与量の選択に際しては，対象昆虫のどの発育段階を対象として選ぶかを決定しなければならない．

アリモドキゾウムシの不妊化に関するDawes et al. (1987)の研究によると，卵や若齢幼虫は感受性が高すぎてガンマ線照射には不適であり，羽化前の蛹か成虫が適していた．一方，奄美大島における根絶技術確立事業において不妊化問題が検討された当時，次のような実験結果が得られた(アリモドキゾウムシ研究会，1992；伊藤ら，1991, 1993；林ら，1994)．27℃下で，蛹化後5～6日齢(羽化2～3日前に相当)の蛹に種々の線量で照射して，それらの蛹から羽化した照射成虫についてみると，70 Gy以上の線量では，照射オスと交尾した健全メスおよび健全オスと交尾した照射メスは，いずれもまったく子孫を残さず，雌雄ともに完全不妊化された．一方，成虫照射については，羽化後2日齢の成虫に100 Gy照射すると，すべての照射成虫がまったく子孫を残せず，雌雄ともに完全不妊化された．しかし，7日齢，15日齢成虫では，300 Gy照射でもなお少数の子孫が得られ，完全不妊化はできなかった．さらに，70 Gy蛹照射によって得られた完全不妊虫の寿命は，羽化後15日齢に100 Gy照射で得られた不完全不妊虫の寿命より多少長かった．

以上の結果から，照射すべき発育ステージとして，羽化直前の蛹か，2日齢くらいの若い成虫が適当であることがわかった．すでに紹介したように，アリモドキゾウムシは塊根内で羽化し，羽化後5日間前後かけて性成熟を完了してから，塊根外に脱出する．したがって，不妊化の実際場面では，蛹，成虫いずれを照射ステージとして選んでも，それらが塊根内にとどまったまま塊根ごと照射せざるをえない．塊根の中にいる個体の発育には，多少ともズレがあるので，最も発育の進んだ個体に線量を合わせると，発育の遅れた若い個体はより大きな悪影響を受けて虫質が低下し，さらには死亡に至る個体も現れるであろう．したがって，不妊虫の生産性向上と虫質維持のために，発育のズレを最小限にとどめる厳しい飼育管理が必要となる．とはいえ，この種の損失は，実際場面ではある程度やむをえない損失として受け入れることとし，産卵後27日目(成虫羽化直前後)に塊根ごと照射する方法を採用することとした．なお，塊根ごと照射しても，塊根組織による照射線量の減衰は認められなかった．

表7-1 アリモドキゾウムシ蛹(産卵後27日目)に対するガンマ線照射が羽化成虫の寿命と妊性に及ぼす影響(湯田ら,2000を一部改変).

照射線量 (Gy)	供試虫数	平均寿命±標準偏差(日)[*1] オス	メス	オスの妊性[*2] 総産卵数	総羽化成虫数	羽化率(%)	メスの妊性[*2] 総産卵数	総羽化成虫数	羽化率(%)
30	90	—	25.3 ± 13.2	—	—	—	131	22	16.8
40	90	40.9 ± 28.1	21.4 ± 11.1	2,216	40	1.8	—	3	—
50	90	41.5 ± 20.4	20.8 ± 10.7	2,770	10	0.4	0	0	—
60	90	29.1 ± 13.6	20.6 ± 8.0	2,361	3	0.1	0	0	—
70	90	28.8 ± 10.0	—	1,728	1	0.06	—	—	—
80	90	21.7 ± 9.2	—	—	—	—	—	—	—

[*1] 雄雌各90匹の供試虫の平均値を示す.
[*2] 羽化直後から雌雄分離飼育したのち,照射オス10匹と健全処女メス10匹または逆の組み合わせを作り1ヵ月間飼育,産卵させた.それぞれ3反復実験によって得られた総産卵数,総羽化成虫数,羽化率(総羽化成虫数/総産卵数×100%)を示す.

次に,産卵後27日目の塊根に30〜80Gyで照射し,得られた成虫の寿命と妊性を検討した(表7-1).多くの昆虫において見られるように,メスのほうが感受性が高いため,50Gyという低線量でもメス成虫は完全不妊化された.オス成虫については,80Gyで完全不妊化できたが,平均寿命は短縮し,性的競争力も低く(Haischの指数cはほぼ0.2;本書第4章の157ページを参照),虫質低下が明らかとなった.しかし,寿命は,成虫2日齢200Gy照射によって得られた完全不妊成虫に比べて,大差なかった.照射虫に見られる寿命低下の主な原因は,照射虫の中腸において,新生細胞の細胞死(アポリシス)による中腸上皮細胞の退化,さらに,照射によって菌細胞から放出された共生細菌による中腸上皮外縁部微絨毛の損傷などによって,消化機能が抑制されて栄養欠乏が起きるためである(桜井ら,1998,2000).

7-2-8 大量増殖のための工夫

アリモドキゾウムシのメス成虫は,最多でも1日に数卵しか産卵しない(図7-4).このような低い増殖能力をもつ昆虫は,大量増殖に不向きと考えられがちであったが,産卵容器に多数の成虫を同時に放飼して産卵させることによって,この欠点を補うこととした.次に,効率的な大量増殖には,良質で安価な人工飼料が望まれるが,今日に至るまで開発に成功していない.とりあえず,青果用サツマイモを用いることとして,大量増殖工程のルーチン化

を図った（宮路ら，2000）．すなわち，合計150〜200gの塊根（市販イモ5〜6個に相当）をプラスチック容器（40×30×15cm）に入れて産卵させた．

　実際に産卵させてみると，母虫は狭所産卵習性のため塊根が容器底面に接した部分に集中産卵し，他部分にはほとんど産卵せず，塊根の利用効率が著しく低いことがわかった．そこで，多数の梱包用発泡スチロール小片を容器に入れ，その中に塊根を埋め込んでその周囲に多くの隙間をつくり，塊根全表面に産卵させて，採卵効率向上に成功した（上門ら，1993）．次に，塊根表面が乾燥すると，表皮下の卵や若齢幼虫の死亡率が高まり，逆に，過湿になると，塊根の腐敗や成虫寄生菌 *Beauveria bassiana* (Bal.) のまん延などによって死亡率が高まり，安定的な大量増殖の大きな障害となった．この解決策として，湿度管理のため，産卵された塊根10〜12個を湿ったノコクズ（水分含量約50％）を入れた保管容器（40×30×15cm）に埋め込んで，死亡率低減に成功した．

7-3　不妊虫放飼による根絶の実証

　Knipling（1979）は，不妊虫放飼法の成功条件として，(1) 大量増殖によって虫質が低下しないこと，(2) 不妊化処理によって虫質が低下しないこと，(3) 根絶対象地域は周囲から隔絶されていて，外部から当該種害虫の侵入がないこと，(4) 生態系内における当該種害虫の空間分布を前もって精査し，対象地域のすべての場所で不妊虫数が野生虫数を上回るように放飼できること，(5) 放飼した不妊虫が作物，家畜，人などに害を与えないこと，少なくとも地域住民との間にその害に対する容認合意ができていることなどをあげている．実証試験においては，これらの成功条件に関して次のように対応することとした．(1) については，サツマイモ生塊根で飼育する．ただし，虫の生産性向上のため過密飼育に走ると虫質低下を招くので，注意を要する．(2) については，ウリミバエ根絶事業で使用された，奄美市浦上町にある鹿児島県大島支庁管轄の増殖・不妊化施設を再利用する．蛹を対象に，食入した塊根ごと80Gyのガンマ線を照射する．虫質低下は避けられないが，とりあえず，野生虫に比べて多数の不妊虫を放飼することで対処する．(4) については，不妊虫は，寄主植物群落ごとに相当数の不妊虫を手まきする．(5) については，成虫食害によって塊根表面に小さな食害痕が残るものの，官能

試験によって，食味上は問題ないことが確認できた．この程度の被害は，許容可能と判断した．最後に，上記 (3) に対応するため，奄美大島の南東隅に位置する木山島 (35 ha) で，1994 年 7 月から 1995 年 9 月にかけて小規模な放飼実験を行って，根絶に近い成果を得た (Setokuchi et al., 2001)．ただし，この小規模実験で得られた結果には，不妊虫放飼の効果に加えて，密に設置されたフェロモントラップによるオス除去効果 (Steiner et al., 1965) や交信撹乱効果 (Shorey et al., 1974) もある程度関与したと考えるべきかもしれない．

木山島における実験では，小規模とはいえ，それまで取り組んできた不妊虫放飼法の有効性がある程度確認でき，さらに根絶作業工程において大量増殖などの個別技術の有効性も，それなりに確認できた．そこで，1994 年 4 月から，奄美大島の東 25 km に位置する喜界島の南部の上嘉鉄地区 (図 7-7A) において，根絶実証事業を実施することになった (湯田ら，2000)．この地区に 280 ha の実証区域を設け，そのうちの集落部，サトウキビを中心とした畑地帯，海岸部からなる 32 ha をさしあたりの根絶対象地域に指定して「重点地区」と呼び，その他の地域を「一般地区」と呼んだ．さらに，実証区域から北西に約 2 km 離れた荒木地区に，不妊虫を放飼しない「対照地区」(約 50 ha) を設けた．重点地区に分布する本種の寄主植物は，集落部および畑地帯ではサツマイモとノアサガオ，海岸部ではノアサガオとグンバイヒルガオであり，実証区域の中で最も多量の寄主植物が複雑に入り混じって繁茂しており，それらの群落総面積は約 1.2 ha であった．

不妊虫放飼に先立って，野生虫の密度抑圧のため，実証区域全体に 1994 年 4～9 月に月 1 回誘殺板 (合成性フェロモンと殺虫剤 MEP を吸着) を散布し，1994 年 10 月から不妊虫放飼を開始した (表 7-2)．当初は，実証区域全体にわたって，サツマイモ畑を含む寄主植物群落内に 416 地点を選んで定点とし，木山島の結果を考慮して，完全不妊虫 (80 Gy 蛹照射) を各定点に週 1 回約 240 匹ずつ手まき放飼した．しかし，期待したほどの放飼効果が現れなかったので，1996 年 11 月以降，妊性は多少残るが虫質改善が見込まれる，50 Gy 蛹照射による不完全不妊虫の放飼に切り替えた (本章の 7-4-1 項を参照)．重点地区における放飼密度は，1996 年 4 月から 1998 年 5 月までは 10 匹/m^2，1998 年 6 月から 1999 年 1 月までは放飼効果増強のため 20～30 匹/m^2，ほぼ根絶状態に達

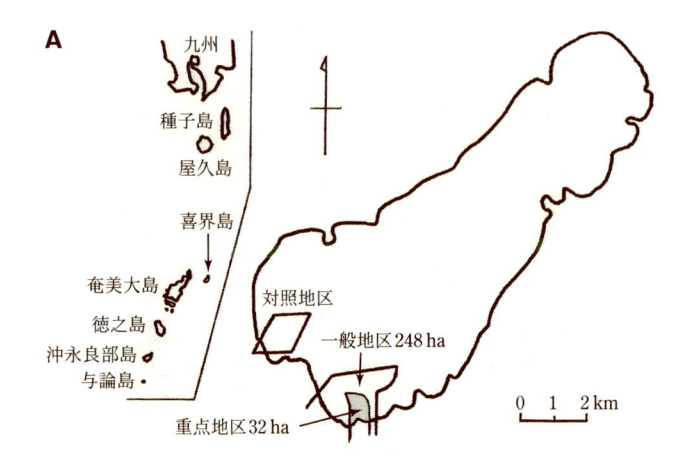

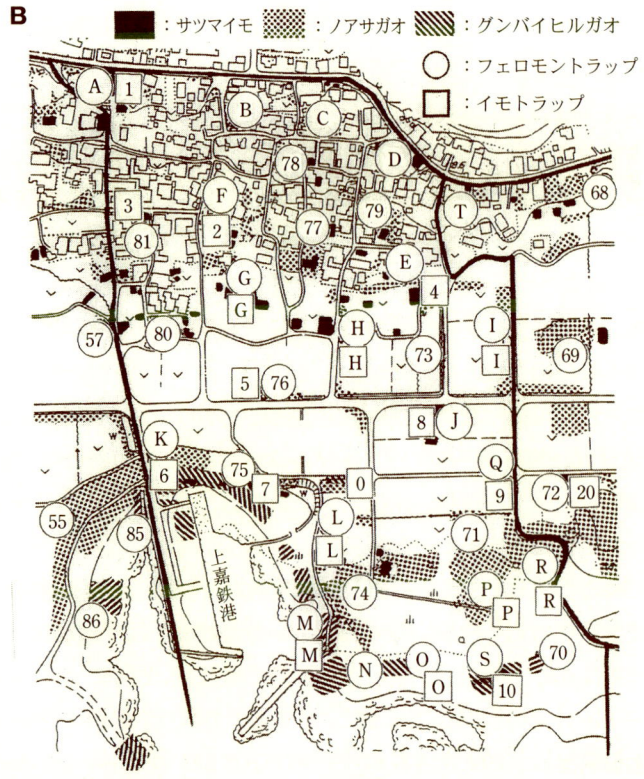

図7-7 喜界島におけるアリモドキゾウムシ根絶実証区域(A)および重点地区における寄主植物とトラップの配置(B)(湯田ら, 2000 一部改変).

表7-2 喜界島におけるアリモドキゾウムシ根絶実証事業の概況（湯田ら，2000を一部改変）．

実証区域	フェロモン誘殺板散布	不妊虫放飼			
	1994年4〜9月	1994年10月〜96年3月	1996年4月〜98年5月	1998年6月〜99年1月	99年2月〜
重点地区 (32ha)[*1]	延べ6,812枚 (3〜5枚/ha)	定点放飼(416地点) 80Gy照射虫 240匹/地点	10匹/m^2 80Gy照射虫→ 50Gy照射虫[*2]	20〜30匹/m^2 50Gy照射虫	10匹/m^2 50Gy照射虫
一般地区 (248ha)			定点放飼(314地点), 1000匹/地点 80Gy照射虫→ 50Gy照射虫[*2]	50Gy照射虫	50Gy照射虫

[*1] 重点地区には，1997年3月〜1998年4月に，薬剤(MPP粒剤，9kg/10a)による密度抑圧防除を計5回行った．
[*2] 1994年4月〜1996年10月までは80Gy照射虫，1996年11月以降50Gy照射虫を放飼した．

した1999年2月以降は10匹/m^2であった．この間に，一般地区では314の定点にそれぞれ週1回約1,000匹を放飼した．さらに，重点地区における春先個体群の密度抑圧のため，1997年3，4，11月，1998年3，4月に高密度部分に殺虫剤MPP粒剤(9kg/10a)を散布した．

　放飼効果確認のため，フェロモントラップ調査では，ロート型トラップ(安田ら，1992；瀬戸口・安田，2000)を重点地区に30基，一般地区に82基，対照区に10基を常置し，2〜4週ごとに合成フェロモン100μgを含浸したゴムセプタム(アリモドキルアーⅡ)をトラップに2日間だけ取りつけて調査した．フェロモントラップで捕獲された放飼不妊虫を野生虫から区別するため，放飼前に粉末状の油性蛍光色素ブレイズオレンジやコロナマジェンタを用いて標識した．短時間に多数個体に標識をつけるために，ビニル袋(80×65cm)の中に10〜20万匹の不妊虫と1万匹当たり1g相当量の色素を入れて密封し，これを人手で振って撹拌し，直接虫体にまぶした．フェロモントラップで捕獲された標識成虫の体表に付着残存している色素は，殺虫乾燥させた虫体を濾紙上で破砕した後，これにアセトン・エタノール混合液(4:1)を滴下して，紫外線検出器を用いて検出した．イモトラップ調査では，上記の3地区に各10基を常置し(重点地区は1998年より19基に増設)，2週間ごとにサツマイモ塊根(2〜3個/トラップ)を更新した．回収された塊根は室内で保管し，それらから羽化脱出した成虫数を数えた．ネズミなどの食害を防ぐため，塊根を網かごに入れて設置した．野生寄主植物調査は3月ごとに行い，重点地区6

地点，一般地区8地点，対照地区6地点から野生寄主植物の木質化した茎(径3mm以上，長さ1m)を50〜100本採取し，切開して寄生状況を調査した．

(1) フェロモントラップ調査　重点地区において，多発期に当たる7〜10月の誘殺非マーク虫数は年々減少した (図7-8A)．50Gy照射不妊虫への切り替え効果によって，1997年には集落部で年間を通して誘殺非マーク虫数0匹のトラップが見られるようになった．しかし，全体としては7〜8月の季節的な急増を抑えることはできなかった．1998年には，4〜5月に1日1トラップ当たり平均1匹程度の非マーク虫が誘殺されたのに，7月以降季節的な急増期にもかかわらず，捕獲された非マーク虫数が減少して，根絶に近い状態に達した．1999年には年間を通して，一般地区との境界付近に設置したトラップNo. I，Kと重点地区中央部のHなどごく一部のトラップ (図7-7B) で，非マーク虫が誘殺されたにすぎなかった．マーク虫率(捕獲マーク虫数/捕獲非マーク虫数)の夏季における推移を見ると (図7-8B)，1996年，1997年には0.1〜10であったのに，翌年以降には100前後に上昇した．しかし，1999年7月以降急激に低下した．この低下は，一般地区からの野生虫の飛び込みによると思われたので，以降，重点地区の外周部にも不妊虫10匹/m^{2}を放飼した．

(2) イモトラップ調査　重点地区では，1997年以降，年々羽化脱出成虫数が減少し，1998年には年間を通じて平均2匹/トラップで，年間の総羽化脱出成虫数は1996年に比べて約8％と激減した (図7-8C)．1997年以前にはすべてのトラップで羽化脱出が見られたのに，1998年には畑地帯や海岸部に設置したトラップNo. 5, 7, O (図7-7B) で，年間を通してまったく見られなくなった．しかし，一般地区との境界付近に設置したトラップNo. 1, Iや中央部のOで，羽化脱出が認められた．1999年には，8トラップで年間を通して羽化脱出が見られなかったが，境界付近のNo. 6, Iでむしろ前年より増加した．これは，下記の野生寄主植物調査の結果からも，重点地区外からの侵入と考えられた．

(3) 野生寄主植物調査　重点地区では，1996年5月の調査で平均7匹/100茎見られたが，その後1998年5月まで平均1匹/100茎に減少し，同年8月以降には茎内に生存虫は見られなくなった (図7-8D)．1999年7〜8月に，一般地区の海岸部において，重点地区の外側に隣接して設置したフェロモントラップNo. 85付近 (図7-7B) で，臨時に野生寄主植物調査を行った．その結果，グン

7-3 不妊虫放飼による根絶の実証

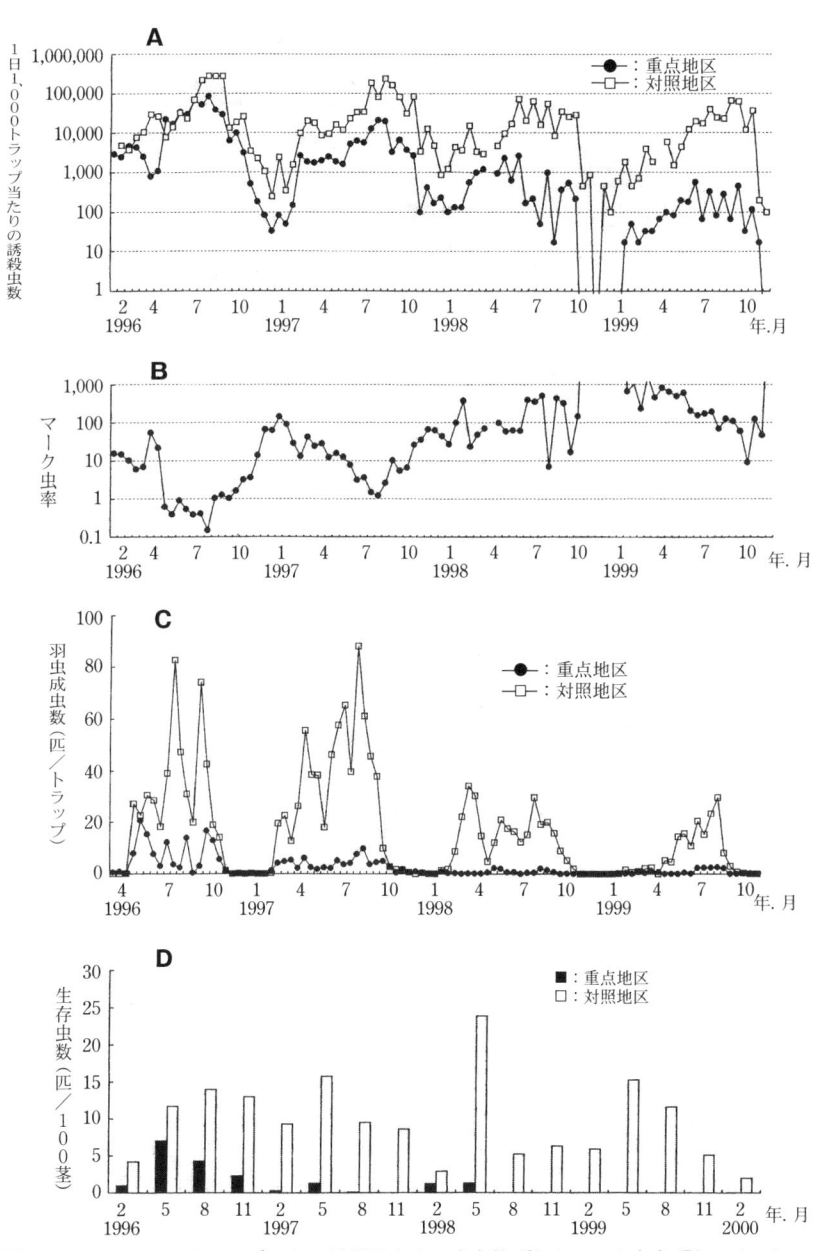

図7-8 フェロモントラップによる誘殺野生オス成虫数(A)とマーク虫率(B), イモトラップからの羽化成虫数(C)および野生寄主植物茎内で見出された生存虫数(D)の時間的推移(湯田ら, 2000 一部改変).

バイヒルガオ群落において，平均12～20匹/100茎と非常に高い密度で寄生が確認された．上記のように，1999年にイモトラップNo. 6から連続して羽化脱出が見られたのは，このグンバイヒルガオ群落からの侵入と推察できた．

7-4 根絶実証事業から出てきた問題点

本根絶実証事業では，喜界島の中でも際立ったアリモドキゾウムシの高密度発生地域を実証区域として選び，そのなかでも特に高密度の地域を重点地区に指定した．この地区は開放系のため，周辺地域からの飛び込みはやむをえないが，飛び込み抑制のため，周囲を取り囲むように「一般地区」を設けて，緩衝地帯としてそこでも不妊虫を放飼した．しかし，根絶成否の判断の最終段階では，1匹の非マーク虫といえども，それが重点地区の残存虫なのか，外からの飛び込み虫なのか，その出所が問題となる．こうした開放系における根絶実験においては，Knipling (1979)の指摘を待つまでもなく，直接に最終的結論を下すことは難しい．1971～1973年にアメリカ中西部の綿栽培地帯で実施されたワタミゾウムシ根絶実験事業において，殺虫剤や囮植物植付けなどによる抑圧防除の後，不妊虫放飼を実施したが，根絶最終段階で同様な事態が発生して議論を呼んだ (United States Department of Agriculture, 1976; Cross, 1973)．喜界島における根絶実証事業でも，根絶に近い状態に至ったのに，外からの成虫の飛び込みが頻発して議論を呼んだ（本書の第8章を参照）．

その後，一般地区においても不妊虫の高密度放飼が実施された結果，一般地区はもとより重点地区で野生虫数が激減して，ときどき周辺部で捕獲される状態に達した．

本実証事業で一貫して問題となったのは，放飼不妊虫の虫質であった．ゾウムシ類は，ガンマ線に対する感受性が高いため，不妊化によって虫質が低下しやすい難点があり，不妊虫放飼法には不向きと考えられてきた．虫質低下は性的競争力の低下に直結するだけに，こうした難点をもつ昆虫類を不妊虫放飼法によって根絶するには，その難点を補うのに見合うだけの多数の不妊虫の放飼が必要となり (Itô & Yamamura, 2005; 本書第2章)，不妊虫の生産能力との兼ね合いが問題となる．本実証事業を進めるなかで，虫質の劣る不妊虫を用いた不妊虫放飼法のあり方について，たびたび検討が重ねられたが，本節では，そ

7-4 根絶実証事業から出てきた問題点　　　　　　　　　　　　　　　　265

のうちの二つの問題点，不完全不妊虫の有効性および放飼不妊虫の虫質見直しについて紹介する．あわせて，誘殺板散布による抑圧防除のあり方にも言及する．なお，根絶事業を効率的に推進するには，安価で良質な人工飼料の開発が望まれるが，まだ成功していない．今後に残された重要課題の一つである．

7-4-1 不完全不妊虫の有効性

1996年末から，それまでの80 Gy照射による完全不妊虫放飼では防除効果が現れなかったので，50 Gy照射による不完全不妊虫放飼に切り替えた結果，（上記の理由から根絶確認はできなかったが）根絶に近い状態に達した．一般に，不妊化処理において虫質と不妊化率の間には，トレードオフの関係があり，特にゾウムシ類ではこの関係は厳しいといわれてきた．ところで，もし重点地区が外部から完全に隔離されていたら，不完全不妊虫でも根絶は可能だったのであろうか，それとも，不完全不妊虫によっては，根絶はもともと不可能なのであろうか．鈴木・宮井 (1997, 2000) は，こうした問題設定に立って理論的研究を推し進め，比較的虫質に優れた不完全不妊虫利用の有効性を見いだし，その条件付きの有効利用法を提言した．以下，鈴木らの提言の概略を紹介する．

鈴木らは，野生虫，不妊虫ともに交尾未経験であるとき，不妊虫放飼による密度低減効果の評価基準となる，「健全な受精卵を産むメス数」を次式

$$(F + fq)(cmp + M)/(cm + M)$$

で表し，根絶事業の最終段階で見られるように野生オス数に比べて放飼オス数が十分に大きいとき $(m \gg M)$，上式は $(F + qf)p$ で近似されるので，雌雄とも不完全不妊のとき根絶は不可能であり，最終段階では完全不妊オスの放飼が不可欠なことを示した．ここでMは野生オスの存在個体数，Fは野生未交尾メスの存在個体数，mは放飼オスの存在個体数，fは放飼未交尾メスの存在個体数，pは不完全不妊オスの妊性率，qは不完全不妊メスの妊性率，cは放飼オスの性的競争力（メスの近傍に達した放飼オス1匹が受精させる卵子数を野生オス1匹のそれで除した値）である．

さらに，各パラメータに室内実験で得られた測定値を代入してシミュレーションを実施して，50 Gy照射不完全不妊虫の放飼下でマーク虫率（フェロモントラップによる捕獲マーク虫数/捕獲非マーク虫数）が222以上に達したと

き，80Gy照射完全不妊虫に切り替えるべきであることを示した．この研究によって，不妊虫放飼法に向かないといわれてきたゾウムシ類でも，比較的虫質に優れた不完全不妊虫とそれに劣る完全不妊虫の巧みな使い分けによって根絶が可能なことが示され，喜界島における根絶実証事業における，50Gy照射不完全不妊虫への切り替えの理論的根拠となった（第2章も参照）．

7-4-2 放飼不妊虫の虫質見直し

アリモドキゾウムシ不妊虫の虫質低下の原因として，これまで，過密飼育，不妊化，蛍光色素による標識などの影響がたびたび検討されてきた．ここでは，奄美大島にある試験研究機関の若手研究者たちによって明らかにされた，最近の注目すべきいくつかの成果を紹介する（鹿児島県大島支庁農林課・鹿児島県農業試験場大島支場，2004）．

過密飼育による虫質低下については，1,600gのイモに2,300匹または1,800匹の成虫（雌雄ほぼ1：1）を放飼して産卵させて，得られ子世代成虫の生産歩留まり（匹／イモ1g）と1匹当たりの体重について比較すると，従来行われてきた2,300匹産卵放飼よりも，むしろ1,800匹産卵放飼のほうが両項目ともに優れていることがわかった（本章の7-2-6項を参照）．後者から得られたやや大型の不妊虫では，照射後21日目の生存率が39％前後と10％以上改善され，これに蛍光色素標識処理を施すと悪影響は避けられないとはいえ，同じく21日目の生存率は21～24％であり，これも10％近く改善された．また，大型不妊虫のほうが野外における分散力も高かった．大量増殖工程においては，とかく生産歩留まりの向上のため高密な産卵放飼に走りがちであるが，上記の結果は厳しい品質管理の必要性を示している．なお，60世代以上にわたって累代飼育しても，成虫寿命，体重，産卵数などに関する虫質低下は認められなかった．

ゾウムシ類では，7-2-7項で記したとおり，不妊化による虫質低下は不可避であるので，その度合いの低減が課題となる．産卵後27日目の50Gy照射蛹から得られた成虫と羽化脱出後10日齢の150Gy照射成虫（いずれも不完全不妊化）の生存率を比較すると，蛹照射では繰り返し実験ごとの生存率のバラツキが大きく，成虫照射とほとんど変わらない場合もあれば，かなり劣る場合もあった．蛹照射におけるこの大きな生存率のバラツキは，塊根内での虫の発育にロット

7-4 根絶実証事業から出てきた問題点

ごとにわずかなズレが生じ，照射時期は産卵後27日目に固定されているので，発育の遅れたロットでは照射の悪影響が強く現れたためと考えられた．一方，成虫照射ではこれほどの大きなバラツキは認められなかった．

実験室において飼育容器内 ($30 \times 37 \times 12$ cm) で測定された性的競争力をHaischの指数 c（本書第4章の157ページを参照）で示すと，50 Gy照射では，羽化前後の蛹を照射対象とすると0.33〜1.10（鹿児島県大島支庁農林課・鹿児島県農業試験場大島支場，2004），0.60〜1.48（山口・鈴木，1999），羽化2〜3日前の蛹だと0.38〜0.63（伊藤ら，1993）であった．他方，塊根脱出後1〜10日齢成虫に対する150 Gy照射では0.41〜1.11であった．なお，羽化2〜3日前の蛹照射における性的競争力の低下は，上記のとおり若い虫の照射感受性の高さの故であり，この結果を除くと，50 Gy蛹照射と150 Gy成虫照射の間には，性的競争力にほとんど差が認められなかった．

最後に，蛍光色素標識の虫質に及ぼす悪影響についてみる．1,000匹の不妊オス成虫に蛍光色素ブレイズオレンジ0.1 g（現行量）をまぶして，紙上に描いた直径10 cmの円内に放して，そこからの脱出率によって活動量を表すと，付着当日は動きが極めて鈍かったが，2日目以後には無標識虫に近い活動量を示した．また，付着色素量が多いほど活動が阻害された．同様の結果がフェロモン反応性についても観察された．サツマイモ畑に設置された小さな網室（$27 \times 13 \times 10$ cm）の地面に，上と同量の色素が付着した不妊虫を放飼し，1日間の生存状況を見ると，無標識虫はほとんどが生存したが，標識虫は半分近くが死亡した．これは，標識によって衰弱した不妊虫の多くが，アリ，コオロギ，トカゲ，クモなどの小動物類に捕食されたためであった．これらの結果は，蛍光色素の抑制的使用の重要性を示している．

以上の見直し実験の結果は，いずれも2007年春から喜界島で本格的にスタートした不妊虫放飼によるアリモドキゾウムシ根絶事業のあり方に有益な情報を提供した．大量増殖と標識の両工程における虫質管理の重要性はいうまでもなく，不妊化法についても，比較的良質な不妊虫の安定生産の観点に立って，蛹照射から成虫照射に切り替えられた（鹿児島県大島支庁農林課・鹿児島県農業試験場大島支場，2007）．また，これまで採用されてきた蛍光色素標識法には，上記の色素付着による虫質低下と並んで，放飼後における虫体

からの色素脱落やトラップ内での捕獲野生虫への色素転着などが，ある程度発生することがわかっている．色素脱落と色素転着は，根絶事業最終段階で実施される根絶確認調査などの進め方にも影響するので，より確実で効率的な標識法の開発が望まれる．現在，RbやRabbit IgGなどを利用した標識法および本種に見られる体色変異やDNA変異を利用した遺伝的標識法の開発が，国や沖縄県の機関によって検討されている．

7-4-3 誘殺板散布による抑圧防除の見直し

不妊虫放飼法においては，野生虫に比べてかなり多数の不妊虫の放飼が必要であり，その生産コスト低減が大きな課題である (Knipling, 1979)．このための一策として，他の手法を用いて事前に野生虫密度を下げておく，いわゆる抑圧防除が実施されるのが普通である．喜界島の実証区域では，1994年4～9月に月1回の割で道路沿いを中心に区域全体にできるだけ均等に定点を選び，誘殺板を散布して抑圧防除を行ったが (表7-2)，期待したほどの効果が得られないまま，不妊虫放飼に踏み切った．なぜ，期待した効果が得られなかったのだろうか．奄美群島においては，沖縄県に比べて本種の生息密度が桁違いに高く，しかもほぼすべての寄主植物群落に生息し，それらの群落の大きさの違いに対応して，場所ごとの生息密度に著しい濃淡が認められる．移動能力にすぐれた不妊虫であれば，均等放飼をしても，配偶行動などを通して野生虫の生息密度の濃淡に対応して，自らの分布の調節が可能であろう．しかし，本種は元々移動能力が大きくないうえに，不妊虫の虫質も決して高くないので，こうした自力移動に多くが望めない．他方，不妊虫の航空放飼など大規模な放飼事業においては，場所による野生虫の生息密度の濃淡に対応したきめ細かな放飼は難しい．したがって，本格事業における抑圧防除においては，単に野外個体群の平均密度を下げるだけでなく，高密度部分をより厳しく抑えて，事前に生息密度の濃淡をある程度ならす必要があろう．

ところで，喜界島の景観立地はきわめて多様性に富み，開放的な基盤整備地区，ブッシュなどが複雑に繁茂する基盤未整備地区や集落，さらに山間部や海岸などがモザイク状に入り組んでいる．こうした立地条件の違いによって，誘殺板から放出されるフェロモンの拡散がどのように影響を受けるか知るため，

次のような間接的な検証実験が実施された．整備地区と未整備地区の畑の土手，防風林，ブッシュ，集落，山間部，山際，海岸などにおいて，それぞれ1地点を選んでフェロモントラップを設置し，ペイントマーカーで標識した野生虫を種々の距離で放飼し，1ヵ月間フェロモントラップによって捕獲回収した．その結果，集落，山間部，山際など誘殺板から放出されるフェロモンの流れを阻害する障害物が多い場所，また障害物は少ないが風が強く風向が不安定な海岸などで，回収率がかなり低下することがわかった(鹿児島県大島支庁農林課・鹿児島県農業試験場大島支場, 2006)．こうした立地条件では，放出されたフェロモンが内部に行きわたりにくいようである．さらに，開放的な基盤整備地区においても，水路沿いの野生寄主植物が繁茂するまとまったブッシュでも，おそらく同じ理由によって回収率が低かった．

余談ながら，上記の事実はフェロモントラップによるモニタリングの精度にも景観立地が影響することを示しており，慎重な取り組みが必要である．ところで，障害物の多い場所には，普通，多くの野生寄主植物が繁茂しており，本種の発生源としてサツマイモ畑におとらず重要である．したがって，今後の事業においては，作業上取り組みやすい均一に選んだ定点からの誘殺板散布と並行して，障害物の多い場所への高密散布を，必要な場合には殺虫剤散布や寄主植物の除去なども含めて，併用する必要があろう．そのためには，対象地域内における植生分布や本種個体群の場所的な分布に関する正確な情報が必要であり，高精度の野外センサスが事前に実施されることが不可欠である．

7-5 おわりに

本章で記したように，「不妊虫放飼法」は単一技術でなく，大量増殖法，不妊化法など多くの個別技術が有機的に総合化された技術体系であり，それらの個別技術がたとえ不完全であっても，とりあえずすべてがそろわなければ機能しない．わが国における根絶研究がスタートするまでは，アリモドキゾウムシに関する広範にわたる本格的研究は世界的に見て限られていた．このため，個別技術の確立のため多大な時間と労力を費やすこととなったが，そのかいあって，まがりなりにも根絶事業を実施できる段階にたどり着くことができた．根絶事業をより効率的に本格展開するには，虫質問題はもとより，

安価で良質な人工飼料,脱落や転着のない標識法等々諸課題の解決を目指して,これまで確立された諸技術のたゆまない見直しが必要である.そのためには,個々の技術の短略的な改良にとどまらず,それら諸技術の開発・改良を支える,例えば昆虫の栄養・生殖生理,個体群の動態・行動などをはじめとする諸分野に関する基礎的研究のさらなる進展が不可欠であり,より優れた技術の開発のための基盤拡充の努力を惜しんではならない (Knipling, 1979; 守屋, 1995; Itô & Yamamura, 2005).

引用文献

Akazawa, T., I. Uritani & H. Kubota (1960) Isolation of ipomeamarone and two coumarin derivatives from sweet potato roots injured by the weevil, *Cylas formicarius elegantulus*. *Archievs of Biochemistry and Biophysics.* **88**: 150-156.

アリモドキゾウムシ研究会 (1992)『アリモドキゾウムシの根絶に向けて (最近の研究成果の概要)』.鹿児島県農業試験場大島支場, 216pp.

Austin, D. F. (1988) The taxonomy, evolution and genetic diversity of sweet potatoes and related wild species. *In*: *Exploration, Maintenance, and Utilization of Sweet Potato Genetic Resources.* International Potato Center, Lima, pp. 27-60.

Austin, D. F. (1991) Associations between the plant family Convolvulaceae and *Cylas* weevils. *In*: Jansson, R. K. & K. V. Raman (eds.) *Sweet Potato Pest Management, A Global Perspective.* Westview Press, pp. 45-57.

Bohemann, C. H. (1833) Genus 47-Cylas. *In*: Schloenherr, C. J. (ed.) *Genera et Species Curculionidum, Vol.1.* Apud Roret, va Haitefuille, Paris, pp. 369-371 (in Latin).

Coffelt, J. A., K. W. Vick, L. L. Sower & W. T. McClellan (1978) Sex pheromone of the sweetpotato weevil, *Cylas formicarius elegantulus*: Laboratory bioassay and evidence for a multiple component system. *Environmental Entomology* **7**: 756-758.

Cross, W. H. (1973) Biology, control and eradication of the boll weevil. *Annual Review of Entomology* **18**: 17-46.

Dawes, M. A., R. S. Sain, M. A. Mullen, J. A. Brower & P. A. Loretan (1987) Sensitivity of sweetpotato weevil (Coleoptera: Curculionidae) to gamma radiation. *Journal of Economic Entomology* **80**: 142-146.

江口照雄 (1965) アリモドキゾウムシ本土に侵入.九州植物防疫 **260**: 1-4.

Esaki, T. (1930) Uebersicht über die Insektenfauna der Bonin (Ogasawara) Inseln, unter besonderer Berucksichtigung der zoogeographischen Faunencharaktere. *Bulletin of Biogeographical Society of Japan* **1**: 205-226.

Gromko, M. H., D. G. Gilbert & R. C. Richmond (1984) Sperm transfer and use in the multiple mating system of *Drosophila*. *In*: Smith, R. L. (ed.) *Sperm Competition and the Evolution of Animal Mating Systems.* Academic Press, London, pp. 371-426.

Hartstack, A. W. Jr., J. P. Hollingsworth, R. L. Ridgway & H. H. Hunt (1971) Determination of trap spacings required to control an insect population. *Journal of Economic Entomology* **64**: 1090-1100.

林義則・吉田隆・木場文博 (1994) アリモドキゾウムシ *Cylas formicarius* (Fabricius) 蛹の低線量γ線照射による不妊化について. 植物防疫所調査研究報告 **30**: 111-114.

Hawkes, C. (1972) The estimation of the dispersal rate of the adult cabbage root fly (*Erioischia brassicae* (Bouche)) in the presence of a brassica crop. *Journal of Applied Ecology* **9**: 617-632.

Heath, R. R., J. A. Coffelt, P. E. Sonnett, F. I. Proshold, B. Duebed & J. H. Tumlinson (1986) Identification of sex pheromone produced by female sweetpotato weevil, *Cylas formicarius elegantulus* (Summers). *Journal of Chemical Ecology* **12**: 1489-1503.

Heath, R. R., J. A. Coffelt, F. U. Proshold, R. K. Jansson & P. E. Sonnet (1991) Sex pheromone of *Cylas formicarius*: History and implications of chemistry in weevil manegement. *In*: Jansson, R. K. & K. V. Raman (eds.) *Sweet Potato Pest Management, A Grobal Perspective.* Westview Press, Bolder, pp. 79-96.

伊藤俊介・永山才朗・後藤誠太郎・砂浜武久・東正裕 (1991) アリモドキゾウムシ *Cylas formicarius* (Fabricius) 成虫のγ線照射による不妊化について―成虫寿命, 交尾能力, 内部生殖器官および次世代数への影響. 植物防疫所調査研究報告 **27**: 69-73.

伊藤俊介・東正裕・吉田隆・永山才朗・亀田尚司・徳永太蔵・押川幹夫・前田力 (1993) アリモドキゾウムシ *Cylas formicarius* (Fabricius) 蛹の低線量γ線照射による不妊化について. 植物防疫所調査研究報告 **29**: 45-48.

Itô, Y. & K. Yamamura (2005) Role of population and behavioural ecology in the sterile insect technique. *In*: Dyck, V. A., J. Hendrichs & A. S. Robinson (eds.) *Sterile Insect Technique. Principles and Practice in Area-Wide Integrated Pest Management.* Springer, pp. 177-208.

Jansson, R. K. (1991) Biological control of *Cylas formicarius*. *In*: Jansson, R. K. & K. V. Raman (eds.) *Sweet Potato Pest Management, A Global Perspective.* Westview Press, Bolder, pp. 169-201.

Jansson, R. K. & L. J. Mason (1991) Use of sex pheromone for monitoring and managing *Cylas formicarius*. *In*: Jansson, R. K. & K. V. Raman (eds.) *Sweet Potato Pest Management, A Global Perspective.* Westview Press, Bolder, pp. 97-138.

Jansson, R. K., L. J. Mason & R. R. Heath (1991) Use of sex pheromone for monitoring and managing *Cylas formicarius*. *In*: Jansson, R. K. & K. V. Raman (eds.) *Sweet Potato Pest Management, A Global Perspective.* Westview Press, Bolder, pp. 97-138.

Jansson, R. K. & K. V. Raman (1991) Sweet potato pest management: A global overview. *In*: Jansson, R. K. & K. V. Raman (eds.) *Sweet Potato Pest Management, A Global Perspective.* Westview Press, Bolder, pp. 1-12.

鹿児島県大島支庁農林課・鹿児島県農業試験場大島支場 (2004) 『平成15年度アリモドキゾウムシ根絶事業実績書』鹿児島県農業試験場大島支場, 143 pp.

鹿児島県大島支庁農林課・鹿児島県農業試験場大島支場 (2006) 『平成17年度アリモドキゾウムシ根絶事業実績書』鹿児島県農業試験場大島支場, 127 pp.

鹿児島県大島支庁農林課・鹿児島県農業試験場大島支場 (2007)『平成18年度アリモドキゾウムシ根絶事業実績書』鹿児島県農業試験場大島支場, 147pp.
上門隆洋・瀬戸口脩・前田力 (1993) サツマイモによるアリモドキゾウムシの大量増殖. 鹿児島県農業試験場報告 **21**: 11-22.
Kandori, I., T. Kimura, H. Tsumuki & T. Sugimoto (2006) Cold tolerance of the sweet potato weevil, *Cylas formicarius* (Fabricius) (Coleoptera: Brentidae), from the Southwestern Islands of Japan. *Applied Entomology and Zoology* **41**, 217-226.
川村清久 (2005)『DNA多型解析による特殊害虫アリモドキゾウムシの地理的変異および分散経路の推定』近畿大学大学院農学研究科博士論文.
Kawamura, K.,T. Sugimoto, Y. Matsuda & H. Toyoda (2002) Detection of polymorphic patterns of genomic DNA amplified by RAPD-PCR in sweet potato weevils, *Cylas formicarius* (Fabricius) (Coleoptera: Brentidae). *Applied Entomology and Zoology* **37**: 645-648.
Kawamura, K., T. Sugimoto, K. Kakutani, Y. Matsuda & H. Toyoda (2007a) Genetic variation of sweet potato weevil, *Cylas formicarius* (Fabricius) (Coleoptera: Brentidae), in main infested areas in the world based upon the internal transcribed spacer-1 (ITS-1) region. *Applied Entomology and Zoology* **42**: 89-96.
Kawamura, K., T. Sugimoto, Y. Matsuda & H. Toyoda (2007b) A convenient estimation of the sources of sweet potato weevil, *Cylas formicarius* (Fabricius) (Coleoptera: Brentidae), in recently invaded areas in Japan, by random amplified polymorphic DNA technique. *Applied Entomology and Zoology* **42**: 297-303.
川村清久・豊田秀吉・杉本毅 (2003) RAPD-PCR法によるDNA多型をもとにしたアリモドキゾウムシの識別. 近畿大学農学部紀要 **36**: 13-20.
Kim, W. K. & I. Uritani (1974) Fungal extracts that induced phytoalexins in sweet potato roots. *Plant & Cell Physiology* **15**: 1093-1098.
Knipling, E. F. (1979) *The Basic Principles of Insect Population Suppression and Management*. USDA Agricultural Handbook No. 512, United States Department of Agriculture. Washington, D.C. (小山重郎・小山晴子訳『害虫総合防除の原理』東海大学出版会, 1989)
小林仁 (1986)『サツマイモのきた道』古今書院.
小濱継雄 (1990) 沖縄におけるアリモドキゾウムシ及びイモゾウムシの侵入の経過と現状. 植物防疫 **44**: 115-117.
小濱継雄・豊口敬・杉山巴次・宮田誠志 (1999) アリモドキゾウムシのモニタリングに用いる性フェロモントラップの改良. 沖縄農業 **34**: 30-33.
LeConte, J. L. & G. H. Horn (1876) The Rhynchophora of America, North of Mexico. *Proceedings of American Philosophical Society* **15**: 327.
Martin, F. W. & S. G. Carmer (1985) Variation in sweet potato for tolerance to some physical and biological stresses. *Euphytica* **34**: 457-466.
宮路克彦・西原悟・原洋一・徳永太蔵・鳩野哲也・上門隆洋・伊藤俊介・岩元順二・荒巻弥弘・金城邦夫・祖慶良尚 (2000) 不妊虫放飼法によるゾウムシ類の根絶 (6) アリモドキゾウムシの大量増殖・不妊化・マーキング・輸送・放飼. 植物防疫 **54**: 472-475.
Miyatake, T., K. Kawasaki, T. Kohama, S. Moriya & Y. Shimoji (1995) Dispersal of male sweetpotato weevls (Coleoptera: Curculionidae) in fields with or without

引用文献

sweet potato plants. *Environmental Entomology* **24**: 1167-1174.
Miyatake, T., S. Moriya, T. Kohama & Y. Shimoji (1997) Dispersal potential of male *Cylas formicarius* (Coleoptera: Brentidae) over land and water. *Environmental Entomology* **26**: 272-276.
守屋成一 (1995) イモゾウムシ，アリモドキゾウムシの根絶は可能か―根絶防除計画の現状．沖縄農業 **30**: 65-71.
Moriya, S. (1995) A preliminary study on the flight ability of the sweetpotato weevil, *Cylas formicarius* (Fabricius) (Coleoptera: Apionidae) using a flight mill. *Applied Entomology and Zoology* **30**: 244-246.
Moriya, S. & S. Hiroyoshi (1998) Flight and locomotion activity of the sweetpotato weevil (Coleoptera: Brentidae) in relation to adult age, mating status, and starvation. *Journal of Economic Entomology* **91**: 439-443.
Mullen, M. A., A. Jones, D. R. Paterson & T. E. Boswell (1985) Resistance in sweetpotato weevil, *Cylas formicarius elegantulus* (Summers). *Journal of Entomological Science* **20**: 345-350.
名和梅吉 (1903) 蟻形象鼻蟲に就いて．昆虫世界 **7**: 327-330.
Newell, W. (1917) Sweetpotato root weevil. *Florida State Plant Board Quarterly Bulletin* **2**: 81-100.
Nicholson, A. J. (1954) An outline of the dynamics of animal populations. *Australian Journal of Zoology* **2**: 9-65.
Nottingham, S. F., K. C. Son, R. F. Severson, R. F. Arrendale & S. J. Kays (1989) Attraction of adult sweet potato weevils, *Cylas formicarius elegantulus* (Summers), (Coleoptera: Curculionidae), to sweet potato leaf and root volatiles. *Journal of Chemical Ecology* **15**: 1095-1106.
大林隆司 (2002) 小笠原の外来昆虫．日本生態学会編『外来種ハンドブック』地人書館, pp. 239-240.
Pianka, E. R. (1978) *Evolutionary Ecology* (*2nd ed.*). Harper and Row, New York. (伊藤嘉昭監修，久場洋之・中筋房夫・平野耕治訳『進化生態学』蒼樹書房, 1978)
Proshold, F. I. (1983) Mating activity and movement of *Cylas formicarius elegantulus* (Coleoptra: Curculionidae) on sweet potato. *Proceedings of American Society of Horticultural Science, Tropical Section* **27**: 81-92.
Proshold, F. I., J. L. Gonzalez, C. Asencio & R. R. Heath (1986) A trap for monitoring the sweet-potato weevil (Coleoptera: Curculionidae) using pheromone or live females as bait. *Journal of Economic Entomology* **79**: 641-647.
Reinhard, H. J. (1923) The sweet potato weevil. *Texas Agricultural Experiment Station Bulletin* **308**: 90.
Ruffner, J. A. & F. E. Bair (1987) *Weather of U. S. Cities*. 3rd ed. Vol. 1 and 2. Gale Research Company, Detroit, 1131pp.
栄政文 (1968) 奄美群島に発生する特殊病害虫，アリモドキゾウムシ．鹿児島県農業試験場大島支場創立65周年記念誌, pp. 27-48.
栄政文・島田治一 (1961) アリモドキゾウムシの加害機構とその防除．九州農業研究 **23**: 212-213.
桜井宏紀・土屋康彦・和泉省勝・山口卓宏 (1998) ガンマ線照射によるアリモドキゾウムシ雄の放射線不妊化機構の超微形態学的観察．岐阜大学農学部研究報

告 **63**: 31-36.
桜井宏紀 (2000) 不妊虫放飼法によるゾウムシ類の根絶 (4). 不妊虫の生殖. 植物防疫 **54**: 466-468.
Sakuratani, Y., T. Sugimoto, O. Setokuchi, T. Kamikado, K. Kiritani & T. Okada (1994) Diurnal changes in micro-habitat usage and behavior of *Cylas formicarius* (Fabricius) (Coleoptera: Curculionidae) adults. *Applied Entomology and Zoology* **29**: 307-315.
Sakuratani, Y., K. Nakao, N. Aoki & T. Sugimoto (2001) Effect of population density of *Cylas formicarius* (Fabricius) (Coleoptera: Brentidae) on the progeny populations. *Applied Entomology and Zoology* **36**: 19-23.
Sato, K., I. Uritani & T. Saito (1981) Characterization of the terpene-inducing factor isolated from the larvae of the sweet potato weevil, *Cylas formicarius* Fabricius (Coleoptera: Brentidae). *Applied Entomology and Zoology* **16**: 103-112.
Sato, K., I. Uritani & T. Saito (1982) Properties of the terpene-inducing factor extracted from adults of the sweet potato weevil, *Cylas formicarius* Fabricius (Coleoptera: Brentidae). *Applied Entomology and Zoology* **17**: 368-374.
Setokuchi, O., K. Kawasoe & T. Sugimoto (1996) Invasion of the sweet potato weevil, *Cylas formicarius* (Fabricius) into southern islands in Japan and strategies for its eradication. *In*: Hokyo, N. & G. Norton (eds.) *Proceedings of International Workshop on the Pest Management Strategies in Asian Monsoon Agroecosystem*. KNAES, pp. 197-207.
瀬戸口脩・安田慶次 (2000) 不妊虫放飼法によるゾウムシ類の根絶 (3). 個体群のモニタリング. 植物防疫 **54**: 463-465.
Setokuchi, O., T. Sugimoto, T. Yamaguchi, S. Izumi, T. Tokunaga, K. Kawasoe, T. Tanaka, N. Makino & Y. Sakuratani (2001) Efficiency of the sterile insect release method as an eradication measure for the sweet potato weevil, *Cylas formicarius* (Fabricius) in the field. *Applied Entomology and Zoology* **36**: 161-167.
Sherman, M. & M. Tamashiro (1954) The sweetpotato weevils in Hawaii, their biology and control. *Hawaii Agricultural Experiment Station Technical Bulletin* **23**: 1-36.
Shorey, H. H., R. S. Kaae & L. K. Gaston (1974) Sex pheromones "Lepidoptera". Development of a method for pheromonal control of "*Pectinophora gossypiella*" in cotton. *Journal of Economic Entomology* **67**: 347-350.
Starr, C. K., R. F. Severson & S. J. Kays (1991) Volatile chemicals from sweet potato and other Ipomoea: Effects on the behavior of *Cylas formicarius*. *In*: Jansson, R. K. & K. V. Raman (eds.) *Sweet Potato Pest Management: A Global Perspective*. Westview Press, pp. 235-246.
Steiner, L. F., W. C. Mitchell, E. J. Harris, T. T. Kozuma & M. S. Fujimoto (1965) Oriental fruit fly eradication by male annihilation. *Journal of Economic Entomology* **58**: 961-964.
杉本毅 (2000) 2種のゾウムシ類の起源, 分散, 我が国への侵入. 植物防疫 **54**: 444-447.
杉本毅 (2006) 特殊害虫アリモドキゾウムシの根絶―外来生物問題に関連して. 環動昆 **17**: 117-122.
杉本毅・桜谷保之編 (1991) アリモドキゾウムシの研究文献目録. 近畿大学農学部

紀要 **24**: 53-69.
Sugimoto, T., Y. Sakuratani, O. Setokuchi, T. Kamikado, K. Kiritani & T. Okada (1994a) Using the mark-and-release method in the estimaton of adult population of sweet potato weevil, *Cylas formicarius* (Fabricius) in a sweet potato field. *Applied Entomology and Zoology* **29**: 11-19.
Sugimoto, T., Y. Sakuratani, O. Setokuchi, T. Kamikado, K. Kiritani & T. Okada (1994b) Estimations of attractive area of pheromone traps and dispersal distance, of male adults of sweet potato weevil, *Cylas formicarius* (Fabricius) (Coleoptera, Curculionidae). *Applied Entomology and Zoology* **29**: 349-358.
Sugimoto, T., Y. Sakuratani, O. Setokuchi, K. Kawazoe, K. Kiritani & T. Okada (1994c) Estimation of male adult population of sweet potato weevils, *Cylas formicarius* (Fabricius) (Coleoptera, Curculionidae) on Kikai Island in Japan. *Applied Entomology and Zoology* **29**: 359-367.
Sugimoto, T., Y. Sakuratani, H. Fukui, K. Kiritani & T. Okada (1996) Estimating the reproductive properties of the sweet potato weevil, *Cylas formicarius* (Fabricius) (Coleoptera, Brentidae). *Applied Entomology and Zoology* **31**: 357-367.
杉本毅・川村清久・香取郁夫 (2007) アリモドキゾウムシの世界的拡散と我が国における定着可能地域の推定. 植物防疫 **61**: 565-570.
Summers, S. V. (1875) On some of our common insects No. 3. The sweet potato root borer (Curculionidae). *Our Home Journal and Rural Southland* **9**: 68.
Sutherland, J. A. (1986) Damage by *Cylas formicarius* Fab. to sweet potato vines and tubers, and the effect of infestations on total yield in Papua New Guinea. *Tropical Pest Management* **32**: 316-323.
鈴木芳人・宮井俊一 (1997) 不妊雄放飼による害虫根絶法の理論的考察: 不完全不妊虫の放飼条件. 九州農業研究 **59**: 78.
鈴木芳人・宮井俊一 (2000) 不妊虫放飼法によるゾウムシ類の根絶 (5). 不完全不妊虫の利用—理論的アプローチ. 植物防疫 **54**: 469-471.
台湾総督府農事試験場編 (1910) 台湾ノ害虫ニ関スル調査. 農事試験場特別報告第1号.
Talekar, N. S. (1982) A search for sources of resistance to sweet potato weevil. *In*: Villareal, R. L. & T. D. Griggs (eds.) *Sweet Potato: Proceedings of the First International Symposium*. Asian Vegetable Research and Development Center, Taiwan, pp. 147-156.
Talekar, N. S. (1983) Infestation of a sweetpotato weevil (Coleoptera: Curculionidae) as influenced by pest management techniques. *Journal of Economic Entomology* **76**: 342-344.
Talekar, N. S. (1991) Integrated control of *Cylas formicarius*. *In*: Jansson, R. K. & K. V. Raman (eds.) *Sweet Potato Pest Management: A Global Perspective*. Westview Press, pp. 139-156.
Talekar, N. S. (ed.) (1994) *World Bibliography of Sweet Potato Weevil, 1792-1992*. Asian Vegetable Research and Development Center, 257 pp.
Thornhill, R. & J. Alcock (1983) *The Evolution of Insect Mating Systems*. Harvard University Press.
東京府小笠原島庁編 (1914) 小笠原島ノ概況及森林. 東京府小笠原島庁.

Tryon, H. (1900) The sweet potato weevil. *Queensland Agricultural Journal* **7**: 176-189.

Tsubaki, Y. & M. Yamagishi (1991) 'Longevity' of sperm within the female of the melon fly, *Dacus cucurbitae* (Diptera: Tephritidae), and its relevance to sperm competition. *Journal of Insect Behavior* **4**: 243-250.

United States Department of Agriculture (1976) *Proceedings of Conference on Boll Weevil Suppression, Management, and Elimination Technology.* Feb. 13-15, 1974. Menphis. U. S. Dept. Agr. Res. Serv. ARS S-71.

Uritani, I. & M. A. Stahmann (1961) The relationship between antigenic compounds produced by sweet potato in response to black rot infection and the magnitude of disease resistance. *Agricultural and Biological Chemistry* **25**: 479-486.

Uritani, I., T. Saito, H. Honda & W. K. Kim (1975) Induction of furano-terpenoids in sweet potato roots by the larval components of the sweet potato weevils. *Agricultural and Biological Chemistry* **39**: 1857-1862.

Utida, S. (1941) Studies on experimental population of the azuki bean weevil *Callosobruchus chinensis* (L.) I. The effect of population density on the progeny populations. *Memoirs of College of Agriculture, Kyoto Imperial University* **48**: 1-30.

内田俊郎 (1998) 『動物個体群の生態学』京都大学出版会.

Wilson, D. D., R. F. Severson & S. J. Kays (1991) Oviposition stimulant for *Cylas formicarius* in sweet potato: Isolation, identification, and development of analytical screening method. *In*: Jansson, R. K. & K. V. Raman (eds.) *Sweet Potato Pest Management: A Global Perspective.* Westview Press, pp. 221-233.

Wolfe, G. W. (1991) The origin and dispersal of the pest species of Cylas with a key to the pest species groups of the world. *In*: Jansson, R. K. & K. V. Raman (eds.) *Sweet Potato Pest Management: A Global Perspective.* Westview Press, pp. 13-43.

山口卓宏・宮路克彦・瀬戸口脩 (2005) 奄美大島, 喜界島における冬季のアリモドキゾウムシの交尾と産卵. 日本応用動物昆虫学会誌 **49**: 205-213.

Yamaguchi, T., O. Setokuchi & K. Miyata (2000) Development and adult survival of the sweet potato weevil, *Cylas formicarius* (Fabricius) (Coleoptera: Brentidae), during winter on Amami-Oshima island, Japan. *Applied Entomology and Zoology* **35**: 451-458.

山口卓宏・鈴木芳人 (1999) 蛹期にγ線を50Gy照射されたアリモドキゾウムシの性的競争力. 九州病害虫研究会報 **45**: 76-79.

Yasuda, K. (1995) Mass trapping of the sweet potato weevil with synthetic sex pheromone. *Applied Entomology and Zoology* **30**: 31-36.

安田慶次・杉江元・R. R. Heath (1992) アリモドキゾウムシの合成性フェロモンの野外条件下における誘引性. 日本応用動物昆虫学会誌 **36**: 81-87.

Yen, D. E. (1961) Sweet-potato variation and its relation to human migration in the Pacific. *Proceedings of 10th Pacific Science Congress.* Univ. Hawaii, pp. 93-117.

湯田達也・中村孝久・和田朋彦・田中丈雄・木村浩司・牧野伸洋・山口卓宏・和泉勝一・川添幸治 (2000) 不妊虫放飼法によるゾウムシ類の根絶 (8). 喜界島における根絶実証事業. 植物防疫 **54**: 479-482.

第8章
性フェロモンと不妊虫放飼の組み合わせによるアリモドキゾウムシの根絶
―沖縄県久米島における防除の現状と課題―

(小濱継雄・久場洋之)

8-1　なぜアリモドキゾウムシが対象か

　沖縄県を含む南西諸島は，日本の中でも侵入害虫が極めて多い地域である．南方系の農業害虫の多くは沖縄県で発見されており (Kiritani, 1998; 小濱・嵩原, 2002)，その中にはウリミバエ *Bactrocera cucurbitae* (Coquillett)，ミカンコミバエ *B. dorsalis* (Hendel) (双翅目：ミバエ科)，アリモドキゾウムシ *Cylas formicarius* (Fabricius) (甲虫目：ミツギリゾウムシ科) およびイモゾウムシ *Euscepes postfasciatus* (Fairmaire) (甲虫目：ゾウムシ科) が含まれる．いずれも日本本土への侵入が警戒されている特殊害虫である．わが国の植物防疫法により，特殊害虫が存在する地域から未発生地への寄主植物 (例えば，ニガウリやマンゴー，サツマイモ) の移動が規制される．この移動規制は，亜熱帯の特性を生かした南西諸島の農業振興にとって大きな障害となってきた．この問題を根本的に解決するためには，これらの害虫を根絶しなければならない．こうして，1972年 (沖縄の日本への復帰時) 上記のミバエ2種についての日本初の巨額の予算を伴う根絶事業が実施されたのである．この防除事業は華々しい成功を収めた (沖縄県農林水産部, 1994を参照)．まず，南西諸島からオス誘引剤メチルオイゲノールを使った雄除去法でミカンコミバエが根絶されたのは1986年 (Tanaka, 1980; 潮ら, 1982; Koyama et al., 1984; Nakamori et al., 1991)，また不妊虫放飼法でウリミバエが根絶されたのは1993年である (Yamagishi et al., 1993; Kuba et al., 1996; Koyama et al., 2004) (後者については本書の第2, 3, 4章で詳しく解説されている)．ミバエ類の根絶後，残る根絶

対象の侵入害虫がサツマイモの大害虫であるアリモドキゾウムシとイモゾウムシであった.

アリモドキゾウムシは,世界の熱帯・亜熱帯地域におけるサツマイモの最も重要な害虫の一つで(Sutherland, 1986; Chalfant et al., 1990),国内ではトカラ列島以南の南西諸島および東京都の小笠原諸島に分布する(瀬戸口, 1990; 安田・小濱, 1990; Setokuchi et al., 1996; 本書第7章).本種は,明治時代にはすでに沖縄県全域でサツマイモに大きな被害を与えていたといわれるので(名和, 1903),それ以前に沖縄県に持ち込まれたのは間違いないが,侵入経路は明らかでない(高良, 1954; 小濱, 1990).イモゾウムシも,世界的なサツマイモの害虫で(Chalfant et al., 1990; Raman & Alleyne, 1991),国内では奄美諸島以南の南西諸島と小笠原諸島の一部に生息する(栄, 1968; 安田・小濱, 1990; 宮路・田中, 1998).日本においては,1947年5月に沖縄本島の勝連半島(現うるま市)で発見されている(安里, 1950).そのころすでに那覇市付近でも本種は発生していたようである(佐藤, 1952).本種は,太平洋戦争直後の混乱期に,米軍物資に紛れてハワイまたはサイパンから侵入したか(安里, 1950; 高良, 1954),あるいは,南方からの引き揚げ者によってサツマイモとともに持ち込まれたと考えられている(安里, 1950; 佐藤, 1952; 小濱, 1990)[小笠原諸島で1905年に採集された本種の標本があるので(長谷川・三枝, 1968),同諸島には沖縄県で発見される以前に本種が持ち込まれていたようである].これらゾウムシに食害されたイモは,独特の苦味と強い臭みがあり,まったく食用にならないし,家畜の餌にもならない(Sherman & Tamashiro, 1954; Sutherland, 1986).また,菓子など加工用としても使えない.2種のゾウムシの幼虫はサツマイモの茎やイモの中を食い荒らすため,これまで行われてきた植え付け時の殺虫剤処理では防除しにくい.現在推奨されている防除法(安田, 1998)は効果が高いが,株元に丁寧に殺虫剤を散布する必要があり,手間がかかりすぎるため,あまり普及していない(本書第7章も参照されたい).

サツマイモは台風や干ばつに強く,台風常襲地の沖縄県に適した作物で,読谷村や八重瀬町などで栽培が盛んである.沖縄県には「紅イモ」と一般に呼ばれる,肉色が紫色のサツマイモがある(品種:「宮農36号」および「備瀬」など).紅イモは生食用ばかりでなく,その肉色を生かして,菓子やパ

ンなど加工用としての利用も図られてきた（小濱，1990）．また，近年サツマイモは健康食品として（須田ら，1999），需要の拡大が期待されるようになっている．沖縄県では，サツマイモを戦略作物の一つとして，その拠点産地形成が進められている（沖縄県農林水産部，1999；沖縄県，2002）．しかしながら，その障害となっているのが，アリモドキゾウムシとイモゾウムシである．上記の紅イモは本土でも注目されており，観光客がお土産として持ち帰ろうとした生の紅イモが，那覇空港で取り上げられるケースが多々ある（濱上ら，2002）．生のサツマイモは，蒸熱処理（品質には影響しない程度にイモを飽和水蒸気中で加熱し，熱でイモの中にいるゾウムシを殺す）すれば持ち出すことが可能である（島袋ら，1997）．しかし，もしすでにゾウムシに食害されていれば，蒸熱処理されたとしても，ひどい臭みと強烈な苦味が残るので，食用にできないし，また商品として出荷したとしても市場で取り引きされない可能性がある．そのうえ，処理のための手間と経費がかかる．したがって，生のサツマイモを沖縄から自由に持ち出せるようにするためには，ウリミバエやミカンコミバエと同様，これら2種のゾウムシを根絶する必要がある．

南西諸島のゾウムシ類の根絶によって利益を受けるのは，沖縄や奄美の農家ばかりではない．アリモドキゾウムシは未発生地である鹿児島県本土やその周辺離島にたびたび侵入し，また四国の高知県にも侵入している．侵入後に発生した場合，その根絶には数年以上，時には20年以上の年月と数百万円から数億円の防除経費がかかっている（瀬戸口，1990；西岡ら，2000；藤本ら，2000）．南西諸島からのゾウムシ類根絶は，本土のサツマイモ産地への侵入，まん延の危険を取り除くことになるのである（大村，2000）．

鹿児島県では，奄美諸島のウリミバエ根絶を目前にした1988年から次の根絶対象害虫としてアリモドキゾウムシが取り上げられ，農林水産省の特殊病害虫防除対策の一環として「アリモドキゾウムシ根絶技術確立事業」が奄美諸島を対象に実施されることになった（アリモドキゾウムシ研究会，1992）（鹿児島県での事業については本書の第7章を参照）．奄美に続いて，沖縄県でも1990年からアリモドキゾウムシとイモゾウムシの根絶に向けて，根絶技術確立事業に取り組むことになった．さらに，1994年から不妊虫放飼法を基幹とする根絶実証事業，そして2001年からは本格的な根絶事業がそれぞれ国の補

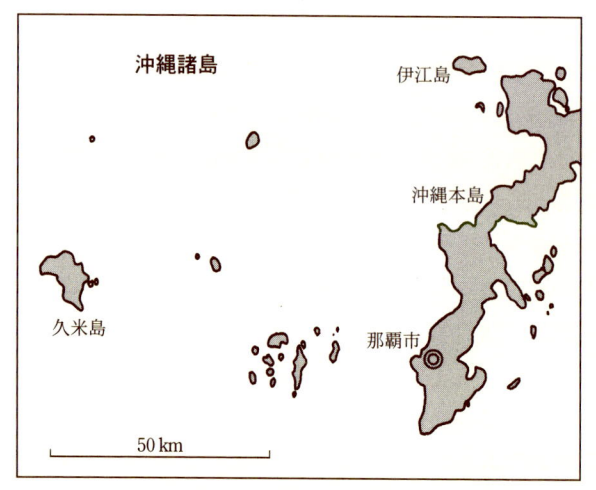

図8-1 久米島の位置.

助金を得て実施されてきた(大村, 2000). 久米島全域(図8-1)を対象としたアリモドキゾウムシの防除は1994年11月に開始され, まず性フェロモン剤を使った野生虫の密度抑圧, 続いて1999年2月から不妊虫放飼が実施された. 2006年3月現在, 一部地域に野生虫が点在しているが, 本種は根絶にごく近い状態にある. 一方のイモゾウムシは, 不妊虫放飼の効果は認められているが(Kuba et al., 2003; 原口ら, 未発表), 今のところ根絶の見通しはついていない(イモゾウムシ防除の現状については, 大野ら, 2006を参照されたい).

本章では沖縄県久米島で実施中のアリモドキゾウムシの根絶防除の経過と現状を述べ, 次いで今後の事業の課題について述べる.

8-2 アリモドキゾウムシとは

成虫の体長は約7mmで, 鞘翅が光沢のある青色ないしは暗緑色をした, きれいな甲虫である. 寄主はヒルガオ科植物で(Cockerham et al., 1954; Sutherland, 1986; Austin, 1991), 日本では, サツマイモ *Ipomoea batatas* (L.) Lam. のほかに, ノアサガオ *I. indica* (Burm.) Merr., グンバイヒルガオ *I. pes-caprae* (L.), ヨウサイ *I. aquatica* Forskal, ハマヒルガオ *Calystegia soldanella* Roem. & Schult. などが寄主として確認されている(栄, 1968). そのうち, ノ

アサガオは海岸から山地林縁まで広く分布し，沖縄におけるアリモドキゾウムシの最も重要な野生寄主である．

　メス成虫は，寄主の茎やイモに口器で穴を開け，その中に1卵ずつ産み付ける．幼虫は植物内部を食べて育ち蛹化し，羽化後，成虫は1週間ほど植物体内にとどまる (Sugimoto et al., 1996). 26～28℃の飼育条件下におけるアリモドキゾウムシのメス成虫の寿命は，平均76～96日 (Cockerham et al., 1954; Jansson & Hunsberger, 1991; Sugimoto et al., 1996), メス当たり日当たり産卵数は1～2個 (上門ら, 1993; Sugimoto et al., 1996), メス当たり生涯産卵数は平均64～180卵である (Cockerham et al., 1954; Mullen, 1981; Jansson & Hunsberger, 1991; Sugimoto et al., 1996). メスは生涯にわたって少しずつ産卵するが，産卵数が多いのは，イモから脱出後5～20日の間である (Jansson & Hunsberger, 1991).

　本種は夜間活動性の昆虫で，交尾は日没後数時間内に，産卵は夜間に活発になる (Proshold, 1983; Sakuratani et al., 1994). メス成虫は性フェロモンを放出し，オスを誘引し交尾する．このフェロモンは，Heath et al. (1986) によって

　　　(Z)-3-dodecen-1-ol(E)-2-butenoate

と同定されている．その合成性フェロモンは強力な誘引力をもち (Heath et al., 1986), 世界数カ国でモニタリングや防除に用いられてきた (Proshold et al., 1986; Heath et al., 1991; Jansson et al., 1991; 安田ら, 1992; Jansson et al., 1993; Yasuda, 1995). 我々の根絶事業でも，後述のように，このフェロモンを誘引源にしたトラップをモニタリングに用い，また野生オス密度低下のため，このフェロモンと殺虫剤を吸着させた誘殺板を用いた．

　野外におけるオス成虫の移動分散について，Sugimoto et al. (1994) は標識再捕法により，日当たり分散距離を55mと推定し，最大一晩で1km移動した個体があったことを報告した．安田ら (1992) も同様に一晩で1km移動した例を報告している．Miyatake et al. (2000) によると，オス成虫の分散距離は平均気温と正の相関があり，最大の分散距離は冬季で100m，夏季には500mであった．オスの分散距離は寄主の有無にも影響され，最大の分散距離は，寄主であるサツマイモがある地域で500m，サツマイモがない地域では1,000mで

あった (Miyatake et al., 1995). また, Miyatake et al. (1997) はオス成虫が海上を2km移動した例を報告し, これは風にアシストされた分散と考えた. メス成虫の活動性はオスに比べると低い (Sakuratani et al., 1994). 室内試験によると, メス成虫の飛翔力はオス成虫に比べ非常に低く, また歩行活動性もオスがメスよりも高かった (Moriya, 1995; Shimizu & Moriya, 1996a, 1996b; Moriya & Hiroyoshi, 1998). メス成虫は主に歩行によって分散すると考えられる (Moriya & Hiroyoshi, 1998). これらのことから, 野外において, メス成虫はあまり移動せず, 寄主植物上で定着的な生活をしている可能性がある.

沖縄本島においては, フェロモントラップによるオス成虫の捕獲数は, 6月から増加し, 8～9月にピークがあり, 11月以降に急減し, 冬季の捕獲数はかなり少ない (安田, 1993, 1998). また, イモトラップ (生イモでメスを誘引する) による調査では, メスの産卵ピークは8～9月である (安田, 1993). 冬季は産卵が非常に少なくなるが (安田, 1993), 一部のメスは冬季でも繁殖している (小濱, 未発表). 奄美大島でも同様に, 冬季 (11～1月) にはほとんど交尾・産卵しないことが報告されている (山口ら, 2005). 27℃の条件下の生育期間について, Mullen (1981) は卵から産卵まで約33日, 安田 (1998) は卵から塊根脱出まで約40日かかると報告している. 本種は沖縄においては年に4世代経過すると推定されている (安田, 1998).

8-3 アリモドキゾウムシの根絶の可能性

8-3-1 世界でも例のないゾウムシ類の根絶

不妊虫放飼法は, 世界の20カ国以上で, 約15種の害虫の防除に適用されてきたが, その多くはミバエなど双翅目昆虫であり, ゾウムシなどの甲虫類に対する適用例はわずかしかない (Hendrichs & Robinson, 2003; 本書第1章参照). しかも, 定着した害虫に対する広域防除において, これまでに不妊虫放飼法により根絶に成功したのはミバエ類やラセンウジバエ *Cochliomyia hominivorax* (Coquerel) (クロバエ科), ツェツェバエ *Glossina* spp. (ツェツェバエ科) などの双翅目昆虫にほぼ限られている (Klassen & Curtis, 2005および本書の第1章を参照). 甲虫目では, スイスにおける根菜類の害虫, コフキコガネの一種 *Melolontha vulgarius* Fabricius (コガネムシ科) で, ごく小面積であるが, 不妊虫放飼

法による成功例が知られている (Hober, 1963). アメリカにおいては, 著名な綿の害虫ワタミゾウムシ *Anthonomus grandis* Boeman (ゾウムシ科) に対し, 1970年代の実験事業において, 薬剤防除など他の防除法とともに不妊虫放飼も試みられたが, 不妊虫の放飼効果については肯定的な意見と否定的な意見があり, その評価が分かれている (Knipling, 1979, 1983). 結局, その後のワタミゾウムシの広域根絶事業においては, コストがかかるなどの理由により不妊虫放飼法は採用されず, 防除は主としてフェロモンと殺虫剤を用いて進められている (Smith, 1998; Cunningham & Grefenstette, 2000).

8-3-2 アリモドキゾウムシの根絶の可能性

不妊虫放飼法は, 放射線などを使って不妊にしたオスを, 野生オスの数よりも多く野外に放して, 野生メスと交尾させることで野生虫の次世代の数を減らし, 害虫を防除する技術である (本書第1, 2章を参照). したがって, この方法を適用するためには, (1) 対象害虫を人工的に大量に生産できること, (2) オスの交尾行動や性的競争力に重大な悪影響のない程度に不妊化できることが前提となる. また, (3) 不妊虫が有効に働くレベルまで野外個体群を減らすことができる手段があることも必須の条件となる. 根絶を目標とするのであれば, さらに (4) 低密度時において野生虫が検出できる方法も不可欠である (Knipling, 1955, 1964).

条件 (1) の大量増殖には大きな問題があった. ウリミバエの根絶は, 人工飼料による大量増殖の成功に支えられたが (垣花ら, 1989; 垣花, 1996; 本書第3章), アリモドキゾウムシの人工飼料はまだ完成していないので, 久米島の事業では生のサツマイモ塊根 (以下, イモと呼ぶ) による飼育に頼らざるをえない. そのため, 虫の生産数に限界があり, 当初の試算では, 可能な生産数は週にオス50万匹程度であった (結果的には週当たりオス150万匹以上の生産を達成した). 条件 (2) の不妊化は, 後述のようにほぼ満足できる結果が得られた. 条件 (3) の野生虫の密度抑圧は, オスを強力に誘引する性フェロモンがあるので (式は281ページ), 可能と考えられた. また, このフェロモンを使えば, 条件 (4) の低密度時における野生虫の検出も可能である.

これらの条件をもとに, 性フェロモンによる密度抑圧と不妊虫放飼を組み

合わせたアリモドキゾウムシの根絶計画が策定された．

8-4 不妊虫放飼法に必要な技術の開発

不妊虫放飼法は，多くの個別技術を組み合わせた総合的な防除技術である．まず，取り組んだのが，不妊虫放飼法に必須の技術の開発であった．ここでは，アリモドキゾウムシの生イモを使った増殖法，不妊化法，野生虫の密度抑圧法および防除効果の判定法について述べる．

8-4-1 生イモを使った大量増殖

本種の人工飼料は開発されてないので，生イモを使って増殖した．沖縄産のイモは2種のゾウムシが寄生しているおそれがあるため，増殖には本土産のイモを使用している．本種の産卵数は，超大量増殖が成し遂げられたウリミバエ（本書の第3章を参照）の数十分の一くらいなので，大量増殖するためにはウリミバエと比較して，より多くの採卵用の成虫が必要になる．

イモによる増殖は，1998年から始めた．飼育環境は，温度25±1℃，湿度70〜90％，明暗周期14L：10Dである．飼育開始からしばらくの間は病気（ボーベリア菌）の発生，乾燥によるイモの硬化などの原因により，なかなか生産量が伸びなかったが，病気の対策（飼育室，飼育用具，容器などの殺菌），飼育法の改善（容器の換気，飼育室の湿度管理―飼育室が乾燥した場合，床に散水する）により，1999年8月には週産50万匹（雌雄，以下同様），さらに2000年8月には週産100万匹以上の生産体制ができ，最大で週当たり400万匹の増殖が可能であった．その結果，2001年8月からは継続的に週100万匹以上の不妊虫放飼（ヘリコプターによる航空放飼）が可能になった．また，生産に余力が出たので，密度の高い場所に対し地上から手まきによる追加放飼も行えるようになった．

基本的な飼育作業は図8-2のとおりである（宮路ら，2000；浦崎，未発表）．上蓋に網をつけたプラスチック容器（9.3*l*；287×357×120 mm）にイモ1,800 gを入れ，そこに成虫（親虫）2,000匹（雌雄比1：1）を放して産卵させる（当初は，容器当たりイモ600 g，親虫は500匹であった）．週に2回（3〜4日ごとに）産卵させたイモを回収し，新しいイモと入れ替えた．親虫は4週ご

8-4 不妊虫放飼法に必要な技術の開発

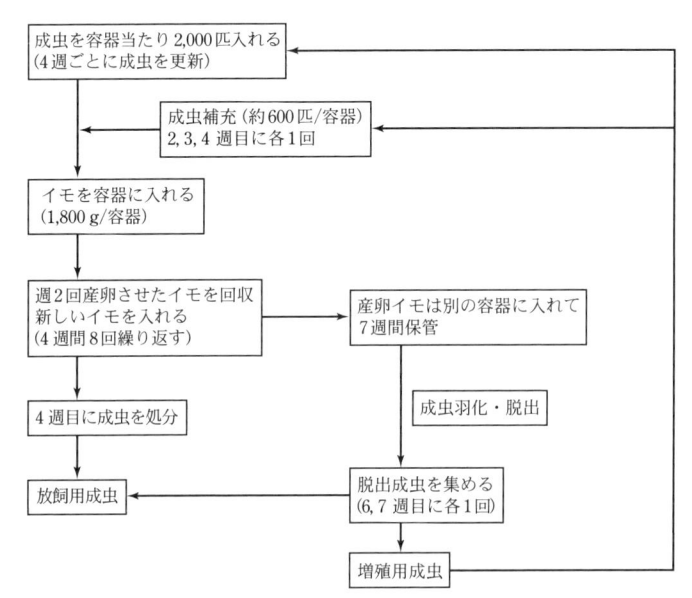

```
┌─────────────────────────┐
│ 成虫を容器当たり2,000匹入れる  │←──────────┐
│ (4週ごとに成虫を更新)       │           │
└──────────┬──────────────┘           │
           │  ┌──────────────────────┐ │
           │←│ 成虫補充(約600匹/容器)   │ │
           │  │ 2, 3, 4週目に各1回     │ │
           │  └──────────────────────┘ │
           ↓                           │
┌─────────────────────────┐           │
│ イモを容器に入れる           │           │
│ (1,800 g/容器)            │           │
└──────────┬──────────────┘           │
           ↓                           │
┌─────────────────────────┐  ┌────────────────────┐
│ 週2回産卵させたイモを回収     │→│ 産卵イモは別の容器に入れて │
│ 新しいイモを入れる          │  │ 7週間保管            │
│ (4週間8回繰り返す)          │  └──────────┬─────────┘
└──────────┬──────────────┘              ↓
           ↓                    ┌────────────────┐
┌─────────────────────────┐    │ 成虫羽化・脱出     │
│ 4週目に成虫を処分           │    └──────────┬─────┘
└──────────┬──────────────┘               ↓
           ↓                    ┌────────────────────┐
┌──────────────┐              │ 脱出成虫を集める        │
│ 放飼用成虫      │←─────────────│ (6,7週目に各1回)      │
└──────────────┘              └──────────┬─────────┘
                                         ↓
                               ┌────────────────┐
                               │ 増殖用成虫        │────┘
                               └────────────────┘
```

図8-2 サツマイモ生塊根によるアリモドキゾウムシの大量増殖，増殖作業の手順．飼育条件は，気温25±1℃，湿度70〜90％，明期14時間：暗期10時間．宮路ら (2000) および浦崎 (未発表) から作図.

とに更新した (その際，処分される成虫も不妊化して放飼虫として使った)．親虫セット後2，3，4週目にそれぞれ週1回，飼育容器当たり成虫約600匹を補充した (容器当たりの死亡数にほぼ相当する数を補充することにより，毎週安定した生産をあげることができる)．産卵させたイモは別のプラスチック容器に移し，成虫がイモから自然脱出するまで保管した．保管後6週目および7週目に，イモから出てきた成虫を刷毛で払い落とし回収した．生産数はイモ1g当たり成虫1匹程度である．

不妊虫放飼法では不妊オスが必要なので，オスを放飼に，メスを増殖にまわせば，効率的ではないかと考え，不妊虫放飼の初期の段階ではオスに偏った虫 (オス率80〜90％) を不妊虫として放飼し，残ったメスの比率の高い親虫 (メス率約80％) を増殖に用いていた (宮路ら，2000)．雌雄分けにはフェロモントラップを改良した装置を用いた (小濱ら，未発表)．しかし，虫の生産数の増加に伴い，この装置の設置と装置に捕獲されたオス成虫の回収に手間

と時間がかかるようになったので，この方法は2001年7月に中止し，それ以降は雌雄放飼に切り替えた．

8-4-2 不妊化

不妊虫放飼法では，野生メスをめぐり野生オスと競争することができる，質の良い，すなわち性的競争力が高い不妊虫が望まれるため，対象害虫の不妊化においては，不妊虫の交尾行動，分散能力，寿命，妊性を評価する必要がある．適当な発育期の昆虫に対して適当な線量の放射線を照射すると，生殖器官だけ選択的に障害を受け，生殖細胞の発育停止，優性致死変異を起こして不妊になる（湯嶋・平野，1973を参照）．完全変態の昆虫の多くは，蛹の後期，あるいは成虫の若いステージが不妊化に適している．例えば，ウリミバエでは，羽化2日前の蛹にガンマ線を70〜80Gy照射した不妊虫では（Gy; グレイは吸収線量の国際単位），寿命や性的競争力への大きな悪影響は認められてない（Teruya et al., 1975; Teruya & Zukeyama, 1979; Iwahashi, 1977）．このようなことから，奄美のアリモドキゾウムシの不妊化においても，蛹あるいは若齢成虫へのガンマ線照射が検討された（岩本ら，1990；伊藤ら，1991；伊藤ら，1993；林ら，1994）．

アリモドキゾウムシはイモの中で蛹化し，羽化した成虫は1週間ほどイモの中で過ごすため，蛹あるいは若齢成虫の時期に不妊化するのであれば，イモごと照射しなければならない．しかし，イモの中の虫は発育がそろってないため，発育の遅れた虫は照射のダメージを強く受け，一方，齢の進んだ虫は妊性をもつおそれがある．また，照射後，成虫がイモから脱出するまでの間，イモを再度保管しなければならない．さらに，大量のイモ（週当たり数百kg）を照射室に持ち込んでの照射作業はかなりの労力になる（同様の問題は人工飼料を使った場合でも生じる）．その点，イモから脱出した成虫を不妊化するのであれば，生産された虫の損失が少なく，成虫は小さな容器に収まるので照射作業がやりやすい．そのうえ，照射後直ちに不妊虫のマーキング，梱包・輸送作業ができる利点がある．以上の理由から，沖縄県においては成虫照射が検討された．

Kohama & Hammond（未発表）は，イモから脱出後の性成熟した成虫を用

いて不妊化試験を行った．成虫にガンマ線を50，100，200，300および400 Gy照射し，妊性は次世代の成虫数で評価した．100 Gy照射したオス成虫ではわずかに妊性があったが(非照射オスの妊性の2～3％程度)，200 Gy以上では雌雄とも完全に不妊化された．照射後の生存率は，100 Gy照射オスでは4週目で71％，200 Gyでは3週目で74％であったが，それ以降はそれぞれ急激に生存率が低下した．室内で不妊オスと非照射オスとの組み合わせで，不妊オスの性的競争力(Haisch, 1970; Fried, 1971)を測定したところ，100 Gy照射オスでは1以上で非照射虫と同等，300 Gyでも0.6以上の競争力があった．

アリモドキゾウムシ成虫の不妊化については，不妊虫放飼法(Walker, 1966; Wilson, 1980; 伊藤ら, 1991)，あるいは植物検疫(Dawes et al., 1987; Sharp, 1995; Hallman, 2001; Follett, 2006)の見地から多くの研究がなされており，完全不妊化線量はオスで150～300 Gy，メスで200～300 Gyと報告されている．論文によって完全不妊化線量が異なるのは，照射時の生殖線のサイズや日齢の違いによると考えられている(Sharp, 1995)．また，不妊虫の寿命はかなり短くなることが報告されている(Wilson, 1980; Dawes et al., 1987; 伊藤ら, 1991)．室内試験において，Walker (1966)は200 Gy照射オスが非照射オスに対して十分な性的競争力をもつことを，Wilson (1980)は100 Gyおよび200 Gy照射虫の競争力は，それぞれ非照射虫の65％および60％程度と報告している．上記のように，我々の試験結果でも不妊虫は十分な性的競争力が認められている．以上の結果は，100～200 Gyで照射した不妊虫が本種の防除に使える可能性を示している．

甲虫類では，中腸の幹細胞が成虫になっても有糸分裂を続けるため，放射線照射によって中腸がダメージを受けやすい(Bakri et al., 2005を参照)．Davich & Lindquist (1962)は，ワタミゾウムシのオス成虫の完全不妊化線量が致死線量と同じで，ガンマ線照射では満足のいく結果が得られなかったと報告している．寿命が極端に短くなるのは，中腸細胞が破壊され，消化機能が阻害されるからである(Riemann & Flint, 1967)．アリモドキゾウムシ不妊虫の寿命低下も，ワタミゾウムシと同じく中腸のダメージによると考えられる(桜井ら, 1998)．したがって，ワタミゾウムシでは，化学不妊剤，放射線の分割照射あるいは化学不妊剤と放射線照射との組み合わせなど，不妊化法

について数多くの研究がなされた (Wright & Villavaso, 1983 を参照). アリモドキゾウムシの成虫照射ではガンマ線照射による極端な寿命低下は認められず, また交尾行動への重大な悪影響も認められなかったのは幸いであった.

8-4-3 不妊虫の放飼試験

不妊化試験の結果, ガンマ線100Gyで処理したオスの不妊率は97％以上で, 性的競争力が高く, 不妊虫放飼に利用できる可能性を示した (Kohama & Hammond, 未発表). 室内試験の結果が野外においてそのまま当てはまるとは限らないので, 野外で不妊虫の放飼効果を確認するため試験を行った (小濱ら, 未発表). 試験は, 沖縄本島からわずか100mの距離にある玉城村 (現在の南城市) の奥武島 (面積21ha) で1998年3月から9月に実施した. 十分に隔離された条件ではないが, 小面積で試験がしやすいこと, ほぼ全域にノアサガオやサツマイモが生育し, 事前の調査で本種の密度があまり高くないことで, この島を選んだ. ガンマ線100Gyで照射した不妊虫を蛍光色素でマークし, 毎週1回人手で放飼した (放飼虫のオス率は74～98％: 前述のように性フェロモンを使って増殖オスを回収し不妊化した). 放飼回数29回, 合計213,000匹の不妊虫を放した. 当初, 放飼量は週当たり3,000匹 (143匹/ha) であったが, 放飼2ヵ月後まで放飼効果が認められなかったため, 放飼量を10,000匹 (467匹/ha) に増やした. その結果, (1) 野外で捕獲したメスの産んだ卵の孵化率が低下し, (2) イモトラップの誘致イモから発生する虫数も大きく低下, (3) さらにフェロモントラップで捕獲される無マーク虫数が減少し, 不妊虫の放飼効果が認められた. これらの結果は, 100Gy照射した不妊オスが野生メスをめぐって野生オスと競争できる能力があることを示している (200Gyで照射した完全不妊虫の放飼効果についての野外試験は行っていない).

8-4-4 野生虫の密度抑圧法

本種の場合, イモを使った増殖のため, ウリミバエのような不妊虫の大量生産は望めないので, いかに野生虫の密度を効果的に抑圧できるかが, 本種の根絶の一つの鍵になると考えられる. 野外のオスを何らかの手段で大量に

誘殺し，野生メスの交尾機会を奪い，次世代の繁殖を抑える防除法を雄除去法 (male annihilation technique)，または大量誘殺法 (mass trapping) という (Steiner et al., 1965; 中村・玉木, 1983). これは，ミカンコミバエの根絶に用いられた方法である．ミカンコミバエでは，オス成虫を特異的に強力に誘引するメチルオイゲノールという物質が使われた．アリモドキゾウムシでは，性フェロモンを密度抑圧に使うことができる．しかしながら，性フェロモンを使った大量誘殺法は，数多くの害虫，特に鱗翅目昆虫で試みられてきたが，うまくいった例は非常に少ない (中村・玉木, 1983; Campion, 1984). したがって，久米島の密度抑圧防除に向けて，性フェロモン剤によるオスの除去効果を事前に野外において評価しておく必要があった．

　試験は，前述の奥武島で1993年から1996年までの4年間行った (小濱ら，未発表). 密度抑圧には，合成性フェロモン0.1 mgと殺虫剤 (MEP) をテックス板 (建材用合板) に吸着させた誘殺板 (瀬戸口ら, 1991) を用いた．この試験で検討したのは，繁殖への影響—雌雄比の歪み，メスの交尾率の低下—が見られるか，そして結果として野生虫の個体数を低下させることが可能か，であった．そのため，可能な限り大量に誘殺板を散布し，その効果を見た．毎月1回，誘殺板をサツマイモ畑，野生寄主群落，藪や原野に1 ha当たり16枚を基準に，人手で散布した．アリモドキゾウムシの密度の高い場所には誘殺板を24枚から最大で48枚投下した．その結果，対象区に比べ，試験区では雌雄比がメスに大きく偏っていることが確認された．また，散布後，つなぎメスの交尾率および野外で捕獲したメスの交尾率がともに低下し，交尾相手のオスの不足が示唆された (誘殺剤の散布濃度が高い場所では交信撹乱が働いた可能性もある). またトラップ捕獲虫数が防除前の数十分の一程度に低下した．この試験結果から，フェロモン剤が本種の密度抑圧に有効であることが明らかになったので，久米島での密度抑圧に使うことを決めた．

8-4-5　防除効果の判定法

　防除効果の判定は，主としてフェロモントラップ調査と寄主植物調査で行った．

　フェロモントラップを，森林を除く久米島の全域 (近接した離島を含む) に

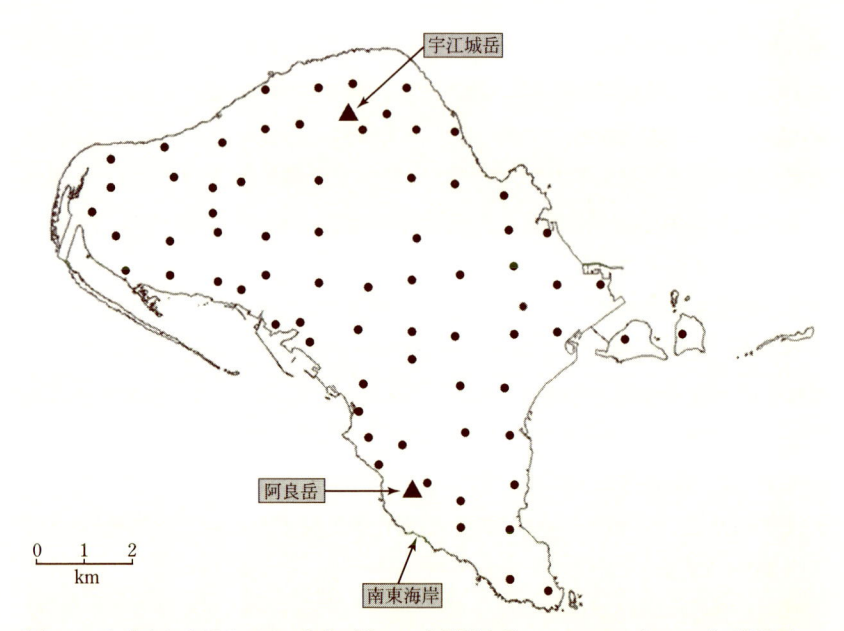

図8-3 久米島におけるアリモドキゾウムシ定期調査用のフェロモントラップの配置図. ●はモニタートラップの位置（沖縄県病害虫防除技術センター資料）. 調査時期により, トラップ設置数に増減（60〜80個）があったが, 2001年7月以降は本図のように設置数は71個. そのほかに, 防除の進捗に応じて, 2002〜2006年の間に4回, それぞれ158〜1,548個のトラップ（既設のモニタートラップ71個を含む）を設置して防除効果の確認調査を行った（これについては本文を参照）.

60〜80個設置し（図8-3）, 月2回, 捕獲虫を回収した. トラップには, 誘引源として0.1 mgの合成性フェロモンを吸着させたゴムセプタム（またはゴムリング）を付け, また捕獲虫の逃亡を防ぐために, 殺虫剤（樹脂にDDVPを吸着させたもの）を入れた. 密度抑圧防除の初期には, アメリカで開発されたフェロモントラップ（Proshold et al., 1986）を改良したトラップ（安田・杉江, 1990；安田ら, 1992）を使用していたが, このトラップはかさばるうえに捕獲虫の回収が不便であったので, よりコンパクトで持ち運びに便利で, かつ虫の回収が容易なトラップを独自に開発した（Sugiyama et al., 1996；小濱ら, 1999）.

フェロモントラップは, 密度抑圧防除においては, 効果判定に極めて有効であったが, 後述のように, 不妊虫放飼下では不妊虫のマーク脱落の問題が

あって(林ら，1997)，効果判定に使えなかった．そのため，不妊虫を放飼している間は，防除効果の判定は主として寄主植物調査だけで行った．しかし，必要に応じて不妊虫放飼を中断して，フェロモントラップによる残存野生虫の検出を行った．これについては，次に述べる．

効果判定のもう一つの方法は，寄主植物調査である．本種の寄主であるヒルガオ科植物(主にノアサガオとグンバイヒルガオ)の茎(蔓)を定期的に野外から採取し，これを1mに切って，茎を割って中の幼虫，蛹，成虫の数を調べるのである．防除効果は，茎1m当たりの寄生率でチェックした．1995年5月から2000年7月までは，1〜2月に1回，各回5〜15地点から400〜1,500mの茎を採取した．2000年8月以降は月に1〜4回調査し，各月20地点以上，多い月には100地点以上から，月当たり2,500〜20,000mの茎を採取した．

そのほかに，生イモを誘引源にしたイモトラップによる生息調査を，密度抑圧防除の期間中に行った．本種の発生が認められた5地点にイモトラップ数個を配置して，誘殺剤の効果を判定した．

8-4-6 野生虫の生息場所の検出

後で述べるように，不妊虫放飼の結果，寄主の寄生率がほぼゼロ近くになったことにより，寄主植物調査において野生虫の検出が非常に困難になり，一つの群落からノアサガオを数千m採取しても，アリモドキゾウムシはまったくゼロか，せいぜい数匹しか見つからない状況であった．そして，寄主群落の中のごく狭い範囲で見つかるようになった．このような低密度の状況においては，フェロモントラップが野生虫を検出するのに有効である．フェロモントラップ調査は，2002年1〜2月，2004年1〜3月，2005年1〜3月および2005年8月〜2006年3月の4回行った．多数のトラップ(158〜1,548個—既設のモニタートラップを含む)を島のほぼ全域に配置し調査した．第1回から3回目の調査は，本種の繁殖活動が低い冬季に短期間だけ行った．第4回目は，本種の活動が最も活発である夏季から8ヵ月間の長期にわたって調査した．いずれも調査期間中は不妊虫放飼を中断した(残っている野生虫が増えてしまう危険があるが)．フェロモントラップ調査で野生虫が検出された場所に対し，誘殺剤の散布，不妊虫の追加放飼，また可能であれば寄主植

物(ほとんどはノアサガオ)の刈り取りを行った(ノアサガオを完全に除去することは無理で,刈り取っても数ヵ月内にはもとのように繁茂することが多かった).

8-5 久米島のアリモドキゾウムシ根絶防除

　久米島は沖縄本島那覇市の西方,約80kmに位置する面積約6,000ha(隣接する小島を含む)の島で(図8-1),河川が多数あり,地形は起伏に富んで複雑である.島の北部に宇江城岳(標高310m),南東部に阿良岳(標高287m)を中心とするスダジイ林あるいはリュウキュウマツ林からなる山地森林がある.耕作地は,西部と東部,および中央部南側にまとまってある(図8-3を参照).主要な作物はサトウキビで,ほかにサトイモや花卉類,水稲,パイナップル,柑橘が栽培されている.また肉用牛の生産が盛んで,山手に牧草地が広がる.サツマイモはほぼ全域で自家用として小規模に栽培されているが,経済的な栽培は島の西部にほぼ限られている.本種の主要な野生寄主植物であるノアサガオは,森林地域を除きほぼ島の全域に大量に生えており,またグンバイヒルガオは海岸線に帯状に生育している.

8-5-1 アリモドキゾウムシの分布は限られていた

　害虫防除において,その害虫の季節消長や分布状況の情報は,防除を進めるうえで不可欠である.まず,久米島における本種の季節消長を見るために,島の全域にフェロモントラップ60〜80個を設置し,オス成虫の捕獲数を調べたところ,捕獲数のピークは8〜10月で,冬季の捕獲数は非常に少なかった.捕獲数が多かったのは島の南東地域で,他の地域では少なかった.
　次に,本種の分布状況を1994年4月から1995年7月に詳しく調べた(飛行場や森林地帯,アクセスが困難な一部の海岸線は調査対象から除いた).性フェロモンを誘引源にした粘着トラップを100〜150m間隔に密に設置し,翌日ないしは2日後に捕獲数を調べる方法で,対象地域を順次かえながら調査した.設置したトラップ数は延べ3,000個であった.調査の結果,意外なことに,久米島におけるアリモドキゾウムシの分布はかなり偏っていることがわかった(図8-7A;久場ら,未発表).捕獲数が特に多かったのは島の南東部で,

これらの地域を除けば，全体として個体数が少ないことがわかった．これらの結果は，モニタートラップの結果と同様であった．寄主植物は島のほぼ全域に生育しているが，寄主植物があっても，まったく捕獲されない地域があった．本種のメス成虫の分散能力は非常に低いことが知られており（守屋・宮竹，2000参照），久米島における本種の分布の極端な偏りは，メスの分散力と関係していると推定される．

本種の生息地で共通していたのは，規模の大きなノアサガオ群落が見られたことであった．サツマイモ畑と関係していたのは島の西部・北部だけで，少なくとも久米島においてはアリモドキゾウムシの生息場所として，野生のノアサガオが重要と考えられた．ノアサガオは，日当たりのよい場所に生える永年生の蔓性植物で，農耕地，藪，林縁部など至る所に見られるが，湿地を好み，池辺や谷間に大きな群落を作る．後日に気づいたが，山間部の放棄水田にもノアサガオ群落があった．

8-5-2 個体数推定と密度抑圧

不妊虫放飼法では，野生虫に対する不妊虫の比率が大きいほどその効果が高いため，対象地域の野生虫の最大数をあらかじめ知っておく必要がある．そこで，久米島の3地点で，発生のピーク時（9～10月）に標識再捕獲法によって，野生虫の数を推定した．その結果，最も密度が高かった地点で1ha当たり5,800匹，他の2地点では100～300匹であった．上記の分布調査の結果や植生を考慮して久米島全体の個体数を計算した結果，ピーク時において約50万匹の野生オスが存在すると推定された（久場ら，未発表）．一方，沖縄県ミバエ対策事業所（現在の病害虫防除技術センター）における増殖施設の当時の生産能力は，週当たりオス50万匹程度と見積もられていた．野生虫の約10倍の不妊虫を放飼し続ける計画であったので（例えば，Itô & Kawamoto, 1979 および Knipling, 1979），不妊虫放飼に先立って野生オスの密度を10分の1程度に低下させる必要があった．

1994年から約4年間，密度の高い地域を対象に，野生虫の密度を低下させるための防除を行った．防除には前述の誘殺板（瀬戸口ら，1991）を用いた．島全域を対象とした防除は予算的に無理であったので（誘殺板は高価である），

野生虫の多い地域を重点に，対象地域を年ごとに順次変更しながら実施していくことにした．対象地域は，耕作地と山林・原野の800haと，住宅地域200haの合計1,000haであった．耕作地や山林・原野に対しては，1ha当たり誘殺板を8枚，ヘリコプターから投下した．住宅地に対しては，1ha当たり16枚を，サツマイモ畑や薮に人手で散布した．その結果，防除前のピーク時（1994年9月）において，1日千トラップ当たり約2,300匹の野生虫が誘殺されたが，防除期間中のピーク時では，誘殺数は1日千トラップ当たり83〜332匹であった．1998年9月の誘殺数は1994年9月の誘殺数の約14％に減少した（図8-5）．防除前に最大約10％あった寄生率は，防除後急激に減少し，1998年には0.1％まで低下した（図8-6）．これらのデータから，野生虫の密度は防除前の少なくとも10分の1程度に減少したと判断された．特筆すべきは低密度地域では誘殺剤による防除のみですぐに本種の捕獲数がゼロになったことである．これらの地域ではその後もモニタートラップや寄主植物調査において本種はまったく確認されず，誘殺剤だけでほぼ根絶に近い状態になったと推測された．

8-5-3 不妊虫放飼

密度抑圧防除後の1999年2月に不妊虫放飼を開始した．アリモドキゾウムシの増殖および不妊化は，沖縄県ミバエ対策事業所の増殖施設および不妊化施設でそれぞれ行った．イモから脱出した成虫を集め，成虫を入れた容器を照射室に設けた回転台に乗せ，回転させながらガンマ線（線源コバルト60）を照射した．当初は生産が不安定で，不妊虫の放飼量が少なかったが，生産が安定した2001年8月から必要とした不妊オス50万匹以上を継続的に放飼することができた．

不妊虫放飼の初期の段階では放飼虫の妊性率よりも性的競争力が重要であるが，根絶に近づいた段階では競争力よりも妊性率が重要になる（Knipling, 1979; 鈴木・宮井, 2000）．そこで，不妊虫放飼の初期の段階（1999年2月〜2000年9月）では照射線量を100Gy，2000年10月からは線量を200Gyにした．100Gy照射ではオスにわずかに妊性が残るが，防除初期には，妊性よりも性的競争力を優先させたためである．

8-5 久米島のアリモドキゾウムシ根絶防除

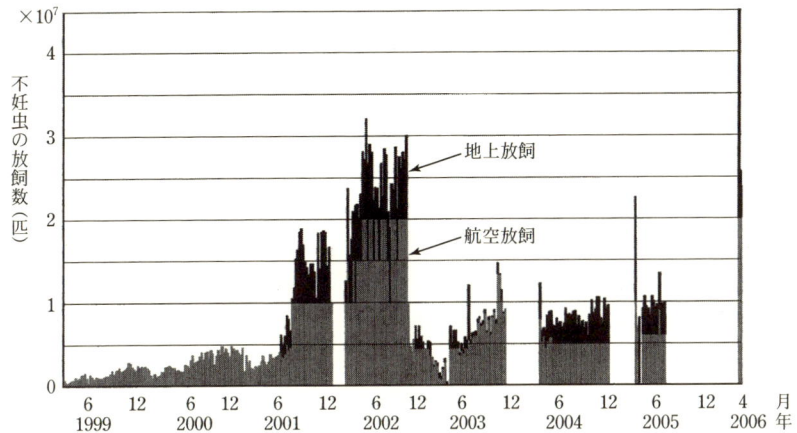

図8-4 久米島におけるアリモドキゾウムシ不妊虫の放飼数.週当たりの放飼数を示す.灰色の棒グラフはヘリコプターによる航空放飼の,黒色は手まきによる地上放飼の放飼数を示す(沖縄県病害虫防除技術センター資料).

　照射後,野生虫と識別するため,不妊虫に粉末状の脂質性蛍光色素(ブレイズオレンジ)をまぶしてマーキングした.色素の量は,成虫1万匹に対し0.1gである(マーク脱落の問題については後述する).マークされた虫を1,000～3,000匹ずつ紙袋(不妊虫の蒸れ防止と袋を重くするため,バーミキュライト約15gを入れた)に入れ,保冷箱に詰め,ヘリコプターで久米島まで輸送し,上空から袋ごと投下した.ヘリコプターは,ミバエ対策事業所構内にあるヘリポートから直接久米島へ飛行した.放飼は毎週1回行った.
　すでに述べたように,久米島における野生虫の分布はかなり偏っていたため(図8-7A),発生が確認された地域周辺に放飼空域を設定した.野生虫密度や発生面積に応じて,放飼量に濃淡をつけ,1ha当たり少ない地域は数百匹,多い場所では3,000匹あるいはそれ以上の不妊虫をまいた.放飼空域は防除の進捗状況に応じて適宜変更した.航空放飼のほかに,2001年6月から,野生虫密度の高い場所に対し毎週1回,地上から人手で追加放飼を行った.バーミキュライトを入れたプラスチックのカップに不妊虫を詰め,これを保冷箱に入れ,航空機で久米島まで輸送し,到着後,直ちに対象場所に運び放飼した.不妊虫の放飼量(追加放飼も含め)は,生産が不安定であった放飼初期を除き,週当たり50万～300万匹(雌雄こみ)であった(図8-4).

8-5-4 放飼経過

不妊虫放飼後，フェロモントラップで捕獲されるマーク虫（不妊虫）の数は次第に増加し，1日1,000トラップ当たり1万匹以上に達した（図8-5）．そして，2002年には放飼数の増加とともに，1日1,000トラップ当たり10万匹までマーク虫が増加した．不妊虫は島のほぼ全域のフェロモントラップで捕獲されており，よく分散していると考えられた．一方，無マーク虫は数十から数百のレベルで推移し，1999年から2002年まで減少傾向は見られなかった．もし，この無マーク虫がすべて野生虫だとすると，不妊虫放飼は効果がないことになる．しかしながら，図8-5右側に見られるように，マーク虫の増加とともに無マーク虫も増加し，しかもマーク虫と無マーク虫の増減は同調した（このようなことは本来ありえない）．また，放飼前にはほとんど野生虫が捕獲されなかった複数のトラップで，放飼後にマーク虫とともに無マーク虫が捕まるようになった．これらのことから，無マーク虫の多くは，野生虫ではなく，マークが脱落した不妊虫と考えられた．これは，トラップ調査において，野生虫と不妊虫を正確に識別することができないことを意味する．し

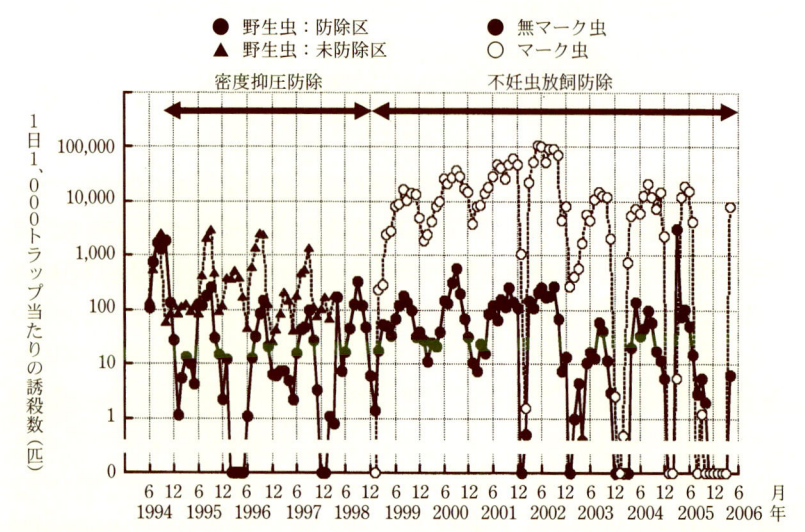

図8-5 久米島におけるフェロモントラップによるアリモドキゾウムシの誘殺数の推移．1日当たり1,000トラップ当たりの誘殺数で示す（沖縄県病害虫防除技術センター資料）．

8-5 久米島のアリモドキゾウムシ根絶防除

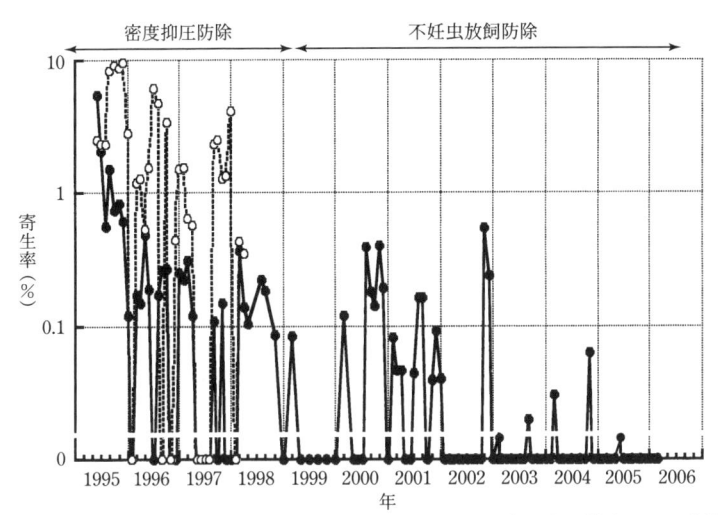

図8-6 久米島の寄主植物におけるアリモドキゾウムシの寄生率の推移．●は防除地域の，○は未防除地域の寄生率を示す（沖縄県病害虫防除技術センター資料）．

たがって，不妊虫放飼の効果判定は寄主植物調査に頼らざるをえなかった．

不妊虫放飼後，2000年から2002年にかけて，寄主の寄生率は次第に減少し，不妊虫の放飼効果が認められた（図8-6）．1999年には本種の寄生はほとんど確認されなかったが，2000年および2001年には寄生が認められた．両年の寄生率はそれぞれ最大で0.4％および0.2％であった．2002年は寄生率0が続いた．

2000年7月までは寄主のサンプル数が少なかったので（月に1,500m以下），同年8月から2001年にかけて集中的に寄主植物調査を行い，多数の地点から大量の茎を採取した（月に4,500～20,000m）．その結果，2000年および2001年に7箇所で寄生が確認された（そのうち5箇所は新たに検出された）．したがって，1999年3～12月に寄生が確認されなかったのは，調査地点数および採取茎量が少なかったためだと考えられる．野生虫が検出された場所に対し，対策として，不妊虫の追加放飼を行い，可能な限り寄主植物の刈り取りを行った．

8-5-5 駆除確認調査

寄主植物調査の結果から，防除は順調に進んでいると判断された．しかし，寄主植物調査の結果だけで防除の進捗を判断するのは不安だったので，さら

にフェロモントラップ調査で，本種の発生状況を確認することにした．2002年1～2月に，島のほぼ全域にフェロモントラップ約1,500個を設置して野生虫の分布調査を実施した（後日に野生虫の生息場所として問題となる南東海岸や山間部は調査対象ではなかった）．調査期間中は不妊虫放飼を中断した．その結果，2地域で少数の無マーク虫が検出された．これらの地域は前年の10～12月に寄主植物から少数の野生虫が確認された場所であり，越冬した野生虫が残っていたと考えられた．しかし，これらの地域以外では無マーク虫はまったく捕獲されなかったので，根絶に近い状況にあると判断された．さらに，2002年1月以降，毎月2～4回実施した寄主植物調査において，寄生茎がまったく検出されなくなった．これらの結果から，我々は，本種は根絶されたと判断し，国に対して「駆除確認調査」を申請した．

　2002年の9月から国による駆除確認調査が実施された．根絶の確認にあたったのは，農林水産省那覇植物防疫事務所である．この調査で野生虫が発見されなければ，久米島におけるアリモドキゾウムシの根絶が公に認められるのである．我々は不安と期待をもって，駆除確認調査に臨んだ．ところが，調査開始直後の10月に，島の南東部の急峻な海岸林のノアサガオから本種が発見されたのである（図8-3の南東海岸）．さらに，翌2003年2月には，島の中央部谷間の放棄水田のノアサガオから寄生茎が発見された．この2箇所は，これまでまったく調査されたことがない場所であった．駆除確認調査は，当初の計画どおり2003年5月まで継続されたが，アリモドキゾウムシは上記の2箇所以外からは見つからなかった．結局，駆除確認調査は失敗のうちに終了した．根絶の確認は慎重のうえにも慎重を期さなければならない．

　駆除確認中に本種が発見された2箇所は，後述のように不妊虫がほとんど到達してなかった可能性があったため，2003年5月から半年間，他の地域への放飼を止め，これら2地域のみに不妊虫を集中して放飼した．さらに，谷間の放棄水田のノアサガオを刈り取った（南東海岸はアクセス困難なため，そこではノアサガオの刈り取りは行わなかった）．

8-5-6　ハブも林も踏み越えて

　駆除確認調査中に，アリモドキゾウムシが発見された場所は，南東部の海岸と山地森林の谷間であり，平地では，小さな林を含めアリモドキゾウムシは見つからなかった．そこで，野生虫が発見された場所における調査を継続しつつ，今回の発見場所と似たような場所について，本種の生息調査を行うことにした．

　南東部の海岸線（図8-3）約10 kmの範囲については，発見直後から寄主の分布状況とアリモドキゾウムシの生息調査を始めた．海岸線は急峻な崖状の地形が続き，砂浜が少なく，歩きにくい海岸で，本種が確認された浜は，大潮の干潮時にしか歩いて渡れない場所であった．調査の結果，海岸線の北西側約2 kmの範囲にノアサガオが広く分布しており，本種の寄生も確認された．しかし，南東側にはノアサガオはなく，一部にグンバイヒルガオが生えていただけで，アリモドキゾウムシは見つからなかった．このように，ノアサガオの多い北西側2 kmの範囲で野生虫が多く見つかっており，不妊虫の放飼効果が認められてない．これはどうしてであろうか．

　南東海岸で不妊虫の放飼状況を見てみると，ヘリコプターから投下された不妊虫の入った紙袋は強い海風を受け，内陸側へどんどん流され，ノアサガオのある海岸線にうまく落ちないことが判明した．そこで，袋に砂30 gを加え（バーミュキライトは15 gから4 gに変更）て重くしてヘリから投下したところ，紙袋はうまい具合に海岸線へ落ちた（後日のフェロモントラップ調査で，不妊虫が海岸に到達しているのを確認している）．したがって，過去の放飼では，この海岸線に不妊虫があまり到達していなかったため防除がうまくいってなかった可能性がある．

　南東海岸の調査と並行して，他の地域でも本種の生息調査を行った．南東海岸のような急峻な地形の海岸林は島の北部にもう1箇所あったが，ノアサガオなどの寄主植物はほとんどなく，寄生茎も見つからなかったので，特に問題はないと判断された．山間の放棄水田については，航空写真と地形図をもとに，一つずつ分け入って調べていった．昔の道はすでに廃れていたので，川を遡り，藪や林に道を切り開いて調査した．猛毒蛇「ハブ」に細心の注意を払いながらの作業であった（実際，調査中に何度もハブに遭遇している）．

調査の結果，山間の至る所，主に川沿いに，放棄された水田跡が30箇所以上で発見された．大きな川ばかりでなく，小流沿いでも小さな水田跡が見つかった．これらの半数以上の水田跡で，寄主—主にノアサガオ—が見つかった．規模の大きな水田跡は，イネ科植物などに覆われた湿性草原になっており，周りにノアサガオが繁茂していた．面積の小さな水田跡は樹木に覆われていたが，その中にノアサガオが生えている場所もあった．これらのノアサガオは，水田が耕作されていたころに生えていたものが，耕作放棄後も残ったのであろう．ノアサガオや野生化したサツマイモを採取し，寄生を調べたところ，新たに1箇所で少数のアリモドキゾウムシが確認された．

　久米島は，かつて稲作が盛んで，1960年代までは山地奥地の谷間にも棚田が広がっていた (小川, 1982)．現在，樹木に覆われ，我々が調査や防除で苦闘している小高い山も，昔の写真ではほぼ全面が水田や畑になっており，樹木は見えない (久米島自然文化センター, 2003)．久米島は文字どおり「米島」で，島の至る所にあるダムは稲作が盛んであったころの名残である．しかし，ほとんどの水田が1973年の大干ばつを契機に，サトウキビ畑へと急激に転換されたという．山間の水田は，そのころに放棄されたと思われる．山奥まで開墾した先人の努力に頭が下がるが，先人も，まさか自分たちの水田が後日にイリムサー (アリモドキゾウムシの沖縄方言名) の問題の場所になるとは思いもしなかったであろう．

8-5-7　残された生息場所の検出

　2002年以降，寄主調査における寄生率はほぼゼロに近い状態で推移した．この期間，山間部だけでなく島の全域を対象に寄主調査を行っているが，山地の林のごく一部の場所 (前述の水田跡)，あるいは南東海岸から本種が少数散発的に見つかるだけであった．2004年1〜3月と，2005年1〜3月にも，不妊虫放飼を中断し，フェロモントラップ調査を行い，生息場所を特定し，無マーク虫が検出された場所で寄主植物調査を行った．寄主植物調査による発生地の特定では，一つの群落から大量の茎を採取しても，虫はほとんど見つからず，発見効率が悪かった．アリモドキゾウムシはごく小さな生息場所に残っていると考えられた．このように，ほぼ根絶状態にありながら，完全に

8-5 久米島のアリモドキゾウムシ根絶防除

根絶するに至らないまま約4年間が経過した．この状態を打開しなければならなかった．

これまでは残存虫の繁殖が心配であったため，不妊虫放飼を中断してのフェロモントラップの調査は，冬季に短期間だけ行ってきた．しかし，冬季においてはオス成虫の活動は低下しており，分散距離も短いため(Miyatake et al., 2000)，相当大量のトラップを配置しない限り，検出されない生息場所が残ると考えられた．多くのゾウムシ防除の関係者の意見をふまえ，夏季を含めた長期間にわたって多数のフェロモントラップ配置し調査を行うことにした．2005年6月から不妊虫放飼を中断し(図8-4)，調査は8月から翌年3月に行った．トラップ約700個を島の全域に—山手には密に，平地には疎に—配置し，月に2回捕獲虫を回収した．山間では林を切り開いて，林の中のノアサガオ群落にもトラップを設置した．生息場所をピンポイントで特定するため，無マーク虫が捕獲されたトラップの周辺に，さらに3～35個のトラップを20～50m間隔で濃密に設置した．その結果，本種の生息地が10箇所確認された．そのうち1箇所は南東海岸，6箇所は山間の寄主群落で，山間の1箇所を除けば，いずれもアクセス困難な場所であった．残りの3箇所は集落の周辺で，そのうち1地点は沖縄本島から持ち込まれたイモによる再発生であるこ

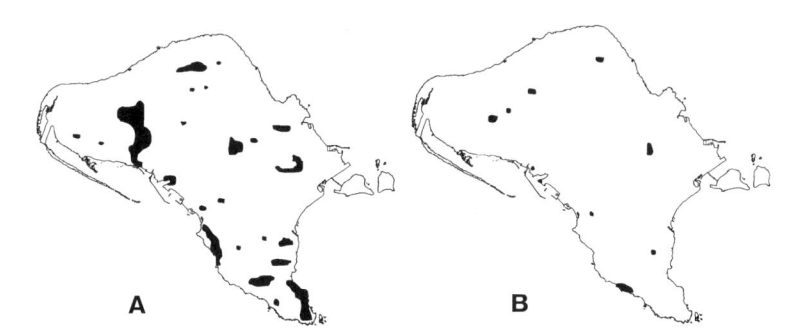

図8-7 久米島におけるアリモドキゾウムシの分布．フェロモントラップ調査で確認された場所を黒塗りで示す．A：1994年9月から1995年7月に実施したフェロモントラップ調査の結果．島の全域(山間部とアプローチ困難な海岸線を除く)にフェロモントラップを設置し(約3,000地点)，調査した(久場ら，未発表を略写)．B：2005年8月から2006年3月に実施したフェロモントラップ調査の結果(沖縄県病害虫防除技術センター資料より作成)．森林帯を除く島のほぼ全域にフェロモントラップ約800個を設置して8ヵ月間継続的に調査した(本文参照)．

とを特定しており，残りの2地点もイモの持ち込みによる発生が疑われた．

図8-7Bは，2006年3月現在の久米島におけるアリモドキゾウムシの生息場所の状況である．野生虫が残っている場所は点在しており，南東部の海岸線を除けば，それぞれの発生面積はかなり小さく，せいぜい$10 m^2$から$600 m^2$で，南東海岸でも$2,000 m^2$程度しかないと推測される．久米島のアリモドキゾウムシはここまで追い込まれており，かなり根絶に近い状態になっているのは間違いない．これらの残存場所に対し，野生虫の検出後直ちに寄主植物の刈り取り（アクセスが困難な南東海岸は除く）と，誘殺板散布を行った．2006年4月からは，これら10地点とその周辺地域を対象に，週150万匹以上の不妊虫放飼を再開しており，早期の根絶達成を目指している．

8-5-8 根絶事業で浮かび上がった問題

防除の過程で浮かび上がった問題は，不妊虫のマーク脱落により不妊虫放飼下では根絶確認用にフェロモントラップが使えないこと，山間部に野生虫がしつこく残存したこと，防除効果が高まるにつれ寄主植物調査では野生虫の検出が困難になること，そして島外からの被害イモの持ち込みによる再発生があったこと，の4点である．

この中で最も重要な問題は，不妊虫放飼下では，不妊虫のマーク脱落があるため，フェロモントラップが防除効果の判定に使えないことである．トラップに捕獲されたマーク虫（不妊虫）と無マーク虫（野生虫）の比率は，効果判定の指標になる（防除効果が上がればマーク虫率は大きくなる）．ウリミバエでは，蛍光色素によるマークの脱落がほとんどなかったのでマーク虫率は効果判定に使えたが（Iwahashi, 1977），アリモドキゾウムシではマーク脱落のため，これが使えない．その結果，山間に残存していた野生虫，あるいはイモの持ち込みによって再発生した虫を早期に検出することができず，防除対策が遅れたと考えられる．不妊虫の放飼効果が高まれば，寄主植物調査による本種の生息地の特定は効率が悪いことがわかったが，より検出力の高いフェロモントラップによって生息地を特定するためには，不妊虫放飼を一時的に中断せざるをえなかった．不妊虫放飼を継続しながら，効率的に防除を進めるためには，不妊虫と野生虫を確実に識別できるマーキング法の導入，

あるいは不妊虫の識別法が不可欠となる．

　山間部の林の中のノアサガオ群落に本種がしつこく残存したのは，その場所に不妊虫が不足していたことによると考えられる．不妊虫と野生虫の比がある値以下であると，根絶できない臨界値があることが示されている (Itô, 1977)．平地に比べ，山間部の林の中には，不妊虫があまり入り込めないため，放飼効果が上がらず，野生虫が残ったと思われる．

　本種が根絶に近い状態となったと判断された2002年4月から沖縄県の条例に基づいて，久米島への寄主植物の持ち込みを規制するため，空港，海港に「特殊害虫防除員」を配置し，生イモの持ち込みを取り締まってきた（前にも述べたが，「蒸熱処理」すれば生のサツマイモを持ち込める）．しかしながら，島外からイモが持ち込まれる例は少なくない．なかには，イモを隠して持ち込もうとする者もいた．さらに，郵送によるイモの持ち込みもあった（これが原因でアリモドキゾウムシが発生した例は前述のとおりである）．このように，取り締まりだけでは生イモの持ち込みを阻止するのは限界があるので，住民に対する啓蒙活動を強化し，住民の理解と協力を得なければならない．

8-6　今後に向けての課題

　以上のように，時間はかかったが，久米島におけるアリモドキゾウムシの根絶は近い将来に達成される見込みである．根絶が達成されれば，性フェロモンによるオス除去と不妊虫放飼の組み合わせによる害虫根絶の世界最初の成功例になる（オス誘引剤によるオス除去と不妊虫放飼の組み合わせには小笠原のミカンコミバエの根絶事例がある―大川，1985）．この結果は，アリモドキゾウムシの根絶に不妊虫放飼法が使えることを示している．久米島での根絶達成後，沖縄県全域の根絶を目指し，順次他の島を対象に事業は継続される予定であるが，その前に解決しておかなければならない重要な課題が二つある．人工飼料を用いた大量増殖技術と不妊虫の大量マーキング技術の確立である．

8-6-1　人工飼料による大量増殖

　久米島では，イモを使った増殖で必要な不妊虫を生産することができたが，

より面積の大きな島で根絶防除を行うためには，人工飼料を用いた本種の大量増殖法を確立し，大量の不妊虫を生産する必要がある．沖縄本島（約1,200 km^2）は久米島の約20倍の面積がある．久米島で必要な不妊虫数は，週当たり100万匹（雌雄込みで，以下同様）であった．単純に面積比で計算すると，沖縄本島の防除に必要な不妊虫数は，毎週約2,000万匹となる．イモ1g当たり最大でアリモドキゾウムシが2匹生産できるとして（沖縄では現在1匹しか生産できていないが，奄美では達成されている．宮路ら，2000を参照），週当たり10トンのイモが必要になる．沖縄県では，週に最大で400万匹の本種成虫を生産できたが，増殖用のイモを確保するのは大変であった．さらに，時期によってはイモの価格が高騰し，コストがかかりすぎた．不妊虫放飼法では，できるだけ安価に虫を作ることが前提である．

イモを用いた大量増殖には，(1) 手作業で多大な労力を要する，(2) 飼育スペース・イモの保管スペースをとる，(3) 周年を通じて一定品質のイモが手に入らない—その結果として生産が不安定，(4) 虫の病気を防ぎにくく，いったん病気が発生すると防除が困難（沖縄県では原虫のまん延のため，イモゾウムシの生産に苦労している—原口ら，未発表），(5) 卵〜成虫までのモニタリングができないため（産卵数，孵化数，幼虫の発育状態が不明），生産が低下した場合，どこに問題があるのかを特定しにくい，(6) 粉じんやダニが発生するため作業環境に注意が必要，というさまざまな問題がある（宮路ら，2000; 浦崎ら，未発表）．このような多くの問題を解決し，低コストで安定的に必要な不妊虫を生産するためには，人工飼料による飼育と，機械化への転換が必要となる．

これまでのところ，本種の人工飼料は開発されてない．予備的な実験でイモゾウムシ幼虫用人工飼料（Shimoji & Kohama, 1996）でアリモドキゾウムシ幼虫の飼育が可能であるので（清水，未発表），アリモドキゾウムシの幼虫用人工飼料の開発は困難ではないであろう．問題は採卵である．イモゾウムシは成虫用人工飼料（榊原，2003; 山岸，未発表）に産卵させ，これを粉砕して水洗し，卵を集めている（例えば大野ら，2004）．イモゾウムシの卵は球形で，作業の過程でも壊れにくいが，アリモドキゾウムシの卵は細長い俵型で，イモゾウムシの卵に比べ壊れやすく，扱いにくい．アリモドキゾウムシの場合，

卵の回収，保管，卵接種などの作業が容易でないと予想される．人工飼料に直接産み込ませる方法など，イモゾウムシとは異なる増殖法が必要となるであろう．アリモドキゾウムシ人工飼料による増殖は，このように技術的に困難な面が多いが，一つずつ技術を開発し，増殖技術を確立していかなければならない．

8-6-2 大量マーキング法

現在アリモドキゾウムシのマーキングに使用している脂質性の粉末蛍光色素は，色素の脱落が大きな問題である(林ら，1997)．さらにトラップに捕獲された野生虫に不妊虫から脱落した色素が付着することも欠点であるとされているが(久場ら，2000; Kuba et al., 2003 を参照)，色素の汚染の程度についてはあまりわかってない．マーク脱落により，不妊虫と野生虫を正確に識別できないため，フェロモントラップによる防除効果の判定，野生虫の検出ができなかった．有効なマーキング法があれば，不妊虫放飼を中断することなくフェロモントラップによる効果判定，駆除確認が可能である．そこで，蛍光色素の欠点を補う方法，あるいは蛍光色素の代替資材の検討が必要である．一つのマーキング法が不十分であっても，いくつかのマーキング法を組み合わせることで，より正確に不妊虫と野生虫の識別ができるようになる．

ウリミバエでは，不妊虫かどうかの判定に次のような3段階の方法が使われた．まず蛍光色素の有無で判定し，次に色素が検出されない個体について精巣の大きさや色でチェックし，これでも判別がつかないものは，さらに精巣の細胞学的な観察により，不妊虫かどうかを判定した(林・小山，1981; 照屋ら，1985; 沖縄県農林水産部，1994．死亡したアリモドキゾウムシでは，精巣が壊れるため，これらの方法は使えない)．蛍光色素の脱落を補う方法として，アリモドキゾウムシでもこのような2段階あるいは3段階のチェック法が必要で，その手法の一つとして，沖縄県病害虫防除技術センターでは遺伝的マーカーの利用が検討されている．アリモドキゾウムシは地域によってDNAや色彩が異なることがわかっている(Kawamura et al., 2002; 川村ら，2003; Kawamura et al., 2005)．そこで，沖縄にはない，あるいはほとんどないDNA・色彩型のアリモドキゾウムシを不妊虫として用いることができれば，

蛍光色素が検出されない個体も遺伝的マーカーを使って不妊虫かどうかの判定が可能になる．また，那覇植物防疫事務所で試験中のルビジウムによる体内マーキング（箕浦ら，2005）も，同様な目的で使える可能性がある．

近年注目されているタンパク質マーキング（Protein marking; Hagler & Jackson, 2001を参照）は，マーキング作業およびその検出が簡便であるので，蛍光色素の代替資材として使える可能性があり，沖縄県農業研究センターで現在検討中である．アリモドキゾウムシの幼虫用人工飼料が開発されれば，カルコオイル（Calco oil red dye）がマーキングに使えるであろう．この色素はワタミゾウムシのマーキングに使われたもので（Gast & Landin, 1966; Lindig et al., 1980），幼虫用の人工飼料に混ぜ，幼虫に餌とともに体内に取り込ませるのである．沖縄県ではイモゾウムシのマーキングに試みられている（Sugiyama et al., 1998; Shimoji et al., 1999）．これを使えば，色素はゾウムシの体内に長期間保持され，またマーク検出が簡便にできるので，蛍光色素の代替資材となりうる．

8-7 おわりに

沖縄県全域からのウリミバエの根絶の見込みが立ったころ，次の根絶目標としてサツマイモのゾウムシ類が検討されたが，沖縄県のミバエ事業の関係者はゾウムシ類の根絶事業に乗り気ではなかった．不妊虫放飼法によるゾウムシ類の根絶防除は世界でも例がなく，これらのゾウムシを根絶することは，非常に困難だと思われていたからである．特にイモゾウムシについては基礎生態の多くが不明で（当時は，外部形態による成虫の雌雄判別法さえなかった），その生態を解明し，不妊虫放飼に必要な技術開発を進めるには相当の時間を要すると考えられた（これは間違ってなかった）．このようなことから，事業をやるにしても，最初は地形の単純な小島で実験的な防除を試みるのがよいと考えていた．しかし，予算獲得の経緯などから，ゾウムシの根絶事業は，ウリミバエ根絶事業で有名な「久米島」で実施されることが決まった．多くの技術的課題が未解決のまま，ゾウムシの根絶事業は開始されることになった．

沖縄県では，イモゾウムシについてまず基礎研究を行い，そして増殖技術

8-7 おわりに

や不妊化法などの技術開発を進めつつ実証防除を開始し，次いで先行して事業を進めていた鹿児島県のアリモドキゾウムシの防除技術を取り入れ，アリモドキゾウムシの防除に入る計画であった．しかしながら，イモゾウムシの防除は予想していた以上に困難で，久米島全域を対象とした防除は技術的に困難であった．そこで，イモゾウムシに比べ研究・技術開発が進んでいたアリモドキゾウムシの防除を先行させ，並行してイモゾウムシの技術開発を進めていくことに計画が変更された．計画変更は，よい判断であったと思われる．

　予期せぬ問題に遭遇し，かなり時間がかかったが，久米島のアリモドキゾウムシの根絶にメドをつけることができた．とにかくしつこい虫である．残った生息場所の防除を強化し，早期に根絶を達成しなければならない．久米島の防除の過程で，不妊虫のマーク脱落，山間部にしつこく残る野生虫，防除効果が高まるにつれ寄主植物調査による残存虫検出の困難さ，島外から持ち込まれた被害イモによる再発生の問題が明らかになった．駆除確認の失敗もあった．アクセス困難な山間部や急峻な海岸線の調査には体力も必要であった．これらの多くの経験は今後の根絶事業の中で生かされるであろう．今後，本種の根絶事業を効率的に進めるうえで，早急に解決しなければならないのは不妊虫のマーキングあるいは識別技術の開発である．これについては，マーキングの代替資材などの検討を始めている．さらに，久米島の根絶達成後，根絶事業を他の島へと展開していくためには，人工飼料を用いた大量増殖技術の開発が不可欠である．本種の人工飼料による飼育技術については，これまで研究されてないため，その技術開発には多くの基礎研究が必要で，それゆえ時間もかかるであろう．

　アリモドキゾウムシとイモゾウムシの2種のゾウムシを根絶しなければ，久米島から生のサツマイモ（最近，本土でも消費が伸びてきたエンサイも）の出荷が自由にできない．アリモドキゾウムシの根絶後は，イモゾウムシの根絶に全力であたらなければならない．イモゾウムシの根絶は，しかしながら，アリモドキゾウムシよりも相当困難であることが予想される．数々の問題に直面すると思われるが，それらの問題を解決しながら，着実に根絶防除を進めていかなければならない．

なお，沖縄県におけるゾウムシ類の根絶防除は，国庫事業として，沖縄県病害虫防除技術センター(旧沖縄県ミバエ対策事業所)を中心に，沖縄県農業研究センター(旧沖縄県農業試験場)，沖縄県農林水産部営農支援課，久米島町役場，久米島イモゾウムシ等防除対策協議会，農林水産省那覇植物防疫事務所ほか，多くの関係機関の協力で進められている．

引用文献

アリモドキゾウムシ研究会 (1992) アリモドキゾウムシの根絶に向けて：最近の研究成果の概要．鹿児島県農業試験場大島支場, 216pp.

安里清景 (1950) 甘藷の新害虫イモゾウに就いて．国頭農報 2(8): 5-11.

Austin, D. F. (1991) Associations between the plant family Convolvulaceae and *Cylas* weevils. *In*: Jansson, R. K. & K. V. Raman (eds.) *Sweet Potato Pest Management: A Global Perspective.* Westview Press, Bolder, pp. 45-57.

Bakri, A., N. Heather, J. Hendrichs & I. Ferris (2005) Fifty years of radiation biology in entomology: Lessons learned from IDIDAS. *Annals of the Entomological Society of America* 98: 1-12.

Campion, D. G. (1984) Survey of pheromone uses in pest control. *In*: Hummel, H. E. & T. A. Miller (eds.) *Techniques in Pheromone Research.* Springer-Verlag, New York, pp. 405-449.

Chalfant, R. B., R. K. Jansson, D. R. Seal & J. M. Schalk (1990) Ecology and management of sweet potato insects. *Annual Review of Entomology* 35: 157-180.

Cockerham, K. L., O. T. Deen, M. B. Christian & L. D. Newsom (1954) The biology of the sweet potato weevil. *Louisiana Technical Bulletin* 483: 1-30.

Cunningham, G. L. & W. J. Grefenstette (2000) Eradication of the cotton boll weevil (*Anthonomus grandis*) in the United States—A successful multi-regional approach. *In*: Tan, K. H. (ed.) *Area-Wide Control of Fruit Flies and Other Insect Pests: Joint Proceedings of the International Conference on Area-Wide Control of Insect Pests, May 28–June 2, 1998 and the Fifth International Symposium on Fruit Flies of Economic Importance, June 1-5, 1998, Penang, Malaysia.* Internatonal Atomic Energy Agency, pp. 153-157.

Davich, T. B. & D. A. Lindquist (1962) Exploratory studies on gamma radiation for the sterilization of the boll weevil. *Journal of Economic Entomology* 55: 164-167.

Dawes, M. A., R. S. Saini, M. A. Mullen, J. H. Brower & P. A. Loretan (1987) Sensitivity of sweetpotato weevil (Coleoptera: Curculionidae) to gamma radiation. *Journal of Economic Entomology* 80: 142-146.

Follett, P. A. (2006) Irradiation as a methyl bromide alternative for postharvest control of *Omphisa anastomosalis* (Lepidoptera: Pyralidae) and *Euscepes postfasciatus* and *Cylas formicarius elegantulus* (Coleoptera: Curculionidae) in sweet potatoes. *Journal of Economic Entomology* 99: 32-37.

Fried, M. (1971) Determination of sterile-insect competitiveness. *Journal of Economic Entomology* **64**: 869-872.

藤本健二・平田建彦・松岡拓穂 (2000) 近年におけるゾウムシ類の緊急防除 (2) 高知県室戸市. 植物防疫 **54**: 453-454.

Gast, R. T. & M. Landin (1966) Adult boll weevils and eggs marked with dye fed in larval diet. *Journal of Economic Entomology* **59**: 474-475.

Hagler, J. R. & C. G. Jackson (2001) Methods for marking insects: Current techniques and future prospects. *Annual Review of Entomology* **46**: 511-543.

Haisch, A. (1970) Some observations on decreased vitality of irradiated Mediterranean fruit fly. *In*: *Proceedings of a Panel, Sterile-Male Technique for Control of Fruit Flies. FAO/IAEA, 1-5 September, 1969.* International Atomic Energy Agency, Vienna, pp. 71-75.

Hallman, G. J. (2001) Ionizing irradiation quarantine treatment against sweetpotato weevil (Coleoptera: Curculionidae). *Florida Entomologist* **84**: 415-417.

濱上昭人・小坂真也・安達浩之・會澤雅夫 (2002) 那覇空港において移動阻止したサツマイモ生塊根に寄生するゾウムシ類に関する調査. 植物防疫所調査研究報告 **38**: 115-119.

長谷川仁・三枝敏郎 (1968) 小笠原諸島の病害虫発生調査. 植物防疫 **22**: 447-450.

林幸治・小山重郎 (1981) ウリミバエ成虫の外部および内部形態に対するガンマー線照射の影響. 日本応用動物昆虫学会誌 **25**: 141-149.

林義則・米田雅典・徳永太純 (1997) 野外条件下におけるアリモドキゾウムシ不妊化成虫の生存日数及び蛍光色素マークの検出率. 植物防疫所調査研究報告 **33**: 65-70.

林義則・吉田隆・木場文博・山下文男・伊藤俊介 (1994) アリモドキゾウムシ *Cylas formicarius* (Fabricius) 蛹の低線量γ線照射による不妊化について II. 最適な照射条件の検討. 植物防疫所調査研究報告 **30**: 111-114.

Heath, R. R., J. A. Coffelt, P. E. Sonnet, F. I. Proshold, B. Dueben & J. H. Tumlinson (1986) Identification of sex pheromone produced by female sweetpotato weevil, *Cylas formicarius elegantulus* (Summers). *Journal of Chemical Ecology* **12**: 1489-1503.

Heath, R. R., J. A. Coffelt, F. I. Proshold, R. K. Jansson & P. E. Sonnet (1991) Sex pheromone of *Cylas formicarius*: History and implications of chemistry in weevil managements. *In*: Jansson R. K. & K. V. Raman (eds.) *Sweet Potato Pests Management: A Global Perspective*. Westview Press, Bolder, pp. 79-96.

Hendrichs, J. & A. Robinson (2003) Sterile insect technique. *In*: Resh, V. H. & R. T. Cardé (eds.) *Encyclopedia of Insects*. Academic Press, Elsevier Science, USA, pp. 1074-1079.

Hober, E. (1963) Eradication of the white grub (*Melolontha vulgaris* F.) by the sterile male technique. *In*: *Proceedings, Symposium: Radiation and Radioisotopes Applied to Insects of Agricultural Importance. FAO/IAEA, 22-26 April 1963, Athens, Greece*. International Atomic Energy Agency, Viennna, pp. 313-332.

伊藤俊介・永山才朗・後藤誠太郎・浜砂武久・東正裕 (1991) アリモドキゾウムシ *Cylas formicarius* (Fabricius) 成虫のγ線照射による不妊化について―成虫寿命,

交尾能力，内部生殖器官および次世代数への影響．植物防疫所調査研究報告 **27**: 69-73.

伊藤俊介・東正裕・吉田隆・永山才朗・亀田尚司・徳永太蔵・押川幹夫・前田力 (1993) アリモドキゾウムシ *Cylas formicarius* (Fabricius) 蛹の低線量γ線照射による不妊化について―妊性，性的競争力，生存率および奇形の発生に与える照射の影響．植物防疫所調査研究報告 **29**: 45-48.

Itô, Y. (1977) A model of sterile insect release for eradication of the melon fly, *Dacus cucurbitae* Coquillet. *Applied Entomology and Zoology* **12**: 303-313.

Itô, Y. & H. Kawamoto (1979) Number of generations necessary to attain eradication of an insect pest with sterile insect release method: A model study. *Researches on Population Ecology* **20**: 216-226.

Iwahashi, O. (1977) Eradication of the melon fly, *Dacus cucurbitae*, from Kume Is., Okinawa with the sterile insect release method. *Researches on Population Ecology* **19**: 87-98.

岩本順二・伊藤俊介・真野勝・山崎英明 (1990) アリモドキゾウムシ *Cylas formicarius* (Fabricius) 蛹のγ線照射による不妊化について―成虫の妊性，寿命および交尾能力に与える照射の影響．植物防疫所調査研究報告 **26**: 69-72.

Jansson, R. K. & A. G. B. Hunsberger (1991) Diel and ontogenetic patterns of oviposition in the sweetpotato weevil (Coleoptera: Curculionidae). *Environmental Entomology* **20**: 545-550.

Jansson, R. K., L. J. Mason & R. R. Heath (1991) Use of sex pheromone for monitoring and managing *Cylas formicarius*. *In*: Jansson R. K. & K. V. Raman (eds.) *Sweet Potato Pests Management: A Global Perspective*. Westview Press, Bolder, pp. 97-138.

Jansson, R. K., L. J. Mason, R. R. Heath, S. H. Lecrone & D. E. Forey (1993) Pheromone trap monitoring system for sweetpotato weevil (Coleoptera: Apionidae) in the southern United States: Effects of lure type, age, and duration in storage. *Journal of Economic Entomology* **86**: 1109-1115.

垣花廣幸 (1996) ウリミバエの大量増殖に関する研究．沖縄県農業試験場研究報告 **16**: 1-102.

垣花廣幸・山岸正明・村上昭人 (1989) ウリミバエの大量増殖―週2億頭生産の達成．植物防疫 **43**: 20-24.

上門隆洋・瀬戸口脩・前田力 (1993) サツマイモによるアリモドキゾウムシの大量飼育法．鹿児島県農業試験場研究報告 **21**: 11-22.

川村清久・豊田秀吉・杉本毅 (2003) RAPD-PCR法によるDNA多型をもとにしたアリモドキゾウムシの識別．近畿大学農学部紀要 **36**: 13-20.

Kawamura, K., I. Kandori, Y. Sakuratani & T. Sugimoto (2005) On elytral color dimorphism of sweet potato weevil, *Cylas formicarius* (Fabricius), in the Southwest islands, Japan. *Memoirs of the Faculty of Agriculture of Kinki University* **38**: 1-7.

Kawamura, K., T. Sugimoto, Y. Matsuda & H. Toyoda (2002) Detection of polymorphic patterns of genomic DNA amplified by RAPD-PCR in sweet potato weevils, *Cylas formicarius* (Fabricius) (Coleoptera: Brentidae). *Applied Entomology and Zoology* **37**: 645-648.

Kiritani, K. (1998) Exotic insects in Japan. *Entomological Science* **1**: 291-298.
Klassen, W. & C. F. Curtis (2005) History of the sterile insect technique. *In*: Dyck, V. A., J. Hendrichs & A. S. Robinson (eds.) *Sterile Insect Technque. Principles and Practice in Area-Wide Integrated Pest Management*. International Atomic Energy Agency. Springer, Netherlands, pp. 3-36.
Knipling, E. F. (1955) Possibilities of insect control or eradication through the use of sexually sterile males. *Journal of Economic Entomology* **48**: 459-462.
Knipling E. F. (1964) The potential role of the sterility method for insect population control with special reference to combining this method with conventional methods. *United States Department of Agriculture, Agricultural Research Service* **33-98**: 1-54.
Knipling E. F. (1979) *The Basic Principles of Insect Population Suppression and Management*. USDA Agricultural Handbook No. 52, United States Department of Agriculture. Washington, D.C. (小山重郎・小山晴子訳『害虫総合防除の原理』東海大学出版会, 1989)
Knipling E. F. (1983) Analysis of technology available for eradication of the boll weevil. *United States Department of Agriculture, Agriculture Handbook* **589**: 409-435.
小濱継雄 (1990) 沖縄におけるアリモドキゾウムシ及びイモゾウムシの侵入の経過と現状. 植物防疫 **44**: 115-117.
小濱継雄・嵩原建二 (2002) 沖縄県の外来昆虫. 沖縄県立博物館紀要 **28**: 55-92.
小濱継雄・豊口敬・杉山巳次・宮田誠志 (1999) アリモドキゾウムシのモニタリングに用いるフェロモントラップの改良. 沖縄農業 **34**: 30-33.
Koyama, J., H. Kakinohana & T. Miyatake (2004) Eradication of the melon fly, *Bactrocera cucurbitae*, in Japan: Importance of behavior, ecology, genetics, and evolution. *Annual Review of Entomology* **49**: 331-349.
Koyama, J., T. Teruya & K. Tanaka (1984) Eradication of the oriental fruit fly (Diptera: Tephritidae) from the Okinawa Islands by a male annihilation method. *Journal of Economic Entomology* **77**: 468-472.
Kuba, H., T. Kohama & D. Haraguchi (2003) Eradication projects of exotic sweet potato weevils using SIT in Okinawa. *In*: Oka, M., M. Matsui, T. Shiomi, Y. Ogawa & K. Tsuchiya (eds.) *Proceedings of the NIAES-FFTC Joint International Seminar on Biological Invasions: Environmental Impacts and the Development of a Database for the Asian-Pacific Region*. National Institute for Agro-Environmental Sciences, & Food and Fertilizer Technology Center for the Asian and Pacific Region, pp. 273-287.
久場洋之・照屋匡・榊原充隆 (2000) 不妊虫放飼法によるゾウムシ類の根絶 (9) 久米島における根絶実証事業. 植物防疫 **54**: 483-486.
Kuba, H., T. Kohama, H. Kakinohana, M. Yamagishi, K. Kinjo, Y. Sokei, T. Nakasone & Y. Nakamoto (1996) The successful eradication programs of the melon fly in Okinawa. *In*: McPheron, B. A. & G. J. Steck (eds.) *Fruit Fly Pest: A World Assessment of Their Biology and Management*. St. Lucie Press, Florida, pp. 543-550.
久米島自然文化センター (2003) 『ハブヒルストーリー――駐留米軍人が見た久米島』久米島自然文化センター.

Lindig, O. H., G. Wiygul, J. E. Wright, J. R. Dawson & J. Roberson (1980) Rapid method for mass-marking boll weevils. *Journal of Economic Entomology* **73**: 385-386.

箕浦和重・石田龍顕・中原重仁・宮崎勲・土居寿幸・城間良昭・勅使河原伸・皿海宏樹・牧口覚・高野俊一郎・染谷均 (2005) アリモドキゾウムシ及びイモゾウムシのルビジウムによるマーキング法の検討 (第2報). 平成16年度調査研究成績, 9-13. 那覇植物防疫事務所.

宮路克彦・田中丈雄 (1998) 奄美群島におけるアリモドキゾウムシおよびイモゾウムシの分布拡大. 九州病害虫研究会報 **44**: 88-92.

宮路克彦・西原悟・原洋一・徳永太蔵・鳩野哲也・上門隆洋・伊藤俊介・岩本順二・荒巻弥弘・金城邦夫・祖慶良尚 (2000) 不妊虫放飼法によるゾウムシ類の根絶 (6) アリモドキゾウムシの大量増殖・不妊化・マーキング・輸送・放飼. 植物防疫 **54**: 472-475.

Miyatake, T., K. Kawasaki, T. Kohama, S. Moriya & Y. Shimoji (1995) Dispersal of male sweetpotato weevils (Coleoptera: Curculionidae) in fields with or without sweet potato plants. *Environmental Entomology* **24**: 1167-1174.

Miyatake, T., S. Moriya, T. Kohama & Y. Shimoji (1997) Dispersal potential of male *Cylas formicarius* (Coleoptera: Brentidae) over land and water. *Environmental Entomology* **26**: 272-276.

Miyatake, T., T. Kohama, Y. Shimoji, K. Kawasaki, S. Moriya, M. Kishita & K. Yamamura (2000) Dispersal of released male sweetpotato weevil, *Cylas formicarius* (Coleoptera: Brentidae) in different seasons. *Applied Entomology and Zoology* **35**: 441-449.

Moriya, S. (1995) A preliminary study on the flight ability of the sweetpotato weevil, *Cylas formicarius* (Fabricius) (Coleoptera: Apionidae) using a flight mill. *Applied Entomology and Zoology* **30**: 244-246.

Moriya, S. & S. Hiroyoshi (1998) Flight and locomotion activity of the sweetpotato weevil (Coleoptera: Brentidae) in relation to adult age, mating status, and starvation. *Journal of Economic Entomology* **91**: 439-443.

守屋成一・宮竹貴久 (2000) 不妊虫放飼法によるゾウムシ類の根絶 (2) 移動分散. 植物防疫 **54**: 459-462.

Mullen, M. A. (1981) Sweetpotato weevil, *Cylas formicarius elegantulus* (Summers): Development, fecundity, and longevity. *Annals of the Entomological Society of America* **74**: 478-481.

Nakamori, H., M. Nishimura & H. Kakinohana (1991) Eradication of the oriental fruit fly, *Dacus dorsalis* Hendel (Diptera: Tephritidae), from Miyako and Yaeyama Islands by the male annihilation method. *In*: Vijaysegaran, S. & A. G. Ibrahim (eds.), *Proceeding of the First International Symposium on Fruit Flies in the Tropics. Kuala Lumpur, Malaysia, 14-16 March 1988*. Malaysian Agricultural Research and Development Institute & Malaysian Plant Protection Society, Selangor, Malaysia, pp. 220-231.

中村和雄・玉木佳男 (1983) 『性フェロモンと害虫防除―実験と効用』古今書院.

名和梅吉 (1903) 蟻形象鼻虫に就て. 昆虫世界 **7**: 327-330.

西岡稔彦・川崎修二・平岡俊三・上福元彰・桑原浩和・井手敏和・末吉澄隆・伊藤俊介 (2000) 近年におけるゾウムシ類の緊急防除 (1) 鹿児島県内各地. 植物防疫 **54**: 448-452.
小川徹 (1982) 久米島民俗社会の基盤―水田造営形態と集落移動の関係について. 法政大学沖縄文化研究所沖縄久米島調査委員会編『沖縄久米島の言語・文化・社会の総合的研究報告書』弘文堂, pp. 239-289, pl. 1.
大川篤 (1985) 小笠原におけるミカンコミバエの発生とその根絶. 石井象二郎・桐谷圭治・古茶武男編『ミバエの根絶―理論と実際』農林水産航空協会, pp. 291-316.
大村克己 (2000) ゾウムシ類の根絶の意義, 事業の展開. 植物防疫 **54**: 443.
大野豪・佐々木智基・浦崎貴美子・小濱継雄 (2004) エタノールによる卵表面処理がイモゾウムシの孵化後の生存・発育に及ぼす影響. 九州病害虫研究会報 **50**: 40-43.
大野豪・原口大・浦崎貴美子・小濱継雄 (2006) サツマイモの大害虫イモゾウムシ―久米島における発生生態と防除の現状. 昆虫と自然 **41**(14): 25-30.
沖縄県 (2002)『沖縄県農林水産業振興計画』沖縄県.
沖縄県農林水産部 (1994)『沖縄県ミバエ根絶記念誌』沖縄県農林水産部.
沖縄県農林水産部 (1999)『農林水産業振興ビジョン・アクションプログラム』沖縄県農林水産部.
Proshold, F. I. (1983) Mating activity and movement of *Cylas formicarius elegantulus* (Coleoptera: Curculionidae) on sweet potato. *Proceedings of the American Society for Horticultural Science, Tropical Region* **27B**: 81-92.
Proshold, F. I., J. L. Gonzalez, C. Asencio & R. R. Heath (1986) A trap for monitoring the sweetpotato weevil (Coleoptera: Curculionidae) using pheromone or live females as bait. *Journal of Economic Entomology* **79**: 641-647.
Raman, K. V. & E. H. Alleyne (1991) Biology and management of the West Indian sweet potato weevil, *Euscepes postfasciatus*. *In*: Jansson, R. K. & K. V. Raman (eds.) *Sweet Potato Pest Management: A Global Perspective.* Westview Press, Bolder, pp. 263-281.
Riemann, J. G. & H. M. Flint (1967) Irradiation effects on midguts and testes of the adult boll weevils *Anthonomus grandis*, determined by histological and shielding studies. *Annals of the Entomological Society of America* **60**: 289-308.
栄政文 (1968) 創立65周年記念誌―奄美群島に発生する特殊病害虫. 鹿児島県農業試験場大島支場.
榊原充隆 (2003) イモゾウムシ成虫用人工飼料の開発. 日本応用動物昆虫学会誌 **47**: 67-72.
桜井宏紀・土山康彦・和泉省勝・山口卓宏 (1998) ガンマ線照射によるアリモドキゾウムシ雄の放射線不妊化機構の超微形態学的観察. 岐阜大学農学部研究報告 **63**: 31-36.
Sakuratani, Y., T. Sugimoto, O. Setokuchi, T. Kamikado, K. Kiritani & T. Okada (1994) Diural changes in micro-habitat usage and behavior of *Cylas formicarius* (Fabricius) (Coleoptera: Curculionidae) adults. *Applied Entomology and Zoology* **29**: 307-315.

佐藤覚 (1952) 沖縄出張報告書—昭和27年8月. 横浜植物防疫所. 沖縄県農林水産行政史編集委員会編 (1983)『沖縄県農林水産行政史13—農業資料編Ⅳ』沖縄県農林水産部, pp. 807-817.

瀬戸口脩 (1990) 奄美群島におけるアリモドキゾウムシの発生生態と防除対策. 植物防疫 **44**: 111-114.

瀬戸口脩・中村洋一・久保義昭 (1991) 合成性フェロモンと殺虫剤を混用したアリモドキゾウムシの誘殺板. 日本応用動物昆虫学会誌 **35**: 251-253.

Setokuchi, O., K. Kawasoe & T. Sugimoto (1996) Invasion of the sweet potato weevil, *Cylas formicarius* (Fabricius) into Southern Islands in Japan and strategies for its eradication. *In*: Hokyo, N. & G. Norton (eds.) *Proceedings of International Workshop on the Pest Management Strategies in Asian Monsoon Agroecosystems (Kumamoto, 1995)*. Kyushu National Agricultural Experiment Station, pp. 197-207.

Sharp, J. L. (1995) Mortality of sweetpotato weevil (Coleoptera: Apionidae) stages exposed to gamma irradiation. *Journal of Economic Entomology* **88**: 688-692.

Sherman, M. & M. Tamashiro (1954) The sweetpotato weevils in Hawaii: Their biology and control. *Hawaii Agricultural Experiment Station Technical Bulletin* **23**: 1-36.

島袋智志・石川昭彦・岩田雅顕・坂口忠史・牧口覚・勝又肇 (1997) さつまいもの蒸熱処理—アリモドキゾウムシ, イモゾウムシ, サツマイモノメイガの殺虫及びさつまいもの熱障害. 植物防疫所調査研究報告 **33**: 35-41.

Shimizu, T. & S. Moriya (1996a) Flight time and flight age in the sweet potato weevil, *Cylas formicarius* (Fabricius) (Coleoptera: Brentidae). *Applied Entomology and Zoology* **31**: 575-580.

Shimizu, T. & S. Moriya (1996b) Daily locomotor activity in the Indian sweet potato weevil, *Euscepes postfasciatus* (Fairmaire) (Coleoptera: Curculionidae) and sweet potato weevil, *Cylas formicarius* (Fabricius) (Coleoptera: Brentidae) monitored by an actograph system. *Applied Entomology and Zoology* **31**: 626-628.

Shimoji, Y. & T. Kohama (1996) An artificial larval diet for the West Indian sweet potato weevil, *Euscepes postfasciatus* (Fairmaire) (Coleoptera: Curculionidae). *Applied Entomology and Zoology* **31**: 152-154.

Shimoji, Y., M. Sugiyama & T. Kohama (1999) Marking of the West Indian sweet potato weevil, *Euscepes postfasciatus* (Fairmaire) (Coleoptera: Curculionidae) with calco oil red dye, I. Effect of dye added to the artificial larval diet on development of the weevils, yield of adults and long lasting internal coloration in the adult. *Applied Entomology and Zoology* **34**: 231-234.

Smith, J. W. (1998) Boll weevil eradication: Area-wide pest management. *Annals of the Entomological Society of America* **91**: 239-247.

Steiner, L. F., W. C. Mitchell, E. J. Harris, T. T. Kozuma & M. S. Fujimoto (1965) Oriental fruit fly eradication by male annihilation. *Journal of Economic Entomology* **58**: 961-964.

須田郁夫・吉元誠・山川理 (1999) 近年の食スタイルから見たサツマイモの生活習慣病予防効果. *Foods & Food Ingredients Journal of Japan* **181**: 59-68.

Sugimoto, T., Y. Sakuratani, H. Fukui, K. Kiritani & T. Okada (1996) Estimating the reproductive properties of the sweet potato weevil, *Cylas formicarius* (Fabricius) (Coleoptera: Brentidae). *Applied Entomology and Zoology* **31**: 357-367.

Sugimoto, T., Y. Sakuratani, O. Setokuchi, T. Kamikado, K. Kiritani & T. Okada (1994) Estimations of attractive area of pheromone traps and dispersal distance, of male adults of sweet potato weevil, *Cylas formicarius* (Fabricius) (Coleoptera: Curculionidae). *Applied Entomology and Zoology* **29**: 349-358.

Sugiyama, M., Y. Shimoji & T. Kohama (1996) Effectiveness of a newly designed sex pheromone trap for the sweetpotato weevil, *Cylas formicarius* (Fabricius) (Coleoptera: Brentidae). *Applied Entomology and Zoology* **31**: 547-550.

Sugiyama, M., Y. Shimoji & T. Kohama (1998) Marking of the West Indian sweet potato weevil, *Euscepes postfasciatus* (Fairmaire) (Coleoptera: Curculionidae) with calco oil red dye, II. Effects of the dye on fecundity, longevity and sexual maturity. *Applied Entomology and Zoology* **33**: 375-378.

Sutherland, J. A. (1986) A review of the biology and control of the sweetpotato weevil, *Cylas formicarius* (Fab). *Tropical Pest Management* **32**: 304-315.

鈴木芳人・宮井俊一 (2000) 不妊虫放飼法によるゾウムシ類の根絶 (5) 不完全不妊虫の利用―理論的アプローチ. 植物防疫 **54**: 469-471.

高良鉄夫 (1954) 琉球におけるサツマイモノメイガ並びにイモゾウの伝播と防除. 植物防疫 **8**: 436-438.

Tanaka, A. (1980) Present status of fruit fly control in Kagoshima Prefecture. *In: Proceedings of a Symposium on Fruit Fly Problems, Kyoto and Naha, August 9-12, 1980*. National Institute of Agricultural Sciences, pp. 107-121.

Teruya, T. & H. Zukeyama (1979) Sterilization of the melon fly, *Dacus cucurbitae* Coquillett, with gamma radiation: Effect of dose on competitiveness of irradiated males. *Applied Entomology and Zoology* **14**: 241-244.

Teruya, T., H. Zukeyama & Y. Itô (1975) Sterilization of the melon fly, *Dacus cucurbitae* Coquillett, with gamma radiation: Effect on rate of emergence, longevity and fertility. *Applied Entomology and Zoology* **10**: 298-301.

照屋匡・西田喜美子・田尾政博・久場洋之 (1985) ウリミバエ*Dacus cucurbitae* Coquillett (Diptera: Tephritidae) の精巣による不妊虫と野生虫の判別法―精巣の外観による判別の再検討と染色による識別について. 沖縄農業 **20**: 31-37.

潮新一郎・吉岡謙吾・中須和俊・脇慶三 (1982) 奄美群島におけるミカンコミバエの根絶経過. 日本応用動物昆虫学会誌 **26**: 1-9.

Walker, J. R. (1966) Reproductive potential of the sweetpotato weevil after exposure to ionizing radiations. *Journal of Economic Entomology* **59**: 1206-1208.

Wilson, D. D. (1980) An assessment of the potential to produce a sterile, viable, and competitive sweetpotato weevil, *Cylas formicarius elegantulus* (Summers). M. S. thesis, Louisiana State University, Baton Rouge, Louisiana.

Wright, J. E. & E. J. Villavaso (1983) Boll weevil sterility. *United States Department of Agriculture, Agriculture Handbook* **589**: 153-177.

Yamagishi, M., H. Kakinohana, H. Kuba, T. Kohama, Y. Nakamoto, Y. Sokei & K. Kinjo (1993) Eradication of the melon fly from Okinawa, Japan, by means of the sterile insect technique. *In*: *Proceedings of an International Symposium on Management of Insect Pests: Nuclear and Related Molecular and Genetic Techniques. IAEA/FAO, 19-23 October, 1992.* International Atomic Energy Agency, Vienna, Austria, pp. 49-60.

山口卓宏・宮路克彦・瀬戸口脩 (2005) 奄美大島, 喜界島における冬季のアリモドキゾウムシの交尾と産卵. 日本応用動物昆虫学会誌 **49**: 205-213.

安田慶次 (1993) 沖縄県におけるアリモドキゾウムシ, イモゾウムシのサツマイモ畑での発生消長. 九州病害虫研究会報 **39**: 88-90.

Yasuda, K. (1995) Mass trapping of the sweet potato weevil *Cylas formicarius* (Fabricius) (Coleoptera: Brentidae) with a synthetic sex pheromone. *Applied Entomology and Zoology* **30**: 31-36.

安田慶次 (1998) イモゾウムシ・アリモドキゾウムシの総合的管理に関する研究. 沖縄県農業試験場研究報告 **21**: 1-80.

安田慶次・小濱継雄 (1990) 沖縄県におけるイモゾウムシとアリモドキゾウムシの分布. 九州病害虫研究会報 **36**: 123-125.

安田慶次・杉江元 (1990) アリモドキゾウムシの合成性フェロモンの野外での誘引性. 植物防疫 **44**: 121-123.

安田慶次・杉江元・R. R. Heath (1992) アリモドキゾウムシの合成性フェロモンの野外条件下における誘引性. 日本応用動物昆虫学会誌 **36**: 81-87.

湯嶋健・平野千里 (1973) 遺伝的防除法. 深谷昌次・桐谷圭治編『総合防除』講談社, pp. 251-281.

人名索引

Abbot, P. 195, 209
赤澤 堯 241, 270
Alcock, J. 151, 173, 252
Allen, T. C. 42
Alleyne, E. H. 278
Andersson, M. 159, 160, 173
Ann, X. 196, 209
安里清景 278, 308
新井哲夫 62, 141, 190
新垣則雄 89, 137, 141, 187
Austin, D. F. 245, 251, 270, 280, 308
東 清二 46, 47, 141

Back, E. A. 42, 46, 142
Bair, F. E. 248
Bakri, A. 287, 308
Barclay, H. J. 19, 26, 27, 37, 38
Bateman 151
Baumhover, A. H. 6, 14, 20, 38, 52, 61, 142, 179, 209
Becker, W. A. 180, 209
Benzer, S. 190, 192
Berlocher, S. H. 195
Berryman, A. A. 21, 38
Birkhead, T. 149-151, 153, 155, 163, 173
Bloem, K. A. 12, 14
Boake, C. R. B. 157, 160, 173, 201, 209
Bohemann, C. H. 246, 270
Boller, E. F. 113, 142, 179, 209
Broadbent, S. R. 224, 225, 238
Brooks, J. S. 236
Bunroongsook, S. 162
Bursell, E. 57, 142
Bush, G. L. 10, 14, 113, 142

Calkins, C. O. 179, 209
Campion, D. G. 289, 308
Carmer, S. G. 241
Cayol, J. P. 179, 209
Chalfant, R. B. 278, 308
Chambers, D. L. 113, 142, 179, 209
Chen, P. S. 170, 173
Christenson, L. D. 44, 142
Cirio, U. 8, 14, 25, 38
Clancy, D. W. 42-44

Clark, J. S. 233, 238
Cochran, W. G. 224, 240
Cockerham, K. L. 280, 281, 308
Coffelt, J. A. 252, 270
Colkins, C. O. 113, 142
Coyne, J. A. 195, 196, 210
Cronin, J. T. 233, 238
Cross, W. H. 264, 270
Crow, J. F. 207, 211
Cunningham, G. L. 217, 283, 308
Curtis, C. F. 3-5, 10, 12, 14, 163, 173, 282

Darwin, C. R. 149, 150, 173
Davich, T. B. 287, 308
Davies, N. B. 150, 174
Dawes, M. A. 256, 270, 287, 308
Delanoue, P. 45, 142
Delcount, A. 142
Dickmann, U. 196, 210
Dougherty 41
Dybas, H. S. 195, 211
Dyck, V. A. 3, 14, 178, 210

Eberhard, W. G. 149, 150, 173
江口照雄 242, 270
Einstein, A. 222, 229, 233, 234, 238
Emlen, S. T. 204, 210
Enkerlin, W. 3, 11-15
江崎悌三 246, 270

Falconer, D. S. 180, 200, 210
Feder, J. L. 195, 210
Finney, G. L. 43, 44, 48,142, 178, 210
Fisher, K. 11, 15, 178
Flint, H. M. 287
Fluke, C. L. 42, 142
Follett, P. A. 287, 308
Franz, G. 2, 15, 154, 173,
Fried, M. 157, 287, 309

Gast, R. T. 306, 309
Geier, P. W. 21, 38
Gilliam, J. F. 233, 240
Goldberg, S. 231, 238
Grefenstette, W. J. 283

Gromko, M. H.　167, 170, 173, 252, 270

Hagen, K. S.　43, 143
Hagler, J. R.　306, 309
Haile, D. G.　25, 38, 155, 173
Haisch, A.　157, 173, 287, 309
瑞慶山 浩　75
Haldane, J. B. S.　197, 210
Hall, J. C.　192, 211
Hallman, G. J.　287, 309
浜田竜一　35, 38
濱上昭人　279, 309
Hammond　286, 288
Hancock, D. L.　12, 15
原口 大　205, 280, 304
Harshman, L. G.　203, 210
Hartstack, A. W. Jr.　249, 270
長谷川眞理子　171, 173, 174
長谷川仁　278, 309
Hassell, M. P.　38
Hawkes, C.　217, 238, 253, 271
林 幸治　305, 309
林 義則　256, 271, 286, 291, 305, 309
Heath, R. R.　242, 252, 271, 281, 309
Hendrichs, J.　3, 178, 179, 210, 282, 309
Hibino, Y.　160-162, 174
Higgins, S. I.　233, 238
平野千里　286
広吉 聡　253, 273, 282
Hober, E.　283, 309
Hoffman, A. A.　203, 210
Holland, B.　152, 174
Hooper, G. H. S.　70, 143
Hooper, K. R.　179, 210
Horn, G. H.　246, 272
Howard, D. J.　195, 210
Huettel, M. D.　113, 143
藤本健二　279, 309
藤田 博　22, 38
藤田和幸　114, 142
深田吉孝　194
深井勝海　46, 143
福島 満　9, 15
Hunsberger, G. B.　281, 310

一戸文彦　64
Ichinohe, F.　143
井上民二　225, 226, 239
石田真理雄　196, 213
石川光一　168, 174
石井象二郎　15
Isobe M.　165
伊藤俊介　256, 271, 286, 287, 309, 310

伊藤嘉昭　3, 4, 9, 10, 15, 19, 21-26, 28-35, 37, 38, 74, 143, 152-154, 162, 163, 165, 169, 174, 175, 193, 216,219, 221, 237, 239, 264, 270, 271, 293, 303, 310
岩橋 統　9, 10, 15, 55, 74, 114, 143, 157, 158, 160-162, 174, 181, 182, 204, 205, 210, 286, 302, 310
岩本順二　286, 310

Jackson, C. H. N.　33, 35, 39, 306
Jansson, R. K.　241, 242, 249, 271, 281, 310
Jones, M. D.　236, 239

垣花廣幸　9, 10, 25, 45, 74-76, 113, 137, 143, 144, 154, 183, 185, 196, 199, 210, 211, 283, 310
上門隆洋　258, 272, 281, 310
香取郁夫　247, 272
嵩原建二　277
Kato, T.　46
川本 均　25, 293
川村清久　242, 244, 272, 305, 310
川崎建次郎　187
川崎廣吉　233
川崎倫一　46
Keck, C. B.　57, 144
Kendall, D. G.　224, 225
Kettle, D. S.　216, 239
Kim, W. K.　241, 272
木村資生　207, 211
金城常雄　75, 247
桐谷圭二　277, 311
岸田光史　36, 39, 218, 239
Klassen, W.　3, 5, 8, 10, 12, 14, 16, 282, 311
Knipling, E. F.　2, 4, 10, 16, 19, 20, 21, 25, 26, 39, 42, 144, 155, 174, 178, 211, 255, 264, 268, 270, 272, 283, 293, 294, 311
Kobayashi, R. M.　82, 137
小林 仁　245, 272
小濱継雄　12, 187, 242, 250, 272, 277-279, 282, 285, 286, 288, 289, 290, 304, 311
小泉清明　46, 57, 65-67, 144
小西 亮　173
Konopka, R. J.　190, 192, 211
是石 肇　46, 61, 144
小山重郎　9, 27, 36, 39, 45, 75, 114, 144, 181, 183, 189, 202, 211, 272, 277, 305, 311
Krebs, C. J.　30, 32, 39
Krebs, J. R.　150, 174
久場洋之　12-14, 169, 174, 183, 204, 211, 277, 280, 292, 293, 305, 311
Kyriacou, C. P.　192, 211

LaChance, L. E.　6, 16
Landin, M.　306, 309
Laven, H.　4, 16
LeConte, J. L.　246, 272
Levitan, D. R.　195, 211
Lewis, M. A.　233, 239
Lindig, O. H.　306, 312
Lindquist, A. W.　20, 39
Lindquist, D. A.　10, 16, 287
Lloyd, M.　195, 211
Loos, C.　233, 239
Lynch, M.　181, 200, 211

Mackauer, M.　26, 113, 144, 179, 211
Mackey, T. F. C.　180, 200, 209
前田朝達　43, 144
Maeda, S.　43, 144
間島 勉　160, 204, 205
牧茂市郎　46, 144
Marlowe, R. H.　42, 43, 145
Marshall, D. L.　151, 175
Martin, F. W.　241, 272
Marucci, D. E.　42-44, 145
Mason, L. G.　159, 175, 249
Matsumoto, A.　211
松井正春　182, 211
松本 顕　193, 194
松山隆志　193, 208
Meats, A.　195, 212
Medawar, P. B.　197, 198, 212
Miller, D. R.　21, 39
箕浦和重　312
Mitchell, S., N.　44, 45, 48, 50, 56, 64, 65, 145
宮井俊一　28, 265, 294
宮路克彦　258, 272, 278, 284, 285, 304, 312
宮下和喜　216
宮竹貴久　113, 145, 179, 182, 183, 186-189, 193, 195, 196, 198-203, 205, 212, 213, 219, 239, 253, 254, 272, 273, 281, 282, 293, 301, 312
Monro, J.　45, 145
Moore, R. F.　41
Morisita　22
守屋成一　251, 253, 270, 273, 282, 293, 312
諸見里 安勝　45, 75
Morris, M. R.　152, 175
Mosseler, A.　195, 213
Mourikis, P. A.　66, 145
Mullen, M. A.　241, 273, 281, 282, 312
村井 実　30-32
Murtas, I. de　8, 25

Nadel, D. J.　45, 145
長嶺和亘　46, 145
仲盛広明　50-54, 56, 58, 59, 61, 66, 67, 69, 70, 73, 76, 85, 86, 91, 95, 97, 113, 114, 137, 138, 145, 179, 182, 183, 213, 277, 312
中村和雄　289, 312
名和梅吉　146, 242, 273, 278, 312
Newell, W.　246, 273
Nicholson, A. J.　254, 273
西村 真　138
西岡稔彦　279, 313
Nottingham, S. F.　252, 273
沼田英治　190

小川 徹　300, 313
岡村 均　194, 213
岡ノ谷一夫　171, 175
大野 豪　304, 313
大林隆司　246, 273
大川 篤　10, 16, 28, 39, 303, 313
大村清之助　163, 175
大村克己　279, 280, 313
Oring, L. W.　204, 210
Orr, H. A.　195, 196
Ozaki, E. T.　82, 137, 146

Papadopol, C. P.　195, 213
Parker, A. G.　179
Partridge, L.　203, 213
Pashley, D. P.　195, 213
Peleg, B. A.　45, 56, 146
Pemberton, C.　42, 46, 142
Pianka, E. R.　150, 175, 251, 273
Pielou, E. C.　223, 239
Plant, R. E.　217, 239
Portnoy, S.　216, 239
Proshold, F. I.　248, 249, 273, 281, 290, 313
Pyle, D. W.　170, 173

Quinn, T. P.　195, 213

Raman, K. V.　241, 278, 313
Reinhard, H. J.　251, 252, 273
Reisen, W. K.　36, 39
Rhode, R. H.　7, 16, 25, 39, 56
Rice, W. R.　152, 174
Richardson, D. M.　233, 238
Riemann, J. G.　287, 313
Robinson, A. A.　3, 282
Rodríguez, M. A.　233, 239
Roff, D. A.　179, 197, 201, 213

Rössler, Y. 16
Ruffner, J. A. 248, 273
Ryan, M. J. 152, 175

三枝敏郎 278
栄 政文 241, 278, 280, 313
坂井貴臣 196, 213
榊原充隆 304,313
桜井宏紀 253, 257, 273, 274, 287, 313
桜谷保之 248, 253, 254, 274, 281, 282, 313
佐藤研二 241, 274
佐藤 覚 278, 314
Saunders, D. S. 190, 213
澤木雅之 146
Schilthuizen, M. 196, 213
Schluter, D. 196, 213
Scholes, M. S. 233
Schroeder, W. J. 48, 146
Schultz, J. 146
Seber, G. A. F. 33, 39
瀬戸口 脩 12, 242, 249, 250, 259, 261, 274, 278, 279, 289, 293, 314
Sharp, J. L. 287, 314
Shelly, T. E. 157, 175
Sherman, M. 241, 274, 278, 314
柴田喜久雄 46, 146
志賀正和 75, 146
重定南奈子 225, 233, 239, 240
清水久仁厚 183
清水 徹 187, 190-192, 195, 196, 202, 206, 213, 282, 314
下地幸夫 304, 306, 314
Shorey, H. H. 259, 274
島袋智志 279, 314
嶋田正和 30, 39, 152, 175
島田治一 241
Simmons, L. W. 150, 175
Singh, P. 41, 146
Skalski, G. T. 233, 240
Skellam, J. G. 223, 233, 240
Smith, J. W. 283, 314
Snedecor, G. W. 224, 240
Snow, A. A. 151, 175
添盛 浩 50, 73, 85, 86, 114, 138, 146, 158, 159, 175, 183, 214
祖慶良尚 165, 204
Soria, F. 45, 142
Southwood, T. R. E. 31, 40
Spira, T. P. 151, 175
Spradbery, J. P. 4, 16
Stahmann, M. A. 241, 276
Starr, C. K. 242, 274
Stearns, S. C. 197, 214

Steiner, L. F. 7, 16, 45, 58, 146, 259, 274, 289, 314
須田郁夫 279, 314
末永 博 179, 197, 214
杉江 元 290
杉本 渥 46-49, 52, 53, 55, 56, 71, 92, 93, 147, 183, 214
杉本 毅 12, 168, 242, 244, 247, 249-253, 274, 275, 281, 315
杉山己次 290, 306, 315
Summers, S. V. 246, 275
Sutherland, J. A. 241, 275, 278, 280, 315
鈴木芳人 40, 114, 147, 183, 189, 202, 214, 265, 267, 294, 275, 315

田口俊郎 46, 147
高良鉄夫 278, 315
高須夫悟 233, 240
Talekar, N. S. 241, 242, 275
Tallamy, D. W. 150, 151, 175
玉木佳男 289
玉城盛徳 45, 75, 147, 241, 278
Tanaka, N. 44, 45, 54-58, 61, 64, 65, 147
田中 明 9
田中 章 277, 315
田中丈雄 278, 312
谷村禎一 193, 194, 214
多良間恵栄 46, 47
Tauber, E. 196, 214
Taylor, R. A. J. 216, 217, 240
照屋 匡 52, 138, 147, 156, 164, 165, 175, 176, 286, 305, 315
Thoeny, W. T. 217, 226, 240
Thornhill, R. 150, 176, 252, 275
富岡憲治 190, 214
Trivers, R. L. 150, 151, 176
Tryon, H. 246, 276
Tsiropoulos, J. G. 43, 148
椿 宜高 162, 165, 176, 252, 276
Turchin, P. 216, 217, 226, 227, 230, 240

浦崎貴美子 284, 304
瓜谷郁三 241, 276
潮新一郎 27, 40, 277, 315
内田俊郎 22, 254, 276

Vanderplank, F. L. 3, 17
Villavaso, E. J. 288, 315

WagnerJr, W. E. 152, 175
Wajnberg, E. 179, 214
Wakamura S. 33, 40
Walker, J. R. 287, 315

Wallace, B.　216, 240
Walsh, B.　181, 200
渡辺 直　46, 48, 56, 148
渡 康彦　190
Weidhaas　21, 25, 155
Whitten, M.　17
Williams, E. J.　225, 240
Williams, G. C.　197, 214
Willson, M. F.　216
Wilson, D. D.　242, 276, 287, 315
Withgott, J. H.　195, 209
Wolfe, G. W.　245, 246, 276
Wood, R. J.　179, 214
Wright, J. E.　288, 315

山岸正明　10, 17, 113, 165-169, 176, 183, 185, 186, 196, 199, 205, 214, 252, 277, 304, 315
山口文子　171
山口卓宏　171, 247, 267, 276, 282, 316
山村光司　9, 19, 26, 31, 33, 35, 36, 40, 219, 221, 226, 227, 230, 233, 237, 240, 264, 270
安田慶次　242, 243, 249, 250, 261, 276, 278, 281, 282, 290, 316
安田徳一　233, 240
安野正之　114, 148
Yen, D. E.　245, 276
与儀善雄　46, 74
湯田達也　259, 276
湯嶋 健　41, 148, 286, 316

Zukeyama H.　164, 286
Zwaan, B. J.　197, 198, 214

事項索引

Chrysomya bezziana 4
Cochliomyia hominivorax 4
Cryptic female choice 149
Glossina 属 13
G. austeni 13
G. fuscipes fuscipes 13
G. morsitans 3
G. morsitans 4
G. morsitans centralis 13
G. pallidipes 13
G. palparis gambiensis 13
G. swynnertoni 3, 4
Opius longicaudatus 42
O. persulcatus 42
DDVP 290
(Z)-3-dodecen-1-ol(E)-2-butenoate 281
IAEA 3, 8-11
MEP 289
P_2 164, 165, 167, 168

遺伝的虫質管理 177
遺伝分散 180
移動規制対象害虫 242
移動能力 253, 268
移動分散 281
Itô 法 34, 35
イモゾウムシ (*Euscepes postfasciatus*) 12, 277
イモトラップ 248, 288
イモトラップ調査 261, 262
インド 245, 251
ウィルミントン 248
Wallace 式 217, 220
羽化 286
羽化曲線 69
羽化失敗率 105
羽化日の調整 68
羽化リズム 190
羽化率 62, 65, 84, 99-102, 104-106, 123, 134, 136, 138
ウスグロショウジョウバエ 170
ウスグロミバエ 13
ウリミバエ大量増殖施設 196
AIC 基準 218
越冬 247
エピスタシス分散 180
塩基配列 244
オーストラリア 246
オールド系統 199, 200
小笠原諸島 241, 246, 278
オキナワカンシャクシコメツキ (*Melanotus okinawensis*) 36, 218
沖縄県 246, 277, 313
沖縄県農業試験場 177, 193
沖縄県農業試験場八重山支場 48, 65
沖縄県農林水産部 313
沖縄県ミバエ対策事業所 185
雄除去法 (male annihilation technique; MAT) 2, 5-7, 9, 12, 19, 28, 29, 277, 289
オス誘引剤 2, 12, 277
オリーブミバエ 179
温度管理 95, 98

あ 行

アカイエカ 4
赤池情報量基準 218
アカパンカビ 190
赤目遺伝子 168
アクトグラフ 190, 193, 253
アジアラセンウジバエ 13
アセトン・エタノール混合液 261
アブラムシ 195
奄美諸島 278
アメリカ 246
アメリカ農務省 9
アリモドキゾウムシ (*Cylas formicarius*) 5, 12, 172, 219, 241, 244, 256, 257, 264, 269, 277
アリモドキルアーⅡ 261
mRNA 193
Allee 型 254
異時的生殖隔離 (allochronic reproductive isolation) 195
異性間性淘汰 152, 159
1月の気温条件 248
一般地区 259
遺伝相関 200, 202, 203, 206
遺伝的マーカー 305

か 行

塊根の腐敗 258

事項索引

塊根組織の柔軟化　255
概日周期　202
概日リズム　190, 192
化学不妊剤　287
拡散係数　224, 229, 233
拡散方程式　223
鹿児島県大島支庁農林課・鹿児島県農業試
　験場大島支場　271, 272
家畜化　178, 182
活動の日周性　249
加入率　33
カブトムシ　149
花粉管の伸長阻止　151
カリブミバエ　13
カルコオイル (calco oil red dye)　306
加齢　197
加齢の進化　198
感覚便乗　172
感覚便乗モデル (sensory exploitation
　model)　152, 171
環境分散　180
幹細胞　287
完全不妊化線量　287
完全不妊虫　256, 259
完全不妊虫放飼　265
寒天培地　42, 43
広東省　246
ガンマ線　1, 154, 255, 286
ガンマモデル　236
ガンマ線照射　5
キイロショウジョウバエ　193, 194, 198,
　200
喜界島　259, 268
奇形虫率　105
奇形率　65
寄主植物　277, 289
寄生率　297
拮抗的多面発現仮説 (antagonistic
　pleiotropy)　197
キボシカミキリ　163
木山島　259
求愛特性抵抗性　152
吸収線量　286
キュールア　12, 155
狭所産卵習性　258
緊急防除　242
近交弱勢　185, 207
近親交配　180, 184
クインスランドミバエ　5, 6, 11, 13, 195,
　196
クジャク　149
駆除確認調査　297
クマリン類　241

久米島　181, 277
クラミドモナス　190
Gy (グレイ)　286
クロバエ科　282
グンバイヒルガオ (*Ipomoea pescaprae*)
　245, 251, 259, 262, 280
景観立地　268
蛍光色素　288
形質劣化　185
K-戦略者　251
継代増殖　159
継代大量増殖　10, 172
航空放飼　268
交信撹乱　289
合成性フェロモン　281, 289
高知県　242
甲虫目　277
行動リズム　84
交配前隔離　202
交尾　204, 205
交尾開始時刻　182, 201, 202
交尾競争力 (mating competitiveness)　155,
　157, 181, 182, 187
交尾行動　286
交尾時刻　84, 189, 192, 196, 200, 208, 209
交尾前期間　187
交尾前生殖隔離　195
交尾リズム　75
交尾率　289
コガネムシ科　282
国際原子力機関 (IAEA)　3, 7, 156
コクヌストモドキ　198
コクホウジャク　159
コシジロキンパラ　171
個体数推定　293
コドリンガ (*Carpocapsa pomonella*)　12, 13
コバルト60　294
コフキコガネの一種 (*Melolontha
　vulgarius*)　282
ゴムセプタム　261
コロナマジェンタ　261
根絶　277
根絶事業　277

さ 行

再交尾　151
再交尾の抑制　169
最適湿度　98
細胞死 (アポリシス)　257
細胞質不和合　4
採卵　106
採卵器　88, 89
採卵効率向上　258

採卵法 88
雑種不妊 3
サツマイモ (*Ipomoea batatas*) 241, 243, 245, 249, 251, 254, 259, 269, 277, 280
サツマイモ塊根 283
蛹 286
蛹照射 256, 266, 267
蛹短径 122
蛹のサイズ 84
蛹歩留まり 122, 123, 138
蛹篩機 83, 84
三次クレード 244
残存虫・蛹歩留まり 122
産卵経過 51
産卵数 281
産卵前期間 179, 187
産卵誘起物質 44
産卵量 55, 84, 88
シアノバクテリア 190
飼育系統成虫生存率 122
飼育虫の逃亡防止 78
飼育密度 (成虫) 50, 51
色素脱落 268
色素転着 268
自然選択 196
自然淘汰 180
実証区域 259, 268
質的劣化 113
紫外線検出器 261
シブ交配 207
死亡蛹率 105
死亡率 55
Jackson正法 33-35
Jackson負法 35
若齢成虫 286
周期長 192
ジュウシマツ 171
自由進行周期 201
修正Jackson正法 32, 33
雌雄対抗モデル (chase-away model) 152, 171, 172
重点地区 259
雌雄比の歪み 289
寿命 182, 187, 197-199, 201, 202, 286
寿命の短縮 196
寿命モニタリング調査 141
シュレビポート 248
純合成飼料 (holidic diet) 41
生涯交尾数 187
生涯産卵数 187
消失率 33
照射すべき発育ステージ 256
照射前羽化率 129

ショウジョウバエ 151, 167, 190, 196
蒸熱処理 279
ジョージア 246
ショート系統 186, 188, 190, 191
初期繁殖 197, 198
初期繁殖力 182, 187, 196, 206
植物検疫 287
植物検疫制度 248
植物防疫法 242, 277
Jolly-Seber法 31, 33, 37
シロイヌナズナ 190
人為選択 180, 185, 186, 189, 198-200, 206
人為的搬送 246
人為淘汰 162
人工採卵器 47, 54, 71
人工採卵法 44
人工飼育 41
人工飼料 5, 283
人工培地 43
新大量増殖施設 74, 127, 130
侵入害虫 9, 277
スウィーピング 248
スダジイ 292
生活史形質 179, 187, 196
生産蛹数 127
生産歩留まり 266
精子競争 147-176
精子競争力 (sperm competitiveness) 155
精子寿命 165
精子置換 163
精子補充型多回交尾 (sperm-replenishment polyandry) 252
精子優先度 164, 167
正常羽化率 105
生殖隔離 195, 196
生殖休眠 247
性成熟 286
精巣 305
生存率 52, 114, 138, 140, 141
生存率 (成虫) 51
成虫寄生菌 (*Beauveria bassiana*) 258
成虫飼育 106
成虫飼育室 78
成虫飼育箱 49
成虫照射 256, 266, 267
成虫飼料 56, 87
成虫用人工飼料 304
性的競争力 8-10, 25, 27, 154, 155, 157-159, 181, 257, 264, 267, 286
性的競争 252
性淘汰 149-176
　異性間性淘汰 149
　同性内性淘汰 149

事項索引

性淘汰説　149
性フェロモン　252, 277
生物リズム　194
精包　151
世界的拡散　244
世代数　118, 120
セントキッツ　246
相加遺伝分散　180
総産卵量　52
創始者効果　184
双翅目　277
増殖曲線　254
増殖系統　181, 184
増殖に対する密度効果　254
ゾウムシ (*Anthonomus grandis*)　12
ゾウムシ科　277, 283
ゾウムシ類　279
ソードテール　171
測時機構　190, 196

■ た 行 ■

耐寒性向上　247
対照地区　259
体内時計　177, 190-193, 195, 200-202, 205-208
対立遺伝子　202
大量採卵法　52
大量増殖　182, 184, 283
大量増殖技術　42
大量増殖系統　140, 141
大量増殖昆虫　177, 179, 208
大量増殖施設　1, 13, 185
大量増殖虫　185, 187, 206
大量増殖法　41
大量誘殺法 (mass trapping)　289
台湾　246
台湾総督府農事試験場　275
多回交尾型　252
多面発現　202
短日条件　247
タンパク加水分解物　47, 55, 87
タンパク質マーキング　306
チェイスアウェイ　171, 172
致死線量　287
致死突然変異　255
チチュウカイミバエ　2, 6-8, 11-13, 30, 42, 44, 45, 61, 65, 75, 141, 157, 179
虫質管理　178, 179, 206, 207
虫質低下　264, 267
虫質見直し　265
虫質劣化　181
中腸　287
超高密度飼育　204, 205

重複交尾　163
ツェツェバエ　3, 11, 14
ツェツェバエ (*Glossina palpalis*)　5
ツェツェバエ (*Glossina austeni*)　11
つなぎメス　289
DNA多型解析　242
低温順化　247
定着可能地域　248
適応度　197
テックス板　2, 289
天敵放飼法　206
天敵連続放飼　1
天然物混合飼料 (oligidic diet)　41
東京府小笠原島庁　275
同性内性淘汰　159, 160
東南アジア　246
動力篩　65
トカラ列島　278
特殊害虫　277
時計遺伝子　190, 193, 194, 196, 202
飛出虫率　100, 101
共倒れ型　254
ドリフト (遺伝的浮動)　184-186
トレードオフ　196, 197, 199
トンボ　163

■ な 行 ■

内的自然増加率　25, 250
ナスミバエ　6
縄ばり　160
南西諸島　241, 242, 246, 277
ニガウリ　277
二項分布　23
西インド諸島　246
ニシインドミバエ (*Anastrepha obliqua*)　11, 13
二次クレード　244
2方向人為選択　186
ニューオーリンズ　246
妊性　286
粘着トラップ　292
ノアサガオ (*Ipomoea indica*)　259, 280
農業害虫　277
ノコクズ　258

■ は 行 ■

Barclayのモデル　19
バーミキュライト　295
配偶行動　252
配偶者選択 (mate choice)　150, 152, 159, 160, 162, 171
Haischの指数　257, 267
Heisenberg効果　227

培地残存虫率　122, 123, 138
ハスモンヨトウ　33
発育期間　182, 185-187, 195, 196, 201-203, 206
発育限界温度　57
発育好適温度　67
発育零点　66
発育速度　66
ハノイ　246
パパイアミバエ (*Bactrocera papayae*)　12
ハブ　299
ハマダイコン　151
Hamada法　32, 33
ハマヒルガオ (*Calystegia soldanella*)　280
ハムシの一種 (*Diabrotica undecimpunctata howardi*)　150
ハムスター　190
ハワイ　246
半合成飼料 (meridic diet)　41
繁殖開始齢　182, 185, 187, 196, 201-203
繁殖可能期間　250
ハンディキャップ　152, 171, 172
Petersen法　30, 31, 33, 36, 37
ピグミーソードテール　152
飛翔筋の損傷 (droopy-wing syndrome)　82, 137
非照射虫　287
飛翔虫率　138
飛翔能力　100, 101, 182
飛翔力測定　84
備瀬　278
必要放飼数　25
必要放飼数の決定　9
表現型相関　200
表現型分散　180
標識再捕獲法　30, 249, 293
標準テキサスショウジョウバエ組成 (Standard Texas Drosophila Formula)　42
ヒルガオ科植物　280
瓶首効果 (bottleneck effect)　184
品質管理　84, 113, 118, 266
フィードバックループ　194
フィリピンミバエ　13
フェロモン　268
フェロモントラップ　36, 242, 249, 253, 261, 262, 269, 289
孵化率　84, 89, 90, 130, 200, 288
不完全不妊虫　256, 265
不完全不妊虫放飼　19, 265
不完全不妊虫放飼のモデル　26
ブタクサハムシ (*Ophraella communa*)　232
不注意な選択 (inadvertent selection)　203
不妊　286

不妊化　182, 255
不妊化施設　72
不妊虫抵抗性系統　182
不妊虫放飼法 (sterile insect technique; SIT)　1
不妊メス　2
フヨウに近い植物 (*Hibiscus moscheutos*)　151
フライトミル　253
ブラウン運動　222, 233
フラノテルペノイド　241, 254
篩別機　68
篩別時間　104
ブレイズオレンジ　261, 267, 295
分散距離　281
分散能力　286
分子系統樹　244
分断選択　186, 198
分断選択実験　185
平均蛹期間　66
平均分散距離　253
ペイントマーカー　269
紅イモ　278
*period*遺伝子　193, 194, 196
ポアソン・二項分布近似　9
ポアソン・二項分布モデル　23
ポアソン分布　23, 163
放飼虫数決定モデル　19
放射線　283
放射線照射　156
放射線の分割照射　287
防除効果の判定法　289
ボーベリア菌　284
歩行活動リズム　190
歩行リズム　192

ま　行

マーキング　295
マーキング法　9, 19, 30, 302
マークの脱落　30
マーク脱落　302
マーク虫　296
マーク虫率　262, 302
マラリアカ　2, 36
マレーシアミバエ　6
マンゴー　277
ミカンコミバエ (*Bactrocera dorsalis*)　2, 6-9, 12, 13, 19, 27, 42-44, 46, 179, 277
ミカンコミバエ種群　13
ミツギリゾウムシ科　277
密度効果　20
密度推定　248, 249
ミバエ科　277
ミバエ大量増殖工場　177

事項索引

ミバエ類　42, 45, 277
宮農36号　278
無マーク虫　296
メキシコミバエ (*Anastrepha ludens*)　11, 13
雌による隠れた選択　149-176
メチルオイゲノール　2, 6, 9, 27, 277
モニタートラップ　291
モニタリング　243, 269, 281

■ や 行 ■

野外系統導入　84, 85
屋久島　242
野生寄主植物調査　261, 262
野生虫　283
野生虫数推定　19
Yamamura法　32, 33, 36
ヤング系統　198, 200
有害突然変異蓄積仮説 (deleterious mutation accumulation)　198
有効集団サイズ N_e　184
有効成虫率　59
有効積算温度　66, 67, 69, 70
有効虫率　100, 101
有効飛出虫率　105, 106, 122, 134
有効跳び出し虫率　129
有効不妊オス数　25
有効放飼虫率　104
誘殺板　259, 265, 289
有糸分裂　287
優性致死突然変異　1, 154
優性致死変異　286
優性分散　180
油性蛍光色素　261
蛹化室　64, 102
蛹化箱　82
蛹化率　62, 100, 101
ヨウサイ (*Ipomoea aquatica*)　280
蛹重　122
幼虫回収操作　102
幼虫期間　200
幼虫飼育　92, 107
幼虫飼育温度の操作　60
幼虫飼育室　63, 80
幼虫飼育培地　46
幼虫飼育密度　57
幼虫の追い出し　62
幼虫培地　44, 45, 48, 57, 59, 71, 72, 78, 95, 107
幼虫培地組成　57
幼虫密度　103
幼虫用人工飼料　304
抑圧防除　265, 268

■ ら 行 ■

ラセンウジバエ (*Cochliomyia hominivorax*)　2, 4, 6, 9, 10, 12, 13, 61, 75, 179, 282
卵～蛹歩留まり　84
卵数調査　91
卵接種　60, 71
卵接種法　93
卵接種密度　58-60, 95
ランナウェイ　152, 171, 172
卵の水中保存　90
リュウキュウマツ　292
量的遺伝学　178-180, 183, 185, 186
良質遺伝子説　152, 171, 172
リンゴミバエ (*Rhagoletis pomonella*)　42, 195
Lincoln法　30
鱗翅目　289
累代飼育　9, 138
累代飼育虫　114
ルビジウム　306
レック　157, 160, 204
ロジスティックモデル　9, 27, 154, 162, 163
ロング系統　186-188, 190, 191

■ わ 行 ■

ワタアカミムシ　13
ワタミゾウムシ (*Anthonomus grandis*)　264, 283

■ 編著者紹介

伊藤嘉昭（いとう　よしあき）理学博士
 1930年　東京都に生まれる
 1950年　東京農林専門学校農学科卒業
 1988年　名古屋大学農学部教授
 1993年　沖縄大学教授（教養科）
 現　在　名古屋大学名誉教授
 専　門　個体群・行動生態学
 著　書　『楽しき挑戦』（海游舎）ほか

垣花廣幸（かきのはな　ひろゆき）博士（農芸化学）
 1945年　沖縄県に生まれる
 1969年　琉球大学農学部卒業
 現　在　沖縄県農業会議
 専　門　昆虫生態学
 著　書　『農薬なしで害虫とたたかう』（共著，岩波書店）ほか

久場洋之（くば　ひろゆき）
 1952年　沖縄県に生まれる
 1979年　名古屋大学大学院修士課程修了
 現　在　（財）亜熱帯総合研究所
 専　門　応用昆虫学
 著　書　『外来種ハンドブック』（共著，地人書館）

小濱継雄（こはま　つぐお）
 1953年　沖縄県に生まれる
 1977年　琉球大学農学部卒業
 現　在　沖縄県農業研究センター
 専　門　応用昆虫学
 著　書　『沖縄の帰化動物』（共著，沖縄出版）

杉本　毅（すぎもと　つよし）農学博士
 1937年　鳥取県に生まれる
 1961年　京都大学農学部卒業
 現　在　近畿大学名誉教授
 専　門　昆虫生態学
 著　書　『天敵利用のはなし』（共著，技法堂出版）ほか

瀬戸口 脩 (せとくち おさむ) 農学博士
 1944 年 鹿児島県に生まれる
 1970 年 山口大学農学部卒業
 現　在 鹿児島県農業環境協会事務局長
 専　門 応用昆虫学
 著　書 『奄美の農業害虫』(トップコピー；鹿児島)

宮竹貴久 (みやたけ たかひさ) 理学博士
 1962 年 大阪府に生まれる
 1986 年 琉球大学大学院農学研究科修了
 現　在 岡山大学大学院環境学研究科准教授
 専　門 進化生態学
 著　書 『リズム生態学：体内時計の多様性とその生態機能』
    (共著，東海大学出版会) ほか

山村光司 (やまむら こうじ) 農学博士
 1960 年 奈良県に生まれる
 1983 年 京都大学農学部卒業
 現　在 独立行政法人農業環境技術研究所，主任研究員
 専　門 個体群動態学

不妊虫放飼法 －侵入害虫根絶の技術－

2008年3月20日　初版発行

編　者　　伊藤嘉昭

発行者　　本間喜一郎
発行所　　株式会社 海游舎
　　　　　〒151-0061 東京都渋谷区初台1-23-6-110
　　　　　電話 03 (3375) 8567　　FAX 03 (3375) 0922

港北出版印刷（株）・（株）石津製本所

© 伊藤嘉昭 2008

本書の内容の一部あるいは全部を無断で複写複製すること
は，著作権および出版権の侵害となることがありますので
ご注意ください。

ISBN978-4-905930-38-9　　PRINTED IN JAPAN